高等学校规划教材

固体力学先进动态试验方法与测试技术

袁康博　郭伟国　徐　丰
王桂吉　许泽建　汤忠斌　　编著

西北工业大学出版社

西安

【内容简介】 本书共 12 章,全面、系统地介绍了固体材料及结构在高速、超高速、高压高温、高压变率等极端加载环境下的效应问题,以及与之对应的先进试验方法与测试技术。本书的内容包括应力波传播理论,多维动态力学量的测试技术,傅里叶与小波变换,强冲击疲劳试验方法,超高速碰撞的试验测试技术,电磁驱动斜波加载试验技术,超高声速飞行器相关的高温、高压测试技术,动态变形与破坏的非接触测试技术,结构撞击的试验方法和测试原理,动态断裂试验技术,飞机结构抗鸟撞试验原理与方法,分离式 Hopkinson 杆原理的典型应用等。

本书可用作高等院校力学与机械类专业高年级本科生和研究生教材,也可供爆炸与冲击领域的技术人员和使用参考。

图书在版编目(CIP)数据

固体力学先进动态试验方法与测试技术 / 袁康博等编著. — 西安 : 西北工业大学出版社,2023.12
ISBN 978 - 7 - 5612 - 8681 - 4

Ⅰ.①固… Ⅱ.①袁… Ⅲ.①固体力学-动态-试验方法 ②固体力学-测试技术 Ⅳ.①O34

中国国家版本馆 CIP 数据核字(2023)第 048615 号

GUTI LIXUE XIANJIN DONGTAI SHIYAN FANGFA YU CESHI JISHU
固 体 力 学 先 进 动 态 试 验 方 法 与 测 试 技 术
袁康博　郭伟国　徐丰　王桂吉　许泽建　汤忠斌　　编著

责任编辑:朱晓娟		策划编辑:杨　军	
责任校对:胡莉巾		装帧设计:李　飞	

出版发行:西北工业大学出版社
通信地址:西安市友谊西路 127 号　　邮编:710072
电　　话:(029)88491757,88493844
网　　址:www.nwpup.com
印 刷 者:陕西瑞升印务有限公司
开　　本:787 mm×1 092 mm　　　1/16
印　　张:20　　　　　　　　　　彩插:1
字　　数:525 千字
版　　次:2023 年 12 月第 1 版　　2023 年 12 月第 1 次印刷
书　　号:ISBN 978 - 7 - 5612 - 8681 - 4
定　　价:69.00 元

前　言

近年来,随着民用与军事对各种适应极端环境的高性能装备和武器需求的不断增长,在先进装备与武器的研发和使用中,对其结构在极端环境下的性能测试与表征尤为重视。本书针对先进材料和结构面临的极端环境,系统地介绍了高速、超高速、高压、高温、高应变率环境下的试验理论与测试技术以及近年来的最新进展,是极端力学试验方法领域的新板块。

本书特别注重理论与试验的先进性,紧跟国际国内相关研究发展前沿,注重对试验方法实际操作细节的研究和探讨。本书包含大量试验操作的先进经验和翔实的测试实例,可以为读者提供直观、具体的操作指导。本书在集中总结笔者在极端环境固体动态力学测试技术方面的研究成果和心得的同时,注意国内外最新研究成果和同类教材的对比、研究,吸收国内外同类研究成果的精华,把握内容的科学性、系统性和实用性。

负责本书编著工作的人员有袁康博(西北工业大学,第1~4章和第8章)、郭伟国(西北工业大学,第5章、第7章和全文审校)、王桂吉(中国工程物理研究院,第6章)、徐丰(西北工业大学,第9章、第12章)、许泽建(北京理工大学,第10章)和汤忠斌(西北工业大学,第11章)。

在撰写本书的过程中,参阅了相关文献资料,在此对其作者一并表示感谢!研究生李鹏辉、陈龙洋、高猛、王瑞丰、赵思晗、李泊立、韩阳、范昌增、胡昂等提供了部分试验内容,姜浩男协助了本书的部分校订工作,在此表示衷心感谢。

限于笔者的水平和经验,书中难免存在不足与疏漏之处,敬请读者批评指正。

编著者

2022 年 12 月

目　　录

第1章 应力波传播理论

1.1 张量基本知识

基于连续介质力学基础,在外载作用下,结构中的应力、应变、应变率、弹性模量等是张量。例如,在笛卡儿正交坐标系下,质点的应力有 9 个分量,也就是说,这一点的应力由这 9 个分量决定,如图 1-1 所示。

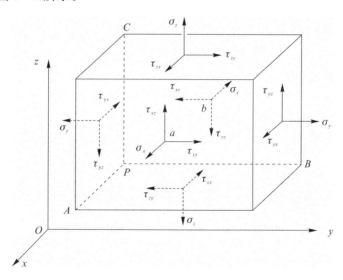

图 1-1 弹性微元体

随着坐标的旋转变换,这一点的 9 个应力分量可具有不同的值。这里仅仅考虑在笛卡儿坐标系下分析,张量常用的几个符号如下文所述。

1.1.1 指标符号

张量分析中,对于物理量或变量,可采用大写的英文字母或希腊字母,加上小写的英文字母表示某张量,例如应力张量可写为 $T_{ij}(\sigma_{ij})$,这里 ij 为下标,单独出现的上、下标数可为张量阶数,应力属于 2 阶张量,a_i 属于 1 阶张量,即矢量。

张量有 3 种记法,分别是实体形式(抽象记法)、非离析记法和分量记法。例如对于应力张量可有 $\boldsymbol{\sigma}$,$\sigma_{ij}e_i \otimes e_j$ 和 σ_{ij} 3 种表示形式,这里 e_i 是坐标系的基矢量,正交坐标系基矢量模是 1,方向沿坐标轴指向。实体记法简洁,但给出的信息少,记忆抽象;非离析记法包含了分量和基矢量,对于基矢量是函数的情况特别方便。进一步说,曲线坐标下,质点中的物理量的分量和基矢量可以是坐标的函数。例如,极坐标系、柱坐标系和球坐标系属于典型的曲线坐标系,在这种情况下采用非离析形式表示物理量,由于分量和基矢量都参与运算,对于包括求导的数学运算比较方便;2 阶张量的分量记法和矩阵中的 3×3 矩阵对应,特别适合运算和理解。张量符号中的上、下标为跑标,在三维空间每个跑标依次遍历 x, y, z 顺序,为代表的具体分量。例如,在笛卡儿坐标系下一点的位移 $\boldsymbol{u}$,其坐标分量为 u_x, u_y, u_z。若用指标表示,就可表示为 u_1, u_2, u_3,再进一步就为 $u_1, u_2, u_3 \rightarrow u_i, i=1,2,3$。这里 i 为指标(下标),也叫跑标,u_i 即为张量的分量表示法。

1.1.2 哑指标和求和约定

在线性代数中往往有这样的表示式,$s = a_1 x_1 + a_2 x_2 + a_3 x_3 + \cdots + a_n x_n = \sum_{i=1}^{n} a_i x_i$,这里重复出现的下标 n 称为哑指标。在表达式的某项中,若某指标重复出现两次,则表示要把该指标在取值范围内遍历求和,哑指标不允许出现 3 次重复。重复出现的 n 类似于上面提到的指标,具体代表的分量是 n 要按照顺序遍历规定的独立维数。在三维空间中 n 为 3,这样上式就可写为 $s = a_n x_n = a_i x_i$,一般默认维数取 3,即表示在三维空间下。

参照图 1-1,对于连续介质中一质点,采用六面体微元体,其微元体表面作用有正应力和剪应力,这里图中的剪应力也用正应力符号表示,例如,$\tau_{yz} = \sigma_{yz}$,是应力分量。根据上述指标符号和哑指标的表示,此微元体的应力分量可写为

$$\boldsymbol{\sigma}_{ij} \rightarrow \begin{bmatrix} \sigma_x & \tau_{xy} & \tau_{xz} \\ \tau_{yx} & \sigma_y & \tau_{yz} \\ \tau_{zx} & \tau_{zy} & \sigma_z \end{bmatrix} \rightarrow \begin{bmatrix} \sigma_{xx} & \sigma_{xy} & \sigma_{xz} \\ \sigma_{yx} & \sigma_{yy} & \sigma_{yz} \\ \sigma_{zx} & \sigma_{zy} & \sigma_{zz} \end{bmatrix} = \begin{bmatrix} \sigma_{11} & \sigma_{12} & \sigma_{13} \\ \sigma_{21} & \sigma_{22} & \sigma_{23} \\ \sigma_{31} & \sigma_{32} & \sigma_{33} \end{bmatrix} = [\sigma_{ij}] \qquad (1-1)$$

在方程式(1-1)这个 3×3 矩阵中,每行的 3 个分量代表图 1-1 中微元体一个面上的应力分量,这 3 个分量实际表示一个矢量;矩阵中每列代表微元体指向一个坐标轴方向的 3 个分量,即 $\boldsymbol{\sigma}_{ij}$ 代表 9 个分量,e_i 都要从 1,2,3 取值,其中第一个下标 i 代表应力 $\boldsymbol{\sigma}_{ij}$ 作用的面法线方向(向那个坐标方向),第二个指标 j 表示这个应力 $\boldsymbol{\sigma}_{ij}$ 指向的坐标方向。

依据弹性体力学,微元体动力学方程可简化写为

$$\left. \begin{array}{l} \dfrac{\partial \sigma_{11}}{\partial x_1} + \dfrac{\partial \sigma_{21}}{\partial x_2} + \dfrac{\partial \sigma_{31}}{\partial x_3} + \rho b_1 = \rho \ddot{u}_1 \\[2mm] \dfrac{\partial \sigma_{12}}{\partial x_1} + \dfrac{\partial \sigma_{22}}{\partial x_2} + \dfrac{\partial \sigma_{32}}{\partial x_3} + \rho b_2 = \rho \ddot{u}_2 \\[2mm] \dfrac{\partial \sigma_{13}}{\partial x_1} + \dfrac{\partial \sigma_{23}}{\partial x_2} + \dfrac{\partial \sigma_{33}}{\partial x_3} + \rho b_3 = \rho \ddot{u}_3 \end{array} \right\} \rightarrow \dfrac{\partial \sigma_{1j}}{\partial x_1} + \dfrac{\partial \sigma_{2j}}{\partial x_2} + \dfrac{\partial \sigma_{3j}}{\partial x_3} + \rho b_j = \rho \ddot{u}_j$$

$$\rightarrow \dfrac{\partial \sigma_{ij}}{\partial x_i} + \rho b_j = \rho \ddot{u}_j \rightarrow \dfrac{\partial \sigma_{ji}}{\partial x_j} + \rho b_i = \rho \ddot{u}_i \qquad (1-2)$$

式中:ρ 是物体密度;b_i 是单位体积的力(体力);u_i 是质点(微元体)的位移,其上加两点($\ddot{u}_i$)表示对位移求二阶导数,即加速度。

采用自由指标和哑指标,对于线性方程组可写为 $a_{ij} x_j = b_i$,指标 i 在方程的各项中只出

现一次,故为自由指标。对于矩阵式 $C_{ij} = A_{ik}B_{jk}$,i,j 为自由指标,k 为哑指标。哑指标可以任意用其他指标代换,例如,$T_{iij} = T_{ppj}$。

1.1.3　求导和 Hamilton 微分算子

在一个表达式的某项中,若下标出现",",此逗号表示对坐标的求导,例如在式(1-2)中,$\dfrac{\partial \sigma_{ji}}{\partial x_j} \to \sigma_{ji,j}$,这样式(1-2)表示的微元体(即质点)的动力学方程就可进一步表示为

$$\sigma_{ji,j} + \rho b_i = \rho \ddot{u}_i \tag{1-3}$$

Hamilton 微分算子用符号"∇"表示,在笛卡儿直角坐标系下其定义为

$$\nabla = \frac{\partial}{\partial x}\boldsymbol{i} + \frac{\partial}{\partial y}\boldsymbol{j} + \frac{\partial}{\partial z}\boldsymbol{k} = \frac{\partial}{\partial x_k}\boldsymbol{e}_k \tag{1-4}$$

式中:i,j,k,e_k 代表正交笛卡儿坐标系沿坐标轴方向的单位矢量,也称"基矢量";∇ 具有矢量、微分、算子三重含义。

一个纯量即标量函数 φ 的梯度可写为 $\nabla \varphi = \dfrac{\partial \varphi}{\partial x}\boldsymbol{e}_x + \dfrac{\partial \varphi}{\partial y}\boldsymbol{e}_y + \dfrac{\partial \varphi}{\partial z}\boldsymbol{e}_z$,代表一个矢量。$\nabla$ 与一个位移矢量 $\boldsymbol{u}$ 点乘,代表体积应变,即 $\nabla \cdot \boldsymbol{u} = \dfrac{\partial u_x}{\partial x} + \dfrac{\partial u_y}{\partial y} + \dfrac{\partial u_z}{\partial z} = \theta$,是一个标量。

1.1.4　Kronecker 符号

笛卡儿正交坐标系如图 1-2 所示,其中 e_1,e_2,e_3 是单位基矢量,与以往的 i,j,k 依次对应。

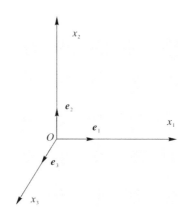

图 1-2　笛卡儿正交坐标系

δ 符号(Kronecker 符号)定义为

$$\delta = \boldsymbol{e}_i \cdot \boldsymbol{e}_j = \begin{cases} 1, & i = j \\ 0, & i \neq j \end{cases} \tag{1-5}$$

式中:i,j 为自由指标,依次取遍 1,2,3。当 $i,j=1,2,3$ 时,有

$$\delta_{11} = \delta_{22} = \delta_{33};\quad \delta_{12} = \delta_{21} = \delta_{23} = \delta_{32} = \delta_{31} = \delta_{13} = 0 \tag{1-6}$$

δ_{ij} 符号的性质如下:

$$\delta_{ii}=3;\quad \delta_{ij}\delta_{ij}=3;\quad \delta_{ik}\delta_{kj}=\delta_{ij};\quad a_{ij}\delta_{ij}=a_{ii};\quad a_{ik}\delta_{kj}=a_{ij};\quad a_i\delta_{ij}=a_j \quad (1-7)$$

采用符号 δ_{ij}，则两个矢量的点乘运算为

$$\boldsymbol{a}\cdot\boldsymbol{b}=a_i\boldsymbol{e}_i\cdot b_j\boldsymbol{e}_j=a_ib_j\delta_{ij}=a_ib_i$$

1.1.5　置换符号(Ricci 符号)

置换符号的定义为

$$e_{ijk}=[\boldsymbol{e}_i,\boldsymbol{e}_j,\boldsymbol{e}_k]=\begin{cases}1,& i,j,k=(1,2,3),(2,3,1),(3,1,2),\text{偶次置换}\\-1,& i,j,k=(3,2,1),(2,1,3),(1,3,2),\text{奇次置换}\\0,& \text{其他}\end{cases}\quad (1-8)$$

Kronecker 符号 δ 与 Ricci 符号 e 的关系:Kronecker 符号与置换符号之间存在一定的关系,在正交笛卡儿坐标系下,上、下标不分,即 $\delta_j^i=\delta_{ij}$,若此处把 δ_j^i 看作为单位矩阵的元素,它有 9 个具体分量,其行列式等于 1,即

$$\begin{vmatrix}\delta_1^1 & \delta_2^1 & \delta_3^1\\\delta_1^2 & \delta_2^2 & \delta_3^2\\\delta_1^3 & \delta_2^3 & \delta_3^3\end{vmatrix}=1\quad (1-9)$$

若用更普遍的形式表示上面的行列式,注意行列符号一致性,则有

$$A=\begin{vmatrix}\delta_l^r & \delta_m^r & \delta_n^r\\\delta_l^s & \delta_m^s & \delta_n^s\\\delta_l^t & \delta_m^t & \delta_n^t\end{vmatrix}\quad (1-10)$$

式(1-10)中,若 $r,s,t=l,m,n=1,2,3$,则 $A=1$。由于这些排列中的任一置换都可以改变行列式的符号,所以行列式 A 为

$$A=\begin{vmatrix}\delta_l^r & \delta_m^r & \delta_n^r\\\delta_l^s & \delta_m^s & \delta_n^s\\\delta_l^t & \delta_m^t & \delta_n^t\end{vmatrix}=e^{rst}e_{lmn}\quad (1-11)$$

将式(1-11)展开,得

$$e^{rst}e_{rmn}=\delta_l^r\delta_m^s\delta_n^t-\delta_l^r\delta_n^s\delta_m^t+\delta_n^r\delta_l^s\delta_m^t-\delta_n^r\delta_m^s\delta_l^t+\delta_m^r\delta_n^s\delta_l^t-\delta_m^r\delta_l^s\delta_n^t\quad (1-12)$$

使式(1-12)中的一个下标和一个上标相等,并利用关系式 $\delta_j^i\delta_k^j=\delta_k^i$,可从式(1-12)导出下面的关系式(称为 e-δ 关系式):

$$e^{rst}e_{rmn}=\delta_r^r(\delta_m^s\delta_n^t-\delta_n^s\delta_m^t)+\delta_n^r(\delta_r^s\delta_m^t-\delta_m^s\delta_n^t)+\delta_m^r(\delta_n^s\delta_r^t-\delta_r^s\delta_n^t)=\delta_m^s\delta_n^t-\delta_n^s\delta_m^t\quad (1-13\text{a})$$

$$e^{rst}e_{rsn}=3\delta_n^t-\delta_n^s\delta_s^t=2\delta_n^t\quad (1-13\text{b})$$

$$e^{rst}e_{rst}=2\delta_t^t=6\quad (1-13\text{c})$$

采用 e_{ijk} 符号,则两矢量的叉乘运算可表示为

$$\boldsymbol{a}\times\boldsymbol{b}=a_i\boldsymbol{e}_i\times b_j\boldsymbol{e}_j=a_ib_je_{ijk}\boldsymbol{e}_k=e_{ijk}a_ib_j\boldsymbol{e}_k\quad (1-14)$$

1.1.6　张量的并矢量概念

不同于点乘和叉乘,将两个矢量 $\boldsymbol{a}$ 与 $\boldsymbol{b}$ 并置写成 $\boldsymbol{ab}$ 或 $\boldsymbol{a}\otimes\boldsymbol{b}$,称为并矢量,一般 $\boldsymbol{ab}\neq\boldsymbol{ba}$,

并矢量对应一个二阶张量,其中

$$
\begin{aligned}
\boldsymbol{ab} &= (a_x\boldsymbol{e}_x + a_y\boldsymbol{e}_y + a_z\boldsymbol{e}_z)(b_x\boldsymbol{e}_x + b_y\boldsymbol{e}_y + b_z\boldsymbol{e}_z) \\
&= a_xb_x\boldsymbol{e}_x\boldsymbol{e}_x + a_xb_y\boldsymbol{e}_x\boldsymbol{e}_y + a_xb_z\boldsymbol{e}_x\boldsymbol{e}_z + a_yb_x\boldsymbol{e}_y\boldsymbol{e}_x + a_yb_y\boldsymbol{e}_y\boldsymbol{e}_y + \cdots \\
&= a_ib_j\boldsymbol{e}_i \otimes \boldsymbol{e}_j = \boldsymbol{T}
\end{aligned}
\tag{1-15}
$$

式中:$\boldsymbol{e}_i \otimes \boldsymbol{e}_j$ 称为 2 阶张量 $\boldsymbol{T}$ 的基矢量。如果式(1-15)仅写出分量,便为 $T_{ij}=a_ib_j$,采用矩阵形式,i,j 分别代表行和列,有

$$
\left[T_{ij} \right] = \begin{bmatrix} a_1b_1 & a_1b_2 & a_1b_3 \\ a_2b_1 & a_2b_2 & a_2b_3 \\ a_3b_1 & a_3b_2 & a_3b_3 \end{bmatrix}
\tag{1-16}
$$

两个二阶张量 $\boldsymbol{A}$ 和 $\boldsymbol{B}$ 的点乘为

$$
\boldsymbol{A} \cdot \boldsymbol{B} = A_{ij}\boldsymbol{e}_i\boldsymbol{e}_j \cdot B_{kl}\boldsymbol{e}_k\boldsymbol{e}_l = A_{ij}B_{kl}\delta_{jk}\boldsymbol{e}_i\boldsymbol{e}_l = A_{ij}B_{jl}\boldsymbol{e}_i\boldsymbol{e}_l
\tag{1-17}
$$

两个二阶张量 $\boldsymbol{A}$ 和 $\boldsymbol{B}$ 的双点乘为

$$
\boldsymbol{A} : \boldsymbol{B} = A_{ij}\boldsymbol{e}_i\boldsymbol{e}_j : B_{kl}\boldsymbol{e}_k\boldsymbol{e}_l = A_{ij}B_{kl}\delta_{ik}\delta_{jl} = A_{kj}B_{kj}
\tag{1-18}
$$

1.2　物质导数的意义

对于运动、流动以及固体有限变形的塑性流动,若把时间 t 考虑进去,以研究运动和流动规律,就要涉及"率"的问题。运动与流动术语是用来描述连续体瞬时位形或连续变化位形的。流动经常是指导致永久变形的一种运动,例如塑性力学所研究的塑性流动。然而,在流体力学里,流动这个词是指连续运动。连续体的运动可以用物质坐标(拉格朗日描述法)表示为

$$
\boldsymbol{x} = \boldsymbol{x}(\boldsymbol{X}, t)
\tag{1-19}
$$

或者用空间坐标(欧拉描述法)表示为

$$
\boldsymbol{X} = \boldsymbol{X}(\boldsymbol{x}, t)
\tag{1-20}
$$

而物质变形梯度为 $F_{ij} = \dfrac{\partial x_i}{\partial X_j}$,反函数式存在的必要和充分条件是雅可比行列式 $J = \left| \dfrac{\partial x_i}{\partial X_j} \right|$ 不为零。从物理上说,拉格朗日法着眼于连续体的某一指定"质点",具体体现是:用坐标 $\boldsymbol{X}$ 代表的是初始构型的质点,而欧拉法则考虑连续体占有空间的某一指定域内的情况。

由于式(1-19)和式(1-20)互为相反函数,因此,连续体的任何物理量可以表示为指定质点的函数(拉格朗日法或物质描述法)。连续体的任何物理量相对于运动着的连续体内指定质点的时间变化率,叫作该物理量的物质导数(也称随动导数或对流导数)。物质导数可以想象为观察者随某一质点运行时所测得的物理量随时间的变化率。因此,采用符号 d/dt 或者在物理量上方加个点表示物质导数运算,例如速度矢量定义为

$$
\boldsymbol{v}_i = \mathrm{d}x_i / \mathrm{d}t
\tag{1-21}
$$

在一般情况下,如果 $P_{ij\ldots}$ 是连续体的标量、矢量或张量物理量,并可以表示为点坐标的

函数,拉格朗日法为

$$\boldsymbol{P}_{ij\ldots} = P_{ij\ldots}(\boldsymbol{X}, t)$$

因 $\boldsymbol{X}$ 与时间无关,物理量的物质导数表示为

$$\frac{\mathrm{d}\boldsymbol{P}_{ij\ldots}}{\mathrm{d}t} = \frac{\partial P_{ij\ldots}(\boldsymbol{X}, t)}{\partial t} \tag{1-22}$$

例如,变形梯度 $\boldsymbol{F}$ 张量的物质导数:

$$\dot{\boldsymbol{F}} = \frac{\partial}{\partial t}(\boldsymbol{F})\Big|_{X_K} = \frac{\partial}{\partial t}\left[\frac{\partial \boldsymbol{x}(\boldsymbol{X}, t)}{\partial \boldsymbol{X}}\right]\Big|_{X} = \frac{\partial^2 \boldsymbol{x}}{\partial \boldsymbol{X} \partial t} = \frac{\partial}{\partial \boldsymbol{X}} \frac{\partial \boldsymbol{x}}{\partial t} = \frac{\partial \boldsymbol{v}}{\partial \boldsymbol{X}} = \mathrm{grad}\,\boldsymbol{v}$$

而变形梯度的物质导数进一步可写为

$$\left.\begin{aligned} \dot{\boldsymbol{F}} &= \frac{\partial \boldsymbol{v}}{\partial \boldsymbol{X}} = \frac{\partial \boldsymbol{v}}{\partial \boldsymbol{x}} \frac{\partial \boldsymbol{x}}{\partial \boldsymbol{X}} = \boldsymbol{G} \cdot \boldsymbol{F} \\ \boldsymbol{G} &= \frac{\partial \boldsymbol{v}}{\partial \boldsymbol{x}} = \mathrm{grad}\,\boldsymbol{v} \end{aligned}\right\} \tag{1-23}$$

这是速度梯度张量的形式,分量形式为 $G_{ij} = v_{i,j}$。由式(1-23)可得

$$\left.\begin{aligned} \boldsymbol{G} &= \dot{\boldsymbol{F}} \cdot \boldsymbol{F}^{-1} \\ \boldsymbol{G} &= v_{i,j} \boldsymbol{e}_i \boldsymbol{e}_j \end{aligned}\right\} \tag{1-24}$$

通常,速度梯度张量 $\boldsymbol{G}$ 的用途要比变形梯度物质导数 $\dot{\boldsymbol{F}}$ 大。式(1-22)等号右边有时写成 $\left[\frac{\partial P_{ij\ldots}(\boldsymbol{X}, t)}{\partial t}\right]_{\boldsymbol{X}}$,强调 $\boldsymbol{X}$ 坐标保持常数,即取导数时,涉及的是相同的质点。用空间描述法,物理量 $P_{ij\ldots}$ 的表示形式为 $\boldsymbol{P}_{ij\ldots} = P_{ij\ldots}(\boldsymbol{x}, t)$,物质导数为

$$\frac{\mathrm{d}P_{ij\ldots}(\boldsymbol{x}, t)}{\mathrm{d}t} = \frac{\partial P_{ij\ldots}(\boldsymbol{x}, t)}{\partial t} + \frac{\partial P_{ij\ldots}(\boldsymbol{x}, t)}{\partial x_k} \frac{\mathrm{d}x_k}{\mathrm{d}t} \tag{1-25}$$

式中:等号右边的第二项是由规定的质点在空间内改变位置所产生的。式(1-25)等号右边第一项给出质点在特定位置的时间变化率,叫作局部变化率,这一项有时写成 $\left[\frac{\partial P_{ij\ldots}(\boldsymbol{x}, t)}{\partial t}\right]_{\boldsymbol{X}}$,强调在这个微分中 $\boldsymbol{x}$ 保持常数。式(1-25)中等号右边第二项叫作位变(或对流)变化率,它表明由质点运动、物理量场变化所产生的效果。

根据式(1-21),物质导数[见式(1-25)]可以写成

$$\frac{\mathrm{d}P_{ij\ldots}(\boldsymbol{x}, t)}{\mathrm{d}t} = \frac{\partial P_{ij\ldots}(\boldsymbol{x}, t)}{\partial t} + v_k \frac{\partial P_{ij\ldots}(\boldsymbol{x}, t)}{\partial x_k} \tag{1-26}$$

由此可直接导出物质导数算子为

$$\frac{\mathrm{d}}{\mathrm{d}t} = \frac{\partial}{\partial t} + v_k \frac{\partial}{\partial x_k} \tag{1-27a}$$

$$\frac{\mathrm{d}}{\mathrm{d}t} = \frac{\partial}{\partial t} + v \cdot \nabla_x \tag{1-27b}$$

式(1-27)可用来求空间坐标表示物理量的物质导数。

以上针对大变形的流动变形给出了物质坐标和空间坐标下某物理量对时间 t 求导,即物质导数的计算方法。

1.3　弹性动力学基本理论

1.3.1　弹性动力学的基本方程

设一各向同性、均质、线弹性体占据的空间区域为 Ω，其边界面为 Γ，采用笛卡儿坐标系，设 $x_i(i=1,2,3)$ 为弹性体内任一质点的坐标分量，$u_i(i=1,2,3)$ 为质点的位移，σ_{ij} 和 ε_{ij} $(i,j=1,2,3)$ 分别表示应力和应变张量，求解弹性体受力问题所涉及的基本方程如下：

运动微分方程（动力学方程）：

$$\sigma_{ij,j} + \rho f_i = \rho \ddot{u}_i \qquad (1-28)$$

几何方程（应变位移关系）：

$$\varepsilon_{ij} = \frac{1}{2}(u_{i,j} + u_{j,i}) \qquad (1-29)$$

本构方程（应力应变关系）：

$$\sigma_{ij} = \lambda \delta_{ij} \varepsilon_{kk} + 2\mu \varepsilon_{ij} \qquad (1-30)$$

式中：ρ 为弹性体的密度（单位体积质量）；f_i 为弹性体所受的体力（重力、惯性力、磁力）（单位质量的力）；λ,μ 为拉梅（Lame）常数，与弹性模量 E 和泊松比 υ 之间的关系为

$$\lambda = \frac{\upsilon E}{(1+\upsilon)(1-2\upsilon)} \qquad (1-31a)$$

$$\mu = \frac{E}{2(1+\upsilon)} \qquad (1-31b)$$

在三维情况下，求解弹性力问题涉及 3 个运动微分方程、6 个几何方程及 6 个本构方程，共有 15 个方程。在这 15 个方程中，包含有 15 个未知数，即 3 个位移分量 u_i、6 个应变分量 ε_{ij} 及 6 个应力分量 σ_{ij}。这些未知函数，除了应在区域 Ω 内及某个时间范围内满足基本方程外，还需满足一定的边界条件和初始条件。

1.3.2　边界条件及初始条件

1.3.2.1　边界条件

1. 位移边界条件

这类边界条件是要求给定弹性体边界面上的位移 u_i^*，即 $u_i = u_i^*$。

2. 应力边界条件

这类边界条件是要求给定弹性体边界面上的表面力 t_i^*，应力边界条件为 $\sigma_{ij} n_j = t_i^*$。其中，$\boldsymbol{n}$ 为边界面上沿外法线方向的单位向量。

3. 混合边界条件

在一般情形下，边界面 Γ 可分成两部分 Γ_u 和 Γ_t，在这两部分上分别满足位移边界条件和应力边界条件，且 $\Gamma_u \bigcup \Gamma_t = \Gamma$，$\Gamma_u \bigcap \Gamma_t = \varnothing$，即

$$\left. \begin{array}{ll} u_i = u_i^*, & \text{在 } \Gamma_u \text{ 上} \\ \sigma_{ij} n_j = t_i^*, & \text{在 } \Gamma_t \text{ 上} \end{array} \right\} \qquad (1-32)$$

1.3.2.2 初始条件

初始条件由弹性体内各质点在 $t=0$ 时刻的位移和速度给出,即

$$\left.\begin{array}{l} u(x_i,0)=u_0(x_i) \\ \dot{u}(x_i,0)=v_0(x_i) \end{array}\right\}, \qquad \text{在 } \Omega \cup \Gamma \text{ 上} \qquad (1-33)$$

边界条件和初始条件合称为定解条件。有了定解条件和弹性动力学基本方程组,则该弹性动力学问题的解是唯一确定的。

1.3.3 弹性动力学方程的位移表述

弹性动力学求解分为位移法和力法,位移法就是通过变量代换,使式(1-28)~式(1-33)的未知变量仅是位移。为了适应按位移求解,对式(1-28)~式(1-30)基本方程的表达形式加以转换,得到用位移分量表示的运动微分方程:

$$\mu u_{i,jj}+(\lambda+\mu)u_{j,ji}+\rho f_i=\rho\ddot{u}_i \qquad (1-34)$$

利用 $\boldsymbol{\nabla}$ 符号,式(1-34)可写为

$$\mu\boldsymbol{\nabla}^2\boldsymbol{u}+(\lambda+\mu)\boldsymbol{\nabla}(\boldsymbol{\nabla}\cdot\boldsymbol{u})+\rho\boldsymbol{f}=\rho\ddot{\boldsymbol{u}} \qquad (1-35)$$

式中:$\boldsymbol{\nabla}^2$ 称为拉普拉斯算子,该方程便是 Navier 方程。利用恒等式 $\boldsymbol{\nabla}\times(\boldsymbol{\nabla}\times\boldsymbol{u})=\boldsymbol{\nabla}(\boldsymbol{\nabla}\cdot\boldsymbol{u})-\boldsymbol{\nabla}^2\boldsymbol{u}$,可把式(1-35)等效地写成

$$(\lambda+2\mu)\boldsymbol{\nabla}(\boldsymbol{\nabla}\cdot\boldsymbol{u})-\mu\boldsymbol{\nabla}\times(\boldsymbol{\nabla}\times\boldsymbol{u})+\rho\boldsymbol{f}=\rho\ddot{\boldsymbol{u}} \qquad (1-36)$$

这两个方程都适用于该弹性体所占据的边界面为 Γ 的空间区域 Ω 中的位移场 $\boldsymbol{u}(x_i,t)$。方程组应服从初始条件

$$\left.\begin{array}{l} \boldsymbol{u}(x_i,0)=u_0(x_i) \\ \dot{\boldsymbol{u}}(x_i,0)=v_0(x_i) \end{array}\right\} \qquad (1-37)$$

及边界条件

$$\left.\begin{array}{l} u_i=u_i^*, \qquad \text{在 } \Gamma_u \text{ 上} \\ \sigma_{ij}n_j=t_i^*, \qquad \text{在 } \Gamma_t \text{ 上} \end{array}\right\} \qquad (1-38)$$

可把边界条件中的第二个关系式表示成更方便的形式:

$$\sigma_{ij}n_j=\lambda u_{k,k}n_i+2\mu(u_{i,j}-\omega_{ij})n_j \qquad (1-39)$$

式中:$\omega_{ij}=\dfrac{1}{2}e_{ijk}(\boldsymbol{\nabla}\times\boldsymbol{u})_k$。

1.3.4 拉梅势函数

对式(1-35)运动方程进行积分求解较困难,但对变量 $\boldsymbol{u}$ 进行适当变换后积分其过程可以简化。在各种变换方法中,最简单、最有用的变换就是引用拉梅势函数。1852 年,拉梅根据斯托克斯-亥姆霍兹分解定理,给出各向同性弹性体中运动方程式的拉梅解。斯托克斯-亥姆霍兹分解定理指出,任何矢量场都可以用一个标量场 φ 的梯度和一个矢量场 $\boldsymbol{\psi}$ 的旋度表示。该定理用于位移场,可写成

$$\boldsymbol{u}=\boldsymbol{\nabla}\varphi+\boldsymbol{\nabla}\times\boldsymbol{\psi} \qquad (1-40)$$

体力 f_i 也可以进行类似的分解,即

$$\boldsymbol{f} = \nabla\beta + \nabla\times\boldsymbol{B} \tag{1-41}$$

式中:$\beta,\boldsymbol{B}$ 分别是标量与矢量场。将式(1-40)和式(1-41)的 u_i 和 f_i 的位势表达式代入运动方程[见式(1-35)]中得

$$\nabla\left[(\lambda+2\mu)\nabla^2\varphi+\rho\beta-\rho\ddot{\varphi}\right]+\nabla\times\left[\mu\nabla^2\boldsymbol{\psi}+\rho\boldsymbol{B}-\rho\ddot{\boldsymbol{\psi}}\right]=\boldsymbol{0} \tag{1-42}$$

显然,如果 φ 和 $\boldsymbol{\psi}$ 分别满足

$$\left.\begin{array}{r}(\lambda+2\mu)\nabla^2\varphi+\rho\beta=\rho\ddot{\varphi}\\ \mu\nabla^2\boldsymbol{\psi}+\rho\boldsymbol{B}=\rho\ddot{\boldsymbol{\psi}}\end{array}\right\} \tag{1-43}$$

则运动方程式(1-35)得到满足。可以证明,满足式(1-43)的 φ 和 $\boldsymbol{\psi}$ 组成的解是完备的。只是在证明完备性时,要假设矢量场 $\boldsymbol{\psi}$ 没有散度,也就是说它应该满足以下关系式:

$$\nabla\cdot\boldsymbol{\psi}=\boldsymbol{0} \tag{1-44}$$

用这种方式定义的函数 φ 和 $\boldsymbol{\psi}$,叫作位移场的拉梅势函数。

1.4　应力波传播基本理论

1.4.1　固体中的应力波

某一物理量的扰动或振动在空间逐点传递时形成的运动构型称为波。波分为两种。一种波是机械波,这种波具备两个条件:一是有振动或扰动源;二是有传递波所需的介质。例如,音叉振动、空腔声带振动、船螺旋桨或发动机振动在空气或水介质中的传播,其波速是物理量,与介质密度和介质的弹性性质有关。另一种波为电磁波,这种波不需要介质提供波传递的载体。例如,光波可在真空中传播。

对于弹性体介质,"应力波"是指扰动或外力作用引起的应力和应变在弹性介质中的传递。在弹性介质中质点间存在着相互作用的弹性力,用弹性模量衡量质点间弹性力的大小。当某处物质粒子离开平衡位置,即发生应变时,该粒子在弹性力的作用下发生振动,同时又引起周围粒子的应变和振动,这样形成的振动在弹性介质中就以"弹性波"的形式传播。

波的种类很多,就机械波来说,图 1-3 中地震引起的波传播包括膨胀波即纵波(初至波 P 波,Primary Wave)、横波(S 波,SV 波和 SH 波)、瑞利波(R 波,Rayleigh Wave)、勒夫波(Love 波,Q 波,Love Wave)和平板波(兰姆波,Lamb 波,Lamb Wave)等。不同形式的波虽然在产生机制、传播方式和与物质的相互作用等方面存在很大差别,但在传播时却表现出多方面的共性,都可用相同的数学方法描述和处理。

依据理论力学知识,刚体动力学是研究外力所引起的物体整体运动的规律。因此,它认为作用于物体上任意点的外力将立即引起物体该点与其他各点的运动。这是在假定从加载瞬间到建立实际平衡过程所需的时间比进行观察(研究)的时间短得多时才成立的。但在研究外力作用的很短时期内,或它是快速变化时的效应,就必须通过应力波传播的概念来研究。

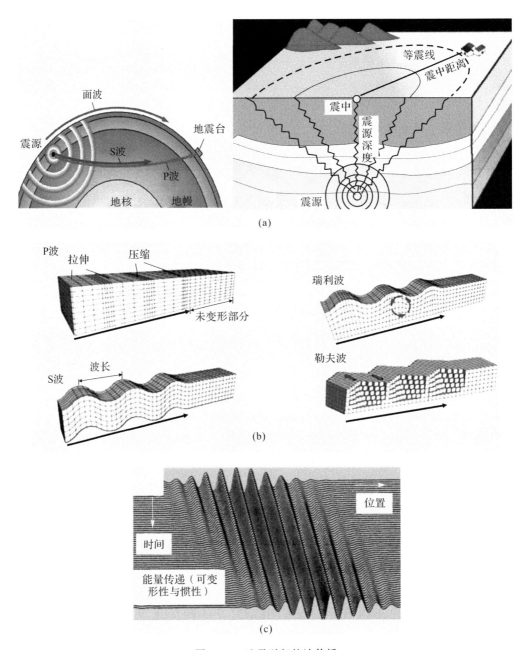

图 1-3 地震引起的波传播

(a) 地震中波的传播; (b) 不同类型的机械波; (c) 波传播引起的能量传递

在弹性类介质中,当任何一个微元受到扰动而离开它的平衡位置时,就会产生一个使它回到平衡位置的弹性恢复力。于是,这个微元就在其平衡位置附近振动起来。与此同时,它的振动必然会影响到它周围的介质。它向左移动时,就给左邻介质以压力,而给右邻介质以拉力,使其左邻右舍也随之离开它们的平衡位置而振动起来。这种依靠弹性力的作用将扰动逐渐传播开来所形成的波,便是弹性波。在空气和水中传播的声波是最简单的弹性波,它是通过介质的压缩和膨胀来传播的。固体介质除了通过压缩和膨胀外,还可以通过剪切来传播弹性波。固体介质内部的压缩、膨胀和剪切变形必然伴生应力。这种伴随扰动而传播的应力就形成了固体中的应力波。换句话说,应力波就是应力在固体介质中以波的形式传播而形成的。

一般涉及的弹性波分为体波和面波。其中:体波又分为纵波(P 波)和横波(S 波,Second Wave);面波又分为瑞利波(R 波)、勒夫波(L 波)和 Lamb 波。

体波的特点如下:

(1)纵波主要对应介质的压缩和拉伸变形,横波对应介质的剪切变形,气体和液体不能承受剪切变形,因此不存在横波。

(2)纵波传播速度快,又称为 P 波,意为最初达到的波;横波的波速较纵波低,故也称为 S 波,意为续至波。

(3)纵波传播引起质点振动方向与波传播方向相同,横波质点运动方向与波传播方向垂直。

(4)一般地震波的横波振幅比纵波振幅大,两者振幅都与离开波源的距离呈反比衰减。

面波的特点如下:

(1)面波是因不同介质边界影响产生的波,可以理解为纵波和横波干涉的结果,沿界面传播,地球表面是影响最大的界面,在地壳内界面上也有面波。

(2)瑞利波源于纵波和横波中的平面内偏振分量干涉,勒夫波是纵波与横波中的平面内偏振分量干涉结果,两者独立传播。

(3)面波振幅在界面上最大,与离开界面的垂直距离呈指数型衰减。

(4)在界面延伸方向上,面波振幅与离开波源距离的二次方根呈反比衰减,因此比体波衰减慢。在远场,面波振幅可以超过体波振幅。

(5)面波的传播速度略小于横波速度。

(6)半空间中瑞利波质点运动轨迹为逆时针椭圆。

1.4.2　波速和质点速度

当固体的某个微元受到一个扰动 $F(t)$(这扰动可以是位移或应力)时,这个扰动信息将从一个微元传到下一个微元,并在固体介质中传播开来。研究应力波的目的就是要去确定由扰动引起的位移或应力随空间和时间变化的函数。这里涉及两个速度概念。一个是固体中的质点在其平衡位置附近振动的速度,叫作质点速度,通常用 v 来表示。另一个是扰动传播的速度,叫作波速,通常用 C 来表示。C 比 v 要大得多。

1.4.3　能量的传递

应力波在固体介质中是通过一个质点传给下一个质点来传播的,这就是说,它是靠固体介质的可变形性和惯性来实现的。正是这两种属性使应力波可以携带能量,以实现能量的传递。后面还会看到,波速就是由介质的这两种属性决定的。所有的真实材料,显然都是可变形的,并且具有质量,因此,都能传播应力波。

1.5 无限弹性介质中的波

1.5.1 应力波的波动方程

当固体材料结构物的一部分受到冲击载荷或突加位移而引起扰动时,其余部分感受到这种扰动需经过一段时间。因此,在扰动传播的过程中,每个瞬时的应力分布是不相同的。扰动传播的速度主要由物体的惯性和材料的弹性性质所决定。

在均匀、各向同性的无限弹性体中有且仅有两种弹性波的传播,通常称为膨胀波和剪切波。它们都以其固有的特征速度传播。

若不计体力($f = 0$),对各向同性弹性体的位移表示的运动方程式,用矢量微分算子 $\mathbf{\nabla}$ 点乘式(1-35)的各项,得

$$(\lambda + \mu)\mathbf{\nabla}^2(\mathbf{\nabla} \cdot \boldsymbol{u}) + \mu\mathbf{\nabla}^2(\mathbf{\nabla} \cdot \boldsymbol{u}) = \rho\frac{\partial^2}{\partial t^2}(\mathbf{\nabla} \cdot \boldsymbol{u}) \tag{1-45}$$

令 $\theta = \mathbf{\nabla} \cdot \boldsymbol{u} = \varepsilon_{11} + \varepsilon_{22} + \varepsilon_{33}$,即为弹性体的体积应变,则式(1-54)可以简化为

$$\left.\begin{array}{c}(\lambda + 2\mu)\mathbf{\nabla}^2\theta = \rho\ddot{\theta} \\ \mathbf{\nabla}^2\theta = \dfrac{1}{C_p^2}\ddot{\theta}\end{array}\right\} \tag{1-46}$$

式中:$C_p = \sqrt{\dfrac{\lambda + 2\mu}{\rho}}$ 是膨胀波的波速,表示体积膨胀是以速度 C_p 传播的。式(1-46)就是均匀、各向同性弹性体中膨胀波的波动方程。

若用矢量微分算子 $\mathbf{\nabla} \times$(去叉乘)作用于式(1-35)的各项,同时考虑到 $f = 0$,$\mathbf{\nabla} \times \mathbf{\nabla}(\mathbf{\nabla} \cdot \boldsymbol{u}) = \boldsymbol{0}$,有 $\mu\mathbf{\nabla}^2(\mathbf{\nabla} \times \boldsymbol{u}) = \rho\dfrac{\partial^2}{\partial t^2}(\mathbf{\nabla} \times \boldsymbol{u})$。令 $\Omega = \dfrac{1}{2}\mathbf{\nabla} \times \boldsymbol{u}$,则变为

$$\mathbf{\nabla}^2\Omega = \frac{1}{C_s^2}\ddot{\Omega} \tag{1-47}$$

式中:$C_s = \sqrt{\dfrac{\mu}{\rho}}$ 是剪切波的波速。式(1-47)是弹性体剪切波动方程。显然,剪切波是一种旋转波,表示旋转 Ω 是以速度 C_s 传播的。

如果没有体积膨胀,即 $\theta = \mathbf{\nabla} \cdot \boldsymbol{u} = 0$,那么式(1-35)变成

$$\mu\mathbf{\nabla}^2\boldsymbol{u} = \rho\ddot{\boldsymbol{u}} \tag{1-48a}$$

$$\mathbf{\nabla}^2\boldsymbol{u} = \frac{1}{C_s^2}\ddot{\boldsymbol{u}} \tag{1-48b}$$

可见,这和式(1-47)是一致的,都是代表剪切波。

如果没有旋转,即 $\Omega = \dfrac{1}{2}\mathbf{\nabla} \times \boldsymbol{u} = 0$,就意味着位移矢量可用势函数 φ 表示,即 $\boldsymbol{u} = \mathbf{\nabla}\varphi$,则由式(1-35)可以推导出:

$$(\lambda + 2\mu)\mathbf{\nabla}^2\boldsymbol{u} = \rho\ddot{\boldsymbol{u}} \tag{1-49a}$$

$$\mathbf{\nabla}^2\boldsymbol{u} = \frac{1}{C_p^2}\ddot{\boldsymbol{u}} \tag{1-49b}$$

由此可见,在均匀、各向同性的无限弹性体中有且只有两种类型的波传播。式(1-46)和式(1-49)代表的是膨胀波。显然,它只有体积的改变而无转动,因此,又称为无旋波、纵波或 P 波。它的传播速度为 $C_p = \sqrt{\dfrac{\lambda + 2\mu}{\rho}}$。而式(1-47)式(1-48)代表的是剪切波,它不产生体积的改变,只有旋转和剪应变,因此,也称为等体积波、旋转波、横波或 S 波。它的传播速度为 $C_s = \sqrt{\dfrac{\mu}{\rho}}$。现将一些常用材料的波速列于表1-1中。

表 1-1　常用材料的波速

材料	$C_p/(\text{m} \cdot \text{s}^{-1})$	$C_s/(\text{m} \cdot \text{s}^{-1})$
钢	5 940	3 220
铜	4 560	2 250
铝	6 320	3 100
铅	2 200	1 200
玻璃	5 800	3 350
有机玻璃	2 600	1 300
聚苯乙烯	2 300	1 200
环氧树脂	1 800	840

从表1-1中可以看出:膨胀波波速 C_p 和剪切波波速 C_s 大都在每秒几千米的量级;C_s 总比 C_p 小,而且在多数材料中 $C_s \approx \dfrac{1}{2} C_p$。因此,若一瞬态扰动产生了两种波,则纵波总是走在前面,两者随着时间的推移越离越远。

1.5.2　平面波

当观察的区域距离扰动源(波源)足够远时,波前的曲率半径变得足够大,可以把这种波近似看作平面波,于是可以当作平面问题来处理,从而使问题大为简化。因此,平面波只是一种理想的简化模型。

1. 平面波解

如果波动方程的解 $u(x_i, t)$ 在某个时刻、在一个平面上所有各点 u 为常数,且该平面垂直于波前进的方向,那么 $u(x_i, t)$ 称为平面波。

取平面波传播的方向为 x_1 轴建立坐标系,那么位移矢量只是一个空间变量 x_1 的函数:

$$\boldsymbol{u} = \boldsymbol{u}(x_1, t) \tag{1-50}$$

将式(1-50)代入 Navier 方程[见式(1-35)]中,得

$$\left. \begin{aligned} \frac{\partial^2 u_1}{\partial x_1^2} + \frac{f_1}{C_p^2} &= \frac{1}{C_p^2} \frac{\partial^2 u_1}{\partial t^2} \\ \frac{\partial^2 u_\alpha}{\partial x_1^2} + \frac{f_\alpha}{C_s^2} &= \frac{1}{C_s^2} \frac{\partial^2 u_\alpha}{\partial t^2}, \quad \alpha = 2, 3 \end{aligned} \right\} \tag{1-51}$$

式(1-51)要得到满足,必须有 $f = f(x_1, t)$。显然,其中的两个方程都属于同一类型,代表着沿 x_1 方向分别以速度 C_p 和 C_s 传播的波。式(1-51)体现出平面波的位移矢量具有一个很重要的性质,即一切分量都不耦合。位于 $x_1 =$ 常数的平面上的每一个质点的运动都相同;而对于某一给定的时刻,位移矢量只随 x_1 的不同位置而异。

从式(1-50)表示的运动形式可看出,边界条件只能在两个平行于 $x_1 =$ 常数的平面上给定位移或外力,而且初始条件也只能是 x_1 的函数。式(1-50)对应的应力变量为

$$\left. \begin{aligned} \sigma_{11} &= (\lambda + 2\mu) \frac{\partial u_1}{\partial x_1} \\[2mm] \sigma_{12} &= \mu \frac{\partial u_2}{\partial x_1} \\[2mm] \sigma_{13} &= \mu \frac{\partial u_3}{\partial x_1} \\[2mm] \sigma_{22} &= \sigma_{33} = \lambda \frac{\partial u_1}{\partial x_1} \\[2mm] \sigma_{23} &= 0 \end{aligned} \right\} \tag{1-52}$$

不考虑体力 $\boldsymbol{f}$,式(1-51)变成了一维波动方程,即

$$\left. \begin{aligned} \frac{\partial^2 u_1}{\partial x_1^2} &= \frac{1}{C_p^2} \frac{\partial^2 u_1}{\partial t^2} \\[2mm] \frac{\partial^2 u_\alpha}{\partial x_1^2} &= \frac{1}{C_s^2} \frac{\partial^2 u_\alpha}{\partial t^2}, \quad \alpha = 2,3 \end{aligned} \right\} \tag{1-53}$$

从而使问题大大简化,以式(1-53)第一个方程为例来说明一维波动方程的通解。该方程通过变量替换 $\xi = x_1 - C_p t, \eta = x_1 + C_p t$,于是变成 $\dfrac{\partial^2 u_1}{\partial \xi \partial \eta} = 0$。对式(1-53)积分得

$$u_1 = f(\xi) + g(\eta) \tag{1-54}$$

或写成

$$u_1(x_1, t) = f(x_1 - C_p t) + g(x_1 + C_p t) \tag{1-55}$$

式中:这里 f, g 都是任意函数。$f(x_1 - C_p t)$ 表示以速度 C_p 沿正 x_1 方向传播的波(右行波);$g(x_1 + C_p t)$ 则表示以速度 C_p 沿负 x_1 方向传播的波(左行波)。

对于沿任意方向传播的平面波的波动方程的通解,与式(1-55)类似,为

$$\boldsymbol{u}(x_i, t) = f(x_i n_i - Ct)\boldsymbol{n} + g(x_i n_i + Ct)\boldsymbol{d} \tag{1-56}$$

式中:$\boldsymbol{n}$ 及 $\boldsymbol{d}$ 为两个单位常向量,$\boldsymbol{n}$ 为波传播方向,$\boldsymbol{d}$ 是位移方向;C 为平面波传播速度。平面波的等位相面方程为

$$x_i n_i - Ct = l \tag{1-57a}$$

或

$$x_i n_i + Ct = l \tag{1-57b}$$

式(1-57)表示一个与 $\boldsymbol{n}$ 相垂直、沿 $\boldsymbol{n}$ 正(负)方向运动的平面(见图 1-4)。当 $t = 0$ 时,该平面距离原点为 l;当 $t > 0$ 时,该平面到原点的距离为 $l + Ct$。

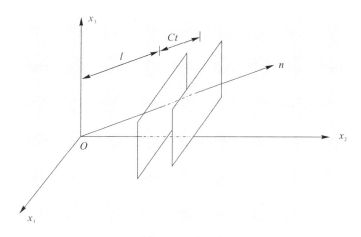

图 1-4　平面波

2. 弹性体中的纵波与横波

利用拉梅势函数可以把位移矢量分解为两个部分,即 $\boldsymbol{u} = \boldsymbol{u}_a + \boldsymbol{u}_b = \nabla\varphi + \nabla \times \boldsymbol{\psi}$。如果不考虑体力 $\boldsymbol{f}$ 对波的影响,φ 和 $\boldsymbol{\psi}$ 满足波动方程,式(1-43)变为

$$\left.\begin{array}{l} \nabla^2 \varphi = \dfrac{1}{C_p^2}\ddot{\varphi} \\[3mm] \nabla^2 \boldsymbol{\psi}_i = \dfrac{1}{C_s^2}\ddot{\boldsymbol{\psi}}_i \end{array}\right\} \tag{1-58}$$

首先研究位移矢量 $\boldsymbol{u}$ 的第一部分 $\boldsymbol{u}_a = \nabla\varphi$ 产生的波,由式(1-58)按照一维波动方程的通解形式可得

$$\varphi(x_j, t) = \varphi(x_j n_j - C_p t) \tag{1-59}$$

这里只研究沿 $\boldsymbol{n}$ 正方向传播的波。令 $\alpha = x_j n_j - C_p t$,则由 $\boldsymbol{u}_a = \nabla\varphi$ 得

$$u_{ai} = \frac{\partial\varphi(\alpha)}{\partial x_i} = \frac{\mathrm{d}\varphi(\alpha)}{\mathrm{d}\alpha}\frac{\partial\alpha}{\partial x_i} = n_i \varphi' \tag{1-60}$$

所以

$$\boldsymbol{u}_a = \varphi'\boldsymbol{n} \tag{1-61}$$

因此,$\boldsymbol{u}_a$ 的方向与波传播的方向 $\boldsymbol{n}$ 一致,这种波称为纵波(P 波)。在纵波的情况,如质点的位移方向与波传播方向一致,则为压缩波;如质点的位移方向与波传播的方向相反,则为拉伸波。

现在来研究位移矢量的另一部分 $\boldsymbol{u}_b = \nabla \times \boldsymbol{\psi}$ 沿 $\boldsymbol{n}$ 正方向传播的情况。同理,此时有

$$\psi_i(x_j, t) = \psi_i(x_j n_j - C_s t) \tag{1-62}$$

令 $\alpha = x_j n_j - C_s t$,由 $\boldsymbol{u}_b = \nabla \times \boldsymbol{\psi}$ 得

$$u_{bi} = e_{ijk}\frac{\partial\psi_k}{\partial x_j} = e_{ijk}\frac{\mathrm{d}\psi_k(\alpha)}{\mathrm{d}\alpha}\frac{\partial\alpha}{\partial x_j} = e_{ijk}n_j \psi'_k \tag{1-63}$$

所以

$$\boldsymbol{u}_b = \boldsymbol{n} \times \boldsymbol{\psi}' \tag{1-64}$$

从式(1-64)可知,$\boldsymbol{u}_b$ 的方向与波传播方向垂直,这种波称为横波(S 波)。在横波的情

况下,质点位移的方向可以在垂直于 n 的平面内取任意方向。如果选坐标系使传播方向 n 位于坐标面 $x_2 O x_1$ 内,S 波的位移矢量总可以分解成两个分量。一个分量位于 $x_1 O x_2$ 平面内,称为 SV 波;而另一个分量则垂直于该平面,称为 SH 波(见图 $1-5$)。

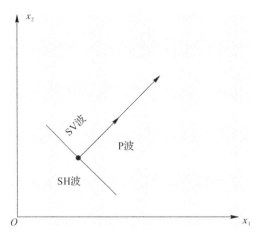

图 $1-5$ 纵波与横波

3.波阵面上的应力

考虑沿 n 正方向以速度 C 传播的平面波。此时波阵面上的位移矢量(以分量写出)为

$$u_i = d_i f(x_j n_j - Ct) \tag{1-65}$$

式中:d 是沿位移矢量方向的单位向量。当平面波是在弹性体内传播时,由于弹性体具有可变形性,因此在平面波的波阵面上会产生应力 $\sigma_{ni} = \sigma_{ij} n_j$。由广义胡克定律,且令 $\alpha = x_j n_j - Ct$,则有

$$\sigma_{ni} = \left[\lambda \frac{\partial u_k}{\partial x_k} \delta_{ji} + \mu \left(\frac{\partial u_i}{\partial x_j} + \frac{\partial u_j}{\partial x_i} \right) \right] n_j = \left[(\lambda + \mu) n_i n_k d_k + \mu d_i \right] f'(\alpha) \tag{1-66}$$

对于纵波,由于 $u /\!/ n$,即 $d_i = n_i$,所以

$$\sigma_{ni} = (\lambda + 2\mu) f'(\alpha) n_i \tag{1-67}$$

由式($1-67$)可知,此时,波阵面上的应力始终平行于波前进的方向。对于横波,由于 $u \perp n$,即 $d_i n_i = 0$,由式($1-66$)可得

$$\sigma_{ni} = \mu f'(\alpha) d_i \tag{1-68}$$

因此,此时波阵面上只有垂直于波前进方向的剪应力。

1.6 分层介质中的波

分层介质不同于无限介质的主要特征是有界面,即介质性质的不连续面。在研究这类问题时,往往认为界面两侧的介质是紧密接触的,而且在应力作用下,两种介质不会沿界面发生破裂、剥离及滑动等现象,即弹性位移的法向分量和切向分量以及应力的法向分量和切向分量在界面上是连续的。

分层介质中一种典型的情形便是,一边是真空,一边为具有平界面的半无限弹性介质的

情形。在这种半无限体中除了膨胀波和剪切波外,在自由表面还可能产生弹性表面波,即瑞利波。弹性波在半无限弹性介质中的传播特性的研究,对地震、超声技术及爆炸等问题的探讨有着重大的实际意义。本节就首先介绍半无限弹性介质中波的传播。

1.6.1　瑞利波

在半无限弹性介质的自由表面上能产生弹性表面波,这种波与石块投入平静水中在水面上发生的波相似。瑞利在 1887 年最先开始研究表面波,他证明了它们的作用随着深度增加很快地衰减,而且,它们的传播速度小于物体内部的波速。

根据无限弹性介质中的运动方程[见式(1-35)],对于半无限弹性介质,只需加上一个自由边界的边界条件进行求解。为了简单起见,我们取 $x_1 O x_2$ 平面为自由表面,而让 x_3 轴的正方向指向介质内部,并假定平面波沿 x_1 方向传播。在这种情况下,位移与 x_2 无关,则可按式(1-40)定义两个拉梅势函数 φ 和 ψ:

$$\left.\begin{array}{l} u_1 = \dfrac{\partial \varphi}{\partial x_1} + \dfrac{\partial \psi}{\partial x_3} \\[2mm] u_3 = \dfrac{\partial \varphi}{\partial x_3} - \dfrac{\partial \psi}{\partial x_1} \end{array}\right\} \tag{1-69}$$

不考虑体力,φ 和 ψ 满足的运动方程可具体写为

$$\left.\begin{array}{l} \dfrac{\partial^2 \varphi}{\partial x_1^2} + \dfrac{\partial^2 \varphi}{\partial x_3^2} = \dfrac{1}{C_p^2} \dfrac{\partial^2 \varphi}{\partial t^2} \\[3mm] \dfrac{\partial^2 \psi}{\partial x_1^2} + \dfrac{\partial^2 \psi}{\partial x_3^2} = \dfrac{1}{C_s^2} \dfrac{\partial^2 \psi}{\partial t^2} \end{array}\right\} \tag{1-70}$$

如果研究频率为 $\dfrac{p}{2\pi}$ 的简谐波,它以速度 C_R 沿 x_1 方向传播,其波长为 $2\pi/f$,于是 $C_R = p/f$。可以把方程式(1-70)的解试取为

$$\left.\begin{array}{l} \varphi = \varPhi(x_3) e^{i(pt - f x_1)} \\[2mm] \psi = \varPsi(x_3) e^{i(pt - f x_1)} \end{array}\right\} \tag{1-71}$$

式中:$i = \sqrt{-1}$;$\varPhi$ 和 $\varPsi$ 是两个函数,它们决定波的振幅如何沿 x_3 方向改变。把 φ 和 ψ 的表达式[见式(1-71)]分别代入式(1-70)中,得

$$\left.\begin{array}{l} \varPhi''(x_3) - (f^2 - h^2)\varPhi(x_3) = 0 \\[2mm] \varPsi''(x_3) - (f^2 - g^2)\varPsi(x_3) = 0 \end{array}\right\} \tag{1-72}$$

式中:$h = p/C_p$,$g = p/C_s$。令 $q^2 = f^2 - h^2$,$s^2 = f^2 - g^2$,则式(1-72)的通解为

$$\left.\begin{array}{l} \varPhi(x_3) = A e^{-q x_3} + A' e^{q x_3} \\[2mm] \varPsi(x_3) = B e^{-s x_3} + B' e^{s x_3} \end{array}\right\} \tag{1-73}$$

式(1-73)等号右侧的第二项为随 x_3 的增加而增加的扰动,与本问题不符,所以系数 A',B' 应该等于零,这样式(1-80)具有下列形式:

$$\left.\begin{array}{l} \varphi = A e^{-q x_3 + i(pt - f x_1)} \\[2mm] \psi = B e^{-s x_3 + i(pt - f x_1)} \end{array}\right\} \tag{1-74}$$

从式(1-74)可以看出,φ 和 ψ 的振幅在 $x_3 = 0$ 处最大,且随着 x_3 的增加而减小,所以

是表面波。边界条件要求在自由表面 $x_3=0$ 上应力分量 $(\sigma_{33},\sigma_{32},\sigma_{31})$ 为零。根据式(1-69)和式(1-74),由边界条件 $\sigma_{33}=\sigma_{31}=0$,得

$$A\left[(\lambda+2\mu)q^2-\lambda f^2\right]-2B\mu isf=0 \qquad (1-75)$$

$$2iqfA+(s^2+f^2)B=0 \qquad (1-76)$$

从式(1-75)和式(1-76)中消去 A,B,得

$$4\mu qsf^2=\left[(\lambda+2\mu)q^2-\lambda f^2\right](s^2+f^2) \qquad (1-77)$$

将式(1-77)等号两边取二次方,并将 $q^2=f^2-h^2$,$s^2=f^2-g^2$,$h=p/C_p$,$g=p/C_s$ 代入,令 $\alpha_1^2=\dfrac{h^2}{g^2}$,$\beta_1^2=\dfrac{g^2}{f^2}$,可得

$$\beta_1^6-8\beta_1^4+(24-16\alpha_1^2)\beta_1^2+(16\alpha_1^2-16)=0 \qquad (1-78)$$

这是 β_1^2 的三次方程,而 $\alpha_1^2=\dfrac{h^2}{g^2}=\dfrac{C_s^2}{C_p^2}=\dfrac{\mu}{\lambda+2\mu}=\dfrac{1-2\upsilon}{2(1-\upsilon)}$,所以,$\alpha_1$ 只依赖于 υ,如果已知介质的 υ,则式(1-78)可用数值法解出。

由于 $\beta_1=\dfrac{g}{f}=\dfrac{p}{fC_s}$,而 p/f 是表面波的波速 C_R,所以 β_1 是表面波波速 C_R 与剪切波波速 C_s 之比,而后者只与材料的弹性常数有关。因此,表面波的传播速度并不依赖于频率 $p/2\pi$,只依赖于材料的弹性常数,故称为非弥散波。

下面分析由瑞利波产生的位移场。根据用 φ 和 ψ 表达位移的关系式(1-69)、式(1-71)和式(1-76),并取实部,得

$$\left.\begin{array}{l} u_1=Af\left[e^{-qx_3}-2qs\ (s^2+f^2)^{-1}e^{-sx_3}\right]\sin(pt-fx_1) \\ u_3=Aq\left[e^{-qx_3}-2f^2\ (s^2+f^2)^{-1}e^{-sx_3}\right]\cos(pt-fx_1) \end{array}\right\} \qquad (1-79)$$

由式(1-79)可以看出质点位移有横向也有纵向分量,二者位相差为 $\pi/2$,所以,质点的运动轨迹为一椭圆。

如果取 $\upsilon=0.25$,那么 $\alpha_1^2=1/3$,解式(1-78)得出 $\beta_1=0.9194$,说明当 $\upsilon=0.25$ 时,表面波的波速是 $0.9194C_s$。此时 $q/f=0.8475$,$s/f=0.3933$,代入 u_1 的振幅表达式中得 $Af\left[e^{-0.8475fx_3}-0.5773e^{-0.3933fx_3}\right]$。可见,$u_1$ 的振幅随 fx_3 的增加而急剧减小,当 $fx_3=1.210$ 时变为零。这说明,在深度为 $x_3=1.21/f$ 处的平面内没有平行于表面的运动。根据定义 $f=\dfrac{2\pi}{波长}$,于是,在 $x_3=0.193\times$ 波长的深度,$u_1=0$。当深度继续增大时,振幅又非零,但符号相反,即有反位相的振动。同样可以分析 u_3 振幅随深度的衰减。在 x_3 增加时,振动的振幅最初也是增加,在深度为波长的 0.076 倍时达到最大值,然后单调减小。在深度为一个波长处,即 $fx_3=2\pi$ 处,振幅减小到表面值的 0.19 倍。

可见,平行于表面和垂直于表面的振动随深度的衰减是与 fx_3 密切相关的。由于 p/f 是表面波传播的速度 C_R,它对于给定的材料是一个常数,而 $p/2\pi$ 是振动的频率,那么 f 是与频率成比例的。因此高频的瑞利波随着深度的衰减比低频的瑞利波快。如图1-6所示,瑞利波(R波)为面波的一种类型,面波沿界面传播,R波传播速度略低于横波,引起质点在竖向做逆时针椭圆运动,是P波和S波竖向偏振分量受界面影响干涉的结果,振幅随竖向沿离开界面距离衰减。

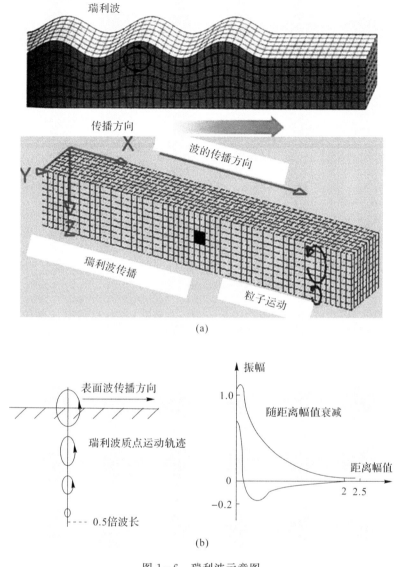

图 1-6　瑞利波示意图

(a)瑞利波示意图;(b)瑞利波质点运动轨迹与衰减规律示意图

1.6.2　弹性波在自由表面的反射

当弹性波入射到自由表面时,表面的质点将产生振动。可以把这种振动看成新的波源,由它所激发产生的波称为子波。这些子波在一定的方向上相互加强而形成反射波。弹性波反射时有一个重要特点,即在反射时可能发生波型的转换。例如:入射波为 P 波时,反射波中既有 P 波还可能有 S 波;入射波为 S 波时,既反射 S 波还可能反射 P 波。

1. P 波在自由表面的反射

选取直角坐标系 $Ox_1x_2x_3$,使 x_2Ox_3 平面为自由表面,弹性介质在 $x_1>0$ 的一侧,$x_1<0$

的一侧为真空。现在假定有一列平面简谐 P 波在平面 $x_1 O x_2$ 内沿与 x_1 轴成 α_1 角的方向入射到自由边界上(见图 1-7),其频率为 $p/2\pi$。它垂直于波前的位移用 $\boldsymbol{\Phi}_1$ 表示成如下形式:

$$\boldsymbol{\Phi}_1 = A_1 \sin(pt + f_1 x_1 + g_1 x_2) \tag{1-80}$$

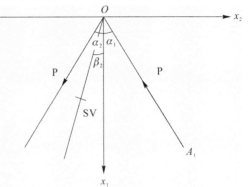

图 1-7 P 波在自由表面的反射

式中:A_1 是波的振幅;$f_1 = \dfrac{p \cos\alpha_1}{C_p}$;$g_1 = \dfrac{p \sin\alpha_1}{C_p}$(这里波沿 x_1 和 x_2 减小的方向传播)。

平行于 x_1,x_2 方向的位移 $\boldsymbol{u}_1$,$\boldsymbol{v}_1$ 为

$$\left.\begin{aligned} \boldsymbol{u}_1 &= \boldsymbol{\Phi}_1 \cos\alpha_1 \\ \boldsymbol{v}_1 &= \boldsymbol{\Phi}_1 \sin\alpha_1 \end{aligned}\right\} \tag{1-81}$$

令反射的 P 波与 x_1 轴的夹角为 α_2,它垂直于波前的位移为

$$\boldsymbol{\Phi}_2 = A_2 \sin(pt - f_2 x_1 + g_2 x_2 + \delta_1) \tag{1-82}$$

式中:A_2 是波的振幅;$f_2 = \dfrac{p\cos\alpha_2}{C_p}$,$g_2 = \dfrac{p\sin\alpha_2}{C_p}$;$\delta_1$ 为常数,表示反射时波的位相改变。如以 $\boldsymbol{u}_2$,$\boldsymbol{v}_2$ 表示反射波的位移分量,则

$$\left.\begin{aligned} \boldsymbol{u}_2 &= -\boldsymbol{\Phi}_2 \cos\alpha_2 \\ \boldsymbol{v}_2 &= \boldsymbol{\Phi}_2 \sin\alpha_2 \end{aligned}\right\} \tag{1-83}$$

在自由边界($x_1=0$)上,$\sigma_{11}=\sigma_{12}=0$。以 $\boldsymbol{u}$ 和 $\boldsymbol{v}$ 表示由入射波和反射波所产生的位移之和,并根据

$$\left.\begin{aligned} \sigma_{11} &= \lambda\left(\frac{\partial \boldsymbol{u}}{\partial x_1} + \frac{\partial \boldsymbol{v}}{\partial x_2}\right) + 2\mu\frac{\partial \boldsymbol{u}}{\partial x_1} \\ \sigma_{12} &= \boldsymbol{\mu}\left(\frac{\partial \boldsymbol{v}}{\partial x_1} + \frac{\partial \boldsymbol{u}}{\partial x_2}\right) \end{aligned}\right\} \tag{1-84}$$

可以得出边界上应满足

$$\left.\begin{aligned} A_1(\lambda + 2\mu\cos^2\alpha_1)\cos(pt + g_1 x_2) + A_2(\lambda + 2\mu\cos^2\alpha_2)\cos(pt + g_2 x_2 + \delta_1) &= 0 \\ A_1\sin2\alpha_1\cos(pt + g_1 x_2) - A_2\sin2\alpha_2\cos(pt + g_2 x_2 + \delta_1) &= 0 \end{aligned}\right\} \tag{1-85}$$

显然,对任意的 x_2 和 t,式(1-85)中的两个等式不能同时满足。若要满足第一个等式,必须有 $g_1=g_2$(即 $\alpha_1=\alpha_2$),并且有 $\delta_1=0$,$A_1=-A_2$。但此时,第二个等式并不为零。因此除了反射一个 P 波之外,还必须反射一个 S 波,才能使两个边界条件同时得到满足。

令反射的 S 波传播方向与 x_1 轴的夹角为 β_2,其位移为

$$\boldsymbol{\Phi}_3 = A_3 \sin(pt - f_3 x_1 + g_3 x_2 + \delta_2) \tag{1-86}$$

式中:A_3 是波的振幅;$f_3 = \dfrac{p\cos\beta_2}{C_s}$;$g_2 = \dfrac{p\sin\beta_2}{C_s}$;$\delta_2$ 是反射时波的位相改变。由于 S 波的振动是横向的,且假定在 x_3 方向没有运动,因此,振动必定发生在 $x_1 O x_2$ 平面内,是 SV 波,其位移为

$$\left.\begin{array}{l} \boldsymbol{u}_3 = \boldsymbol{\Phi}_3 \sin\beta_2 \\ \boldsymbol{v}_3 = \boldsymbol{\Phi}_3 \cos\beta_2 \end{array}\right\} \tag{1-87}$$

对 $x_1 = 0, \sigma_{12} = 0$ 的边界条件,用 $\boldsymbol{u} = \boldsymbol{u}_1 + \boldsymbol{u}_2 + \boldsymbol{u}_3, \boldsymbol{v} = \boldsymbol{v}_1 + \boldsymbol{v}_2 + \boldsymbol{v}_3$ 代入后可得

$$\frac{A_1}{C_p} p\sin2\alpha_1 \cos(pt + g_1 x_2) - \frac{A_2}{C_p} p\sin2\alpha_2 \cos(pt + g_2 x_2 + \delta_1) -$$

$$\frac{A_3}{C_s} p\cos2\beta_2 \cos(pt + g_3 x_2 + \delta_2) = 0 \tag{1-88}$$

式(1-88)要满足所有的 x_2 和 t,则必须满足 $g_1 = g_2 = g_3$,即

$$\frac{\sin\alpha_1}{C_p} = \frac{\sin\alpha_2}{C_p} = \frac{\sin\beta_2}{C_s} \tag{1-89}$$

因此

$$\left.\begin{array}{l} \alpha_1 = \alpha_2 \\ \dfrac{\sin\alpha_1}{\sin\beta_2} = \dfrac{C_p}{C_s} \end{array}\right\} \tag{1-90}$$

于是,P 波的反射角等于入射角,而 S 波的反射角的正弦函数与 P 波入射角的正弦函数之比等于 S 波波速与 P 波波速之比。由 $C_p > C_s$ 可得出,S 波的反射角 β_2 恒小于波的入射角 α_1。对于 δ_1 和 δ_2,只能取零或 π,如令 $\delta_1 = \delta_2 = 0$,可以得出振幅之间的关系为

$$2(A_1 - A_2)\cos\alpha_1 \sin\beta_2 - A_3 \cos2\beta_2 = 0 \tag{1-91}$$

同样,由 $x_1 = 0, \sigma_{11} = 0$ 的边界条件,令 $g_1 = g_2 = g_3, \delta_1 = \delta_2 = 0$,则得出振幅满足下面的条件:

$$(A_1 + A_2)\cos2\beta_2 \sin\alpha_1 - A_3 \sin\beta_2 \sin2\beta_2 = 0 \tag{1-92}$$

由式(1-81)和式(1-82)可以算出两个反射波的振幅。因为这些方程可以应用于任意频率的简谐波,所以对任意形式的波它们都成立。

在垂直入射时,由式(1-81)和式(1-82)可以得出 $A_3 = 0, A_1 = A_2$。因此,在这种情况下,反射时不产生 SV 波。反射膨胀波的振幅等于入射波的振幅,只是在边界反射时位相改变 π。于是,压缩波变成拉伸波,或拉伸波变成压缩波。

2. S 波在自由表面的反射

同前,假定一个在 $x_1 O x_2$ 平面内传播的平面 S 波入射到 $x_2 O x_3$ 自由表面上,入射角为 β'_1。这里与 P 波不同的是必须明确波振动的方向。由于任意 S 波所产生的位移,都可由两个振动方向互相垂直的分量波叠加而得,因此只要确定一个平行于 $x_1 O x_2$ 平面振动的波(SV 波)和一个垂直于 $x_1 O x_2$ 平面(平行于 x_3 轴)振动的波(SH 波)的反射条件就足够了。

对于一个平行于 $x_1 O x_2$ 平面振动的 SV 波,介质质点位移分量 $u_3 = 0$,而 u_1, u_2 都只是 x_1, x_2 及 t 的函数。因此,该问题是一个二维的平面运动的问题。处理方法与 P 波入射时类似。如图 1-8 所示,SV 波的入射角为 β'_1,在自由表面 $x_1 = 0$ 上的边界条件为 $\sigma_{11} = 0$ 和 $\sigma_{12} = 0$。此边界条件只有在不仅有反射 SV 波而且还有反射 P 波时才能得到满足。SV 波的反射角等于入射角,即 $\beta'_2 = \beta'_1$;P 波的反射角 α'_2 由方程 $\dfrac{\sin\alpha'_2}{\sin\beta'_1} = \dfrac{C_p}{C_s}$ 决定。显然,$\alpha'_2 > \beta'_1$。若入射的 SV 波振幅为 B_1,反射 SV 波的振幅为 B_2,反射 P 波的振幅为 B_3,则由 $x_1 = 0$ 的边界条件可以算出振幅之比为

$$\left.\begin{aligned}
\frac{B_2}{B_1} &= \frac{\sin 2\alpha'_2 \sin 2\beta'_1 - k^2 \cos^2 2\beta'_1}{\sin 2\alpha'_2 \sin 2\beta'_1 + k^2 \cos^2 2\beta'_1} \\
\frac{B_3}{B_1} &= \frac{-2k^2 \sin 2\beta'_1 \cos 2\beta'_1}{\sin 2\alpha'_2 \sin 2\beta'_1 + k^2 \cos^2 2\beta'_1}
\end{aligned}\right\} \tag{1-93}$$

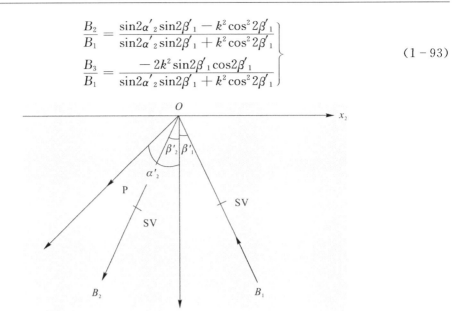

图 1-8　S 波在自由表面的反射

这里 $k = C_p/C_s$，且有以下几种特殊情况：

（1）正入射，即 $\beta'_1 = 0$。这时 $B_3/B_1 = 0$，$B_2/B_1 = -1$。也就是说，没有反射的 P 波，而反射的 SV 波与入射的 SV 波的振幅相等，位相差一个 π。

（2）当 $\sin 2\alpha'_2 \sin 2\beta'_1 = k^2 \cos^2 2\beta'_1$ 时，$B_2 = 0$，即没有反射的 SV 波，只有反射的 P 波。

（3）当 $\beta'_1 = \beta_c = \arcsin \dfrac{C_s}{C_p}$ 时，$\alpha'_2 = \dfrac{\pi}{2}$。因此，当 β'_1 大于临界值 β_c 时，反射的 P 波将沿界面传播。

对于一个垂直于 $x_1 O x_2$ 平面（平行于 x_3 轴）振动的 SH 波，在 x_1 和 x_2 方向上是没有运动的，$u_1 = 0$，$u_2 = 0$，因此，这种波又被称为反平面波。当 SH 波入射到自由表面上时，由界面的边界条件知只有反射 SH 波。反射角等于入射角，反射 SH 波与入射 SH 波具有相同振幅和相反位相。

1.6.3　Lamb 波

1917 年，英国力学家 H. Lamb 在研究自由平板波动时得到了两个方程，分别描述了质点振动的对称模式和反对称模式，并绘制了其频散曲线。这种自由平板内的波动实质上是一种声波导，它是板内纵波与横波相互作用形成的一种特殊形式的应变波。为纪念它的发现者，将其命名为 Lamb 波，其示意图如图 1-9 所示。通常，Lamb 波只存在于激励波波长与厚度同数量级的薄板中。研究人员发现，Lamb 波在层状介质中传播时可向其最外两侧介质辐射声波（泄漏波），而且更为重要的是即便是在完全弹性介质中，这种能量泄漏同样能导致 Lamb 波自身出现幅值衰减的现象，称为泄漏 Lamb 波。Lamb 波传播特征方程通常比较复杂，不存在解析解，需采用数值计算方法才能获取相关特征曲线。本书引入复波数向量更增加了其复杂性,使之成为复数超越方程。

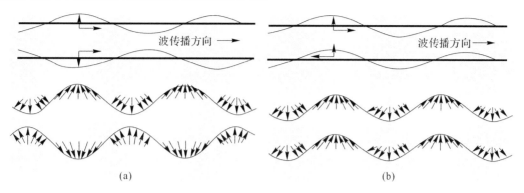

(a)　　　　　　　　　　　　　　　(b)

图 1－9　Lamb 波位移示意图

(a)Lamb 波对称模式示意图;(b)Lamb 波反对称模式示意图

1.6.4　Love 波

自 1911 年 Love 首次提出 Love 波概念以来,Love 波的研究引起了声学工作者的广泛关注。Love 波是在表面层的边界经过多次全反射而被收集在表面层中的水平偏振剪切波,在传播过程中携带了大量关于覆层、覆层与基体界面物理参数的信息,具有幅度大、衰减慢的特点,其示意图如图 1－10 所示。

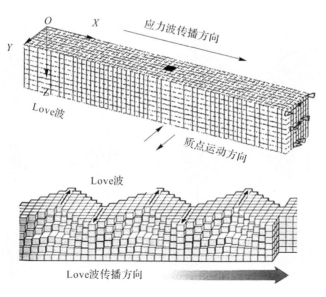

图 1－10　Love 波传播规律示意图

体波是指在无限介质中传播的波,包含纵波(P 波)和横波(S 波)。纵波和横波是最基本的波,当介质物理参数固定时,它们以各自的特定速度无耦合地传播。导波是由声波在介质中的不连续交界面间产生多次往复反射形成的新的超声波类型,而将传播导波的介质称为波导。超声无损检测中遇到的导波主要有棒波、管波、瑞利波、Lamb 波及 Love 波等。导波有一些独特的性质,比如相速度常常随频率的不同而有所改变,即所谓的频散现象。频散过程中会出现声波波形随频率的改变而发生变化的现象,称为模态转换。这时,波动方程的解在满足控制方程的同时必须满足实际的边界条件。边界条件的引入使得求解导波问题的解析解出现多值性,在很多问题中甚至找不到解析解。由于导波具有的频散特性,导波问题中通常存在多种模态,即在一个波导中可以存在多种不同的导波模态。

1.6.5 平面波在分层介质界面上的反射和折射

当任何一种弹性波到达没有相对滑动的两种弹性介质的分界面时,就会产生折射波和反射波。选分界面为坐标面 $x_2 O x_3$,在 $x_1 > 0$ 的部分为介质 I,在 $x_1 < 0$ 的部分为介质 II,用带撇的上标表示其材料性质。至于边界条件,这里讨论的是两部分介质在分界面上始终接触而无破裂的情形,越过分界面时位移分量及应力分量都必须是连续的,所以,分界面两边的法向位移、切向位移、正应力、剪应力分别相等。这类问题的处理方法与自由表面反射情形类似,所以不再详细推导。

1. P 波入射到分界面上的反射和折射

如图 1-11 所示,一个在 $x_1 O x_2$ 平面内传播的 P 波,入射角为 α_1。这时要满足分界面上的边界条件,就必须有反射和折射的 P 波及 SV 波。设 P 波的反射角和折射角为 α_2,α_3,SV 波的反射角和折射角为 β_2,β_3,由边界条件可得

$$\frac{\sin\alpha_1}{C_p} = \frac{\sin\alpha_2}{C_p} = \frac{\sin\alpha_3}{C'_p} = \frac{\sin\beta_2}{C_s} = \frac{\sin\beta_3}{C'_s} \tag{1-94}$$

式中:C_p 和 C_s 是介质 I 中 P 波和 SV 波的波速;C'_p 和 C'_s 对应于介质 II 中的波速。另外,还可以得出各波的振幅之间的关系。

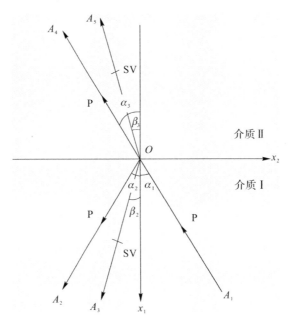

图 1-11 P 波的反射与折射

在垂直入射的情况下 ($\alpha_1 = 0$)，只发生反射和折射的 P 波，且反射波振幅 A_2、透射波振幅 A_4 为

$$\left. \begin{array}{l} A_2 = A_1 (\rho' C'_p - \rho C_p)/(\rho' C'_p + \rho C_p) \\ A_4 = A_1 2\rho C_p/(\rho' C'_p + \rho C_p) \end{array} \right\} \qquad (1-95)$$

可见，反射 P 波的振幅依赖于 $(\rho' C'_p - \rho C_p)$。ρC_p 称为介质的特征阻抗(也叫声阻抗)。如果两种介质的特征阻抗相同，那么在 P 波垂直入射时不产生任何反射波，全部透射。如果 $\rho' C'_p > \rho C_p$，那么在 $x=0$ 界面，反射波与入射波振幅和位相都相同。如果 $\rho' C'_p < \rho C_p$，那么反射时振幅相同，位相差 π。

2.SV 波入射到分界面上的反射和折射

假设一振幅为 B_1 的 SV 波在 $x_1 O x_2$ 平面内传播，它以 β'_1 的角度入射到 $x_2 O x_3$ 平面的分界面上。如图 1-12 所示，为了满足边界条件，会产生四种波，它们的夹角之间满足

$$\frac{\sin\beta'_1}{C_s} = \frac{\sin\beta'_2}{C_s} = \frac{\sin\alpha'_2}{C_p} = \frac{\sin\alpha'_3}{C'_p} = \frac{\sin\beta'_3}{C'_s} \qquad (1-96)$$

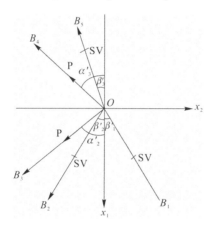

图 1-12　SV 波的反射与折射

同样，可由边界条件导出各波振幅之间的关系。另外，在垂直入射 ($\beta'_1 = 0$) 时，不产生 P 波，且反射 SV 波振幅 B_2 及折射 SV 波振幅 B_5 满足

$$\left. \begin{array}{l} B_1 + B_2 - B_5 = 0 \\ \rho C_s (B_1 - B_2) - \rho' C'_s B_5 = 0 \end{array} \right\} \qquad (1-97)$$

如果这两种介质的 $\rho C_s = \rho' C'_s$，那么在垂直入射时，$B_2 = 0$，即没有 SV 波反射。

3.SH 波入射到分界面上的反射和折射

同样假设一振幅为 B_1 的 SH 波以 β'_1 角入射到分界面 $x_2 O x_3$ 上(见图 1-13)。因为 SH 波的振动平行于 x_3 轴，所以，没有反射和折射的 P 波。令反射和折射的 SH 波的振幅分别为 B_2 和 B_5，前者的反射角 β'_2 等于入射角 β'_1，后者的折射角为 β'_3，满足

$$\frac{\sin\beta'_3}{\sin\beta'_1} = \frac{C'_s}{C_s} \qquad (1-98)$$

这时由边界条件可得到各波振幅间应满足

$$
\left.
\begin{array}{l}
B_1 + B_2 - B_5 = 0 \\
\rho \sin 2\beta'_1 (B_1 - B_2) - B_5 \rho' \sin 2\beta'_3 = 0
\end{array}
\right\} \tag{1-99}
$$

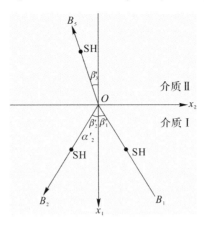

图 1-13 SH 波的反射与折射

1.7 波在有限弹性介质中的传播

前面得到的各向同性无限弹性体中的波动方程,从理论来讲,对任何有限各向同性弹性体中应力波传播的问题,都可以结合适当的边界条件和初始条件从这些方程中解出。然而,实际上,除极简单的情形外,很难得到理论解。这里仅介绍一些关于波传播问题的简单处理方法和初等理论。

1.7.1 在细长杆中纵波的传播

1.7.1.1 波动方程

在研究纵波在细长杆中传播的问题时,一般都要做平截面假定,即在波传播的过程中,杆的每个横截面保持为平面,且在横截面上应力分布是均匀的。这一假定只是在波长比杆的直径大得多时才近似成立。有了平截面假定,纵波在细杆中传播的问题就变成了一维波动问题。对于沿均匀截面的细杆传播的波,取杆轴为 x 轴,则运动方程变为

$$
\frac{\partial \sigma}{\partial x} = \rho \frac{\partial^2 u}{\partial t^2} \tag{1-100}
$$

式中:σ 为杆横截面上的正应力;u 为沿轴向的位移。在单向应力情况,应力-应变关系变为

$$
\sigma = E\varepsilon = E \frac{\partial u}{\partial x} \tag{1-101}
$$

将式(1-101)代入式(1-100)中,于是

$$
\frac{\partial^2 u}{\partial x^2} = \frac{1}{C_0^2} \frac{\partial^2 u}{\partial t^2} \tag{1-102}
$$

式中:$C_0 = \sqrt{\dfrac{E}{\rho}}$ 是纵波的波速。这就是纵波在细杆中传播的波动方程。这里需要注意的是,

只有在波长比杆的直径大得多时,平截面假定才成立,纵波才以速度 C_0 沿杆传播。当杆不是细杆时,即波长与杆直径是同一数量级时,横截面上的应力分布不是均匀的,上述结论不再成立。一维波动方程[见式(1-102)]的解可写成

$$u = f(C_0 t - x) + g(C_0 t + x) \tag{1-103}$$

式中:f 和 g 是由初始条件确定的任意函数,f 是沿 x 正方向传播的波(右行波),g 是沿 x 负方向传播的波(左行波)。

1.7.1.2　质点速度与应力的关系

为了简单起见,我们只考虑一个沿 x 正方向传播的右行波,即

$$u = f(C_0 t - x) \tag{1-104}$$

式(1-104)等号两边分别对 x 和 t 微分,得到

$$\left. \begin{aligned} \frac{\partial u}{\partial x} &= -f'(C_0 t - x) \\ \frac{\partial u}{\partial t} &= C_0 f'(C_0 t - x) \end{aligned} \right\} \tag{1-105}$$

于是

$$\frac{\partial u}{\partial t} = -C_0 \frac{\partial u}{\partial x} \tag{1-106}$$

将 $\dfrac{\partial u}{\partial x} = \varepsilon = \dfrac{\sigma}{E}$ 代入式(1-106),得

$$\sigma = -\frac{E}{C_0} \frac{\partial u}{\partial t} = -\rho C_0 v \tag{1-107}$$

式(1-107)说明,任意点的应力 σ 与该点的质点速度 v 成正比。用同样的方法可以得出沿 x 轴负方向传播的波的应力与质点速度的关系。从式(1-97)可以得出这样的结论:当波传播的方向与 v 同向时,σ 为压应力,即杆受压缩冲击作用;当杆受拉伸冲击作用时,σ 为拉应力,这时波的传播方向与 v 的方向相反。

1.7.1.3　有限长细杆中的纵波

设一有限长细杆如图 1-14 所示,杆长为 l,一端受一个应力脉冲 $\sigma(t)$ 作用,产生了沿杆轴向传播的纵波。下面分别介绍当纵波到达杆的端部时,由于端部边界条件不同而出现的几种情况。

图 1-14　细长杆中的纵波传播

1. 自由端

当杆端为自由端时,则在端面上应力为零。利用这一边界条件,便可以找出反射波的性质。设入射波的位移为

$$u_i = f(C_0 t - x) \tag{1-108}$$

反射波的位移为

$$u_r = g(C_0 t + x) \tag{1-109}$$

那么，这两个波所产生的应力分别为

$$\left.\begin{array}{l} \sigma_i = E \dfrac{\partial u_i}{\partial x} = -Ef'(C_0 t - x) \\[2mm] \sigma_r = E \dfrac{\partial u_r}{\partial x} = -Eg'(C_0 t + x) \end{array}\right\} \tag{1-110}$$

由自由端的边界条件 $\sigma(l,t)=0$，得

$$-f'(C_0 t - l) + g'(C_0 t + l) = 0 \tag{1-111}$$

由此可以看出，反射应力脉冲与入射应力脉冲具有相同的形状，但符号相反。因此，如果入射的是压缩波，在自由端反射后变成一个相似的拉伸波。另外，还可以推出在杆的自由端，反射波与入射波质点的速度和位移都相同，因此，在自由端质点的速度和位移都加倍。

2. 固定端

当杆端为固定端时，边界条件要求在杆端处位移和质点速度都为零，即

$$u_i + u_r = f(C_0 t - l) + g(C_0 t + l) = 0 \tag{1-112}$$

这表明，反射波所产生的位移与入射波的位移大小相等，但方向相反。入射波和反射波产生的质点速度分别为

$$\left.\begin{array}{l} v_i = C_0 f'(C_0 t - x) \\[2mm] v_r = C_0 g'(C_0 t + x) \end{array}\right\} \tag{1-113}$$

则应力分别为

$$\left.\begin{array}{l} \sigma_i = -\rho C_0 v_i = -Ef'(C_0 t - x) \\[2mm] \sigma_r = \rho C_0 v_r = Eg'(C_0 t + x) \end{array}\right\} \tag{1-114}$$

在固定端，$v_i + v_r = 0$，所以

$$f'(C_0 t - l) + g'(C_0 t + l) = 0 \tag{1-115}$$

则有

$$\sigma(l,t) = \sigma_i(l,t) + \sigma_r(l,t) = 2\sigma_i(l,t) \tag{1-116}$$

于是，当纵波在杆的固定端反射时，质点的位移方向和波传播的方向同时改变，而应力波的形状和符号都不变，应力加倍。

3. 端部与不同材料细杆连接（见图 1-15）

若杆端和横截面的几何形状、尺寸与其完全相同、材料性质不同的另一细杆相连。在这种情况下，当入射波到达杆端时，不仅有反射波，还会有透射波。

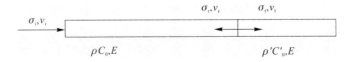

图 1-15　波在不同材料细杆中的传播

设入射波、反射波和透射波引起的质点位移分别为

$$\left. \begin{array}{l} u_i = f(C_0 t - x) \\ u_r = g(C_0 t + x) \\ u_t = h(C'_0 t - x) \end{array} \right\} \qquad (1-117)$$

质点速度分别为

$$\left. \begin{array}{l} v_i = C_0 f'(C_0 t - x) \\ v_r = C_0 g'(C_0 t + x) \\ v_t = C'_0 h'(C'_0 t - x) \end{array} \right\} \qquad (1-118)$$

各波对应的应力为

$$\left. \begin{array}{l} \sigma_i = -E f'(C_0 t - x) \\ \sigma_r = E g'(C_0 t + x) \\ \sigma_t = -E' h'(C'_0 t - x) \end{array} \right\} \qquad (1-119)$$

由 $x = l$ 处的边界条件——应力、质点位移和速度都连续,即 $v_i + v_r = v_t$ 和 $\sigma_i + \sigma_r = \sigma_t$,经整理得到

$$\left. \begin{array}{l} \dfrac{g'(C_0 t + l)}{f'(C_0 t - l)} = -\dfrac{\rho' C'_0 - \rho C_0}{\rho' C'_0 + \rho C_0} \\[3mm] \dfrac{h'(C'_0 t - l)}{f'(C_0 t - l)} = \dfrac{2 C_0^2 \rho}{C'_0 (\rho' C'_0 + \rho C_0)} \end{array} \right\} \qquad (1-120)$$

我们把 $C_r = \dfrac{\sigma_r}{\sigma_i}$ 叫作反射系数,$C_t = \dfrac{\sigma_t}{\sigma_i}$ 叫作透射系数,则利用式(1-120)有

$$\left. \begin{array}{l} C_r = \dfrac{\rho' C'_0 - \rho C_0}{\rho' C'_0 + \rho C_0} = \dfrac{1 - \dfrac{\rho C_0}{\rho' C'_0}}{1 + \dfrac{\rho C_0}{\rho' C'_0}} \\[6mm] C_t = \dfrac{-E' h'(C'_0 t - x)}{-E f'(C_0 t - x)} = \dfrac{C_0'^2 \rho'}{C_0^2 \rho} \dfrac{2 C_0^2 \rho}{C'_0 (\rho' C'_0 + \rho C_0)} = \dfrac{2 \rho' C'_0}{\rho' C'_0 + \rho C_0} = \dfrac{2}{1 + \dfrac{\rho C_0}{\rho' C'_0}} \end{array} \right\}$$

$$(1-121)$$

从式(1-121)可以看出:

(1)当 $\rho' C'_0 > \rho C_0$ 时,入射波和反射波的应力同号,即同为拉应力或者同为压应力,而且 $|\sigma_t| > |\sigma_i|$;

(2)当 $\rho' C'_0 < \rho C_0$ 时,入射波和反射波的应力反号,而且 $|\sigma_t| < |\sigma_i|$;

(3)由于 C_t 在任何情况都大于零,所以透射波与入射波的应力永远是同号。

1.7.2 杆的扭转振动

圆柱形杆做扭转振动时,杆内有横波沿杆轴向传播。此时假定每个横截面仍保持为平面,并绕其中心转动。现考虑图1-16所示的单元 PQ,其长度为无限小 δx。设作用在 P 截面的扭矩为 T,Q 截面的扭矩为 $T + \dfrac{\partial T}{\partial x} \delta x$,二者方向相反,单元对中心的平均转角为 θ。

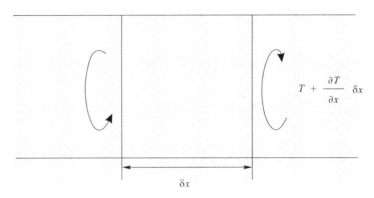

$$T + \frac{\partial T}{\partial x}\delta x$$

$$\delta x$$

图 1 - 16　圆柱扭杆中的波

由转动惯量 I 与角加速度的乘积与合扭矩平衡得

$$I\frac{\partial^2 \theta}{\partial t^2} = \frac{\partial T}{\partial x}\delta x \qquad\qquad (1-122)$$

如果 P、Q 截面相对转过了一个 $\delta\theta$ 角，那么

$$T = \frac{1}{2}\pi r^4 \mu \frac{\partial \theta}{\partial x} \qquad\qquad (1-123)$$

式中：r 为圆杆横截面半径。另外，PQ 单元对其中心轴的转动惯量为

$$I = \frac{1}{2}\pi r^4 \rho \delta x \qquad\qquad (1-124)$$

于是，当 δx 无限小时，由式（1-122）得

$$\frac{\partial^2 \theta}{\partial x^2} = \frac{1}{C_s}\frac{\partial^2 \theta}{\partial t^2} \qquad\qquad (1-125)$$

这就是圆杆扭转的波动方程，$C_s = \sqrt{\dfrac{\mu}{\rho}}$ 是扭转波在圆杆中的传播速度，它与无限弹性介质中剪切波的波速一致。

1.7.3　杆的弯曲振动

由于在弯曲振动时杆的弹性变形比较复杂，因此这类问题比较复杂。在等截面杆的最简单的弯曲振动理论中，假定了杆的每一个单元的运动都只有垂直于杆轴的横向运动。如图 1-17 所示，在 xOz 平面内弯曲的杆中，取一长为 δx 的小单元 PQ 进行分析。单元在 z 轴方向的运动方程为

$$\rho A \frac{\partial^2 \omega}{\partial t^2} = \frac{\partial F}{\partial x} \qquad\qquad (1-126)$$

式中：A 是杆的横截面面积；ω 是 z 方向的位移；F 为 z 方向的剪力。过单元中心并沿 y 方向的轴取力矩，得

$$\frac{\partial M}{\partial x}\delta x - \left(2F + \frac{\partial F}{\partial x}\delta x\right)\frac{\delta x}{2} = 0 \qquad\qquad (1-127)$$

令 δx 趋于无限小，则式（1-127）变为

$$F = \frac{\partial M}{\partial x} \qquad\qquad (1-128)$$

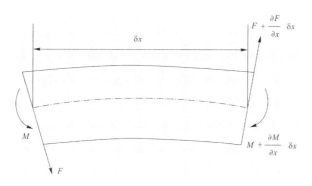

图 1-17　弯曲单元受力变形示意图

如果中性面的曲率半径为 R,横截面对转轴的转动惯量为 I,那么对于小变形,弯矩可表示为

$$M = \frac{EI}{R} = -EI \frac{\partial^2 \omega}{\partial x^2} \qquad (1-129)$$

于是

$$F = -EI \frac{\partial^3 \omega}{\partial x^3} \qquad (1-130)$$

代入式(1-119)中得

$$\rho A \frac{\partial^2 \omega}{\partial t^2} = -EI \frac{\partial^4 \omega}{\partial x^4} \qquad (1-131a)$$

或者

$$\frac{\partial^2 \omega}{\partial t^2} = -C_0^2 K^2 \frac{\partial^4 \omega}{\partial x^4} \qquad (1-131b)$$

式中: $K = \sqrt{\dfrac{I}{A}}$ 是横截面对位于中性面内且垂直于杆轴的回转半径。

为简便起见,设一正弦弯曲波沿杆以速度 C 传播,则

$$\omega = D\cos(pt - fx) \qquad (1-132)$$

式中: D 是振幅; $f = \dfrac{2\pi}{\lambda}$; $p = \dfrac{2\pi C}{\lambda}$; λ 是波长。将式(1-132)代入式(1-131b)中得

$$p^2 = C_0^2 K^2 f^4 \qquad (1-133)$$

或

$$C = \frac{2\pi C_0 K}{\lambda} \qquad (1-134)$$

从这里可以看出,弯曲波的波速与波长 λ 有关,这种波在传播时会发生弥散。另外,当波长无穷小时,传播速度无穷大,这从物理上来看显然是不合适的。所以上述理论只适用于波长比回转半径 K 大很多的情况。

1.7.4　几个实例

1.在不同材料和不同截面组成的杆中应力的传播

考虑图 1-18 所示的杆,一个压缩应力强度为 σ_i 的入射弹性波在 S_1 杆中向右传播。假

定当应力波到达界面 AB 时,从 AB 界面反射回来的应力波强度为 σ_r,通过 AB 界面透射进入 S_2 的应力强度为 σ_t。

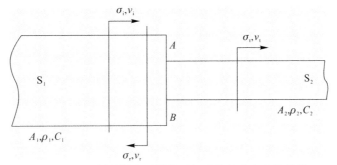

图 1-18 不同材料和不同截面组成的杆中应力的传播

由于在 AB 界面应满足如下条件:

(1)从 S_1 和 S_2 作用在 AB 界面上的力,在所有时刻均相等;

(2)S_1 和 S_2 在 AB 界面的质点速度相等。

由条件(1)得

$$A_1(\sigma_i + \sigma_r) = A_2\sigma_t \tag{1-135}$$

由条件(2)得

$$v_i + v_r = v_t \tag{1-136}$$

于是,可以得

$$\left. \begin{aligned} \sigma_t &= \frac{2A_1\rho_2 C_2}{A_2\rho_2 C_2 + A_1\rho_1 C_1}\sigma_i \\ \sigma_r &= \frac{A_2\rho_2 C_2 - A_1\rho_1 C_1}{A_2\rho_2 C_2 + A_1\rho_1 C_1}\sigma_i \end{aligned} \right\} \tag{1-137}$$

由此可以看出,如果 S_1 和 S_2 是同一种材料,那么 $\rho_1 = \rho_2$,$C_1 = C_2$,这时式(1-137)变成

$$\left. \begin{aligned} \sigma_t &= \frac{2A_1}{A_2 + A_1}\sigma_i \\ \sigma_r &= \frac{A_2 - A_1}{A_2 + A_1}\sigma_i \end{aligned} \right\} \tag{1-138}$$

于是:如果 $A_2 > A_1$,那么有 $\sigma_t < \sigma_i$,并且 σ_r 与 σ_i 同号;如果 $A_2 < A_1$,那么有 $\sigma_t > \sigma_i$,并且 σ_r 与 σ_i 异号;如果 $A_2/A_1 \to 0$,相当于 AB 界面是自由的,这时 σ_r 与 σ_i 异号,并且 $\sigma_r \to -\sigma_i$,即反射一个大小相同但符号相反的波;如 $A_2/A_1 \to \infty$,相当于 AB 界面是固定端。这时 σ_r 与 σ_i 同号,并且 $\sigma_r \to \sigma_i$,即反射一个相同的波。

当然,这只是近似的。因为前面忽略了横向应变和横向惯性,以及重力和阻尼的影响。并且在 AB 不连续时,条件(2)只在材料内部才是正确的,而不是在整个端面。在 AB 附近(约等于一个直径的长度范围内)将发生局部的复杂应力波的相互作用。

2. 两根杆的共轴碰撞

考虑图 1-19 所示的两根完全相同的杆,以同样的速度相向而行承受正向碰撞。

在碰撞后,立即有一个强度为 $\rho v_0 C_0$ 的压缩波,从碰撞的共同平面进入每一根杆子,在

$0 < t < l/C_0$ 时对应于图 1－19(b)。在这时压缩波所包围的质点其速度 $v=0$，直到 $t=l/C_0$，两根杆子都处于稳定不动的情况，但是受压缩应力 $\sigma = \rho v_0 C_0$，杆子的全部动能 K 都变成应变能 E。

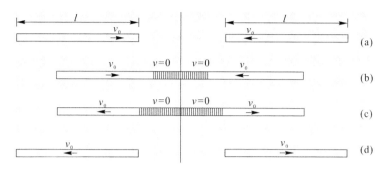

图 1－19　等长双杆共轴碰撞示意图
(a)$0 > t$；(b)$0 < t < l/C_0$；(c)$l/C_0 < t < 2l/C_0$；(d)$2l/C_0 < t$

在 $t=l/C_0$ 时，压缩波马上从杆的自由端反射为一拉伸波，它的效果相当于一个卸载波。

在 $l/C_0 < t < 2l/C_0$ 时，如图 1－19(c)所示，反射的拉伸波逐渐抵消入射的压缩波，并给质点一个反向的速度 v_0。

在 $t=2l/C_0$ 时，这两根杆中的应力被完全抵消，并使所有质点获得一个与入射方向相反的速度 v_0，从而在碰撞的共同平面中的质点以相等而相反的速度互相分离。也就是说，在 $t=2l/C_0$ 时，两根杆均为无应力体在碰撞后的第一次回弹。

考虑图 1－20 所示的材料相同，长度不同($l_2 < l_1$)，以相等速度运动的两根杆的正向碰撞。与刚才不同的是，在 $t=2l_2/C_0$ 时，S_2 杆刚好完全没有应力，而杆中每个地方的质点速度完全颠倒。但两杆之间的接触并未终止，在这瞬时 S_2 杆中的卸载波进入 S_1 杆，所以 S_1 杆右端的质点以速度 v_0 向右移动。在 $t=2l_1/C_0$ 时，从 S_1 杆左端反射回来的卸载波到达 S_1 杆的右端，并抵消质点速度 v_0，这时接触终止。如 S_1 杆无限长，则所有时间均保持接触。

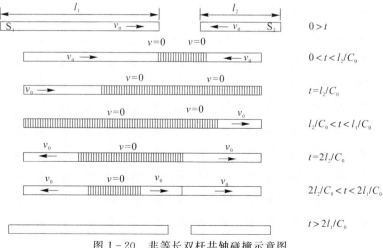

图 1－20　非等长双杆共轴碰撞示意图

3. 受落锤冲击拉伸的杆中应力

如图 1 - 21 所示,由落下的刚性质量 M 对直杆进行冲击拉伸。

假定 M 的所有动能都被吸收而变为杆中均匀分布的应变能,则可得到杆中的均匀应力 σ 为

$$\frac{1}{2}Al\frac{\sigma^2}{E} = \frac{1}{2}Mv^2 \qquad (1-139)$$

或者

$$\sigma^2 = \frac{Mv^2}{Al}E = \frac{M}{m}v^2E\rho \qquad (1-140)$$

式中:A 为杆的横截面积;l 为杆的长度;ρ 为杆的密度;m 为杆的质量;E 为杆材料的弹性模量;v 为质量 M 的冲击速度。但是,如果考虑应力波的效应,那么在冲击开始的最初阶段,动态应力为

$$\sigma_0 = \rho v C_0 = \rho v\sqrt{E/\rho} = v\sqrt{E\rho} \qquad (1-141)$$

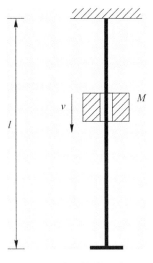

图 1 - 21　冲击拉伸示意图

从这里可以看出,冲击时的动态应力 σ_0 与落锤的质量 M 无关,而只与落锤的冲击速度(即杆中的质点速度 v)和杆的材料性质有关。由

$$\sigma/\sigma_0 = \sqrt{M/m} \qquad (1-142)$$

可以看出,当 M 很小时,$\sigma \ll \sigma_0$。实际上,不管 M 如何小,如果 v 很大的话,在冲击开始时也会在杆中产生很大的应力,特别是当波到达杆的顶部固定端并反射时,应力立即变成 $2\sigma_0$。当冲击速度 v 足够大时,一般都是在顶部固定端处断裂。这充分说明,在考虑冲击载荷作用在结构中的应力时,仍按静态的计算方法是不合适的。

习　　题

1. 拓展学习掌握张量的相关基本概念:爱因斯坦求和约定、Kronecker 符号、Levi-Civita 置换符号、赝矢量与赝张量等。
2. 简述机械波和电磁波的区别。
3. 为什么说物体中的应力或应变是张量?
4. 证明对于矩阵 A 和 B,$\det AB = \det BA = \det A\det B$,其中 det 是行列式符号。
5. 推导弹性应力波在变截面杆中传播的速度和应力、两杆共轴撞击的速度和应力以及受落锤冲击拉伸的杆中应力。

第2章 多维动态力学量的测试技术

2.1 主应力、应变的求解

各种结构在静、动态外载作用下，为了实际测量结构关注点或危险点的应力或应变，进而根据损伤失效判据，判定结构中该点的强度、刚度、稳定性（即与应力、应变对应），最常用最可靠的测试手段是借助于应变计（片）。图 2-1 给出了飞机机身舱段内部应变片粘贴布局。

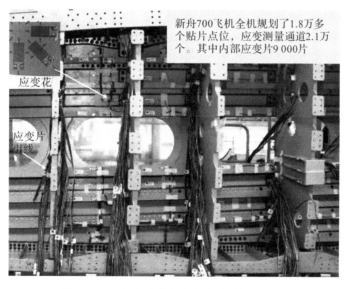

图 2-1 飞机机身舱段内部应变片粘贴布局

对于实际结构或试样的变形应变测量，除了使用电阻式应变计外，还有半导体应变计、光纤应变计，以及 DIC 数字图像相关方法和全场应变测量技术等。对于冲击载荷下，即动载荷下应变的测量，重点需要关注以下几个问题：

（1）任意方向或主应变测试方法；

（2）应变测量的频率响应；

（3）测量波形的时域-频域分析。

众所周知，实际情况下结构的变形是三维的，物体或结构中的应力、应力率、应变、应变率都是张量，且是 2 阶张量。在选定参考坐标系后，例如在笛卡儿正交坐标系下，对于三维情况，一点的应力、应变的 2 阶张量有 9 个分量，即用 9 个分量描述这一质点的力学特性。

在对称情况下是 6 个分量，而在主轴坐标系有 3 个主应力。例如，针对 von Mises 强度屈服准则，等效应力既可以用这 6 个应力分量表示，也可以用 3 个主值应力分量表示。在实际结构中应变片粘贴在结构的面上，属于二维情况，有 3 个应力分量 σ_x，σ_y，σ_{xy}，主值应力为 2 个，最理想化情况是一维只有 1 个分量。在试验测试中，怎样贴片才能把一点的应变能够全面测出以刻画这点的应变状态？首先需要了解清楚分量、主值、主方向之间的关系，在此将 2 阶张量统一用 $\boldsymbol{T}$ 表示，在笛卡儿正交坐标系下分量、主轴、主方向之间关系的计算如下。

2 阶张量 $\boldsymbol{T}$ 按照分量写法，是一个典型的 3×3 矩阵，可表示成矢量 $\boldsymbol{a}$ 到矢量 $\boldsymbol{b}$ 的线性变换，即 $\boldsymbol{T} \cdot \boldsymbol{a} = \boldsymbol{b}$；$T_{ij} a_j = b_j$。可理解为在坐标系 x_0 下的一个矢量 $\boldsymbol{a}$，在坐标系 x_1 下变成为 $\boldsymbol{b}$，而这两个坐标系之间的转换矩阵或转换张量是 $\boldsymbol{T}$。矢量 $\boldsymbol{a}$ 与矢量 $\boldsymbol{b}$ 方向一般不同，现在试图针对任意的一个二阶张量 $\boldsymbol{T}$，找到某个矢量 $\boldsymbol{n}$，它在线性变换后能保持方向不变，即

$$\boldsymbol{T} \cdot \boldsymbol{n} = \lambda \boldsymbol{n} \tag{2-1a}$$

$$T_{ij} n_j = \lambda n_i \tag{2-1b}$$

或写成

$$(T_{ij} - \lambda \delta_{ij}) n_j = 0 \qquad (i=1,2,3) \tag{2-2}$$

式中：λ 为标量。式(2-2)是求解 n_j 的齐次线性代数方程组，它存在非零解的充分必要条件是系数行列式为零，即

$$\begin{vmatrix} T_{11} - \lambda & T_{12} & T_{13} \\ T_{21} & T_{22} - \lambda & T_{23} \\ T_{31} & T_{32} & T_{33} - \lambda \end{vmatrix} = 0 \tag{2-3}$$

式(2-3)的 2 阶张量 $\boldsymbol{T}$ 是已知的，求解式(2-3)的行列式值，得

$$\lambda^3 - I_1 \lambda^2 + I_2 \lambda - I_3 = 0 \tag{2-4}$$

这是关于 λ 的特征方程，其中

$$I_1 = T_{11} + T_{22} + T_{33} = T_{ii} = \text{tr}\boldsymbol{T} \tag{2-5}$$

是 2 阶张量 $\boldsymbol{T}$ 的主对角分量之和，称为张量 $\boldsymbol{T}$ 的迹，记作 $\text{tr}\boldsymbol{T}$，也是张量 $\boldsymbol{T}$ 的第一不变量。

$$I_2 = \begin{vmatrix} T_{22} & T_{23} \\ T_{32} & T_{33} \end{vmatrix} + \begin{vmatrix} T_{11} & T_{13} \\ T_{31} & T_{33} \end{vmatrix} + \begin{vmatrix} T_{11} & T_{12} \\ T_{21} & T_{22} \end{vmatrix} = \frac{1}{2}(T_{ii} T_{jj} - T_{ij} T_{ji}) \tag{2-6}$$

也可写为 $I_2 = \frac{1}{2}\left[(\text{tr}\boldsymbol{T})^2 - (\text{tr}\boldsymbol{T}^2)\right]$，是 $\boldsymbol{T}$ 的二阶主子式之和，是张量 $\boldsymbol{T}$ 的第二不变量。

$$I_3 = \begin{vmatrix} T_{11} & T_{12} & T_{13} \\ T_{21} & T_{22} & T_{23} \\ T_{31} & T_{32} & T_{33} \end{vmatrix} = \det\boldsymbol{T} = e_{ijk} T_{1i} T_{2j} T_{3k} \tag{2-7}$$

是矩阵的行列式值，记作 $\det\boldsymbol{T}$，是张量 $\boldsymbol{T}$ 的第三不变量。

2 阶张量的分量在不同的坐标系下具有不同值，但这 2 个不变量的值是与坐标系的选择无关的。特征方程的 3 个特征根称为张量 $\boldsymbol{T}$ 的主分量。当 $\boldsymbol{T}$ 是实对称张量时，张量分析已证明必定存在 3 个实特征根 $\lambda_{(k)}(k=1,2,3)$。由每个 $\lambda_{(k)}$ 分别求特征方向：

$$(T_{ij} - \lambda_{(k)} \delta_{ij}) n_i = 0 \tag{2-8}$$

在求解特征方向矢量 $\boldsymbol{n}$ 时，让它为单位矢量，也就是

$$|\boldsymbol{n}_{(k)}| = 1$$

$$n_{(k)1}^2 + n_{(k)2}^2 + n_{(k)3}^2 = 1 \tag{2-9}$$

结合式(2-9)就可求得 3 个方向的矢量,这 3 个单位矢量 $\boldsymbol{n}_{(k)} = n_{j(k)} \boldsymbol{e}_j$ 构成正交的笛卡儿坐标系,坐标轴方向称为张量 $\boldsymbol{T}$ 的主方向。

现在以二维面上应变测量为例,根据弹性力学理论,已知一点的应变 ε_x,ε_y,γ_{xy},求任意方向的应变 ε_N(N 是应变方向),可得

$$\varepsilon_N = l^2 \varepsilon_x + m^2 \varepsilon_y + lm\gamma_{xy} \tag{2-10}$$

式中:l 和 m 是变形线段 PN 到参考坐标系 Oxy 的方向余弦,即:$\cos(PN,x) = l$,$\cos(PN, y) = m$。如果在结构平面上贴图 2-2 所示的 45°应变花(有各种形式的应变花,一般都是由 3 个应变片组成的),这样就可以直接测试出 3 个应变 ε_{N1},ε_{N2},ε_{N3}。另外,这 3 个应变片各自应变方向(长度方向)到 xOy 轴的方向余弦 l,m 都已知,基于式(2-10)可得

$$\left.\begin{aligned} \varepsilon_{N1} &= l_1^2 \varepsilon_x + m_1^2 \varepsilon_y + l_1 m_1 \gamma_{xy} \\ \varepsilon_{N2} &= l_2^2 \varepsilon_x + m_2^2 \varepsilon_y + l_2 m_2 \gamma_{xy} \\ \varepsilon_{N3} &= l_3^2 \varepsilon_x + m_3^2 \varepsilon_y + l_3 m_3 \gamma_{xy} \end{aligned}\right\} \tag{2-11}$$

针对图中 45°应变花测试试件构件表面应变:

$$\left.\begin{aligned} l_1 &= 1, m_1 = 0 \\ l_2 &= 0, m_2 = 1 \\ l_3 &= m_3 = \sqrt{2}/2 \end{aligned}\right\} \Rightarrow \left\{\begin{aligned} \varepsilon_x &= \varepsilon_{N1} \\ \varepsilon_y &= \varepsilon_{N2} \\ \gamma_{xy} &= 2\varepsilon_{N3} - \varepsilon_{N1} - \varepsilon_{N2} \end{aligned}\right. \tag{2-12}$$

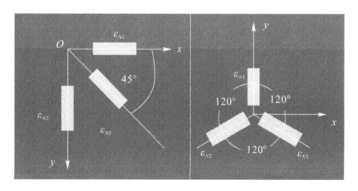

图 2-2　典型的 45°和 120°应变花

通过式(2-12),便获得了 ε_x,ε_y,γ_{xy},根据平面应力问题的物理方程,有

$$\left.\begin{aligned} \varepsilon_x &= \frac{1}{E}(\sigma_x - \mu\sigma_y) \\ \varepsilon_y &= \frac{1}{E}(\sigma_y - \mu\sigma_x) \\ \gamma_{xy} &= \frac{2(1+\mu)}{E}\tau_{xy} \\ \varepsilon_z &= -\frac{\mu}{E}(\sigma_x + \sigma_y) \end{aligned}\right\} \tag{2-13}$$

式中:E 和 μ 分别为被测材料的弹性模量和泊松比。获得 σ_x,σ_y,τ_{xy} 后,进一步可以求得主应力:

$$\left.\begin{array}{c}\sigma_1\\\sigma_2\end{array}\right\} = \frac{\sigma_x + \sigma_y}{2} \pm \sqrt{\left(\frac{\sigma_x - \sigma_y}{2}\right)^2 + \tau_{xy}} \qquad (2-14)$$

$$\left.\begin{array}{c}\tau_{max}\\\tau_{min}\end{array}\right\} = \pm \frac{\sigma_1 - \sigma_2}{2} \qquad (2-15)$$

获得这点的应力、应变张量,便可以用像 von Mises 屈服准则等判定结构的失效与损伤。

2.2 金属电阻应变计及动态响应

应变测试中精度最高和最可靠的是电阻式箔式应变计(见图 2-3),其敏感栅厚度仅为 0.002~0.005 mm,应变片主要特性为:

(1)应变片的标定常数是稳定的,不随时间或温度而改变。

(2)应变片在 ±5%(±50 000 μm/m)的应变量程内,测量精度可达 ±1 μm/m。

(3)应变片的尺寸(即长度和宽度)很小,其标距可短至 0.2 mm,可满足对应力梯度较大的应变测量,而且质量轻,对构件的应力状态影响很小。

(4)应变片具有足够的响应速度(即惯性小),可记录高频动应变。普通应变片的频率响应时间约为 10^{-7} s,半导体应变片可达 10^{-11} s。

(5)应变片对应变的响应或者输出是线性的。

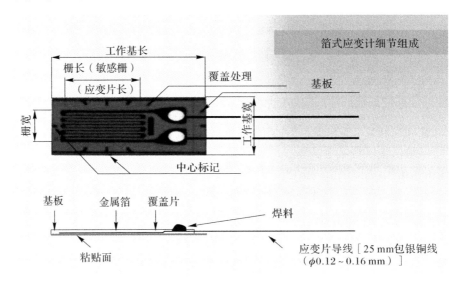

图 2-3 箔式应变计

2.2.1 电阻应变片的工作原理

电阻应变片的工作原理是基于导体的"电阻-应变效应",也就是利用导体的电阻随机械变形而变化的物理性质。这一现象是由 Lord Kelvin 最先发现的。由物理学可知,对于长度为 L、横截面积为 S 和电阻率为 ρ 的均质导体,其电阻值 R 为

$$R = \rho \frac{L}{S} \tag{2-16}$$

当导体受到机械拉伸(或压缩)变形时,其长度、截面积和电阻率 ρ 都会发生变化,这时电阻值的相应变化量为

$$\Delta R = \Delta \rho \frac{L}{S} + \rho \frac{\Delta L}{S} - \rho L \frac{\Delta S}{S^2} \tag{2-17}$$

考虑式(2-16),则电阻变化率为

$$\frac{\Delta R}{R} = \frac{\Delta \rho}{\rho} + \frac{\Delta L}{L} - \frac{\Delta S}{S} \tag{2-18}$$

式中: $\frac{\Delta L}{L}$ 为导体长度的相对变化,即应变 ε; $\frac{\Delta S}{S}$ 为导体中横向应变所造成的截面面积的相对变化。若考虑直径为 D 的圆截面导线,则导线直径的相对变化(即横向应变)等于 $-\upsilon \frac{\Delta L}{L}$,其中 υ 是导线材料的泊松比。显然可得

$$\frac{\Delta S}{S} = -2\upsilon \frac{\Delta L}{L} + \upsilon^2 \left(\frac{\Delta L}{L} \right)^2 \tag{2-19}$$

于是

$$\frac{\Delta R}{R} = \frac{\Delta \rho}{\rho} + (1 + 2\upsilon) \frac{\Delta L}{L} - \upsilon^2 \left(\frac{\Delta L}{L} \right)^2 = \varepsilon \left[\frac{\Delta \rho}{\rho} \cdot \frac{1}{\varepsilon} + (1 + 2\upsilon - \upsilon^2 \varepsilon) \right] \tag{2-20}$$

式(2-20)中的最后一项与中间两项 $(1+2\upsilon)$ 相比是小量,即对于二次项通常可以忽略。试验证明,对于一般的电阻丝材料,在弹性变形范围(对有些材料,甚至在塑性变形的最初阶段),电阻的相对变化 $\frac{\Delta R}{R}$ 和长度的相对变化 $\frac{\Delta L}{L}$ (即应变 ε)成正比,则 $\frac{\Delta \rho}{\rho} \frac{1}{\varepsilon}$ 是常数。于是, $\frac{\Delta R}{R}$ 与 ε 呈线性关系:

$$\frac{\Delta R}{R} = K \cdot \varepsilon \tag{2-21}$$

式中: $K = \frac{\Delta \rho}{\rho} \cdot \frac{1}{\varepsilon} + (1 + 2\upsilon)$,称为电阻丝的应变灵敏系数,它与电阻丝的材料有关。如已知电阻丝的 R 和 K,则试件的应变 ε 可根据测得的 ΔR 求得。表 2-1 列出了应变片常用的几种合金材料的应变灵敏系数,这些常用的金属合金的 K 值变化范围在 2~4 之间。

表 2-1 常用应变片合金的应变灵敏系数

材料	成分/(%)	K
康铜(Advance or constantan)	45Ni,55Cu	2.0
卡玛(Karma)	74Ni,20Cr,3Al,3Fe	2.0
恒弹性(Isoelastic)	36Ni,8Cr,0.5Mo,55.5Fe	3.6
镍铬 V(Nichrome V)	80Ni,20Cr	2.1
铂钨(Platinum-Tungsten)	92Pt,8W	4.0
铁铬铝 D(Armour D)	70Fe,20Cr,10Al	2.0

2.2.2　应变片的动态响应

结构的应变是通过应变片的基底和胶层传递给应变片的敏感栅的,由于基底和胶层很薄(通常<0.2 mm),应变从构件传给敏感栅的时间很短。以环氧基底和胶层为例,应力波在环氧树脂中的波速约为 2 000 m/s,则传过 0.2 mm 的厚度只需 0.1 μs,可以认为是立即响应的。

但是应变片的敏感栅都有一定的长度,故需考虑应变沿栅长方向传播时,应变片的动态响应问题。构件受到动载荷后,其应变以波的形式进行传播。设频率为 f 的正弦应变波以速度 C 在构件中沿栅长方向传播。在某一时刻 t 应变沿构件表面的分布如图 2-4 所示。

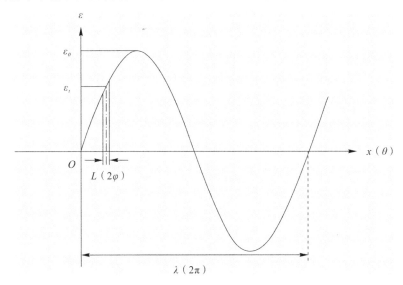

图 2-4　在空间 x 坐标尺度的应变波

将图 2-4 中的横坐标 x 用弧度 θ 代换,即

$$\theta = \frac{2\pi}{\lambda}x \tag{2-22}$$

式中:λ 为应变波的波长,$\lambda = C/f$。

令应变片栅长(标距)为 L 相当于弧度角 2φ,代入式(2-22)得

$$2\varphi = \frac{2\pi}{\lambda}L \tag{2-23}$$

在 t 时刻,应变波沿构件表面的分布为

$$\varepsilon(\theta) = \varepsilon_0 \sin\theta \tag{2-24}$$

则应变片中点的应变为

$$\varepsilon_t = \varepsilon_0 \sin\theta_t \tag{2-25}$$

此时,由应变片测得的应变是栅长 2φ 范围内的平均应变 ε_a,即

$$\varepsilon_a = \frac{1}{2\varphi} \int_{\theta_t-\varphi}^{\theta_t+\varphi} \varepsilon_0 \sin\theta d\theta = \varepsilon_0 \sin\theta_t \frac{\sin\varphi}{\varphi} \tag{2-26}$$

于是 ε_a 与 ε_t 的相对误差为

$$e = \frac{\varepsilon_t - \varepsilon_a}{\varepsilon_t} = 1 - \frac{\varepsilon_a}{\varepsilon_t} = 1 - \frac{\sin\varphi}{\varphi} \tag{2-27}$$

当 φ 值很小时,即当应变片敏感栅的栅长 L 比应变波的波长 λ 小很多时,有

$$\frac{\sin\varphi}{\varphi} \approx 1 - \frac{\varphi^2}{6} \tag{2-28}$$

所以

$$e \approx \frac{\varphi^2}{6} \tag{2-29}$$

由式(2-29),并考虑到 $\lambda = C/f$,得

$$e \approx \frac{1}{6}\left(\frac{\pi L f}{C}\right)^2 \tag{2-30}$$

对某一特定的材料,波速 C 是常数。于是,式(2-30)给出了相对误差 e、应变片基长 L 和频率 f 之间的关系。如果给定容许误差 e_0 和待测应变的最高频率 f_{max},就可以通过式(2-30)得出应变片的最大容许基长 L_{max}。或者由给定的 e_0 和 L 得出应变片容许的极限工作频率。反之,若给定 f 和 L,也可以得出测量应变所引入的误差 e,见表2-2。

表 2-2 不同应变片基长和应变波波长比时的误差

L/λ	>0	0.05	0.1	0.25	0.5	1	1.2
$e/(\%)$	0	1.00	1.7	10.4	36.5	100.0	115.7

如在钢的构件上进行动态应变测量,它的纵波波速约为 5 000 m/s。当应变波的频率为 200 kHz 时,如用基长为 1 mm 的应变片进行测量,则由应变片响应所引入的误差为

$$e = \frac{1}{6}\times\left(\frac{3.14\times1\times2\times10^5}{5\times10^6}\right)^2 \approx 0.26\% \tag{2-31}$$

如果允许误差为 1%,那么可测应变的最高频率为

$$f = (6\times0.01)^{\frac{1}{2}}\times\frac{5\times10^6}{3.14\times1}(\text{kHz}) = 390(\text{kHz}) \tag{2-32}$$

总之,为了减小由于应变片动态响应引起的误差,应根据所测应变波的频率,适当选用不同基长 L 的应变片。一些材料与应变计长度与频响的关系见表2-3。

表 2-3 材料与应变计长度与频响的关系

被测材料名称	传播速度/($m \cdot s^{-1}$)	标距 L/mm							
		1	2	5	10	15	30	100	200
		应变频率 f/kHz							
钢	5 000	250.0	125.0	50.0	25.0	16.0	8.3	2.5	1.3
铝合金	5 100	255.0	127.0	51.0	25.5	17.0	8.5	2.5	1.3
水泥砂浆和混凝土	3 000	150.0	25.0	30.0	15.0	10.0	5.0	1.5	0.8
环氧树脂合成物	500	25.0	12.5	5.0	2.5	1.7	0.8	0.3	0.1

若被测应变为冲击载荷产生的矩形脉冲波,由于应变片测量的是敏感栅长度范围内的

平均应变,则应变片所测出的应变波的失真过程如图 2-5 所示。

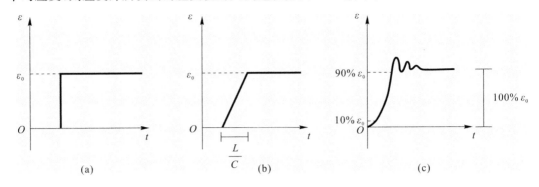

(a)　　　　　　　　(b)　　　　　　　　(c)

图 2-5　矩形脉冲应变计采集的结果

其中:图 2-5(a)为构件承受的矩形应变波;图 2-5(b)为应变片敏感栅长度 L 引起的上升时间的滞后;图 2-5(c)为应变片所测得的应变波。令矩形应变波的应变值为 ε_0,若从图 2-5 上,以应变为 $10\%\varepsilon_0$ 的时刻到 $90\%\varepsilon_0$ 对应的时刻作为应变波的建立时间 t_k,则

$$t_k = 0.8\frac{L}{C} \tag{2-33}$$

根据各种测量精度对 t_k 的要求,可以算出所需应变片的基长为

$$L = \frac{t_k C}{0.8} \tag{2-34}$$

式中:C 为应变波的传播速度。图 2-5(c)中产生的振荡,称为振铃(Ringing)现象或 Gibbs 效应。

2.2.3　动态应变的测量与修正

1.仪器化的动态应变测试系统

与静态应变仪类似,动态应变仪即动态应变放大器或瞬态应变仪,是一种微小信号放大的仪器,只是频带更宽,可以超过 1 MHz。该仪器主要应用于结构或试样经受振动、冲击等动载荷的瞬态应变测量和放大。该仪器采用高精度直流电源提供桥压,并选用低噪声元器件以及宽带低噪声放大器,构成独立的仪器,进行瞬态应变测量。

超动态应变仪的特点如下:

(1)自动调节平衡,平衡时间约 2 s,平衡范围约 ±15 000 $\mu\varepsilon$;

(2)动态应变测量可达 50 万微应变,增益可达 1 000 倍,滤波分 100 kHz,200 kHz,500 kHz,全通等;

(3)频带宽:频响范围为 DC~2.5 MHz(−3 dB);

(4)具有标准应变输出与标定;

(5)测量精度高、噪声低、稳定性好、抗干扰能力强;

(6)需要配备高频响记忆存储示波器或高速数据采集器,对实际采集的信号做后置处理。

动态应变采集系统组成如图 2-6 所示。

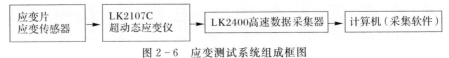

图 2-6　应变测试系统组成框图

2.简易瞬态应变测量及标定

如图 2 − 7 所示,这是最早出现的实验室自搭建瞬态应变测量与标定方式,也可仪器化。瞬态应变仪输入电路采用电位差计型电路,由仪器内提供 9 V 高精度直流线性稳压电源供电,应变计感受到的应变变化经微小信号放大器件后输出,供波形存储或记录。应变量的标定可以通过标定电路得出,其标定原理如下。

已知应变计灵敏度系数 K 定义为

$$K = \frac{(\mathrm{d}R_g/R_g)}{\varepsilon_x} \tag{2-35a}$$

或

$$\varepsilon_x = \frac{\mathrm{d}R_g}{R_g k} \tag{2-35b}$$

式中:R_g 为应变计变形前的阻值;ε_x 为试件表面沿应变计长度轴向应变;$\mathrm{d}R_g$ 为应变计电阻值的改变量。

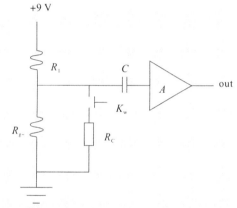

R_g—应变计（240 Ω）　　　R_1—桥臂固定电阻（240 Ω）　　　R_C—标定电阻（固定120 kΩ）

K_w—微动开关　　　　　　　　A—宽带低噪声放大器　　　　　　C—隔直电容

图 2 − 7　瞬态应变标定原理图

为了获得一个标准应变量,通过对应变计并联一个电阻 R_C,让应变计有一个 $\mathrm{d}R_g$ 电阻值的改变,当 R_C 接通时,有

$$\mathrm{d}R_g/R_g = \frac{R_g}{R_g + R_C} \tag{2-36}$$

通过放大器件输出的应变信号脉冲幅值为

$$\Delta\varepsilon = \frac{R_g}{(R_g + R_C)K} \tag{2-37}$$

在实际应变标定中,通过按压并瞬间释放微动开关 K_w,人为地给出以上的一个应变信号脉冲幅值,动态应变仪输出是一个相应的电压信号。将应变信号脉冲幅值比相应的电压信号幅值,可得出应变标定值($\mu\varepsilon/V$)。这样一来,在实测动态应变中,将所得的电压信号乘以应变标定值便可得到实测动态应变。

具体操作步骤如下:

（1）将两片工作应变计（也可以是一片应变计）串联用低噪声电缆接入该组成的放大器输入端；相应地输出端接入示波器或其他高速数据采集与存储器。

（2）将标定通道选择旋扭拨到应变计输入通道上并选择相应的放大倍数，示波器或存储器触发电平选择好后，按动仪器上 K_w，产生一个标准应变台阶，其幅值为式（2-37）。例如，当 $R_g=240\ \Omega$，$K=2$ 时，对应的应变台阶值为 998 $\mu\varepsilon$。

（3）记录下对应输出的电压台阶值，用应变台阶值除电压变化台阶值，这样可得到一个应变输出灵敏度系数（$\mu\varepsilon/\mathrm{V}$），即可进行正式动态应变测试，在试验中得到的电压信号历程乘这个系数便得到应变历程。

本简易应变放大器原理清楚、简单、可靠，成本低廉，可以开发组成多路应变放大器。需要注意的是，由于此放大器频带较宽，极易引入其他噪声干扰，使用时必须良好地接地，以选择最小噪声输出。另附具体的电源原理图及放大器如图 2-8 和图 2-9 所示。

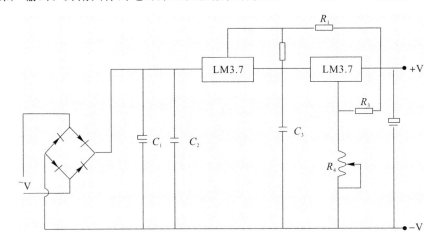

图 2-8　精密线性电源电路图

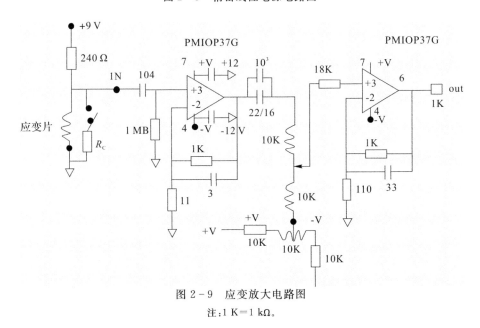

图 2-9　应变放大电路图

注：1 K=1 kΩ。

3. 应变差分接入方法

对于微小信号的采集与放大,噪声和各种干扰往往是困扰测试的非常严重的问题,加之动态或瞬态应变信号中本身振荡的存在,导致实际获得的应变输出信号很不理想。差分共模输入与放大仪器可以有效抑制共模信号(各种共有的噪声、电源噪声等干扰),但考虑差分放大器成本高、结构复杂,对此介绍一种简单有效的瞬态应变差分式放大方式。此方法不需要动态应变仪(见图 2-10),需要一个精密直流电源 $E(V)$,应变计(这里是 1 kΩ)直接通过桥路连接,差分输出直接到存储式示波器或高速数据采集器即可,该方法噪声低、简单、可靠。

试验中测量输出为电压信号,需要根据工作原理将其转换成应变值。参考图 2-10,应变片电桥感应的输出电压为

$$\Delta u = 2E\left(\frac{1\,050 + \Delta R}{2\,100 + \Delta R} - \frac{1\,050}{2\,100 + \Delta R}\right) \tag{2-38}$$

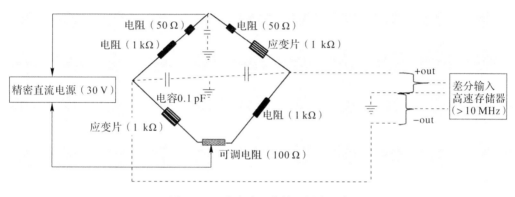

图 2-10　应变片差分接入桥式示意图

参见 2.1 节,已知 $\varepsilon = \dfrac{\Delta l}{l} = \dfrac{\Delta R}{KR_0}$,即 $\dfrac{\Delta R}{R_0} = K\varepsilon$。其中 $R_0 = 1\,000$ Ω,联立方程可得

$$\varepsilon = \frac{2.1\Delta u}{(2E - \Delta u)K} \tag{2-39}$$

式中:K 是应变片灵敏度系数,这里 $K = 2.1$。

可举例如下,结合在分离式 Hopkinson 压杆杆上粘贴应变计。试样的长度为 L,直径为 D,杆上所获得的反射应变 ε_R、透射应变 ε_T、应变率 $\dot{\varepsilon}$、工程应变 ε_N、工程应力 σ_N 与本试验中采集的电压信号的关系如下:

$$\varepsilon_R = 30/(30 - \Delta u_R) \tag{2-40a}$$

$$\varepsilon_T = 30/(30 - \Delta u_T) \tag{2-40b}$$

$$\dot{\varepsilon} = \frac{2 \times 4\,880 \times \varepsilon_R}{L} \tag{2-40c}$$

$$\varepsilon_N = \int_0^T \dot{\varepsilon}\,\mathrm{d}t \tag{2-40d}$$

$$\sigma_N = \frac{210\,000 \times \pi \times 19 \times 19 \times \varepsilon_T}{\pi D^2} \tag{2-40e}$$

式中:210 000(MPa)为杆的弹性模量;19(mm)为杆的直径;D(mm)为试样直径。

2.2.4　动态力与加速度传感器

1. 传感器的连接方式

在冲击载荷作用下,常常需要对结构或零部件的冲击力或加速度进行测量,在安装加速度或力传感器后,根据传感器所用敏感元件的不同,常用的测试连接方式有 3 种。以下内容主要针对动态加速度传感器描述。

(1)普通压电型加速度传感器:这种传感器本身仅由压电元件组成。对它进行校准须将其与电荷放大器直接连接,且传感器引线与电荷放大器的输入"Q"端子即电荷量插口直接接入,具体连接如图 2-11 所示。

图 2-11　普通压电型加速度传感器连接示意图

(2)ICP 型加速度传感器:这种传感器是将压电元件与前置转换电路集成形成一体,故称为 ICP 型传感器。对它进行校准须将其与"四通道恒流电压源"输入 BNC 插座连接,具体连接如图 2-12 所示。

图 2-12　ICP 型加速度传感器连接示意图

(3)压阻型加速度传感器:这种传感器是由应变计组成,对它校准时须将其电源激励引线与"精密直流电源"连接,传感器信号线引入电荷放大器"V"端子(对低、高频校准系统),或引入"超动态应变仪"的第二通道,即电压输入端口"CH2"。通道 2 的放大倍数在衰减挡"0.2"时信号放大为 19 倍,在"0.4"时为 38 倍,在"0.8"时为 76 倍,在"1.0"时为 95 倍,具体连接如图 2-13 所示。

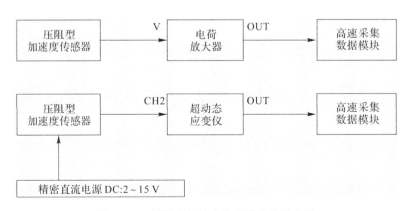

图 2-13　压阻型加速度传感器连接示意图

2. 三轴高 g 值加速度计灵敏度系数校准方法

多维或多轴加速度计是国防、航空、电子、汽车和机械等领域的振动和冲击测量的惯性元件之一,其中高 g 值加速度计多用于侵彻、穿甲等过程中的冲击载荷测量。由于实际冲击过程复杂,需同时测量三维冲击力,多轴高 g 值加速度计在国防与民用中测试的是实际结构或材料的真实情况,因此多轴高 g 值加速度计在工程应用中发挥着重要作用。

一般来说,飞机内黑匣子冲击地面会达到数千 g 值过载,高速列车车体遭遇硬质小离散体撞击也会承受数万 g 值过载,高速侵彻与碰撞过程的加速度则会超过 10 万 g 值。在各种动态冲击环境中,实际结构或材料处于三轴高速冲击及高 g 值的环境,自然准确测试需要的是多轴高 g 值加速度传感器。所以,国内外一直把开发、使用和测试校准多轴高 g 值加速度传感器作为研究重点。

现有的校准方法主要有两类:第一类方法是在参考单轴加速度计标定方法的基础上,依次对三轴加速度计每个方向进行校准。由于 Hopkinson 压杆不仅能产生几十万 g 值的冲击加速度,且加载波形可调易控制,目前国内外研究机构主要采用 Hopkinson 杆法来标定。第二类方法是同时对三轴加速度计的 3 个轴进行校准,主要有以重力场翻滚为基础的方法和以三轴振动台为基础的方法。

上述的两类方法中,单轴依次校准方法耗时较长,不能同时同步对三轴加速度计施加相同或不同幅值过载脉冲,且数据处理复杂,难以得到反映各轴之间耦合程度的交叉灵敏度。重力场和三轴振动台方法一般仅用来标定低量程三分量加速度计,无法满足高 g 值加速度计的校准要求。此外,三轴振动台法必须进行运动解耦,有效的解耦装置设计也是对该方法校准精度的一大考验。

在此是基于 Hopkinson 杆原理以及加速度矢量的分解,通过对 Hopkinson 标准杆进行斜面设计,并将加速度计置于斜面上,实现运动解耦来校准多维高 g 值加速度计参数。

借助 Hopkinson 杆原理校准多维高 g 值加速度计灵敏度等特性参数的试验布局,如图 2-14 所示,首先将标准杆(入射杆)端部制作成斜面形式,根据加速度各个轴间矢量分布,确定加速度计在斜面放置位向,并在斜面做标记,将准备测试或校准的多轴高 g 值加速度传感器过载安装面黏结或固连在此斜面上,然后通过气压发射撞击杆,撞击缓冲垫块把类似半正弦弹性应变脉冲传播至标准杆,进而对处于斜面的多维高 g 值加速度传感器进行冲击加载。

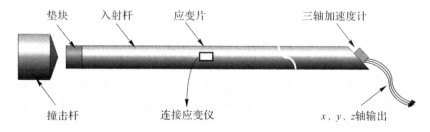

图 2-14　Hopkinson 杆校准加速度计试验装置图

试验中通过对发射杆几何形状设计,实现不同构型的冲击应变脉冲,一般锥形撞击杆会在入射杆上产生近似半正弦的应变脉冲激励信号。对处于 Hopkinson 杆端部的加速度计

施加半正弦的过载信号,即

$$a(t) = a_{\max} \sin \frac{\pi t}{T} \tag{2-41}$$

式中: $a_{\max}$ 和 T 为加速度信号的峰值和脉宽。对式(2-41)积分得速度脉冲,即

$$v(t) = \frac{a_{\max} T}{\pi} \left(1 - \cos \frac{\pi t}{T} \right) \tag{2-42}$$

由于此次试验中产生的应力波波长远大于标准杆的直径,因此忽略应力波传播过程中的弥散和衰减。根据一维应力波理论,其标准杆端部的质点速度 $v_1(t)$ 为

$$v_1(t) = 2C\varepsilon_i(t) \tag{2-43}$$

式中: C 为标准杆的弹性一维波速; $\varepsilon_i(t)$ 为杆上的应变脉冲。杆端的加速度历程为

$$a_1(t) = 2C \frac{\mathrm{d}\varepsilon_i(t)}{\mathrm{d}t} \tag{2-44}$$

假如杆的应变片的灵敏系数为 S_g ,动态应变仪对电压信号的放大系数为 K_g ,则

$$\varepsilon_i(t) = \frac{U_g(t)}{S_g K_g} \tag{2-45}$$

在试验中, $S_g = 2.22$, $K_g = 100$ 。如被测加速度计的灵敏系数为 S_a ,加速度计外部所用的电荷放大器的增益为 K_a ,输出的电压为 U_a ,则被校加速度计所感受到的加速度值为

$$a_2(t) = \frac{U_a(t)}{S_a K_a} \tag{2-46}$$

对式(2-46)积分得速度脉冲,即

$$v_2(t) = \int_0^\tau \frac{U_a(\tau)}{S_a K_a} \mathrm{d}\tau \tag{2-47}$$

结合式(2-44)和式(2-46),利用积分法可得

$$S_a = \frac{g}{2C_0 \varepsilon_i(t) K_a} \int_0^t U_a(t) \mathrm{d}t \tag{2-48}$$

对于三维高 g 值加速度计来说,在进行测量时,除了主轴灵敏度系数外,由于耦合作用,还存在各个轴之间的交叉灵敏度系数。S 可表示为

$$\boldsymbol{S} = \begin{bmatrix} S_{xx} & S_{xy} & S_{xz} \\ S_{yx} & S_{yy} & S_{yz} \\ S_{zx} & S_{zy} & S_{zz} \end{bmatrix} \tag{2-49}$$

式中:第一个和第二个下标分别表示输出和输入。例如, S_{xy} 表示在加速度计承受 y 向加载时 x 轴的灵敏度系数。

假设输入加速度为 (a_{ix}, a_{iy}, a_{iz}) ,输出信号为 (V_{ox}, V_{oy}, V_{oz}) ,则输入加速度与输出信号之间的关系可表示为

$$\begin{bmatrix} V_{ox} \\ V_{oy} \\ V_{oz} \end{bmatrix} = \begin{bmatrix} S_{xx} & S_{xy} & S_{xz} \\ S_{yx} & S_{yy} & S_{yz} \\ S_{zx} & S_{zy} & S_{zz} \end{bmatrix} \begin{bmatrix} a_{ix} \\ a_{iy} \\ a_{iz} \end{bmatrix} \tag{2-50}$$

为了具体计算灵敏度系数,基于式(2-50)有

$$
\begin{bmatrix} V_{ox1} \\ V_{oy1} \\ V_{oz1} \\ V_{ox2} \\ V_{oy2} \\ V_{oz2} \\ V_{ox3} \\ V_{oy3} \\ V_{oz3} \end{bmatrix} = \begin{bmatrix} a_{ix1} & a_{iy1} & a_{iz1} & 0 & 0 & 0 & 0 & 0 & 0 \\ 0 & 0 & 0 & a_{ix1} & a_{iy1} & a_{iz1} & 0 & 0 & 0 \\ 0 & 0 & 0 & 0 & 0 & 0 & a_{ix1} & a_{iy1} & a_{iz1} \\ a_{ix2} & a_{iy2} & a_{iz2} & 0 & 0 & 0 & 0 & 0 & 0 \\ 0 & 0 & 0 & a_{ix2} & a_{iy2} & a_{iz2} & 0 & 0 & 0 \\ 0 & 0 & 0 & 0 & 0 & 0 & a_{ix2} & a_{iy2} & a_{iz2} \\ a_{ix3} & a_{iy3} & a_{iz3} & 0 & 0 & 0 & 0 & 0 & 0 \\ 0 & 0 & 0 & a_{ix3} & a_{iy3} & a_{iz3} & 0 & 0 & 0 \\ 0 & 0 & 0 & 0 & 0 & 0 & a_{ix3} & a_{iy3} & a_{iz3} \end{bmatrix} \times \begin{bmatrix} S_{xx} \\ S_{xy} \\ S_{xz} \\ S_{yx} \\ S_{yy} \\ S_{yz} \\ S_{zx} \\ S_{zy} \\ S_{zz} \end{bmatrix} \qquad (2-51)
$$

为了更直观地表示加速度计轴间的耦合程度,常用横向灵敏度比 TSR 表示加速度计横向效应的大小,即

$$
\text{TSR} = \frac{S_{ij}}{S_{jj}} \times 100\% \qquad (2-52)
$$

式中:$i = x, y, z$;$j = x, y, z$,且 $i \neq j$。

举例:多轴高 g 值加速度计特性参数的测试。

在 Hopkinson 压杆原理中将标准杆的端部设计为斜面形式,加速度计粘贴在斜面角度为 θ 的 Hopkinson 杆斜面端部,在图 $2-15$(a)所示的二维坐标系下,当撞击杆撞击产生的应力脉冲传播到斜面上时,可将整体坐标系下 y_0 轴方向的脉冲 $a_0(t)$ 沿加速度计内部坐标系的 y_1 轴和 z_1 轴两个方向进行矢量分解,分别输出加速度脉冲 $a_s(t)$,$a_n(t)$。

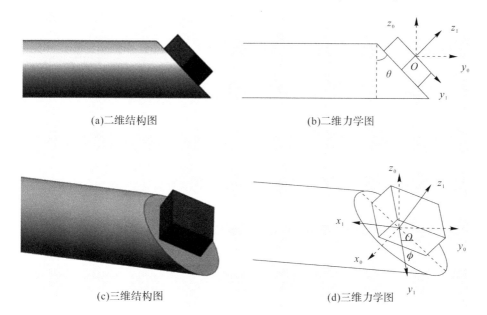

(a)二维结构图　　　　　　　　　(b)二维力学图

(c)三维结构图　　　　　　　　　(d)三维力学图

图 $2-15$　标准杆端斜面示意图

(a)二维结构图;(b)二维力学图;(c)三维结构图;(d)三维力学图

根据图 $2-15$(b)的受力分析,结合式($2-44$),可得产生的加速度脉冲二维关系为

$$\left. \begin{array}{l} a_{s}(t) = 2C \dfrac{d\varepsilon_{i}(t)}{dt}\sin\theta \\[2mm] a_{n}(t) = 2C \dfrac{d\varepsilon_{i}(t)}{dt}\cos\theta \end{array} \right\} \tag{2-53}$$

推广到多维空间,如图 $2-15(c)$ 所示的三轴加速度计,对整体坐标系 $(Ox_0y_0z_0)$ 下的三维脉冲沿加速度计内部垂直斜面的局部坐标 $(Ox_1y_1z_1)$ 进行矢量分解。如图 $2-15(d)$ 所示,$(Ox_1y_1z_1)$ 可看成 $(Ox_0y_0z_0)$ 沿 x_0 旋转 $(\dfrac{\pi}{2}-\theta)$ 角度得到 $(Ox'_1y'_1z'_1)$ 后,再沿 z'_1 轴旋转 ϕ 角度得到 $(Ox_1y_1z_1)$。

其中,第一次旋转的变换矩阵 $\boldsymbol{Q}'$ 为

$$\boldsymbol{Q}' = \begin{bmatrix} 1 & 0 & 0 \\ 0 & \sin\theta & -\cos\theta \\ 0 & \cos\theta & \sin\theta \end{bmatrix}$$

第二次旋转的变换矩阵 $\boldsymbol{Q}''$ 为

$$\boldsymbol{Q}'' = \begin{bmatrix} \cos\varphi & -\sin\varphi & 0 \\ \sin\varphi & \cos\varphi & 0 \\ 0 & 0 & 1 \end{bmatrix}$$

而坐标变换前 $\boldsymbol{A}_0$ 和两次旋转后 $\boldsymbol{A}_1$ 满足

$$\boldsymbol{A}_1 = \boldsymbol{Q}'' \cdot \boldsymbol{Q}' \cdot \boldsymbol{A}_0 \cdot \boldsymbol{Q}'^{\mathrm{T}} \cdot \boldsymbol{Q}''^{\mathrm{T}} \tag{2-54}$$

结合式 $(2-44)$ 和式 $(2-54)$ 可得同步加速度脉冲在 $(Ox_1y_1z_1)$ 下矢量分解的三分量为

$$\left. \begin{array}{l} a_{x_1}(t) = -2C \dfrac{d\varepsilon_{i}(t)}{dt}\sin\theta\sin\varphi \\[2mm] a_{y_1}(t) = 2C \dfrac{d\varepsilon_{i}(t)}{dt}\sin\theta\cos\varphi \\[2mm] a_{z_1}(t) = 2C \dfrac{d\varepsilon_{i}(t)}{dt}\cos\theta \end{array} \right\} \tag{2-55}$$

应用式 $(2-48)$ 和式 $(2-50)$,对一个加速度计输出信号积分后与标定杆上应变脉冲信号进行比较,计算得到该型号高 g 值加速度计在 $8\ \mathrm{V}$ 激励电压下的灵敏度系数为

$$\boldsymbol{S} = \begin{bmatrix} S_{xx} & S_{xy} & S_{xz} \\ S_{yx} & S_{yy} & S_{yz} \\ S_{zx} & S_{zy} & S_{zz} \end{bmatrix} = \begin{bmatrix} 0.710 & 0.083 & 0.063 \\ 0.072 & 0.709 & 0.050 \\ 0.049 & 0.025 & 0.695 \end{bmatrix} \tag{2-56}$$

应用式 $(2-52)$ 可得加速度计的横向灵敏度比值如表 $2-4$ 所示。

表 $2-4$ 各轴间横向灵敏度比值

输入	输出		
	x 轴	y 轴	z 轴
x 轴		11.71%	9.06%
y 轴	10.14%		7.19%
z 轴	6.90%	3.53%	

3.三轴冲击力灵敏度系数校准方法

多轴力传感器是一种可以同时测量多个方向的力的传感器,在很多领域的工程实践以及研究中得到了广泛的应用,包括自动化、机械加工、航空航天、医疗应用和土木工程等。它主要用于测量工程研究中的三维力。例如:在航空航天领域,发动机的研制需要测量发动机的推动力,起落架的设计需要测量飞机起飞着陆时起落架受到的冲击力,以及各种航空航天飞行器在风洞试验中需要测量飞行器模型的气动力;在汽车领域,汽车的碰撞试验中需要测量车体受到的冲击力,综合试验中需要测量车轮的力和扭矩;在工业制造领域,加工机床在打磨铣削加工的过程中需要测量刀具受到的磨削力;在人工智能领域,各类智能机器人在活动过程中需要测量机器人关节处的受力反馈。

根据多轴力传感器测试原理的不同,可分为电阻应变式、压电式、电容式、微机电系统(Microelectro Mechanical Systems,MEMS)等。其中,电阻应变式多轴力传感器是通过粘贴在传感器弹性结构上的应变计来测试其形变实现对加载力的测量的,这种多轴力传感器已经有了很成熟的温度补偿和静态校准技术,是目前应用最为广泛的一种多轴力传感器。

多轴冲击力传感器动态标定需要把一个可计量的力信号施加到传感器本身,因此就需要一个动态力的产生装置。最常用的是基于落锤试验原理的脉冲式动态力产生装置。振动台方法是将待标定的力传感器一端固定于振动台台面,另一端固连一个确定质量的质量块,通过安装在质量块上的加速度计或利用激光干涉仪来测量质量块的加速度,进而计算出力传感器所受的力。现有的标定方法主要有两类:第一类是以标定单轴力传感器的方法为基础,依次对力传感器每个轴进行单轴动态标定;第二类方法是以单轴动态标定方法为基础进行改造,设计新的标定方法,同时对三轴传感器的 3 个轴进行标定。借助分离式 Hopkinson 压杆原理的冲击力传感器标定有以下两种。

(1)单轴依次冲击方法。根据 Hopkinson 压杆测试技术,可以根据粘贴在入射杆和透射杆的高精度应变片测得的杆中的应变脉冲,计算出各杆端面的载荷。这里鉴于传统 Hopkinson 杆压缩试验中计算试样受力的二波法,设计了力传感器的标定方法。建立力传感器单轴依次校准方法的布局如图 2-16 所示。

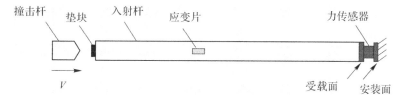

图 2-16　多轴力传感器的单轴标定

为了对安装于入射杆端部的力传感器施加一个冲击载荷脉冲信号 $P(t)$,以主轴方向的单轴测试为例,根据一维应力波理论,在试验装置的入射杆上,假设在应力波的传递过程中忽略弥散和衰减,入射杆安装传感器的端面载荷为

$$P(t) = EA[\varepsilon_I(t) + \varepsilon_R(t)] \qquad (2-57)$$

式中:E 为入射杆材料的弹性模量;A 为杆的截面积;$\varepsilon_I(t)$ 为入射杆上采集到的入射波信号;$\varepsilon_R(t)$ 为入射杆上采集到的反射波信号。

假如入射杆上粘贴的应变片灵敏度系数为 S_g，动态应变仪对电压信号的放大系数为 K_g，则

$$\varepsilon_I(t) = \frac{U_I(t)}{S_g K_g} \tag{2-58}$$

$$\varepsilon_R(t) = \frac{U_R(t)}{S_g K_g} \tag{2-59}$$

设力传感器的输出即为力传感器受载面受到的冲击载荷 $P_f(t)$，根据牛顿第三定律，入射杆端部载荷 $P_g(t)$ 和力传感器受到的冲击载荷大小 $P_f(t)$ 相等，即

$$P_g(t) = P_f(t) \Rightarrow EA[\varepsilon_I(t) + \varepsilon_R(t)] = \frac{U_f(t)}{S_f \cdot U_e \cdot K_f} \cdot R_i \tag{2-60}$$

式中：$U_f(t)$ 为力传感器输出的电压信号；S_f 为力传感器的灵敏度系数；U_e 为力传感器的激励电压；K_f 为动态应变仪对力传感器输出的电压信号的放大倍数；R_i 为力传感器在 i 轴方向的量程（$i=x,y,z$）。

因此，通过在入射杆上粘贴的高精度应变片测量得到的入射杆中的入射波和反射波，即可计算出力传感器受载面的受力大小。

对于力传感器轴 y,z 的校准同理，将入射杆分别沿轴 y,z 轴方向对承力元件进行冲击加载，通过入射杆上采集到的应变脉冲，就可算出力传感器受到的冲击载荷大小，进而得出力传感器的灵敏度系数。

（2）三轴同步冲击方法。这个与三轴高 g 值加速度计灵敏度系数标定原理类似。在利用 Hopkinson 杆试验技术多轴力传感器进行多轴同步标定时，第一种方法需要在原来传统的 Hopkinson 压杆的基础上做一些变化：将原来入射杆的后端面由平面形式改为一个与杆轴线成一定角度的斜端面。力传感器的受载面与入射杆的斜端面固连，应力波沿入射杆传递到斜端面与力传感器受载面时，将对力传感器的受载面施加一个与受载面法线方向成一定角度的偏心纵向冲击，同时应力波会在斜端面反射成一个纵波和剪切波的复合波传回入射杆中。而根据力传感器和入射杆的安装角度，可以计算出入射杆施加在力传感器上的冲击载荷的矢量大小以及方向，如图 2-17 所示。根据冲击载荷矢量和受载面的角度，可以分解出沿力传感器主方向的载荷分量 F_x 以及平行于受载面的载荷分量 F_{yz}。再根据 F_{yz} 在受载面内和力传感器输出方向的角度 α，将 F_{yz} 分解为沿力传感器另两个输出方向的载荷分量 F_y 和 F_z。

图 2-17 所示为三轴冲击力传感器同步加载原理，子弹自左向右撞击位于标定杆（Hopkinson 杆）前端起到保护和整形作用的垫片，在标定杆中激励起右行的加载波。波形可由粘贴在杆中点附近的应变片进行测量。三轴冲击力传感器一端固定于对其施加位移约束的砧座上，一端与承载工装刚性连接。承载工装斜端面与标定杆平端面光滑接触，并使得传感器轴线与标定杆轴线成 θ 角度，如图 2-17(a) 所示。根据一维弹性应力波理论，由标定杆施加给承载工装斜端面的冲击力载荷可用下式计算：

$$F(t) = A_{bar} E[\varepsilon_i(t) + \varepsilon_r(t)] \tag{2-61}$$

式中：$\varepsilon_i(t)$ 为沿标定杆传播的入射波；$\varepsilon_r(t)$ 为沿标定杆传播的反射波；A_{bar} 为标定杆的横截面积；E 为标定杆的弹性模量；$F(t)$ 即为通过标定杆施加给传感器承载工装斜端面的冲击力载荷。

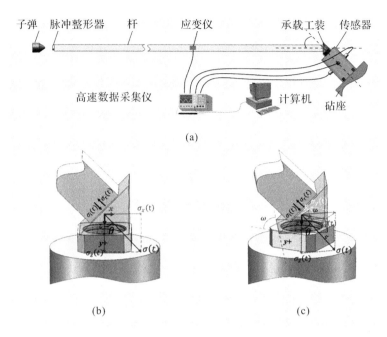

图 2 - 17　三轴冲击力传感器同步加载原理示意图

（a）整体装置示意图；（b）双轴同步加载原理图；（c）三轴同步加载示意图

由于标定杆轴线与传感器轴线之间成 θ 角度，那么根据矢量分解原理，标定杆施加给传感器的冲击载荷 $F(t)$ 可分解为沿传感器轴向的分量 $F_n(t)$，以及沿传感器切向的分量 F_t (t)。当 $F_t(t)$ 的方向与传感器切向某轴的方向重合时，即可实现三轴冲击力传感器的双轴同步加载，如图 2 - 17（b）所示；而当 $F_t(t)$ 与传感器切向两轴均匀成一定角度时，则 $F_t(t)$ 又可进一步被分解到传感器切向的两轴上，从而实现冲击力传感器的三轴同步加载，如图 2 - 17（c）所示。图 2 - 17（b）（c）中 x,y,z 为三个正交轴；$\sigma(t)$ 为标定杆施加给传感器的应力脉冲，$\sigma(t)=\sigma_i(t)+\sigma_r(t)$；$\sigma_i(t)$，$\sigma_r(t)$ 分别为标定杆上的入射应力波与反射应力波，$\sigma_i(t)=E\varepsilon_i(t)$，$\sigma_r(t)=E\varepsilon_r(t)$；$\sigma_x(t)$，$\sigma_y(t)$，$\sigma_z(t)$ 分别为 $\sigma(t)$ 按矢量分解原理分解到传感器 x 轴、y 轴、z 轴的分量；ω 为传感器绕其轴线相对承载工装旋转的角度。基于上述分析，标定杆施加给三轴冲击力传感器 x 轴的载荷 $F_x(t)$，y 轴的载荷 $F_y(t)$ 以及 z 轴的载荷 $F_z(t)$ 可由下式确定：

$$
\left.
\begin{array}{l}
F_x(t) = A_{\text{bar}}\sigma(t)\sin\theta\sin\omega \\[4pt]
F_y(t) = A_{\text{bar}}\sigma(t)\sin\theta\cos\omega \\[4pt]
F_z(t) = A_{\text{bar}}\sigma(t)\cos\theta
\end{array}
\right\}
\tag{2-62}
$$

考虑轴间耦合的三轴冲击力传感器线性解耦标定模型可描述为

$$
\begin{bmatrix} U_x \\ U_y \\ U_z \end{bmatrix}
=
\begin{bmatrix} S_{xx} & S_{xy} & S_{xz} \\ S_{yx} & S_{yy} & S_{yz} \\ S_{zx} & S_{zy} & S_{zz} \end{bmatrix}
\begin{bmatrix} F_x \\ F_y \\ F_z \end{bmatrix}
+
\begin{bmatrix} \epsilon_x \\ \epsilon_y \\ \epsilon_z \end{bmatrix}
\tag{2-63}
$$

简记为

$$U = SF + \epsilon \qquad (2-64)$$

式中:U 为三轴冲击力传感器输出电压矩阵;F 为三轴冲击力传感器输入载荷矩阵;ϵ 为三轴冲击力传感器真实输出与其线性拟合值之间的残差矩阵;$S = [S_{ij}]_{3 \times 3}(i, j = x, y, z)$,为灵敏度系数矩阵。其中,$i = j$ 时,S_{ii} 表示 i 轴的主灵敏度系数;$i \neq j$ 时,S_{ij} 表示 j 轴对 i 轴的耦合灵敏度系数。

2.3 静态、动态力学试验对力的修正方法

在进行各种材料静、动态应力-应变测试中,如果是应变超过 5%,或在高温、低温环境时,常规的应变测试手段无法适用,或者通过分离式 Hopkinson 杆本身很难精确测试弹性应变,即获得的应力-应变曲线初始弹性不准确。下面介绍应变测试的修正方法。

2.3.1 常规试验机应变测试与修正

1. 压缩试验引伸计的测量值

如图 2-18 所示,测量试样变形的引伸计可具有千分级的测试精度,所以测试材料应变尽可能采用引伸计。对于具体的压缩试验,涉及的各个变形位移包括:

U_1——引伸计测的位移值,是直接测量所得的。

U_0——试样变形位移值。

U_2——试样压杆部分弹性位移值,若假设压缩试样在试验过程中始终处于弹性变形,则有 $U_2 = L_s \varepsilon_L = L_s F/(SE_0)$。其中,$L_s$ 是压杆对应 U_2 部分的长度值;F 是试验机压缩力(载荷);S 是压杆的截面积;E_0 是压杆的弹性模量。这些均可已知。

U_3——试样压嵌到压杆的位移值;这部分比较复杂,可以借助压痕方法估算。

那么,试样的位移(引伸计测得的)包括

$$U_0 = U_1 - U_2 + U_3 \qquad (2-65)$$

2. 压缩试验 LVDT 的测量

试样在大变形、高温、低温等环境下,采用引伸计测量试样变形比较困难,故可以用试验机自身的线性差动变压器传感器(Linear Variable Differential Transformer,LVDT)来间接测量。具体方法如下:在压缩情况下,处在试验状态下,不要安放试样,让试验机空压 3～5次(见图 2-19 星点曲线),然后利用下式拟合曲线:

$$u = A \cdot F + B \cdot (1 - e^{-F/C}) \qquad (2-66)$$

找出式中参数 A, B 和 C。例如对于图 2-19 的试验机空压曲线,标出的机器刚度曲线为

$$u = 1.65 \times 10^{-6} F + 0.001\,8(1 - e^{-F/260}) \qquad (2-67)$$

试验时所测出的位移值减去式(2-67)机器刚度曲线,即为材料试样的实际变形位移数值。注意:每次开机试验时,应该都要重新标定。

在拟合过程中,推荐用式(2-66),不推荐用多项式(特别超过 3 次)进行拟合,它有可能导致曲线偏差较大。

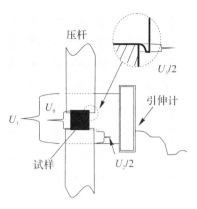

图 2-18　引伸计测量示意图

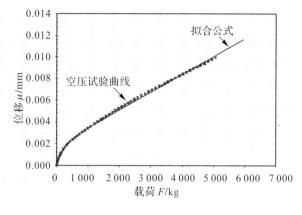

图 2-19　试验机刚度标定曲线

2.3.2　分离式 Hopkinson 杆中应变修正方法

一般来说,如图 2-20 所示,采用分离式 Hopkinson 压杆(SHPB)或拉杆(SHTB),很难准确测试材料的动态弹性模量,即很难精确测量试样微小变形应变。特别是在拉伸情况下,连接影响因素更复杂,导致测试试样微小应变的准确性下降。已有的研究结论认为,用 SHPB 和 SHTB 所获得的材料应变小于 6% 时,结果准确性差。普遍采取的最简单办法是对试样微小变形用应变计,即直接在试样粘贴应变计来获得准确的应变值,但有时受各种因素影响无法粘贴应变计。事实上,对于金属材料在应变率小于 10^3 s^{-1} 量级时,其弹性模量不受率的影响,基于此,可以采用准静态试验机准确测得的试样应力-应变曲线,特别是弹性模量(可为理论值),对 SHPB 和 SHTB 所测的动态应力-应变曲线进行精确修正,如图 2-21 所示。

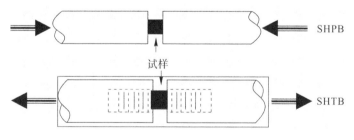

图 2-20　试样与杆子连接形式

试验完成后,可获得图 2-21 的结果曲线以及对应的应力(σ_i)、应变(ε_i)数据,通过试验曲线初始上升段可以获得"实测弹性曲线"的对应弹性模量 E_i。但我们知道真实的弹性曲线应该是如图 2-21 所示的"真实弹性曲线",例如,对于钢 $E_0 = 210$ GPa,对于钛合金 $E_0 = 105$ GPa,对铝合金 $E_0 = 70$ GPa,所以对于实测的应力 σ_i,在真实弹性曲线下对应的应变为 ε_i,这样对实测应力-应变曲线中应变值的修正如下(以钢试样为例说明):

测量值与实际钢弹性应变的差值为

$$\Delta\varepsilon = \varepsilon_i - \varepsilon_0 = \sigma_i \left[\frac{1}{E_i} - \frac{1}{E_0(210)} \right] \tag{2-68}$$

这样,对图 2-21 实测曲线所对应的每点(σ_i)和(ε_i),将应变 ε_i 减去式(2-68)的误差,便为修正后的应变值,即

$$\varepsilon_i - \Delta\varepsilon = \varepsilon_i - \sigma_i\left(\frac{1}{E_i} - \frac{1}{E_0}\right) \tag{2-69}$$

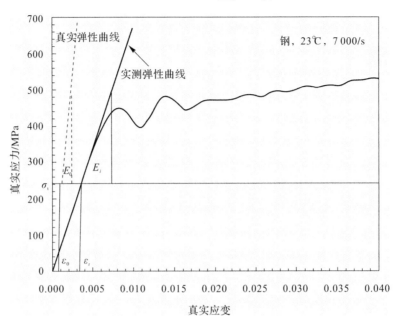

图 2-21 应力-应变曲线修正

举例 1:在室温下对钛合金 TC4 的 SHPB 动态性能测试,其中,E_i 为试验测得的材料的弹性模量,E_0 为材料的真实弹性模量。图 2-22 所示为 TC4 材料 $\phi5\ mm\times4\ mm$ 试样在 $2\ 000\ s^{-1}$ 应变率下得到的真实应力-应变曲线和修正后的应力-应变曲线。

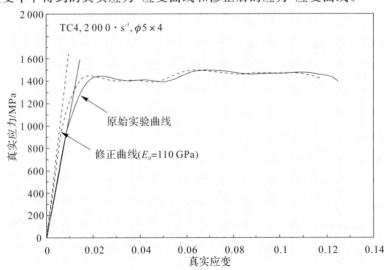

图 2-22 高应变率下的应力-应变曲线对比

举例 2：在室温下弹簧钢试样在万能试验机上的力学性能测试，其中，E_i 为试验测得的材料的弹性模量，E_0 为材料的真实弹性模量。如图 2 - 23 所示，为试样在 $0.001 \cdot s^{-1}$ 应变率下得到的真实应力–应变曲线和修正后的应力–应变曲线。

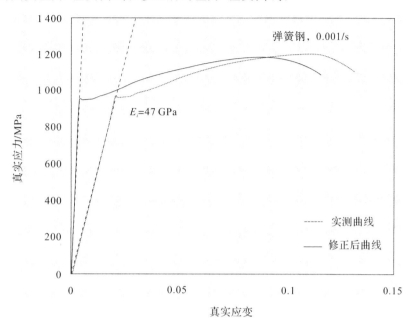

图 2 - 23　低应变率下修正前后的应力–应变曲线对比

2.4　动态测试频响的检测与验证

在动态测试中，特别是瞬态测试时，常常可以看到在各种冲击加载测试信号、爆炸冲击信号测试，例如，利用规范标准化分离式 Hopkinson 杆测试材料的应力–应变曲线，会发现有的呈现的应力–应变曲线非常光滑，有的曲线振荡很复杂。对此大家都很关注信号采集系统的频率带宽，除了检查动态应变仪滤波设置外，检查整个数据采集系统频响也很重要。图 2 - 24 简要给出了频响估算的方法。

首先找一个标准方波发生器或高频示波器，一般方波输出幅值大概为 0.5 V，这时将此信号直接并联接到贴在构件上的应变计（片）两端，若应变计阻值为 120 Ω，产生的电流只有几毫安，对应变计无影响。然后在数据采集系统输出，确保同时采集对照两组信号输出（见图 2 - 24），假如示波器方波输出是理想方波，那么动态数据采集输出是具有类似于 1/4 半正弦信号的波形。粗略估计整个动态数据采集系统（包括应变桥路、动态应变仪、高速数据采集）的最高频响（率）为

$$f = \frac{1}{4T}$$

根据经验，在典型的分离式 Hopkinson 杆试验系统中，数据采集系统的最高频响，即带宽要大于 300 kHz，动态应变仪或数据采集系统的滤波设置下限不宜太低。

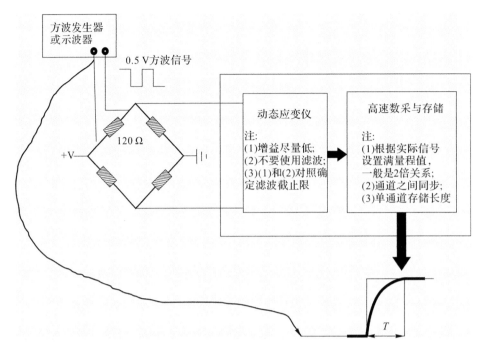

图 2-24 动态数据采集系统频响检测示意图

习　　题

1. 在动态应变测试中,分别选用阻值 60 Ω,120 Ω 和 1 000 Ω 的应变片有何区别?

2. 测试和计算平面应力下主应变:有 3 片独立应变片(120 Ω),怎样粘贴可获得主应变? 并给出主应力和主应变的计算公式。

3. 三轴力和加速度传感器的耦合灵敏度系数如何定义? 如何测试获得?

4. 在冲击脉冲信号测量时,如何设置动态应变仪的滤波和增益可提高信噪比?

第3章 傅里叶与小波变换

3.1 引 言

在本章开始前,先介绍几个相关基本概念。

概念1:频率、波长、波速、波数的概念与关系

以图3-1的振动波形为例,波长 λ 与频率 f 成反比,即 $\lambda = C/f$,其中 C 是波速。波长是指波在一个振动周期内传播的距离,也就是沿着波的传播方向,相邻两个振动位相相差 2π 的点之间的距离。频率是单位时间内完成周期性变化的次数,是描述周期运动频繁程度的量,常用符号 f,单位为 s^{-1}。波长 λ 也等于波速 C 和周期 T 的乘积,即 $\lambda = CT$。显然, $T = 1/f$(这是周期和频率的关系)。图3-1所示为波长定义的示意图。

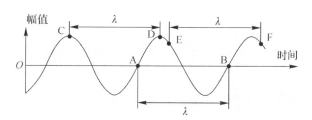

图3-1 波长的概念示意图

波速 C 由介质决定,与波的频率 f 和质点的振幅无关;而频率 f 取决于波源,与波速 C 和波长 λ 无关。波长 λ 则决定于波速 C 和频率 f。波在传播过程中,从一种介质进入另一种介质时频率不变,而波速 C 发生变化,因此波长 λ 会发生变化。波在同一介质中传播时,当频率 f 发生变化时,波长 λ 也会随之发生变化。

波长 λ 与波数 k 的关系,波数 k 是波长 λ 的倒数,即 $k = 1/\lambda$,例如红外光波长 $\lambda = 5\ \mu m$,则波数 $k = (10^4/5)\mathrm{cm}^{-1} = 2\ 000\ \mathrm{cm}^{-1}$。也就是说在 1 cm 的长度内,波长 $\lambda = 5\ \mu m$ 的红外光的数量为 2 000 个。

概念2:吉布斯(Gibbs)效应

参照图3-2,吉布斯效应(又叫吉布斯现象):将具有不连续点的周期函数(如矩形脉冲)进行傅里叶级数(如正弦和余弦波形)展开后,选取有限项进行合成,选取的项数越多,在所合成的波形中出现的峰起越靠近原信号的不连续点。当选取的项数很大时,该峰起幅值

趋于一个常数,大约等于总跳变值的 9%,如图 3-2(a)所示。图 3-2(b)特别突显了这个现象,用纯粹的傅里叶变换(有限多个正弦和余弦)去逼近带有棱角的曲线,会在频率剧烈变化处产生吉布斯效应,也就是产生了一个凸起。

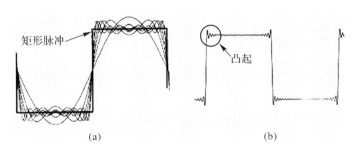

(a)   (b)

图 3-2　吉布斯效应示意图

3.2　傅里叶与小波变换的意义

电测的各种物理量原始信号,形式基本都是时域信号,是关于时间的函数。在信号图形中,往往水平轴是时间(自变量),垂直轴是信号幅值(因变量),这也是在时域内的时-幅表示。但在信号处理领域中,这并不是最好的表示。一般来说,最易分辨的信息往往隐藏在信号的频率成分中,信号的频谱就是指信号中的频率分量(或谱分量),表示的是信号中存在哪些频率成分。

从实践中,人们知道频率与事物的变化率有直接关系。若一物理量变化很快,其频率就高;否则反之。频率采用"循环次数/s",即 Hz 表示。那么,对已知的时域信号,怎样测量或获得其频率成分呢? 答案是傅里叶变换(FT)。常用的傅里叶变换式为

$$X(\omega) = \int_{-\infty}^{\infty} x(t) e^{-i\omega t} dt \tag{3-1}$$

式中:$x(t)$ 是关于时间的输入信号,即时域信号;$X(\omega)$ 是输出信号,即在频域的信号;ω 是圆频率。这就是对时域信号作傅里叶变换,就会得到信号的频谱。也就是说,若绘制信号图形,水平轴是频率,垂直轴是频率分量的幅值。此图形呈现所涉及的时域信号中包含的各种频率成分分别有多少。

频率轴从零开始,直至正无穷。每个频率都对应一个幅值。以常用的交流电为例,对 220 V 电流信号作傅里叶变换,在频谱图 50 Hz 处会出现尖峰,其他频率对应的幅值则为零,因为信号中只包含了 50 Hz 的频率分量,如图 3-3 所示。图 3-3(a)显示的是频谱图的前半部分。实值信号的频谱图是左右对称的;图 3-3(b)图显示了这一特性,后一半与前一半对称,即是前一半图形的镜像,并没有额外信息。因此,往往显示的是前半部分图,如图 3-3(a)所示。强调的是实际中多数信号包含多个频率分量。一般来说,在时域中不易看出的信息很容易在频域中观察到。

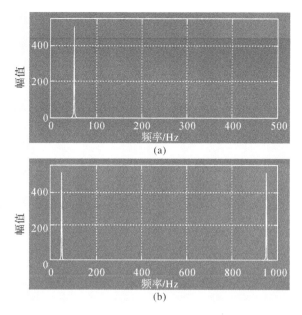

(a)

(b)

图 3 - 3　50 Hz 交流电信号的傅里叶变换图

在电气领域,虽然傅里叶变换是使用最多的,但并不是唯一的变换,还有许多其他的变换,如希尔伯特变换、短时傅里叶变换、魏格纳分布和雷登变换。还有一个更特殊的变换,即小波变换。每种变换都有其应用领域,也有其优、缺点,小波变换也不例外。为了更好地理解为什么要用小波变换,首先需要对傅里叶变换进行深入分析。傅里叶变换是一种可逆变换,它允许原始信号和处理信号之间互相变换。通常,时域信号没有频率信息,而经过傅里叶变换后的信号则不包含任何时间信息,即任意时刻只有一种信号形式是可用的。傅里叶变换给出了信号中的频率信息,即给出了原始时域信号包含各个频率的成分到底有多少,但并未给出某个频率信号何时出现。对平稳信号,这些信息并不需要。平稳信号就是信号中的频率分量不随时间变化,平稳信号中的频率分量一直保持不变,也就无须知道频率分量是何时出现的,因为所有的频率分量出现在信号的每一刻。例如图 3 - 4 所示的平稳信号,任何时刻都包含 10 Hz,25 Hz,50 Hz 和 100 Hz 的频率。

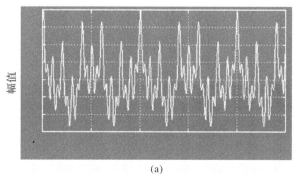

(a)

图 3 - 4　平稳信号
(a)时域信号

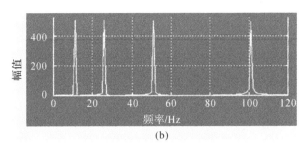

(b)

续图 3-4 平稳信号

（b）幅频图

与图 3-4 所示信号不同,图 3-5 所示信号的频率随着时间在变化,信号共包含了 4 个频率分量,分别在不同时刻出现:在 0~300 ms 时是 100 Hz 的正弦波,300~600 ms 时则是 50 Hz 的正弦波,600~800 ms 时是 25 Hz 的正弦波,最后的 200 ms 内是 10 Hz 的正弦波。

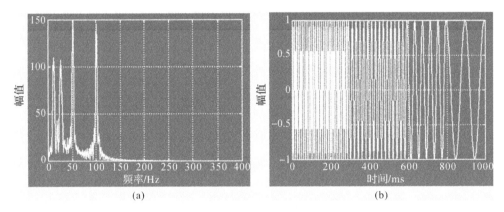

(a)　　　　　　　　　　　　　　　(b)

图 3-5 非平稳信号

（a）时域信号；（b）频谱图

图 3-5(a)中的这些小波纹是由信号中频率突变引起的,其并不重要。同时看到,高频分量的幅值比低频分量大,是因为高频信号(300 ms)比低频信号(200 ms)持续时间更长。除了这些波纹,频谱图有 4 个尖峰,对应原始信号中的 4 个频率分量。

从以上分析可知,对于平稳信号,所有频率分量在信号的整个持续时间内一直存在。对图3-5(a)所示的信号,第一个时间区间内出现的是频率最高的分量,最后一个时间区间内出现的是频率最低的分量。现考虑各个频率分量都是在什么时刻出现的。这就难于说清,傅里叶变换仅仅给出了信号的频谱分量,但却没有给出任何关于这些分量出现时间的信息。因此,傅里叶变换并不适用于分析非平稳信号。如果仅关心信号中包含哪些频率分量而不关心它们出现的时间,傅里叶变换仍可用于处理非平稳信号。但是,如果我们想知道频率分量出现的确切时间(区间),傅里叶变换就不再适用了。

当需要对频谱分量进行时间定位时,就需要一个可以给出信号时-频表示的变换。这就是小波变换。小波变换提供了信号的时-频表示(其他一些变换也可给出这些信息,如短时傅里叶变化、魏格纳分布等)。

特定的频谱分量在特定的时刻出现往往具有特殊的意义,了解这些特定的频谱分量出现的时间区间会非常有用。例如,在脑电图中,事件相关电位的延迟时间需要特别注意(事件相关电位是指大脑对某一特定刺激的反应,类似闪光灯,延迟时间是从接受刺激到做出反应之间耗费的时间)。小波变换能够同时提供时间和频率信息,因此给出了信号的一种时频表示。

实际上小波变换的出现是为了改进短时傅里叶变换(STFT)。小波变换是为了解决STFT 中遇到的有关分辨率的问题而发展起来的。首先分析一下滤波作用,设有一个信号,其中频率最高的分量为 1 kHz。先通过高通和低通滤波器把信号分成两个信号,结果得到了同一信号的两个部分:0～500 Hz 的部分(低通部分)和 500～1 000 Hz 的部分(高通部分)。然后,可拿其中一部分(通常是低通部分)或者两部分,再对每一部分继续进行相同的操作。这个过程叫作分解。

假设对低频部分做处理,现在就有 3 组数据,分别为信号在 0～250 Hz,250～500 Hz 和500～1 000 Hz 的部分。然后再对低通部分的信号继续做高通和低通滤波处理。现在就有4 组数据,分别为 0～125 Hz,125～250 Hz,250～500 Hz 和 500～1 000 Hz。持续进行这个过程,直到将信号分解到一个预先定义的水平。这样就有了一系列信号,这些信号实际上都来自相同的信号,但是每一个都对应不同的频带。知道每个信号对应的频段后,将这些信号放在一起画出三维图(见图 3-6),一个轴表示时间,一个轴表示频率,幅度在第三个轴上。这幅图表明各个频率出现在哪些时刻(虽然不能精确地知道哪个频率出现在哪些时间点,仅能知道某一频段出现在哪一时间区间内)。这是一个分辨率的问题,也是从快速傅里叶变换(STFT)切换到小波变换(WT)的主要原因。快速傅里叶变换的分辨率随时间是固定不变的,而小波变换则能给出可变的分辨率。通常高频信号在时域内很好分辨,低频信号则在频域内容易分辨。这意味着,相对于低频分量,高频分量更容易在时域内定位(有更小的相对误差)。反而,低频分量更容易在频域内定位。图中的小的峰值对应的是信号中的高频分量,大的峰值对应的是信号中的低频分量(在时域内,低频分量先于高频分量出现)。

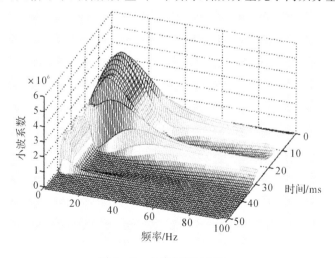

图 3-6 小波变化示意图

3.3　短时傅里叶变换

短时傅里叶变换(STFT)是由 Gabor 于 1946 年提出的,其基本思想是:为了在进行傅里叶分析时实现时域上的局部化,在信号傅里叶变换前乘上一个时间有限的窗函数,并假定非平稳信号在此时间窗内是平稳的,通过窗在时间轴上的移动从而使信号逐段进入被分析状态,得到信号的一组"局部"频谱,进而得到信号的时变特性。实际上,就是将全局的傅里叶的时域分割为若干个小部分,通过对每一个部分进行分析进而得到信号的时频特性。

短时傅里叶变换的定义为:给定一个时间宽度很短的窗函数 $\eta(t)$,让时间窗滑动,则信号 $z(t)$ 的短时傅里叶变换(STFT)定义为

$$\text{STFT}_z(t,f) = \int_{-\infty}^{\infty} z(t')\eta^*(t'-t)\mathrm{e}^{-\mathrm{j}2\pi ft'}\mathrm{d}t' \tag{3-2}$$

由式(3-2)可见,正是由于窗函数 $\eta(t)$ 的存在,短时傅里叶变换具有了局域特性,它既是时间的函数,也是频率的函数。当窗函数 $\eta(t) \equiv 1$ 时,短时傅里叶变换退化为传统的傅里叶变换。

然而,对于要分析的非平稳信号而言,在某一小时间段上是以高频信息为主,我们希望利用短时间窗分析;而在某一长时间段上是一些低频信息,我们希望用长时间窗进行分析。因此,对于一个时变的非平稳信号,利用短时傅里叶变换方法难以找到一个合适的时间窗口来适应不同的时间段,这也是它最大的不足。

3.4　傅里叶变换与小波变换之间的区别

小波变换是 20 世纪 80 年代后期发展起来的一门新兴的应用数学分支,近年有学者将小波变换引入工程振动信号分析等领域中。在理论上,比较系统地构成小波变换框架的主要是法国数学家 Y. Meyer、地质物理学家 J. Morlet 和理论物理学家 A. Gossan 的贡献。而把这一理论引用到工程应用,特别是信号处理领域,法国学者 J. Daubechies 和 S. Malla 发挥了极为重要的作用。在工程应用领域,特别在信号处理、图像处理、语音分析、模式识别和量子物理等领域,小波变换被认为是信号分析工具和方法上的重大突破。

小波变换具有多分辨特性,也叫多尺度特性,可以由粗到精地逐步观察信号,也可以看成是用一组带通滤波器对信号进行滤波。通过适当地选择尺度因子和平移因子,可得到一个伸缩窗,只要适当地选择基本小波,就可以使小波变换在时域和频域都具有表征信号局部特征的能力。基于多分辨分析与滤波器组相结合,丰富了小波变换的理论基础,拓宽了它的应用范围,对小波滤波器组的设计提出了更系统的方法,减小了小波变换的计算量。

小波变换和傅里叶变换一样,都是一种积分变换。但是小波基并不同于傅里叶基,因此小波变换与傅里叶变换就有很大的不同。最重要的是,小波变换具有尺度 a 和平移 b 两个参数。根据时频分析的要求,构造的小波基函数 $\varphi(t)$ 应该满足以下条件:

(1)本身是紧支撑的,即只有局部的非零定义域,在窗口之外函数为零。

(2)本身是振荡的,具有波的性质,并且完全不包括直流趋势成分,即

$$\phi(f) = \int_{-\infty}^{\infty} \varphi(t)\,\mathrm{d}t = 0 \tag{3-3}$$

式中：$\psi(f)$ 是函数 $\varphi(t)$ 的傅里叶变换。

（3）包含尺度参数 $a(a > 0)$ 和平移参数 b。

以 $a = 1$ 时得频带中心频率 f_1 和半功率带宽 σ_1 为基准，有

$$\left.\begin{array}{c} f_a = f_1/a \\ \sigma_a = \sigma_1/a \end{array}\right\} \tag{3-4}$$

a 增大则时窗伸展，频宽收缩，带宽变窄，中心频率降低，而频率分辨率增高；a 减小则带宽增加，中心频率升高，时间分辨率增高而频率分辨率降低。这恰恰符合实际问题中高频信号的持续时间短、低频信号持续时间长的自然规律。因此，同固定时窗的短时傅里叶变换相比，小波变换在时频分析领域具有不可比拟的优点。

小波变换包括连续小波变换、离散小波变换和正交小波变换。在连续小波变换中，尺度 a 和平移参数 b 是连续变化的，这会得到一些冗余的信息。因此，我们可以将小波基函数 $\varphi(t)$ 的 a 和 b 限定在一些离散点上取值，常用的离散化方法是将尺度按幂级数进行离散化，对 b 进行均匀离散取值，以覆盖整个时间轴，这样小波基函数就变为

$$\varphi(t) = 2^{-m/2}\varphi(2^{-m}t - n) \tag{3-5}$$

因此，任意函数 $z(t)$ 的离散小波变换为

$$\left.\begin{array}{l} \mathrm{WT}_z(m,n) \leqslant z(t) \\ \varphi_{m,n}(t) \geqslant 2^{-m/2}\int_{-\infty}^{\infty} z(t)\varphi(2^{-m}t - n)\,\mathrm{d}t \end{array}\right\} \tag{3-6}$$

小波变换和傅里叶变换的比较如下：

（1）傅里叶变换用到的基本函数只有 $\sin(\omega t)$，$\cos(\omega t)$ 和 $\exp(\mathrm{i}\omega t)$，具有唯一性。小波分析所用到的小波函数则不是唯一的，同一个工程问题用不同的小波函数进行分析有时结果相差甚远。小波函数的选用是小波分析应用到实际中的一个难点问题，也是分析研究的一个热点问题，目前往往是通过经验或不断的试验，将不同的分析结果进行对照分析来选择小波函数。

（2）在频域中，傅里叶变换具有较好的局部化能力，特别是对于那些频率成分比较简单的确定性信号，傅里叶变换很容易把信号表示成各频率成分的叠加和的形式。但在时域中，傅里叶变换没有局部化能力，无法从信号 $f(t)$ 的傅里叶变换 $F(\omega)$ 中看出 $f(t)$ 在任一时间点附近的性态。

（3）在小波分析中，尺度 a 越大相当于傅里叶变换中 ω 的值越小。在短时傅里叶变换中，变换系数 $G_f(\omega,\tau)$ 主要依赖于信号在时间窗内的情况，一旦时间窗函数确定，则分辨率也就固定了。而在小波变换中，变换系数 $\mathrm{WT}_x(a,\tau)$ 虽然也是依赖于信号在时间窗内的情况，但时间宽度是随尺度 a 的变换而变化的，所以小波变换具有时间局部分析能力。

3.5　小波变换方法

在现代的各种工程领域中，数字信号已经成为一种十分普遍且重要的表现形式。而在实际工程中，实际所测得的信号包含着很多其他的成分，如噪声等，这些干扰会对信号的真实性产生很大的影响。因此，对测得的信号进行处理，从中获得我们关心的信号，就必须对

数字信号进行科学的处理,而其中的一项基本技术就是数字信号变换技术。

简单来说,数字信号变换技术就是为了更加方便地处理数字信号,通过数学变换,将一个域中的信号变换映射到另外一个域中的信号的方法。常用的数字信号变换主要有傅里叶变换、小波变换、离散余弦变换(DCT)、Z 变换、Chirp Z 变换以及 Hilbert 变换等。这些变换都有它们各自的理论和应用背景。

在日常应用中,傅里叶变换是最基础、应用最广的一种数字变换技术。傅里叶变换就是以时间为变量的"信号"和以频率为自变量的"频谱"函数之间的一种变换关系。通俗来讲,就是将随着时间变化的时域信号通过傅里叶技术转换为频域信号。基于此,可以得到信号在时域和频域上的全局特性。但是傅里叶变换的不足在于它是在整体上将信号分解为不同的频率分量,因此缺乏局域性的信息,即对信号的表示要么完全在时域,要么完全在频域,而不能揭示某种频率分量出现在什么时候以及其随时间的变化情况。这就使得傅里叶变换在处理平稳信号时是很好的方法,但是对于非平稳信号并不适用。

然而,在许多工程应用场合,我们得到的信号都是非平稳的信号,其统计量是随着时间变化的时变函数,这时候,仅仅了解信号在时域或频域的全局特性是远远不够的,还需要知道信号频率随时间的关系。因此,为了分析和处理非平稳信号,人们对傅里叶分析进行了推广甚至根本性的革命,提出并发展了一系列的新的信号处理理论。联合时频分析就是其中一种重要的方式,这种分析方法可以同时描述信号在不同时间和频率的表现。常用的信号时频分析方法包括短时傅里叶变换、小波变换和 Wigner-Ville 分布等。

3.5.1 MATLAB GUI 小波变换的方法

MATLAB 的精华在于它提供了大量的库函数,能够直接被用户调用。对于学习小波分析来说,如果能够掌握并熟练使用小波工具箱里面的函数,实际上就掌握了该工具箱。更令人高兴的是,MATLAB 还提供了小波分析的图形化方式,也就是我们常说的图形用户界面(GUI),用户不需要使用任何函数,更不需要编写任何程序,就可以形象、直观地了解MATLAB 的强大小波分析功能。MATLAB 工具箱中经常使用的小波基函数见表 3-1。

表 3-1　MATLAB 工具箱中的小波基函数及其参数表示

小波基的名称	参数表示
Haar 小波	harr
Daubechies 小波	db
Biorthogonal 小波	bior
Coiflet 小波	coifN
Symlets 小波	sym
Morlet 小波	morl
Mexican Hat 小波	mexh
Meyer 小波	meyer

在 MATLAB 2018 命令符下键入 waveletAnalyzer 后按回车键,即可出现小波工具箱主菜单窗口(Wavelet Toolbox Main Menu),如图 3 - 7 所示。

图 3 - 7　MATLAB 小波 GUI 的界面

在工程应用中,我们采集到的信号大部分是一系列的离散数据点,即离散数字信号,SHPB 试验就是典型的一维离散数据信号。在 GUI 主菜单中单击【Wavelet - 1 - D】按钮,就会出现一维离散小波分析图形工具。通过将 EXCEL 中的波形数据导入,即可实现单尺度、多尺度的一维分解。本次以截面为 2 mm×2 mm、长度为 1 200 mm 的杆作为入射杆,用 200 mm 长、截面积相等的子弹以 8 m/s 的速度撞击入射杆,对入射杆端头处的应变信号进行小波变换。

在小波变换中,有一个基本的选取原则就是,尽量选取与原始波形形状相近的小波,因此在本次小波变换中,小波类型为 Haar 小波。Haar 小波是由 Haar 在 20 世纪初构造的第一个小波基函数,它是最简单、最紧支撑的小波函数。Haar 函数的定义为

$$\psi_{\mathrm{H}} = \begin{cases} 1, & 0 \leqslant x \leqslant 0.5 \\ -1, & 0.5 \leqslant x < 1 \\ 0, & 其他 \end{cases} \tag{3-7}$$

Haar 小波函数的形状如图 3 - 8 所示。

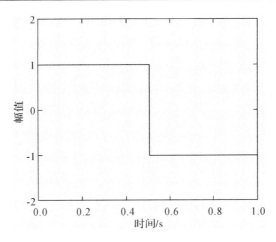

图 3 - 8　Haar 小波函数形状图

3.5.2　一维杆端头处的小波变换

图 3 - 9～图 3 - 13 分别是在不同尺度下的完全分解模式(Full Decomposition)小波变换。通过这种变换方式,即可观察不同尺度下的原始信号、近似信号(低频成分)和细节信号(高频成分)。

具体说明如下。参见图 3 - 9,实际中可以根据对最低频率区间的要求来选择小波分解的尺度(level,层)。比如,采样率为 1 000 Hz,是实际信号的频率的 2 倍采样率,那么信号的最高频率为 $F_s = 500$ Hz。尺度越大,频率的分辨率就越高,能分辨的低频信号就越小。最低尺度(层)的频率区间为 $(0, F_s/2^n)$,n 为尺度(level,层)。对于变换公式:

$$S = a_n + d_1 + d_2 + \cdots + d_n \tag{3-8}$$

式中:S 为原始信号;a_n 为 n 尺度(层)变换下的近似系数;$d_1 \sim d_n$ 为 n 尺度(层)变换下的细节系数。

其中时域分辨率和尺度成反比,频域分辨率和尺度成正比,即尺度越大,得到的频率范围越广越精确,而在时间上则越模糊。尺度越小得到的频率范围越窄越不精确,而在时间范围内很清晰。

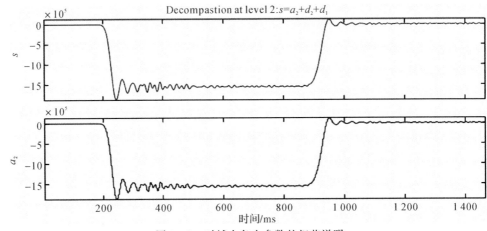

图 3 - 9　时域中各个参数的细节说明

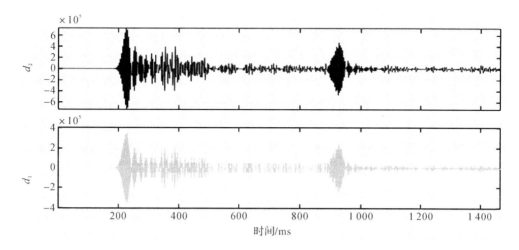

续图 3 - 9　时域中各个参数的细节说明

图 3 - 9 为 2 尺度(d_1 和 d_2)小波变换细节图。图 3 - 10 为小波变换时频图和时间-频率-系数三维图。

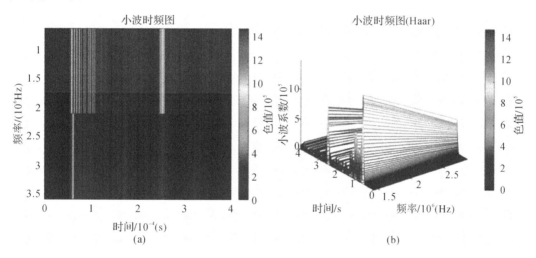

图 3 - 10　(a)小波变换时频图和(b)时间-频率-系数三维图

图 3 - 11 为 8 尺度($d_1 \sim d_8$)小波变换细节图。图 3 - 12 为小波变换时频图和时间-频率-系数三维图。

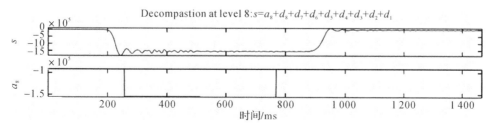

图 3 - 11　8 尺度($d_1 \sim d_8$)小波变换波形

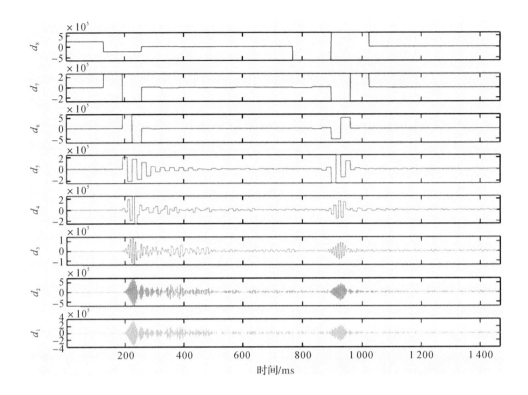

续图 3-11　8 尺度($d_1 \sim d_8$)小波变换波形

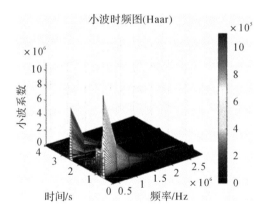

图 3-12　8 尺度下小波变换的时间-频率-系数三维图

图 3-13 呈现了 4 种不同尺度下三维图，这些图显示了时域分辨率与尺度成反比，而频域分辨率和尺度成正比，即尺度越大，得到的频率范围越广越精确，而在时间上则越模糊。尺度越小，得到的频率范围越窄越不精确，而在时间范围内很清晰。所以合适的尺度选择很重要，不一定追求更多尺度下的小波变换。

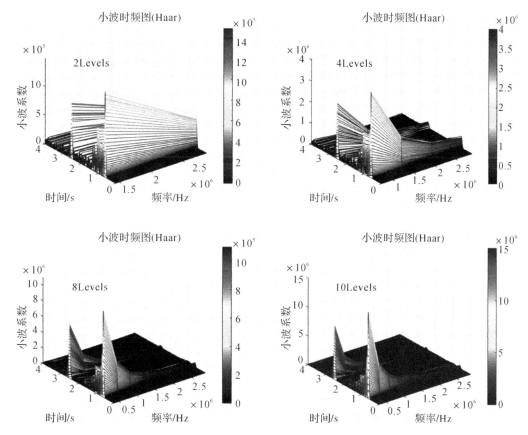

图 3-13　4 种不同尺度下时间-频率-系数三维波形比较

通过以上的观察发现,在入射杆端面处,应变波形的振荡比较严重,其中蕴含着大量的高频成分。在上升沿和下降沿处的高频成分的幅值明显大于其他地方,这是由于速度在上升沿和下降沿处突然变化,造成函数的不连续,导致高频成分瞬间增加,但是持续时间极短,随着速度归于平稳后,下降沿处的高频信号和上升沿处的部分高频信号基本消失。但是在上升沿处,还是可以观察到一段持续很长时间,并且幅值随着时间增大而逐渐衰减的高频成分。

同时还发现,只用一个尺度上的小波变换并不能将高频信号完全滤出,在近似信号中仍然可以观察到比较明显的振荡,而随着尺度的增加,近似信号中的振荡明显减少。通过比较发现,利用 3～4 个尺度的小波变换即可将应变信号进行很好的近似,而超过 4 个尺度后,波形会有一定程度的失真。

同时,MATLAB 工具箱还提供了另外几种模式,包括 Full Decomposition(完全分解模式)、Show and Scroll(显示滚动模式)、Stem Cfs(柱状系数图模式)、Separate Mode(分离模式)、Superimpose Mode(叠加模式)和 Tree Mode(树模式)。

图 3-14 就是 4 个尺度下的树模式的窗口图。图 3-14(a)的树状图很好地表示了各个尺度的细节信号与近似信号的关系。

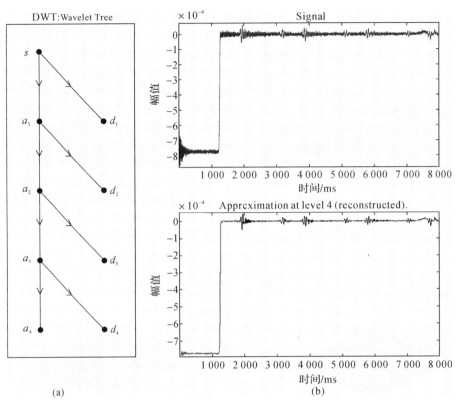

图 3-14 SHB 中 2 mm 方杆的入射杆端头的尺度小波变换树状图

3.5.3 正负全波的小波变换

典型的 SHB 测试中,在一维杆中会出现入射与反射波,即正负全波形,图 3-15 为 4 尺度下对正负应变波形信号进行的小波变换。图 3-16 为 4 尺度下小波变换的树状图。

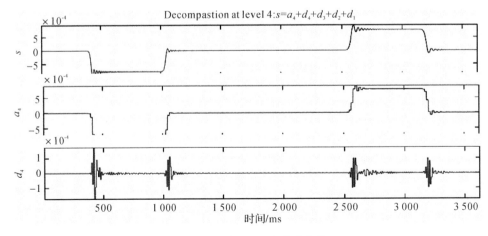

图 3-15 采用 4 尺度小波变换

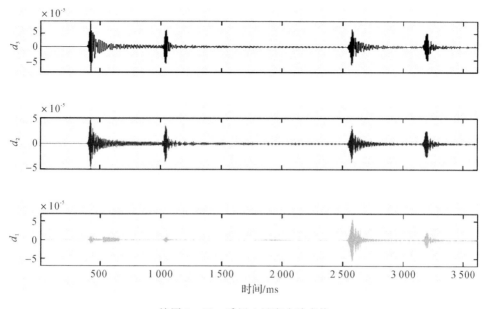

续图 3-15　采用 4 尺度小波变换

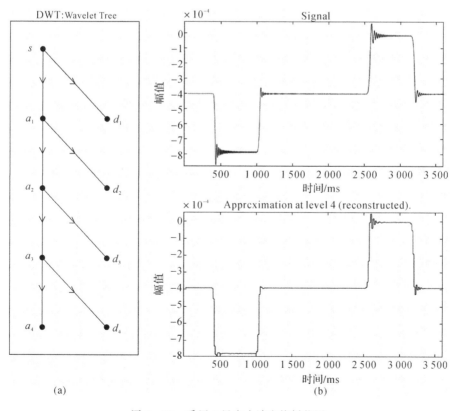

图 3-16　采用 4 尺度小波变换树状图

从传统的分离式 Hopkinson 杆压缩信号波形分析看出,与杆端头处的波形对比,杆中部的应变波形的振荡明显比端头处的振荡更为规律,且杆中部处的最高频的细节信号 d_1 的幅值明显比端头处的 d_1 要小,而 d_2 和 d_3 的振荡幅值都比端头处的 d_2 和 d_3 大,而持续时间比端头处小。由应力波的基础知识可知,在 SHB 试验中,应变波信号是冲击宽频信号,是由很多不同频率的谐波合成的,高频成分的传播波速较慢,而低频成分传播较快。因此,随着应变波在杆中传播距离的增加,高频成分和低频成分逐渐拉开距离,使得高频成分逐渐聚集在上升沿处,从而使波形的振荡幅值增加。因此在入射杆中部的应变波形的上升沿处,其高频成分主要有由于弥散而聚集的高频成分以及由于波形陡峭而产生的高频成分,在下降沿处就只有由于波形陡峭而产生的高频成分。而我们在平常所做的 SHB 试验中,通常使用的信号基本都是在杆子的中部测得的应变信号,因此为了保证试验数据的准确性,必须对以上所述的高频成分进行处理,进而使测得的波形更加平滑,同时保证它的准确性。

3.6 不同脉宽的 SHB 脉冲信号频率特性

波分为两大类,一类是电磁波,一类是机械波。当介质受到外界作用(如振动、冲击等)时,介质的局部状态参量就会发生变化,这就是扰动。对于冲击波(Shock Wave)概念的理解,参看图 3-17,冲击波又称爆震波或激波,往往指的是一种强烈的压缩波。冲击波在介质中传播时,其波阵面的前-后物理参数,例如,应力、密度、速度……变化很大,即其以一种状态突跃变化的方式传播。

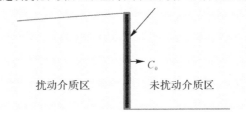

冲击波波阵面(厚度为几个分子自由程,厚度内各物理量发生迅速连续变化,实际工程上简化为无厚度,即作为强间断面)

扰动介质区   未扰动介质区

图 3-17 冲击波示意图

压缩波就是扰动传过后,介质的压力、密度、温度等状态参数增加的波,其特点是波传播的方向与介质质点的运动方向相同。稀疏波是扰动传过后,介质的压力、密度、温度等状态参数下降的波,其特点是波的传播的方向与介质质点运动方向相反。在稀疏波扰动过程的区域,任意两相邻端面的参数都只差一个无穷小量(密度几乎不变),因此稀疏波的传播过程属于等熵过程,它的波速等于介质当地的声速。

对于爆炸与冲击载荷作用下各种物理量响应信号的检测,敏感元件以及测试系统的选择很重要。例如,以典型的分离式 Hopkinson 试验为例,如何选择粘贴在标准杆上的应变计尺寸、信号放大器或超动态应变仪的滤波上限以及高速数据采集仪器脉宽等,是试验的关键参数,这些参数选择不当,就会导致原始物理量的重现失真。

图 3-18 是一个典型的理想化等直径短杆即撞击杆以速度 V_0 撞击长杆(入射杆)的示意图,将应变片粘贴在入射杆长度中间。假设杆子材料力学性能均一样。这也是典型分离式 Hopkinson 杆装置原理。撞击杆(长度 L_0)、入射杆、透射杆的材料相同,直径相同,即密度 ρ 和弹性模量 E 相同,在入射杆上产生的加载脉宽(持续时间)ΔT 和弹性应力幅值 σ 分别如下:

$$\left.\begin{aligned} \Delta T &= 2L_0/C_0 \\ \sigma &= E\varepsilon = -\frac{1}{2}\rho C_0 V_0 \end{aligned}\right\} \tag{3-9}$$

式中:$C_0 = \sqrt{\dfrac{E}{\rho}}$ 是杆的一维波速;V_0 是撞击杆的速度。参考式(3-9),并按照应变率的定义:

$$\dot{\varepsilon} = \frac{\Delta\varepsilon}{\Delta t} = \frac{\Delta\varepsilon}{\Delta T} = \frac{C_0 \cdot (\Delta\varepsilon)}{2L_0} \tag{3-10}$$

可知,在采用 SHPB 进行材料试验时,如果想使试样在不同应变率 $\dot{\varepsilon}$ 下的应变 ε 或 $\Delta\varepsilon$(一般很重要)保持相同(例如,$\Delta\varepsilon = 0.5$),由于弹性波速 C_0 是常数,只能通过改变撞击杆长度 L_0 来实现。

另外,参照式(3-9)和式(3-10),同样可以得

$$\dot{\varepsilon} = \frac{\Delta\varepsilon}{\Delta t} = \frac{(\Delta l/l)}{\Delta t} = \frac{\Delta l}{\Delta t \cdot l} = \frac{v}{l}\left(=\frac{V_0}{l}\right) \tag{3-11}$$

式中:l,v 分别是试样长度和试样端(接触入射杆端)的加载速度;Δt 是试样应变历程时间。一般地,在 SHPB 中如果只有撞击杆和入射杆,那么入射杆自由端速度就是 V_0(与撞击杆速度相同)。安装试样和透射杆后,一个简单估计方法认为试样端的加载速度仍为 $v=V_0$,这样,根据撞击杆的速度 V_0 和试样长度 l,就能估算所能实现的试样变形应变率。在实际试验中,我们总想保持在不同应变率和不同温度下试样变形的应变相同,这样就需要结合式(3-10)和式(3-11)综合考虑。

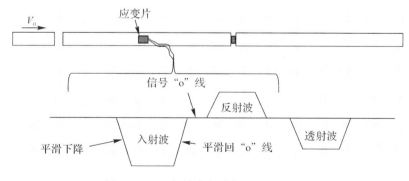

图 3-18　三杆撞击与采集的三波图示意

必须强调的是,根据一维应力波原理,入射波是理想方波,但由于杆的几何尺寸、材料非线性、波传播的弥散效应,实际入射波是近似的梯形,且波的上升和下降突变或出现 Gibbs

效应,即振铃现象。撞击杆几何和材料特性会改变入射波构型,图 3-19 示意了锥形撞击杆产生的入射波构型。

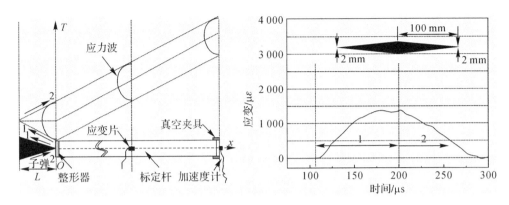

图 3-19　撞击杆构型与入射波关系示意图

3.6.1　不同方波脉宽对应的频谱图

通过图 3-19 可知,撞击体几何构型对波形有很大影响,在典型分离式 Hopkinson 压杆试验中。在等直径等材料下,改变撞击杆长度,以下给出入射波形的傅里叶变换。图 3-20 示意出了 3 种波形,即方波、三角波和半正弦波在两种脉宽 100 μs 和 30 μs 下的示意图。

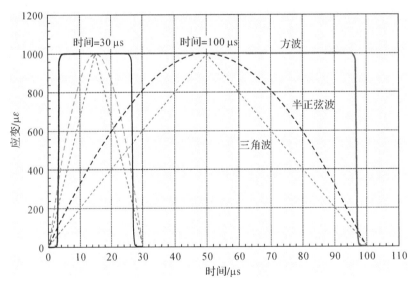

图 3-20　三种波的构型图

对图示的 3 种波进行傅里叶变换,获得的图为 3-21。可以看出,对于脉宽 100 μs 信号,如果按照幅值 2 $\mu\varepsilon$ 以下时波形近似为零的原则,可忽略。滤波设置下限应该是:方波 1 000 kHz,半正弦和三角波 200 kHz。

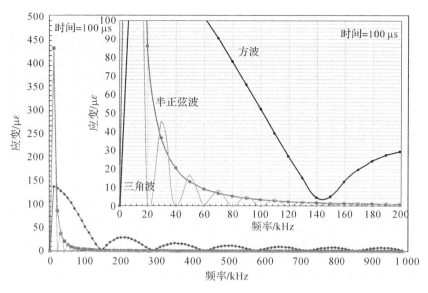

图 3-21　脉宽 100 μs 三种波形的滤波下限值

对于脉宽 30 μs 信号,如果按照幅值 2 με 以下可忽略。三轴波形的滤波设置下限是:方波大于 1 000 kHz,半正弦和三角波为 500 kHz,如图 3-22 所示。这说明脉冲波形的脉宽对频带宽度影响很大。

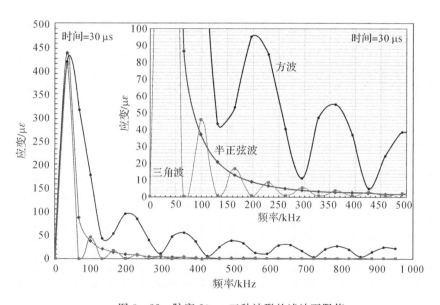

图 3-22　脉宽 20 μs 三种波形的滤波下限值

对于梯形波,其波形的上升(斜率 R)沿不同(见图 3-23),对于脉宽 100 μs 信号,如果按照幅值 2 με 以下可忽略。滤波设置下限是:对于上升 $R < 830$ με/μs,最好设置 300 kHz。这也是在典型分离式 Hopkinson 杆试验中,要求动态微信号放大器或动态应变仪的频响带宽至少大于 0.3 MHz 的原因,高速数据采集的采样率是实际信号的 2 倍以上,所以需要

1 MHz以上。图 3-24 为图 3-23 中信号在频域下的转换结果。

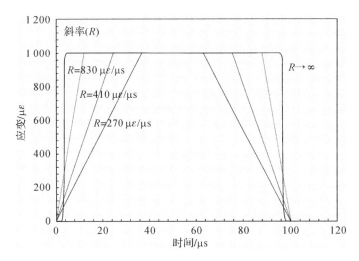

图 3-23　不同上升沿的梯形波构型

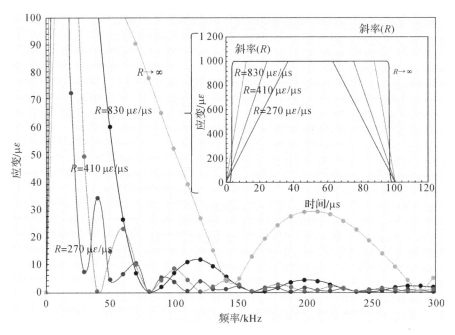

图 3-24　不同上升沿梯形波的滤波下限

3.6.2　分离式 Hopkinson 杆的滤波应用

采用巴特沃斯低通滤波器对不同脉宽的波进行滤波处理,通带截止频率(wp)分别为 500 000 Hz,50 000 Hz 和 500 Hz,阻带截止频率(ws)分别为 500 000 Hz,200 000 Hz 和 50 000 Hz。图 3-25 中显示了原始波形的曲线和滤波后的曲线。

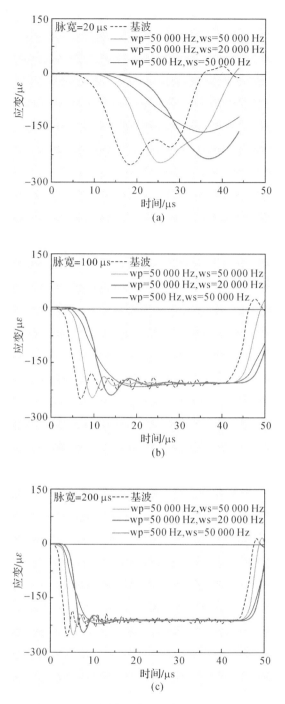

图 3 - 25　不同脉宽截止频率对波形的影响

从图 3 - 25 中可以看出，当保留多数频率都可以通过时，如图（3 - 25）中 wp＝50 000 Hz，ws＝500 000 Hz 的线型所示，100 μs 和 200 μs 的波形会变得平滑，而 20 μs 的波形的构型已经发生了明显变化，但 200 μs 的方波基本不受影响。这说明，100 μs 和 200 μs 的波振幅较大的部分集中在低频部分,且振幅较低,受到的衰减影响较小,尤其是 200 μs 的方波,在低频部分的振幅很低。而 20 μs 的波在低频部分振幅较高,受衰减影响较大,且较高频部分的振幅也对波形有很大的影响,这从图 3-26 可以看出。这说明,短脉宽的波对高频部分更敏感,在进行滤波时,针对短脉宽的波,应尽可能保证通过更多的频率。若缩小通带截止频率的范围,滤掉更多的低频波,3 种脉宽的波都会有较大程度的失真。这说明,对于不同脉宽的波,低频部分振幅越高,对于波形的还原越具有至关重要的作用。

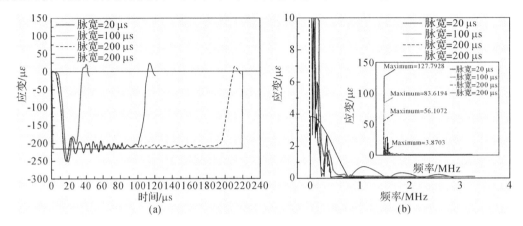

图 3-26　分离式 Hopkinson 杆试验

(a)典型不同脉宽的脉冲信号；　(b) 对应的在频域中的信号

习　　题

1. 分别对相同脉宽的方波、梯形波、三角波进行傅里叶变换,分析 3 种波的主要频率成分。

2. 分别对相同脉宽的方波、梯形波、三角波进行不同尺度的小波变换,分析其在不同尺度下的幅频特性,并与傅里叶变换结果进行比较。

第4章 强冲击疲劳试验方法

4.1 冲击疲劳现象及特点

在航空领域,航空装备与结构在服役过程中面临着多种动态冲击载荷威胁。例如,飞机在路面滑跑、升空及降落过程中,面临着地面碎石杂物的迎面冲击、鸟撞等威胁。飞机在着陆时,起落架承受了来自地面的巨大冲击力。事实上,起落架结构的失效大多是由多次的着地冲击,即冲击疲劳引起的。其结构受力严重、工作环境恶劣、故障率高。统计资料表明,飞机事故中将近70%与起落架有直接和间接的关系。特别舰载机反复着陆和飞离甲板,质量可达约20 t的飞机着陆时撞击甲板和接触拦阻勾,起落架离开甲板瞬间弹出(其冲击最大载荷发生在毫秒甚至微秒量级),军工枪炮的自动化机械高速撞击,航天器件外空间碎片撞击,等等。

如图4-1所示,每次飞机舰载拦阻着陆,或飞机正常落地着陆,拦阻索、拦阻钩、起落架都要受到冲击载荷,载荷幅值达数十吨,载荷作用时间在毫秒或微秒量级。这种飞机拦阻系统和起落架反复承受的冲击,可导致结构累积损伤与破坏,这属于冲击疲劳,即冲击疲劳指材料或机械构件在多次重复小能量冲击载荷作用下,因累积损伤引起的裂纹萌生、扩展,直至断裂的过程。枪械中的核心部件自动机,其冲击疲劳使用寿命问题是目前枪械设计中亟待解决的核心共性问题。

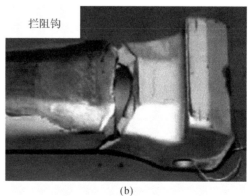

图4-1 起落架在航母甲板和落震冲击测试承受的冲击载荷历程

(a)拦阻钩钩挂拦阻索时刻; (b)拦阻钩冲击断裂照片

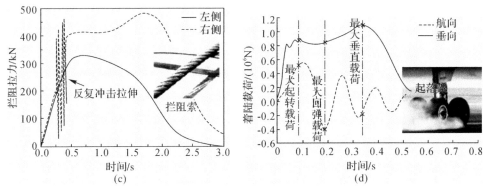

续图 4-1 起落架在航母甲板和落震冲击测试承受的冲击载荷历程

(c) 拦阻索承受的冲击力历程; (d) 飞机起落架落震冲力历程

4.1.1 冲击疲劳特点

前面提到,工程中有很多机械零构件是在多次冲击载荷下服役的,因此冲击疲劳是最接近该类零部件在实际服役中的失效破坏方式。金属材料的冲击疲劳行为既不能等同于常规疲劳,也不能等同于单次大能量冲击破断。其具有以下特征:

(1)与常规疲劳对比,冲击疲劳过程中单次加载速率远远高于常规疲劳,冲击中材料的应变率一般在 $10\sim10^4$ s^{-1} 范围内,单次加载时间历程为几十到几百微秒。从冲击疲劳的损伤积累和破坏过程来看,冲击疲劳相当于过载疲劳。不同于传统疲劳行为主要取决于材料强度,冲击疲劳取决于材料强度和宏观塑性,由于它是以冲击能量加载,所以受加载速度和体积因素影响大。

(2)与单次大能量冲击破断相比,冲击疲劳实际上是材料或构件在小能量多次冲击条件下发生的疲劳失效行为。大能量冲击主要取决于材料韧度,而冲击疲劳性能存在损伤累积,是强度和韧性的综合指标。

(3)冲击疲劳过程中伴随着塑性功积累和残余应力场的不断变化,是损伤积累导致的裂纹萌生和发展的全过程。裂纹萌生抗力主要取决于强度因素,而裂纹扩展抗力主要取决于塑性因素。

4.1.2 已有的冲击疲劳试验技术

有效运用试验分析方法开展冲击疲劳试验,是提高工程设计质量、进行失效分析的一种重要手段。冲击疲劳试验设备需具备单次高加载率、多次循环可控的加载能力。试验测量值有不同冲击能量、加载率、加载频率下的起裂韧性、裂纹扩展速率、疲劳寿命等。因此对每次冲击波形(决定了冲击能量和加载率)和加载频率的灵活控制非常重要。目前,冲击疲劳试验机按研究对象不同,可分为多冲拉伸、多冲弯曲、冲击磨损试验机等;按试验机原理不同,分为落锤式、弹簧蓄能式、悬臂梁式、液压式、气动式和摆锤式等。由国内外冲击疲劳试验机发展现状可看出,冲击疲劳试验机正在向重载、高速方向发展,不仅承载能力越来越大,而且冲击速度和加速度幅值明显提高。冲击疲劳试验机冲击能量驱动方式由过去的跌落式、摆锤式等,逐步向更便于控制和功能扩展的液压、气动等能量驱动方式发展,冲击疲劳试验机的冲击波形控制由开环方式向可控方式发展。

4.1.3 冲击疲劳装置的种类

表 4-1 给出了目前各种冲击疲劳性能参数。落锤式或自由落体式的冲击疲劳试验机可以实现较大的冲击能量和加载率,加载频率往往较小;凸轮和电磁控制类的冲击疲劳试验机可以实现较高的加载频率,冲击速度相对较低,不易实现材料的高应变率冲击加载。基于Hopkinson 杆的试验装置可以实现高应变率且恒定应变率下的冲击加载,采用的是内外管撞击,波在杆中来回传播的时间长些。

表 4-1 各类冲击疲劳试验机性能参数

设备名称	加载类型	冲击力/冲击能量	加载速度/加载率	加载频率
JD-125 型多次冲击试验机	落锤式	$5\sim12.5$ kg·cm	$0.5\sim1.57$ m/s	
DSWO-150 型多次冲击试验机	落锤式	$5\sim15$ kg·cm	$0.5\sim1.57$ m/s	
CJPL-01 型冲击疲劳试验机		7.468 MPa		108 次/min
凸轮冲击疲劳试验机	凸轮	$5\sim200$ kN	$3.9\sim6.5$ m/s	$600\sim$ 1 000 次/min
卧式冲击疲劳试验机	凸轮		$2\sim7$ m/s	
全逆转轴向加载高应变率冲击疲劳试验机	应力波	可达几千兆帕	应变率:$10^2\sim10^2$ s^{-1} 冲击速度:7.7 m/s	较低
调温调频调载冲击试验机		$0.1\sim0.3$ J		2 Hz
数控电子循环冲击落锤试验机	落锤式	$0\sim3.6$ MPa		23 次/min
微冲击疲劳试验机	电磁	$100\sim600$ N		10 Hz
水下冲击疲劳试验设备	电磁	$50\sim300$ N		10 Hz

4.2 疲劳试验基础知识

进行疲劳试验时,往往采用哑铃状光滑试样或光滑板状试样,疲劳试验分为载荷控制、位移控制和应变控制。常规的液压伺服控制疲劳试验机、电磁共振试验机、旋转和弯扭试验机等均可以实现载荷控制,即恒幅应力疲劳试验,但试样的循环应变可能会发生变化。位移或应变控制是试样的变形循环应变恒定,但对应的应力一般在变化,有时称为低周疲劳试验。

疲劳试验主要是获取材料的 $S-N$(应力-循环数)曲线,特别是疲劳极限。如果是缺口试样、含裂纹试样、内部有缺陷的试样等,这样的疲劳试验往往称为疲劳剩余寿命试验,或者研究裂纹扩展试验 $a-N$(裂纹-循环数)曲线,所以疲劳和断裂是紧密有关的。

从材料科学的角度出发,材料内部本身含有各种缺陷,例如金属内的点缺陷(原子的缺失空位、间隙式点缺陷、替代式点缺陷)、线缺陷(位错)、体缺陷(晶界)。图 4-2 是由常规工艺获得的材料内部缺陷图。近些年快速发展的近净成型的激光增材制造材料,这种增材制造的特殊工艺导致材料不可避免地存在工艺缺陷,见表4-2。这些微观上的缺陷,是疲劳损伤累积和裂纹萌生的源头,往往金属的缺陷对冲击加载更为敏感,所以增材制造材料的疲劳分散性很大,在冲击疲劳下有更多的负载因素,导致增材制造材质冲击疲劳性能下降。

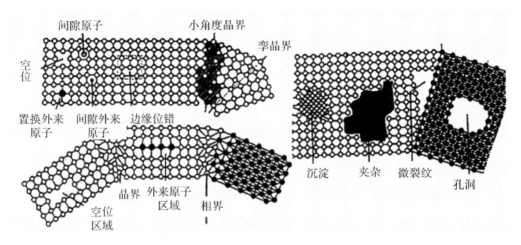

图4-2 常规工艺冶炼金属内部的微观缺陷示意图

表4-2 增材制造金属的各种工艺缺陷

缺陷类型	成因	工艺类型	材料	几何尺寸
孔洞	低熔点组分气化（Keyholes）	SLM	TC4	20～50 mm
			316L	10～80mm
	粉末中气孔（空心金属粉末）	LMD	In718	10～60 mm
			TC4	2 μm 到几十微米
		SLM	In718	约10 mm
		Laser cladding	In718	<5 mm
	固化后体积收缩	Laser AM	TC4	约20 mm
	降温时,气体溶解度下降,逸出	Deep-powder-bed	TC4	不规则几何:30～120 mm
	保护气体(惰性气体)滞留	SLM	TC4	不规则几何:0～200 mm
		Laser powder-bed	316L	
	动态熔体流动的不稳定性	Deep-powder-bed	TC4	不规则几何:30～120 mm

续　表

缺陷类型	成因	工艺类型	材料	几何尺寸
熔合不良	能量不足导致局部冷却	Deep-powder-bed	TC4	不规则几何:几微米至几毫米
	偏离最优熔覆路径	EBM,LBM	TC4	
	前一层表面粉末形貌不良	Power-bed AM	TC4	
	气体蒸发和冷凝减缓颗粒熔化	EBF	TC4	
	动态熔体流动导致填充的不规则空洞	SLM	316L steel	
	完全熔化之前熔体驱动粉末横向位移	Laser powder-bed	TC4	
开裂	凝固开裂	LMD,FLD	In 718	细长裂纹,多发生在 In718 合金中的枝晶组织中,沿 Laves 相分布延伸
分层	粉末的不完全熔化或底层已固结部分的不完全重熔	SLM	M2 steel	沿沉积层局部或整体开裂,属于宏观缺陷
局部膨胀	材料的表面张力影响,与熔体池的几何形状相关	SBM	TC4	分布于成形件表面,几十微米的球状颗粒,属于宏观的表面缺陷
		SLM,SEBM	TC4	

这些缺陷对金属材料的力学性能影响非常大,从材料理想化出发,材料的理论解强度和抗剪强度如下:

$$
\left.
\begin{array}{l}
\sigma_{\max} = \sqrt{\dfrac{E\gamma}{a}} \approx \dfrac{E}{\pi} \\[3mm]
\tau_{\max} = \dfrac{Gb}{2\pi a} \approx \dfrac{G}{2\pi}
\end{array}
\right\}
\tag{4-1}
$$

式中:E 和 G 分别是弹性模量和剪切模量;b 是原子柏氏矢量大小;a 为原子间距;γ 是材料的表面能。例如,铁的理论抗剪强度和拉伸强度为

$$
\left.
\begin{array}{l}
\tau_{\max} = \dfrac{G}{2\pi} = 13 \text{ GPa} \\[4mm]
\sigma_{\max} = \sqrt{\dfrac{E\gamma}{a_0}} \approx \sqrt{\dfrac{E^2}{10}} = 67 \text{ GPa} \quad \left(\gamma \approx \dfrac{Ea_0}{10}\right)
\end{array}
\right\}
\tag{4-2}
$$

其中,对于铁,$E \approx 211$ GPa,$G \approx 82$ GPa,但实际对铁的抗拉强度测试值仅在 0.1 GPa 量级。

对于光滑试样的疲劳试样的疲劳循环应力幅值(见图 4-3),往往取静态测试应力-应变曲线的屈服点或比例极限应力,理想化认为这是应力-应变线弹性段,是金属原子键的弹性变形,可以是重复无限寿命。但实际上随不同的疲劳应力幅值大小,疲劳寿命循环数是有限的。其原因也归于材料内部的缺陷特别是位错运动的不可逆运动。如果材料内部有缺陷,或宏观上有缺口,例如图 4-3 所示的含边裂纹试样,在裂纹尖端附近或出现应力集中,裂尖局域是塑性区,重复循环加载,导致塑性区材料反复硬化,可能还伴随温度升高导致的热软化。

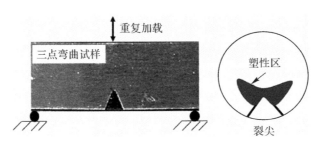

图 4-3　三点弯曲加载裂尖的应力集中

通过以上分析,材料内部不可逆的累积损伤,或塑性区域的循环变形,是导致裂纹萌生与扩展,最终导致材料破坏的主因。

4.3　金属塑性变形理论

对于金属的塑性变形或塑性流动,归于位错与各种障碍的相互作用,这些障碍包括各种缺陷、位错自作用、晶格等,位错滑移需要克服这些障碍的作用。假如有一障碍的高度为 ΔG(常为自由能),一位错越过障碍的概率就是 P。当温度上升时,概率/可能性就会增加,即热能可使位错越过障碍。

位错的滑移率是 $\mathrm{d}\gamma/\mathrm{d}t$,应变 γ 与位错的关系可以借助 Orowan 方程表示:

$$
\mathrm{d}\gamma/\mathrm{d}t = \rho b \Delta L / \Delta t / M
\tag{4-3}
$$

式中：M 是晶向系数；ρ 是位错密度；b 是柏氏矢量的大小；ΔL 是位错要越过的障碍之间的距离。位错通行的总时间由两部分组成：一个是位错从一个障碍到下一个障碍所需的时间，这个时间很短，一般不计；另一个是位错在障碍前等待的时间，它实际上可用越过障碍的频率 f_1 的倒数表示。因此有关系式：

$$\dot{\gamma} = \frac{f_0 \rho b \Delta L R_0}{M} \exp(-\frac{\Delta G}{\kappa T}) \tag{4-4}$$

由于对于指定形式的材料和阻碍位错运动的障碍，它们有相应的确定数值，将式（4-4）中指数前的所有项统一并称为 $\dot{\gamma}_r$，这样式（4-4）就变为

$$\gamma = \dot{\gamma}_r \exp(-\frac{\Delta G}{\kappa T}) \tag{4-5}$$

式中：γ 是剪切应变；$\dot{\gamma}_r$ 是剪切应变率；T 为温度。金属的流动应力、温度等均与金属塑性流动的能垒，即自由能 ΔG 有关。通常，金属中的位错运动主要受到两种障碍的阻力。这两种障碍分别为短程障碍和长程障碍。短程障碍包括 Peierls 应力、空位和自添隙原子等点缺陷、与滑移面交叉的位错、合金元素和溶质原子。以体心立方结构（BCC）金属为例，它的流动应力对温度的强烈依赖性的率控制机理主要是克服 Peierls-Nabarro 应力。短程障碍可以通过热激活而克服。所以它随温度升高而降低，但随应变率升高这个短程障碍的阻力会增加。长程障碍主要指晶界、远场林位错和其他有影响的远场结构元素。长程障碍对温度不敏感。热激活部分应力可为

$$\tau = \tau^* (\text{热激活应力}) + \tau^a (\text{非热应力}) = \dot{\tau} \left[1 - \left(-\frac{\kappa T}{G_0} \ln \frac{\dot{\gamma}_r}{} \right)^{1/q} \right]^{1/p} + A\gamma^n \tag{4-6}$$

式中：$\dot{\tau}$ 是在绝对温度为 0 时的阈值应力；κ 是玻尔兹曼常数；G_0 是 Gibbs 自由能；q 和 p 是能垒（障碍）相关构型；$\dot{\gamma}_r$ 参考应变率；A 和 n 分别是常数和指数。这说明，应力与应变率和温度是有直接关系的。特别说明的是，以上 $\tau, \gamma, \dot{\gamma}$ 指的是塑性剪切滑移引起的剪应力、剪应变和剪切应变率，它与单轴加载的拉压的应力 σ、应变 ε、应变率 $\dot{\varepsilon}$ 差一个 Schmid 因子常数值。

4.4　疲劳试验加载频率与应变率的关系

一般来说，在对某材料的疲劳性能进行测试前，首先要确定材料的屈服极限 σ_y 或比例极限 σ_p。需要按照国标进行材料的准静态应力-应变曲线测试，如图 4-4 所示，试验采用位移控制，加载速度为 $2.5 \sim 3.3 (\times 10^{-2}) s^{-1}$（对应 $1.5 \sim 2$ mm/min）。疲劳最大应力 σ_{max} 取低于屈服极限的不同应力水平，一般认为若 $\sigma_{max} \leqslant 30\% \sigma_y$，材料将是无限疲劳寿命。衡量疲劳的取值参数有最大应力 σ_{max}、应力比 $R = \sigma_{min}/\sigma_{max}$ 和平均值 $\bar{\sigma} = (\sigma_{max} + \sigma_{min})/2$。

常规疲劳往往是闭环控制，即在试验加载期间，加载信号和反馈测试信号进行比较，始终保持疲劳应力或应变幅值相同。

冲击加载的特点为：冲击加载，往往是开环加载模式，即选定对试样冲击加载的能量、加载载荷（即应力或冲击位移）后，在冲击加载过程中，没有比较给定的冲力量与测试量的差

别,去实现加载过程的闭环控制。之所以这样,是因为强冲击加载,加载时间一般在微秒或毫秒量级,从实现的电子测试到机械反馈闭环中,响应速度往往跟不上。例如试图对试样实现一个三角波波形的冲击加载,三角波加载的上升段或加载率有可能实现,但加载到最大后对试样的卸载率较难实现,即卸载过程取决于材料自身的响应。另外,冲击疲劳加载是应力比 $R=0$ 的拉-拉,或压-压加载模式。

在图 4-4 中,示意地给出了冲击连续加载的类似正弦波疲劳循环,若一个冲击加载的周期时间是 t_1,下个周期加载时间也有可能是 t_1,循环冲击加载之间有可能的静止时间为 Δt。若对应加载的周期的频率是 f,一个加载过程的最大对应应变为 $\varepsilon_{\max}$,那么一个加载周期的加载应变率为

$$\dot{\varepsilon} = \frac{2\varepsilon_{\max}}{t_1} = \frac{\varepsilon_{\max}}{t_1/2} = 2\varepsilon_{\max} f \qquad (4-7)$$

按照式(4-7),采用常规不同疲劳试验机,假如最大应变是 $500\ \mu\varepsilon$,粗略估计可实现的应变率能力见表 4-3。

表 4-3　常规试验机加载能力

加载方式	液压伺服疲劳	电磁共振疲劳	电磁振动疲劳	超声疲劳
最高频率/Hz	30	100	500	20 000
应变率/s^{-1}	< 0.03	< 0.1	< 0.5	< 20
最大载荷/t	50	10	0.1	0.05

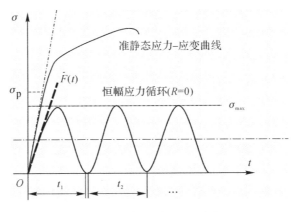

图 4-4　应力恒幅循环波形

需要注意的是,当进行高频疲劳试验时,试样会出现温升,这对试样材料疲劳性能是有影响的。同时,根据疲劳循环试验的特点,试验只能对试样的应力或者应变之一进行恒定幅值的闭环控制试验。也就说,如果是载荷即应力控制,试样的循环加载的应力幅值可以不变,但对应的应变幅值以及波形可能会发生变换,如图 4-5 所示。假如第一次循环加载是在弹性线性段,如图 4-5 中初始线性段,由于加载—卸载,试样的微观缺陷和损伤的存在,导致试样加载和卸载路径发生变换,即出现闭环迟滞环,标记为 S_t,这是试样材料不可恢复

的消耗能量,且应变幅值由于损伤累积发展有可能增加到 ε_{maxt}。

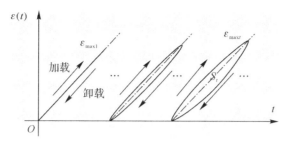

图 4-5 对应的应变循环波形

4.5 超高应变率冲击加载技术

从表 4-3 可知,常规的疲劳试验设备可实现的应变率低于 10^2 s^{-1}。一般来说,试样的应变率可由下式确定:

$$\dot{\varepsilon} = \frac{\Delta\varepsilon}{t} = \frac{\Delta L}{t \cdot L} = \frac{v}{L} \tag{4-8}$$

假定试样的标距长度为 L,那么应变率 $\dot{\varepsilon}$ 与加载速度 v 成正比,实现更高应变率的方法是提高加载速度,例如,对试样标距长 $L=10$ mm,要加载应变率为 $1\,000$ s^{-1},则由式(4-8)可得出,$v=10$ m/s。对于这样高的加载速度,可以采用落锤等方法实现。但若强调加载过程中速度恒定,应变率更高,这时最简便的方法是采用分离式 Hopkinson 杆原理。图 4-6 就是采用准静态试验机和分离式 Hopkinson 压杆获得的 AL6XN 钢的应变率从 0.1 s^{-1} 到 $5\,000$ s^{-1} 下的材料流动应力与应变率的关系曲线,可见材料的强度即流动应力随应变率提高而增加。

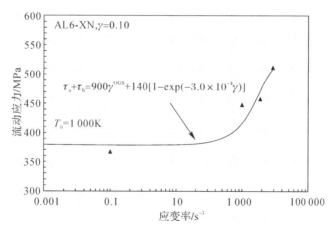

图 4-6 金属流动应力与应变率关系

4.5.1 基于分离式 Hopkinson 压杆的冲击疲劳试验原理

如图 4-7 所示,根据分离式 Hopkinson 杆的试验原理,其对结构或材料的冲击加载,是以能量形式作用的开环过程,往往冲击要涉及应力波传递和惯性作用。在过去,冲击一般是低速冲击能量,随着近些年高速仪器示波落锤试验设备的出现,冲击力及其波形也可记录。我们知道,材料对冲击变形率(直观上是速度)很敏感,材料的塑性流动应力、损伤演化、微观结构演化都与加载率有关,所以冲击速度即冲击作用时间和冲击波构型有很大关系。以图 4-7 示意的冲击波形为例,到最高峰值的时间 T_1 是加载过程,而 T_2 是卸载过程,T_2 与材料或结构特性有关,一般控制不了,T_3 是冲击连续间隔时间,冲击很难实现 T_3 为 0(普通试验机为 0)。

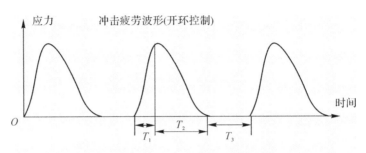

图 4-7 冲击疲劳波形示意图

现在回顾具有百年历史的检验金属韧性材料对缺陷或裂纹敏感的摆锤 α_k 值测试方法,图4-8是断裂动力学中测试材料动态起裂韧性的示意图,试样是含预裂长度 a 的三点弯曲试样,作为冲击设备,必须能控制和检测冲击或重复加载载荷(或位移)$P(t)[$或 $u(t)]$,以及冲击波构型,脉冲构型可近似为正弦波(或三角波等),这时改变到最高峰值 $P(t)$ 的时间 t 就是载荷冲击率(或速度、应力率)。

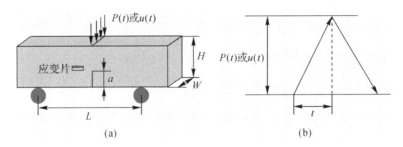

图 4-8 典型三点弯曲受力示意图

(a) 三点弯曲加载图;(b) 多次重复加载(疲劳)波形

1. 重复冲击加载的方法

基于落锤的冲击加载工作方式,针对分离式 Hopkinson 压杆装置,首先要使撞击弹体(冲击脉冲产生器)自动重复发射—回收—再发射实现冲击疲劳。如图 4-9 所示,通过高压气体驱动弹体发射,弹体回收通过真空吸入方式,试样撞击波形通过标准杆上应变计测量实现。试样上可粘贴应变计进行实时监控。

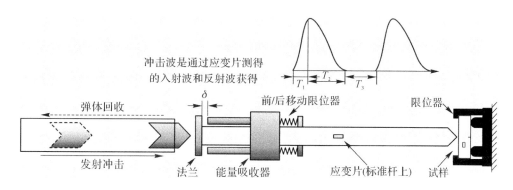

图 4 - 9　基于 SHPB 冲击疲劳实现示意图

对于冲击疲劳试验,在恒定力值和恒定冲击波形下,连续的冲击次数或超过万次,所以要保证每次冲击的正确性和高的冲击频率。对于撞击弹体每次的冲击速度恒定,是通过每次冲击的高压气体的压力准确控制(压力传感器测试)与撞击时测速监控实现的,每次冲击波形的一致性是通过弹体撞击端部与标准杆端部的弹性接触设计实现的,是弹性撞击。

2.冲击脉冲构型研究

如图 4 - 10 所示,根据应力波基础理论和分离式 Hopkinson 杆原理,入射杆上速度 V 历程、加速度 a 和杆上应变历程的关系方程为

$$\left.\begin{array}{l} V(t) = 2C\varepsilon(t) \\ a(t) = 2C\dot{\varepsilon}(t) \end{array}\right\} \tag{4-9}$$

式中:V 是杆质点速度;C 是杆弹性波速(常数);$\varepsilon(t)$ 是杆上的应变历程;$a(t)$ 是对应速度的加速度历程。如果入射杆和试样不接触(自由端),杆端质点速度与撞击弹速相等,就可通过控制撞击弹速实现不同的冲击加载速度。同时,冲击能量还与弹体质量 m 有关$(W=mV^2/2)$。

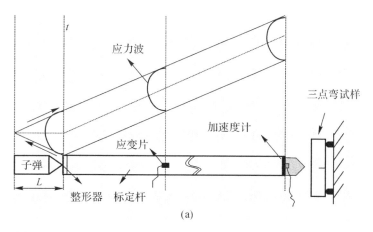

(a)

图 4 - 10　基于 Hopkindson 杆原理校准高 g 值加速度计的基本原理

(a) 弹体几何与入射波构型

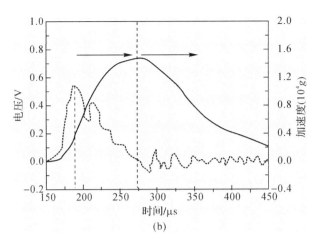

续图 4-10　基于 Hopkindson 杆原理校准高 g 值加速度计的基本原理
（b）杆应变波与对应的加速度脉冲

　　改变弹体几何形状和冲击速度可实现不同的冲击波应变构型。图 4-11 所示为不同冲击速度和子弹构型实现的不同加载波形。利用三点弯曲试样测试动态断裂韧性时，入射杆端与试样接触的冲击力构型是杆上入射波与反射波的叠加。

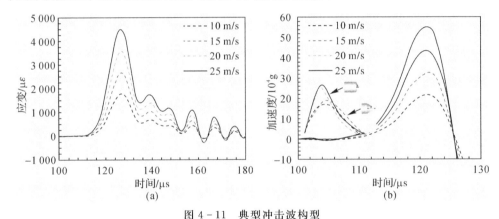

图 4-11　典型冲击波构型
（a）不同冲击速度；（b）不同子弹几何形状实现的冲击波构型

　　根据以上分析，如图 4-12 所示，采用高强 18Ni 马氏体时效钢进行弹体撞击和波形传递并作为采集标准杆，三点弯曲试验和四点弯曲试样夹具也可采用 18Ni 高强钢制作，实现高能量强冲击的脉冲构型。利用计算机控制以下步骤：吸弹体到位—冲气压到预定值—弹体发射—冲击—弹体吸入—充气到预定值—再发射，实现冲击速度可超过 100 m/s 的循环冲击加载（若选用 18Ni 马氏体时效钢的短杆弹撞击杆子，由于 18Ni 马氏体时效钢的动态冲击屈服强度可达 2 000 MPa，对应的弹性应变极限可达到 1 万微应变。因此，杆子可以承受冲击速度 100 m/s）。通过改变撞击弹几何构型，冲击脉冲上升沿是微秒量级，对应加速度可达 10 万 g，可达到高强冲击的水平。这种应力波加载方式可实现的冲击速度范围广，幅值变化范围大（冲击力可达数十吨），可以满足冲击疲劳试验的加载要求。

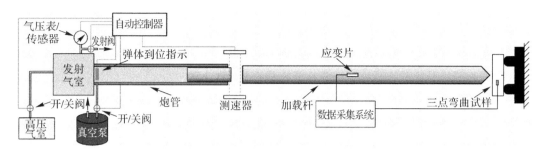

图 4-12　高速冲击疲劳试验系统示意图

4.5.2　冲击疲劳试验的具体实施与验证

1. 不同冲击循环速度的实现

参见图 4-13 的原理图,为了实现撞击弹(常称撞击杆)的不同的高速冲击,以及循环撞击,采用高压空气或氮气驱动方式,其撞击弹发射原理可参考相关文献,当气室压力到达预定值时,二通电磁阀在综合控制器操控下,启动高速发射阀,撞击弹沿炮管撞击入射杆,入射杆上贴有应变计记录冲击波信号,这时在综合控制器控制下自动关闭二通电磁阀,进而打开真空器的电磁阀,把撞击弹沿炮管吸回到炮管底部预定位置,接下来再重复发射。

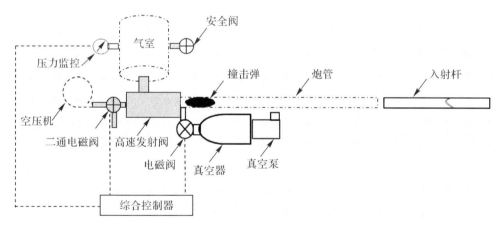

图 4-13　撞击弹循环撞击原理图

对于不同冲击能量的控制,即撞击弹的发射速度控制,在撞击弹发射过程中,由于撞击弹后端炮管容积增加,气体压强会减小,对此使发射撞击弹的储气室容积大于 5 倍炮管内容积,也可使得撞击弹在炮管加速度的驱动压力变化很小,因此撞击弹在炮管中的运动可视为恒压恒加速度运动,则撞击弹的运动过程可用牛顿运动方程表示为

$$\frac{\mathrm{d}v}{\mathrm{d}t} = \frac{\mathrm{d}v}{\mathrm{d}x}\frac{\mathrm{d}x}{\mathrm{d}t} = \frac{\mathrm{d}v}{\mathrm{d}x}v = a = \frac{p_0 S}{m} \tag{4-10}$$

式中:v,a 和 m 分别是撞击杆的速度、加速度和质量;p_0 为高压气室的初始气压;S 是炮管内径所在面积。整理方程等号两边可得微分方程为

$$v\mathrm{d}v = \frac{p_0 S}{m}\mathrm{d}x \tag{4-11}$$

对式(4-11)等号两边积分即可得到撞击弹在炮管出口处速度的表达式:

$$v^2 = \frac{2p_0 S}{m}(L - l) \tag{4-12}$$

式中:L 和 l 分别为炮管和撞击弹长度。考虑到摩擦、漏气等影响,增加一个转换效率 $\eta(\eta = 85\% \sim 95\%)$ 对式(4-12)进行修正:

$$v^2 = \frac{2p_0 S\eta}{m}(L - l) \tag{4-13}$$

根据式(4-13),对于质量 $m = 0.45$ kg,长度 $l = 200$ mm 的撞击弹和内径 $\phi = 30$ mm,长度 $L = 1\,600$ mm 的炮管,不同气压下的撞击弹出口速度如图 4-14 所示(高压气室选择 SC125×400 标准气缸)。

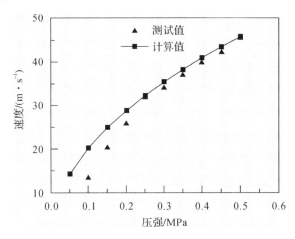

图 4-14　撞击弹体出口速度与气压关系

依据 Hopkinson 压杆原理,在入射杆长度中部粘贴高精度应变计,通过高压发射—真空吸弹—再高压发射循环发射撞击弹,获得的典型连续冲击波形如图 4-15 所示。表 4-4 给出了图 4-15 中每次冲击后应变计所测第一个入射波与反射波的幅值与相邻两次冲击的时间间隔,并计算得出相对误差。可知在气室容积较大和压力稳定情况下,连续冲击的幅值误差小于 5%,表明连续冲击机构工作可靠。

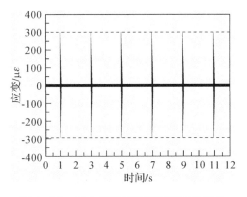

图 4-15　在入射杆获得的循环冲击信号

表 4 - 4　入射杆信号的周期及幅值相对误差

	1	2	3	4	5	6	平均值
入射波幅值/$\mu\varepsilon$	−294.46	−298.06	−294.46	−298.86	−295.06	−293.66	−295.76
相对误差/(%)	0.44	0.78	0.44	1.05	0.24	0.71	
反射波幅值/$\mu\varepsilon$	285.79	299.18	289.99	293.19	291.19	286.59	290.99
相对误差/(%)	1.79	2.82	0.34	0.76	0.07	1.51	
$\Delta T(t_{i+1}-t_i)$/s	1.999 588	2.010 068	1.999 854	2.000 326	1.999 956		
相对误差/(%)	0.12	0.41	0.11	0.08	0.10		

2. 不同冲击波构型的实现原理

根据一维应力波的基本理论和 Hopkinson 杆原理,如图 4 - 13 所示,在入射杆端的速度为

$$v(t) = 2C\varepsilon(t) = \frac{2\sigma(t)}{\rho C} \tag{4-14}$$

式中:C 是入射杆一维纵向波速;ρ 是杆的密度;$\varepsilon(t)$ 和 $\sigma(t)$ 分别是杆上的弹性应变和应力历程。如果入射杆和撞击弹是相同的直径和材料,那么入射杆上的应力和撞击弹撞击速度 $v_1(t)$ 有如下关系:

$$\sigma(t) = \frac{1}{2}\rho C v_1(t) \tag{4-15}$$

如果撞击弹是几何复杂的构型,例如纺锤形,其截面面积为 $\varphi_1(x)$,入射杆截面面积为 φ_2,那么在入射杆产生的应力波形近似为

$$\sigma(t) = \frac{\rho_1 C_1 v_1 \varphi_1(x)(\rho_2 C_2)}{\rho_1 C_1 \varphi_1(x) + \rho_2 C_2 \varphi_2} \tag{4-16}$$

式中:ρ_1,C_1 为撞击弹的密度和波速;ρ_2,C_2 为入射杆的密度和波速。异形撞击弹撞击产生的冲击脉冲构型如图 4 - 16 所示。由于撞击弹与入射杆撞击后,应力波在异形撞击弹中传播比较复杂,不容易获得解析解,借助试验测试。图 4 - 17 给出了 5 种不同撞击弹以 10 m/s 的撞击速度撞击等直径 19 mm 的入射杆所产生的冲击波形,说明在入射杆上产生的冲击应力波或应变波脉冲基本构型与撞击弹的几何构型、密度以及速度有关。这样,通过改变撞击弹的密度和几何构型,基本可以获得所需要的各种波形。

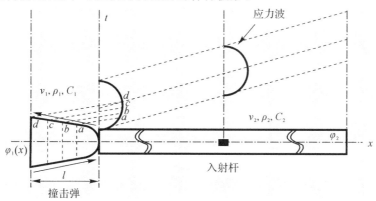

图 4 - 16　应力波脉冲与撞击弹的关系示意图

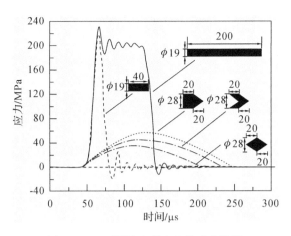

图 4-17 不同撞击弹产生的冲击波形

3. 不同冲击频率的实现原理

在冲击疲劳试验系统中,不同冲击频率的控制也是关注点。如图 4-13 所示,由于本试验系统通过二通电磁阀开/关控制驱动气压压力值以及撞击弹发射,撞击弹发射和回收是程控自动实现,因此电磁阀时序控制周期可直接等效为系统的冲击循环周期:

$$f = \frac{1}{T(T_1, T_2, T_3)} \tag{4-17}$$

式中:T_1,T_2 和 T_3 分别表示 3 个电磁阀的工作循环周期。综合控制器控制 3 个常闭电磁阀进行图 4-18 所示工作循环,t_{i1} 和 t_{i2} 分别表示电磁阀通、断的时间,T_i 为电磁阀的工作周期。电磁阀 1 连接真空气室与炮管,电磁阀通,则炮管与真空气室连通,撞击杆受炮管内外压力作用运动复位到炮管底部预定位置;电磁阀 2 连接空压机与气室,电磁阀通,则高压气体进入气室,通过改变时间 t_{21} 可调整每次发射的气压,进而控制撞击杆撞击速度;电磁阀 3 作为高速发射阀,通电即可使撞击弹快速发射。另外,为保证每次循环的时间保持一致,需保证 $T_1 = T_2 = T_3$,因此在第一次循环开始前依序设置延时,保证 3 个电磁阀依序完成第一个工作循环后再进入后续循环。

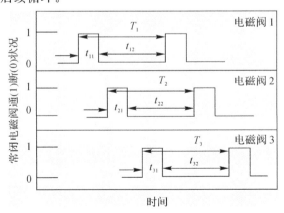

图 4-18 电磁阀工作循环示意图

通过综合控制器控制电磁阀工作循环的时间,进而实现恒定的"吸弹—充气—发射"工作周期,也就表现为稳定的冲击频率。进一步改变综合控制器的控制程序,可实现低频到高频(0.5 Hz)的冲击频率控制。

4. 冲击疲劳验证试验

在已有的 Hopkinson 压杆装置基础上进行改进,如图 4 - 19 所示,在发射炮管连接了一个真空泵系统,以实现撞击弹在炮管中的回吸复位功能,通过程序综合控制实现自动化重复冲击。在入射杆上增加弹性限位装置,使入射杆在每次受到撞击杆撞击后能自动回到原位。再增加电驱动自动回位装置,使透射杆受到撞击弹开后,靠电动推杆推动回到原位,由此可以进行新一次加载。

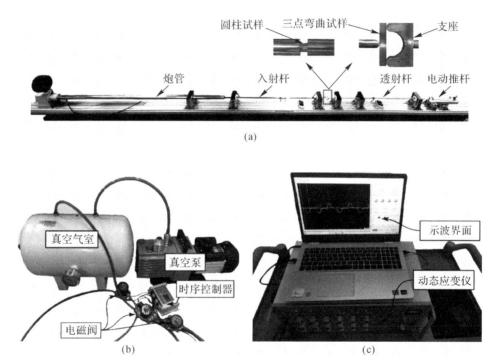

图 4 - 19　冲击疲劳试验装置照片
(a) 冲击疲劳加载装置;　(b) 真空吸弹装置;　(c) 数据采集装置

5. 实例测试:圆柱试样循环冲击结果

通过对高强度钢圆柱试样(ϕ10 mm×9 mm)进行循环冲击(撞击杆、入射杆和透射杆的材料为 18Ni 高强钢)并在入射杆和透射杆中部粘贴高精度应变片测得循环冲击的信号,如图 4 - 20 所示。对其中一次冲击的部分信号放大,图 4 - 21 所示是典型的 SHPB 加载波形,根据 SHPB 原理,若试样两边受力平衡,则入射波与反射波的叠加等于透射波,入射波加反射波实际为试样的加载波。因此通过不同形状的撞击杆对试样进行加载,可以得出不同加载率的加载波,如图 4 - 22 所示。等截面圆柱撞击弹的加载率最大,为 $2.98×10^6$ MPa/s,使用了两种变截面撞击弹,其加载率分别为 $1.43×10^6$ MPa/s 和 $0.78×10^6$ MPa/s。

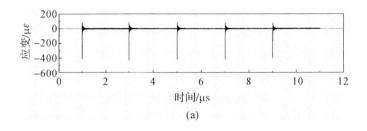

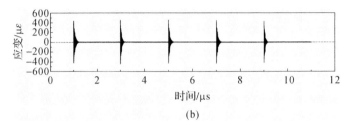

图 4 - 20   Hopkinson 杆连续冲击获得的典型信号

(a) 入射杆上信号；(b) 透射杆上信号

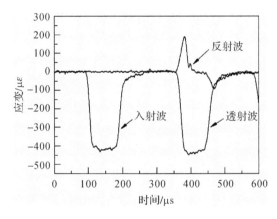

图 4 - 21   单次冲击时的部分波形

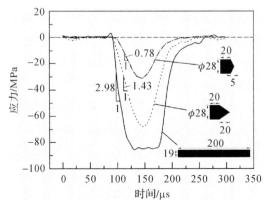

图 4 - 22   不同形状撞击杆产生的不同加载率的加载波

4.6 分离式 Hopkinson 杆的几种典型冲击疲劳方法

基于 Hopkinson 杆工作原理,图 4-23 给出了可用的 4 种典型冲击疲劳试验方案,4 种不同形式的冲击疲劳试验方法验证如下文。载荷加载率最高可超过 4×10^6 MPa/s,冲击频率最快达到 1 Hz,最大冲击载荷可依据试样强度和加载杆的屈服强度来进行计算。

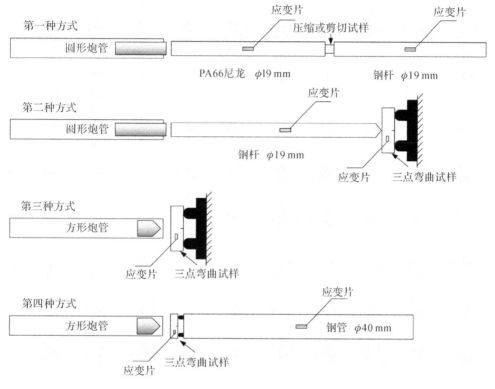

图 4-23 四种典型冲击疲劳方案

1. 第一种方式

试验装置如图 4-24 所示,即圆形炮管(圆子弹)—低阻抗杆(PA66 尼龙 $\phi22$ mm)—压缩或剪切试样(哑铃形圆柱试样)—高阻抗杆(钢 $\phi19$ mm)。通常,在两物体撞击过程中,撞击体在被撞击体内引起的像应力、应变波在被撞击体内来回入射—反射传播,最终由于弥散内消耗为零,产生的应力或应变波幅值波形与撞击体和被撞击体的材料特性、几何形状、速度等有关系。图 4-25 是同材料、等直径的撞击杆撞击入射杆,在入射杆产生的应变波信号。如果此波形衰减没有结束,且入射杆、试样、透射杆紧密接触,来回反射的此应变波就可能会对试样再次加载,称为二次加载,所以就通过反射—再进入入射杆时通过能量旁路传递有效抑制或降低二次对试样的加载。如图 4-24 所示,采用分离式 Hopkinson 压杆对试样进行重复冲击加载,就必须使每次撞击杆冲击后,入射杆、试样、透射杆还要紧密结合,这样会导致试样存在一次撞击多次加载的情况,这也是撞击本身具有的特点。所以必须在试样上粘贴监控应变计,记录重复加载的波形,作为冲击疲劳载荷的有效荷载。另外一种方法是,实现一次撞击,对试样单次加载。根据对分离式 Hopkinson 压杆原理分析,参见图 4 - 26 所示的方法,其核心思想是让第一次压缩加载入射波作用于试样后,反射波仍然是压缩波,类似于入射杆端部是固支形式,这样导致在入射杆的入射波来回传递,使入射杆后续脱离试样向撞击杆方向移动,避免对试样的压缩加载,这样就构建成图 4 - 24 所示的入射杆和透射杆具有不同的波阻抗,以获得对试样的单次冲击单次加载。

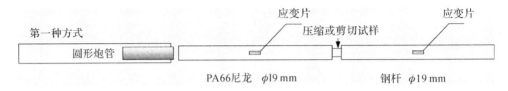

图 4 - 24   第一种加载方式试验安装方法

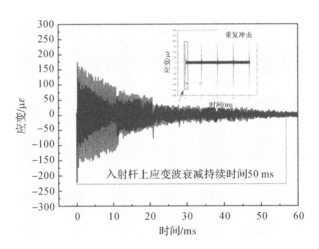

图 4 - 25   撞击杆撞击在入射杆中引起的应变波

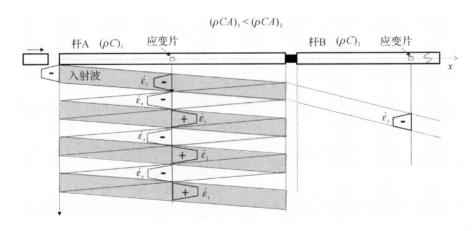

图 4 - 26   不同波阻抗杆实现单次加载示意图

针对图 4 - 24,在入射杆、试样和透射杆上分别粘贴应变片,通过高速采集器采集杆中和试样上的应变历程信号。通过自动控制子弹撞击入射杆,得到了入射杆、透射杆和试样在

16 s 内连续的信号(见图 4-27)。比较每次冲击的间隔时间和冲击幅值,可以见到本次测试的冲击间隔时间为 3 s,冲击幅值稳定。

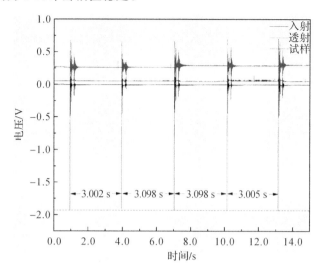

图 4-27　连续冲击信号

注:数字采集器采集,冲击周期为 3 s,频率为 1/3 Hz。

现进行单次冲击加载效果验证。为了测试该方式的可加载的最大幅值和加载率,考虑到 PA66 尼龙杆的屈服强度较低(约为 55 MPa),在不同气压进行了冲击测试试验,对试样 $\phi14$ mm 的圆柱压缩试样进行加载冲击。图 4-18 所示是典型结果。

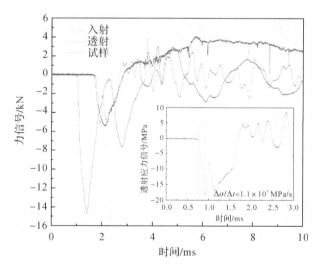

图 4-28　单次冲击信号

注:气压为 0.25 MPa,通过透射杆中应力信号计算加载率为 $\Delta\sigma/\Delta t=1.1\times10^5$ MPa/s ,

试样仅只受到一次加载。

2.第二种方式

如图 4-23 所示,圆形炮管(圆子弹)—高阻抗杆(直径 $\phi19$ mm)—三点弯曲试样—固定支座,在入射杆和试样分别粘贴应变片,通过高速采集器采集杆中和试样上的应变历程信号。该方式由于采用了固定支座,入射杆选择高阻抗杆,导致应力波在杆中会有多次反射并继续作用在试样上,造成了试样内有多次重复加载,如图4-29所示。

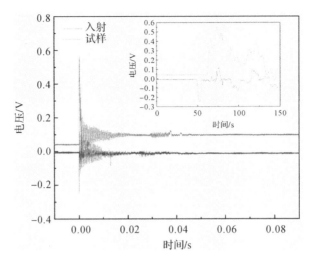

图 4-29 第二种加载方式采集信号

注:数字采集器采集,试样受到了多次加载。

3. 第三种方式

如图4-23所示,方炮管(方形子弹)—三点弯曲试样—固定支座,将三点弯曲试样固定在支座上,在三点弯曲试样上粘贴应变片测量试样的受载情况,通过方形炮管和方形子弹可以保证子弹加载的方向保持稳定,达到与三点弯曲试样的线接触形式。结果如图4-30所示。加载中三点弯曲试样本身振动,会存在拉压循环响应,但是第二个拉伸信号明显低于第一个拉伸信号,说明试样没有受到二次加载。这种用子弹直接对固定试样撞击加载的方法,测试结果是试样只承受单次冲击加载测试的冲击频率达到了0.5 Hz,冲击频率稳定,冲击幅值恒定。

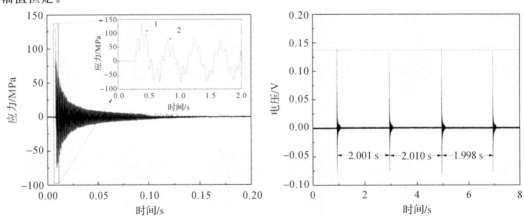

图 4-30 连续冲击信号

注:数字采集器采集,冲击周期为2 s,频率为0.5 Hz。

4.第四种方式

如图 4-23 所示,方形炮管(方形子弹)、三点弯曲试样、ϕ40 mm 钢管的测试方法大致同第三种试验方式,但是将固定支座改为了直径和试样长度相当的 40 mm 钢管,在钢管和试样上粘贴应变片,可以通过钢管中的应变历程计算试样受到的冲击载荷大小,如图4-31所示。

这种测试具有以下特点:①在 1 Hz 的冲击频率,冲击幅值和频率都较为稳定;②从单次冲击信号来看,试样上应力结果显示试样仅受到单次加载,透射管上的应力结果显示,前 3 个压缩波都是依次衰减,压缩波没有叠加,显示没有二次加载;③对透射管应力信号拟合计算加载率,可得到这种方式在测试的应力加载率为 $\Delta\sigma/\Delta t = 4.63 \times 10^6$ MPa/s。

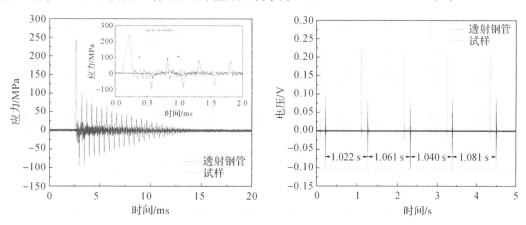

图 4-31　连续冲击信号

注:数字采集器采集,冲击周期为 1 s,频率为 1 Hz。

4.7　加载频率及加载率对金属疲劳极限的影响

对于材料科学中的晶体金属的变形 Taylor 理论,结合应变率有

$$\dot{\varepsilon} = \dot{\varepsilon}_0 \exp\left(\frac{-U_a}{\kappa_B T}\right) \tag{4-18}$$

式中:$\dot{\varepsilon}_0$ 是位错振荡系数;U_a 是位错的激活能;κ_B 是 Boltzmann 常数;T 是绝对温度。根据式(4-18)做变换替代,应变率和温度参数 R 表示如下:

$$R = T\ln\frac{\dot{\varepsilon}_0}{\dot{\varepsilon}} \tag{4-19}$$

同时,服从 Arrhenius 规律的金属的屈服应力依赖温度的变化:

$$\sigma_y = A\exp\left(\frac{B}{R}\right) \tag{4-20}$$

式中:A 和 B 在某固定温度是常数。把式(4-19)代入式(4-20)得

$$E = \alpha(T)\exp\left[\frac{\beta(T)}{T\ln\dfrac{\dot{\varepsilon}_0}{\dot{\varepsilon}}}\right] \tag{4-21}$$

式中:α 和 β 是与材料特性相关的常数。而正弦波形的疲劳试验加载频率 f 和应变率 $\dot{\varepsilon}$ 有如下关系式:

$$\dot{\varepsilon} = \frac{\Delta\varepsilon_E}{1/(2f)} \qquad (4-22)$$

式中:$\Delta\varepsilon_E$ 是疲劳试验加载的应变范围值,且此时的疲劳极限应力是 E,假如在疲劳频率 f_0 下对应的应变率 $\dot{\varepsilon}$ 等于位错振荡 $\dot{\varepsilon}_0$,可得

$$f_0 = \frac{\dot{\varepsilon}_0}{2\Delta\varepsilon_E} \qquad (4-23)$$

在室温疲劳试验时,$\alpha(T)$ 和 $\beta(T)$ 分别记为 α_0 和 β_0。这样组合以上各式,获得低碳钢的疲劳极限公式为

$$E = \alpha_0 \exp\left(\frac{\beta_0}{T_0 \ln \dfrac{f_0}{f}}\right) \qquad (4-24)$$

从式(4-24)看出,α_0 是比例常数,β_0 代表加载频率对疲劳极限的影响,取值越大代表疲劳极限对加载频率越敏感。从位错的观点可以看出热激活位错力产生的能力。图 4-32 给出了两种低碳钢材料在不同疲劳频率下的寿命,显然可以看出,频率对疲劳寿命影响显著。图 4-33 给出了疲劳试验结果与模型[见式(4-24)]的预测结果比较,两者具有良好的一致性。

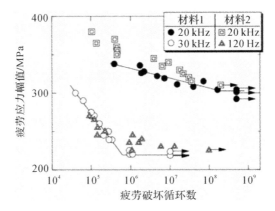

图 4-32　不同加载频率时两种低碳钢的疲劳寿命

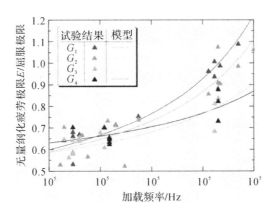

图 4-33　低碳钢疲劳极限试验结果与模型预测结果比较

习　　题

1.简述冲击疲劳与传统疲劳的区别。

2.基于 Hopkinson 杆的冲击疲劳试验方法中,实现单次加载的技术有哪些?

3.适用于冲击疲劳试验的应力波波形整形技术有哪些?

4.加载率(应变率)如何影响金属材料的疲劳性能?

第5章 超高速碰撞的试验测试技术

20 世纪 50 年代后期,中国科学院力学研究所开展了爆炸成形的研究,在 60 年代初期就取得了重要的进展和新的成果,时任所长钱学森指出爆炸成形是一新生事物。当 1963 年爆炸成形完成任务时,钱先生将其命名"爆炸力学"。随即根据郭永怀先生指示,郑哲敏先生首次阐述并规划了爆炸力学,成为中国爆炸力学的奠基人和开拓者之一。

协助钱学森创建了中国科学院力学研究所的朱兆祥先生,主要从事爆炸力学和冲击动力学的研究。在应力波传播及其引起的损伤及屈曲和高分子材料以及非线性结构关系等方面做了贡献,在中国科学技术大学建立和发展了我国第一个爆炸力学专业。

中国著名的爆炸力学和高压物理学家、中国试验内爆动力学和动高压物理研究领域的开拓者之一经福谦先生,开启了中国高压研究。他致力于宽区物态方程,高温、高压本构关系及材料动态损伤与破坏等基础性研究,对发展我国高能量密度聚能系统设计技术和冲击波极端条件下的物质性态研究做出了贡献。

5.1　超高速碰撞效应

自然界天体中流星或小行星与地球的超高速碰撞,太空卫星与其失效散落碎片的碰撞,核爆和超电磁作用引起的碰撞,都是一些典型的超高速碰撞问题。碰撞过程中对相撞物体动力学的完整描述,要考虑相撞物体的几何构型、弹性、塑性、冲击波传播、动力学流动、有限应变及变形、加工硬化、热效应及摩擦效应、材料损伤的引发和传播,甚至所伴随的化学反应、冲击相变等多种动力学过程。就工程实际和国防军事中常见的硬质弹丸撞击固体靶板来说,对高速碰撞现象的研究涉及多种特定的问题:

(1)对于低速碰撞,即撞击速度<250 m/s 时,所涉及和研究的问题通常属于典型的结构动力学问题,这时,弹-靶的局域侵彻与靶板结构物体的总体变形响应紧密地混合在一起;

(2)当碰撞速度进一步提高到较高情况时,在 0.5~2 km/s 之间,在弹-靶碰撞点附近区域,即 2~3 倍的弹丸直径范围内,靶板材料特性起主要作用,而结构的效应退居次要地位;

(3)弹-靶碰撞的速度继续提高到 3 km/s,撞击点处施加的局域应力会超过弹和靶材料强度很多倍,类似硬物撞击软流体情况,所以在碰撞的初期,材料性质可用流体做近似处理。

根据碰撞速度 u_p 以及对应加载应变率 $\dot{\varepsilon}$,对碰撞效应的一种简单划分见表 5-1。弹-靶变形行为也依赖其他多种因素,但采用这种粗略分类易于理解不同碰撞速度下的弹靶的行为。

表 5 - 1　撞击速度变化效应

应变率 $\dot{\varepsilon}$	撞击速度	引起的效应	实现方法
$>10^8$	>12 km/s	爆炸碰撞——相撞物体气化	电磁加速等
$>10^6$	$3\sim12$ km/s	流体动力学——不能忽略材料的压缩性	爆轰加速
$<10^6$	$1\sim3$ km/s	材料中的流体行为,压力接近或超过材料强度,密度是主要参数	火药(炸药)炮、气炮(轻气)
$<10^4$	$0.5\sim1.0$ km/s	黏性——材料强度效应明显	火药(炸药)炮
	$50\sim500$ m/s	塑性主导	机械装置、空气炮
$<10^2$	<50 m/s	弹性为主、相撞的局部点塑性	机械装置、空气炮

对于超高速碰撞的速度界限的定义,以往是以某个确定的速度值 $u_{p,min}$ 作为下边界值,在近代已改为在碰撞区弹、靶材料能发生完全"雾化"现象的速度值。碰撞区域的弹靶材料行为可当作流体处理,这样也可极大简化对碰撞问题的分析。

超高速碰撞的 $u_{p,min}$ 值随弹丸及靶的材料组合情况而异,变化范围很广。例如:石蜡弹丸撞击石蜡,这个速度约为 1 km/s;对于密实软金属的弹丸和靶(铅、锡、金、铜),这个速度为 1.5~2.5 km/s;对于典型结构材料铝、钢和石材(石英等)的弹丸和靶,这个速度为 5~6 km/s;对于高强度低密度材料(铍、硼金属,以及氧化铝、碳化硼、金刚石等硬质陶瓷)弹丸和靶,这个速度为 8~10 km/s。

当弹丸和靶是两种性质差异很大的材料时,还可能出现另一类有趣的现象:这时,一种材料的行为类似于流体,而另一种材料的行为却仍受其强度效应所控制。例如,在这样的情况下,弹丸可能保持其完整性,并深深地钻入软质、低强度的靶中。

可以采用以下 3 类典型试验,理解与研究由超高速碰撞力学控制所涉及的基本问题。

(1)对厚靶的撞击:靶的侧表面和后表面对弹丸成坑过程无影响;

(2)对中等厚度靶的撞击:靶的后表面的反射稀疏将影响到弹丸的成坑过程;

(3)对薄靶的撞击:弹丸的绝大部分能量将传递给从靶后表面喷发出的"碎粒云团"。

5.1.1　对厚靶的撞击

较厚的靶板侧表面和后表面对弹丸成坑过程无影响。图 5 - 1 所示为块状弹丸对厚靶的撞击过程。一方面,坑体积 V_c 与弹丸动能 e_p 呈近似正比关系;另一方面,坑的形状基本是半球形的,则可得

$$V_c = ke_p \tag{5-1}$$

比例常数 k 依赖于弹丸及靶的材料性质,它一般等于 $0.5\times10^3\sim2.0\times10^3$ J/cm^3,随弹丸与靶的材料组分而异。从坑的形状基本是半球形出发,可将式(5-1)改写为

$$l_c/r_p = (\rho_p k/4)^{1/3} u_p^{2/3} \tag{5-2}$$

式中:l_c 为坑深;r_p 为弹丸等效半径;ρ_p 为弹丸密度;u_p 为弹丸速度。式(5-2)就是侵彻深度 l_c 与弹丸速度 2/3 次幂成正比的著名公式。应该说明,上述定标关系是近似的,由试验确定的较为精确的关系式是

$$l_c/r_p = (\rho_p k/4)^{1/3} r_p^{0.90} u_p^{2/3} \tag{5-3}$$

$$V_c = Ke_p r_p^{0.18} \tag{5-4}$$

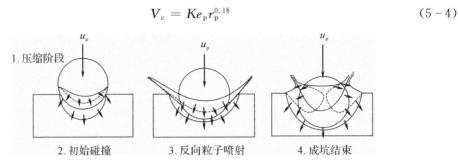

图 5-1　撞击成坑示意图

　　超高速长杆对厚靶的侵彻过程基本可分为 3 个阶段。在第一阶段,长杆对靶造成类似于块状弹丸的侵彻(成坑)效果,长杆弹的一部分前端材料也在这个过程中于坑底附近消耗掉。长杆侵彻中最重要的是第二阶段,即造成特殊侵彻效果的阶段,它是一种定态的侵彻发展阶段。在第二阶段中,随着长杆向更深坑底的侵彻过程,杆中反向传播的冲击波呈现出近似于驻波的特征。杆中冲击驻波阵面前方的材料不受碰撞作用的影响,仍以长杆初始碰撞速度运动。但在它通过驻波阵面之后,运动速度降低,在到达坑底时对靶产生向更深部位的钻进(侵彻)作用,并在此过程中造成它自身的破碎和消耗(以上过程如图 5-2 所示),直到长杆材料消耗殆尽为止。由此可知,长杆弹由于其长度特点而产生了延长侵彻作用时间的效果,与块状弹丸相比,其侵彻深度是很大的。长杆侵彻器可以在厚靶中造成很深的"管形"弹坑,因此是一种对付厚装甲的有效工具。由定态的长杆端部材料损失过程产生的侵彻深度 l_c,可以用 Eichelberger 公式计算:

$$l_c/l_p = (\rho_p/\rho_r)^{1/2} \tag{5-5}$$

式中:l_p 为杆长;ρ_r 为靶材密度。式(5-5)的最重要特性,是弹坑深度仅依赖于标长的弹、靶密度比,而与撞击速度 u_p 和材料其他性质无关。当长杆尾端通过冲击驻波阵面并到达坑底时,在定态侵彻阶段有

$$l_c/r_p = (\rho_p k/4)^{1/3} r_p^{0.90} u_p^{2/3} \tag{5-6}$$

$$V_c = ke_p r_p^{0.18} \tag{5-7}$$

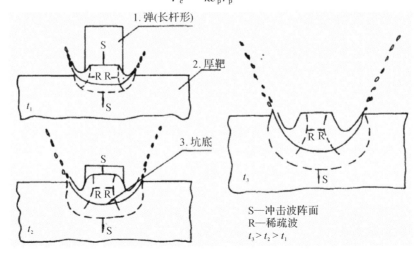

图 5-2　超高速长杆对厚靶的侵彻过程

5.1.2　对中等厚度靶的撞击

这种情况下，靶的后表面的反射稀疏将影响到弹丸的成坑过程。实际的靶都是有限厚度的，无限厚靶是它的一个极限情况。对于中等厚度靶，块状弹丸侵彻过程的前期阶段与撞击厚靶时完全相同，只是在靶中击波传到靶后表面，反射一个稀疏波，直到该反射稀疏扰动的影响到达侵彻坑底之后，才会开始异于厚靶侵彻过程的后期阶段。以上过程如图 5-3 所示。靶中反射稀疏波在与入射击波相互作用后，靶中出现负压区，后表面附近的粒子速度增大。随着反射稀疏向靶的深处传播，负压区幅值逐渐增大，当达到靶材的动态拉伸强度时，将形成层裂片。此时，波系中一部分动量将保留在该层裂片中，使之以一定速度值从其母体抛出，自由地向前飞行。在以上过程中，距离靶后表面的一定厚度范围内，可以产生一块或数块层裂片。在进行上述过程的同时，弹丸的成坑过程以理想厚靶时的相同过程持续进行，直到来自靶后表面的反射稀疏扰动影响到达坑底时为止。以后弹丸对靶的侵彻速率稍有增加，总的侵彻深度也比厚靶条件下的稍加增加。如果最终坑底位置与层裂片位置重合，有人称这时的撞击条件为弹道极限条件。

长杆对中等厚度靶的侵彻破坏机制与块状弹丸的有明显差别。上面已经说过，块状弹丸对中等厚度靶的侵彻特征与其后表面上造成的层裂现象有关。仔细分析层裂的形成过程发现，靶后表面处入射击波幅度及其波阵面后的幅度衰减速率，是造成层裂的主要控制因素。由于长杆弹长度比块状弹丸的长，故在其侵彻过程中有两个重要的差别：一方面，靶后表面处入射击波阵面后的幅度衰减速率小，难以提供形成层裂的条件；另一方面，长杆侵彻的定态成坑过程长。因此，最后形成的弹坑，或者是坑底直接延伸到靶的后表面，或者是弹坑坑底与靶后表面之间以冲塞方式发生剪切破坏，如图 5-4 所示。

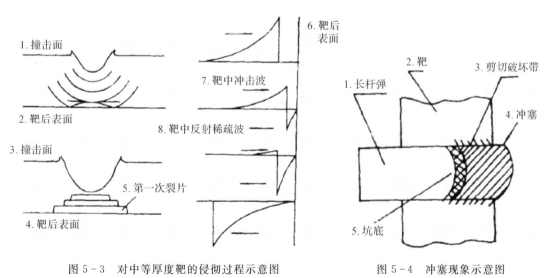

图 5-3　对中等厚度靶的侵彻过程示意图　　　　图 5-4　冲塞现象示意图

5.1.3　对薄靶的撞击

弹丸的绝大部分能量将传递给从靶后表面喷发出的"碎粒云团"。在超高速侵彻薄板的过程中,仅消耗掉弹丸的很小一部分动能,穿透薄靶后,残留弹丸便会与侵彻而出的部分靶材,以"碎片云团"的方式从靶的后表面"喷发"出来。具体物理过程如图5-5所示。

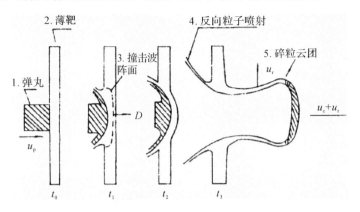

图5-5 块状弹丸与薄靶超高速碰撞后的变化过程

下面讨论双层板结构的基本设计思想。图5-6是双层板结构条件下"碎粒云团"运动的一个简化图。

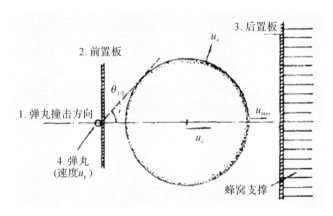

图5-6 双层板结构下"碎粒云团"运动简图

由动量守恒关系,可以直接推导出云团球心运动速度u_c与弹丸速度u_p的关系式:

$$u_c = u_p/(1 + kG^2) \qquad (5-8)$$

式中:k为单位撞击面上弹丸与前置板的质量比;G为弹丸直径与前置板产生"碎粒云团"面积的直径之比。从"碎粒云团"的膨胀能量e_c的来源考虑,这个能量应是与式(5-8)动量守恒所对应的剩余能量,可得

$$e_c = e_p \frac{kG^2}{1 + kG^2} \qquad (5-9)$$

式中:e_p为初始弹丸能量。设e_c中有Q份额可提供"碎粒云团"球壳做膨胀运动(Q实际上就是云团材料中的动能与热能的比值),故"云团"相对于球壳中心的膨胀速度u_e是

$$u_e = u_p G \frac{\sqrt{Qk}}{1 + kG^2} \qquad (5-10)$$

以碰撞点中心线与"碎粒云团"球壳外缘连线间的张角 $\theta_{1/2}$ 等于 u_e 与 u_c 之比值,故得

$$\theta_{1/2} = \sin^{-1}(G\sqrt{Qk}) \tag{5-11}$$

用同样的思路,可以计算出"碎粒云团"的最大膨胀速度 $u_{\max}$,其方向在弹丸的撞击方向上,其值等于 u_e 与 u_c 之和:

$$u_{\max} = u_p \frac{1 + G\sqrt{Qk}}{1 + kG^2} \tag{5-12}$$

下一步是计算"碎粒云团"单位面积的动能。为了简单起见,仅研究其对称轴附近那部分"碎粒云团"的单位面积动能,其值 p_m 为

$$p_m = \frac{M_p u_p (1 + G\sqrt{Qk})^3}{4\pi x^2 kQG^2} \tag{5-13}$$

以上的基本分析,给出了前置板对陨石撞击破坏屏蔽效能的基本公式。从式(5-13)看出,在撞击条件不变下,作用在后置板上的最大冲量 p_m,与双层板距离 x 的二次方成反比。换句话说,板间距离可以减弱对后置板的破坏作用。

以下进行"碎粒云团"对后置板破坏作用的分析。假设后置板采用蜂窝支撑结构形式,这种结构常用于空间飞船的结构设计。蜂窝材料在吸收由后置板传递而来的"碎粒云团"能量时,其抗力不随后置板的位移而变。这是蜂窝材料的优良特性。后置板在不变阻力下的运动过程中,其动能不断被蜂窝材料所吸收。在"碎粒云团"作用下,对称轴处后置板的瞬时速度 u_h 用下式计算:

$$u_h = \frac{W M_p u_p}{4\pi x^2 \rho_h t_h} (1 + G\sqrt{Qk})^3 \tag{5-14}$$

相应的后置板单位面积动能 E_h 用下式计算:

$$E_h = \frac{W^2 M_p^2 u_p^2 (1 + G\sqrt{Qk})^6}{32\pi^2 x^4 \rho_h t_h} \tag{5-15}$$

蜂窝材料阻止后置板运动过程中,也是蜂窝材料吸收后置板能量的过程,吸收其全部能量所需的后置板位移量 δ_x 用下式计算:

$$\delta_x = \frac{W^2 M_p^2 u_p^2 (1 + G\sqrt{Qk})^6}{32\pi^2 x^4 P_h \rho_h t_h} \tag{5-16}$$

式中:W 为"碎粒云团"碰撞后置板时的动量增益;ρ_h 为后置板面密度;t_h 为后置板厚度;p_h 为蜂窝材料的压垮强度。在已知以上式中各有关参数的条件下,就可以粗略估算出双层板结构的主要设计参数,双层板结构对陨石碰撞破坏的屏蔽效能,最重要的控制因素是双层板距离 x 的值。

5.2　平面冲击波

冲击波(Shock Wave)又称激波,是一种强烈的压缩波,其波阵面通过的前后参数变化很大,它是一种状态突跃变化的传播。如图5-7所示,冲击波阵面(Shock Front)实际上有一定的厚度,其厚度为几个分子平均自由程,在这个厚度上的物理量发生迅速的、但却是连续的变化,这是由于物质具有黏性和热传导性的原因。工程计算常忽略这点,认为冲击波是一个没有厚度的间断面,也可说是强间断面。适合于描述任何介质中传播冲击波的雨贡纽

（Hugoniot）方程，又称为冲击绝热方程为

$$e - e_0 = \frac{1}{2}(p + p_0)(v_0 - v) \qquad (5-17)$$

式中：e 是内能；p 是压力；v 是容积。

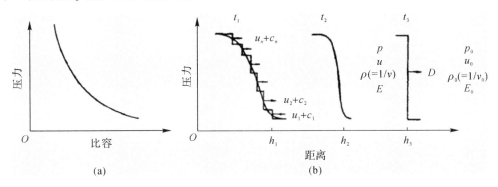

图 5-7　冲击波的形成条件及其演化过程

(a) 具有 $(\partial^2 p/\partial v^2) > 0$ 性质的 $p-v$ 线；(b) 冲击波在试件中的演化过程

注：t 为时间，$t_1 < t_2 < t_3$；h 为试件中的位置，$h_1 < h_2 < h_3$。

对于高能炸药爆轰方面的材料物态方程，一般使用 Jones-Wilkins-Lee（JWL）物态方程，JWL 物态方程中含有 6 个参数。确定这些参数的一种常用方法是在一定约束条件下调整这些参数，即按照典型的圆筒试验，确定炸药爆轰产物 JWL 物态方程参数。其目标函数 Z 的形式如下：

$$Z = \sum_i w_i \left[V_r(\boldsymbol{X}, r_i) - V_{\exp}(r_i) \right]^2 \qquad (5-18)$$

式中：$V_r(\boldsymbol{X}, r_i)$ 表示当爆轰产物 JWL 物态方程中的各参数对应地取参数矢量 $\boldsymbol{X}$ 的各分量的值时，用相关模型模拟圆筒膨胀过程得到的圆筒外壁膨胀速度；$V_{\exp}(r_i)$ 表示试验中测量到的圆筒外壁膨胀速度，r_i 为外半径，下标 i 表示第 i 个采样点；w_i 是权重因子。

JWL 等熵方程形式如下：

$$p = A\exp(-R_1 V) + B\exp(-R_2 V) + CV^{-(\omega+1)} \qquad (5-19)$$

$$e = \frac{A}{R_1 \rho_0}\exp(-R_1 V) + \frac{B}{R_2 \rho_0}\exp(-R_2 V) + \frac{C}{\omega \rho_0}V^{-\omega} \qquad (5-20)$$

式中：$V = \dfrac{\rho_0}{\rho}$ 为相对体积；方程中含有 6 个参数，即 $A, B, C, R_1, R_2, \omega$；$p, e$ 是爆压和化学内能。一般假定爆轰产物的流动是从 CJ 点出发的等熵流动，从而 CJ 参数（以下标 j 表示）P_j，e_j, V_j 满足式（5-19）和式（5-20）。Chapman 和 Jouguet 在 20 世纪初提出了关于爆轰波的平面一维流体动力学理论，简称爆轰波的 CJ 理论。CJ 理论假设，流体是一维的，不考虑热传导、热辐射及其黏滞摩擦等耗散效应，把爆轰波视为一强断面，爆轰波通过后化学反应瞬间完成并放出化学反应热。反应产物处于热化学平衡及热力学平衡状态，爆轰波阵面传播过程是定常的。设爆轰波传播速度为 D，把坐标系建立在波阵面上，则原始爆炸物以 $D - u_0$ 的速度流入波阵面，而以 $D - u_j$ 的速度从波阵面流出，如图 5-8 所示。其中下标 j 代表波阵面后的参数。

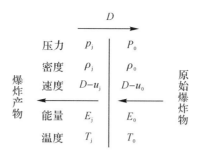

图 5-8　爆轰波阵面

爆轰波遵守质量守恒、动量守恒、能量守恒(e 代表相应物质的状态内能)

$$e_j - e_0 = \frac{1}{2}(p_j + p_0)(v_0 - v_j) + Q_e \qquad (5-21)$$

式中：Q 代表化学能；$v = \dfrac{\rho_0}{\rho}$ 为相对体积(同上 V)。这就是爆轰波的 Hugonoit 方程，也称放热的 Hugonoit 方程。

5.3　动态高压技术

通常，用静高压方法产生高压，主要受到静压设备材料强度的限制，局限在 $200 \sim 300$ kbar($1\ \text{bar} = 0.1\ \text{MPa}$)之间，近代已有产生近 2 Mbar 的压力装置。已知地核的压力约为 3.6 Mbar，太阳中心压力约为 1.5×10^5 Mbar。所以静高压技术研究高压下物质性质的能力是很有限的。

为了适应在更高压力下研究物质行为的需要，从 20 世纪 40 年代以来，又发展了动高压技术，用这一技术目前已能产生大约 70 Mbar 的高压。动高压技术是利用波的传播将外力作用逐渐遍及整个受压物体，因而对物体微元的受压约束是靠它本身的惯性来实现的，所以原则上只要在压力源可能的条件下，用动压方法可以无限制地提高压力。同时，由于波传播很快，在固体材料中一般为每秒几千米，压力作用的机械功所产生的热效应来不及与其周围物质发生热交换，所以压缩过程是绝热的。

任何材料的 $p = p(v)$ 关系在高压下都是非线性的，并且多数具有 $(\partial^2 p / \partial^2 v^2)_s > 0$ 的性质，p 为压力，v 为比容(单位质量的物质所占有的容积称为比容，其数值是密度的倒数，即 $v = 1/\rho$)，s 为熵，它等效于 $\left[\dfrac{\partial^2(u+c)}{\partial^2 p}\right]_s > 0$ 的性质(式中：u 为波后粒子速度，c 为波后声速)。此不等式说明，高压波元的速度($u+c$)大于低压波元的速度，因而在加载过程中，由各个阶跃压力脉冲所形成的波阵面元将逐渐地"堆集"起来，最终形成一个陡峭状的波阵面，这种波即冲击波。由冲击波产生的压缩作用叫作冲击压缩。

产生冲击波高压的技术有 3 类：①接触爆炸法；②高速飞片撞击法；③能量快速沉积法。狭义的动高压技术就是指冲击波高压技术，但在广义上，动高压技术是指利用形成冲击波阵面之前的压缩波对试件进行压缩。这种压缩过程中的熵增较小，故又称为准等熵压缩技术。

在冲击加载中由于材料发生显著的熵增,材料在获得高压的同时,也将伴随产生高温。相对于冲击压缩过程而言,准等熵压缩是在靶中产生具有缓慢的压力上升前沿的压缩波,靶中的加载波阵面被展宽加载速率降低,靶中的温升较小。材料的物理力学参量的变化将主要由压力因素决定有助于突出压力部分的贡献份额。

5.3.1 接触爆炸法

凡发生快速释放能量的化学反应或物理反应的现象都称为爆炸。由爆炸生成的高温、高压和高密度反应产物的直接作用,将给相邻介质(试件)施以巨大冲击力。

例如,TNT 爆炸时释放的能量约为 10^3 kcal/kg(1 cal≈4.184 J),约在 0.1 s 的时间内完成。图 5-9 是一种典型的化爆接触爆炸装置,平面波发生器是一个把雷管引爆的散心爆轰波(一种带化学反应的冲击波)改造成平面爆轰波的装置。由平面波发生器送出的平面爆轰波引发主炸药,主炸药中传播的平面爆轰波在与试件相撞后,即向试件驱动一冲击波,对试件进行冲击压缩。冲击压力随主炸药种类及试件材料的冲击阻抗(冲击阻抗定义为材料初始密度与冲击波速度的乘积)而异。用化爆接触爆炸法,在一般金属材料中产生的冲击压力的上限值不会超过 800 kbar。

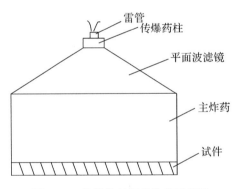

图 5-9 化爆接触爆炸装置示意图

以裂变材料为例,单位质量的裂变材料裂变后释放的能量约为化学炸药的 10^7 倍,释放能量也很快,因而可以产生更高的冲击压力。以地下核爆炸为例,由于核爆炸释放能量,爆炸后的气体产物在很短的时间内充填在整个爆室中,并迅速形成一个近似为均匀压力的等温球。这时,爆室中的内能 E 和压力可以近似写成

$$E = \frac{3}{2}n\kappa T + \frac{4\sigma T^4}{c} \qquad (5-22)$$

$$p = n\kappa T + \frac{1}{3}\frac{4\sigma T^4}{c} \qquad (5-23)$$

式(5-22)和式(5-23)中:等号右端第一项分别代表物质能及物质压;第二项分别为辐射能和辐射压;n 为爆室内单位体积粒子数(等于 $A\rho/\mu$),其中 A 为阿伏伽德罗常数,μ 为爆室内物质的平均相对分子质量,ρ 为爆室内物质的平均密度;κ 为玻耳兹曼常数;T 为温度;σ 为斯忒藩-玻耳兹曼常数。

5.3.2　高速飞片撞击法

高速运动的平板(飞片)与静止靶相撞后,即可向靶内驱动一冲击波,对靶(试件)进行冲击压缩。若靶的材料一定,则飞片对靶的做功能力取决于飞片的动能 $1/2MW^2$ (M 为飞片质量,W 为飞片击靶时的速度),因此撞击面上的冲击压力 p 近似为 ρ_0W^2。由此可知,飞片-靶界面上的压力大致与飞片初始密度 ρ_0 及飞片速度 W 的二次方的乘积成正比。因此,要进行强冲击压缩,就要设法使飞片有较高的初始密度和尽可能高的飞行速度。根据加速飞片的能源的不同,可以分为 5 类主要的飞片加速装置:化学爆炸驱动飞片、高压气炮驱动飞片、电炮驱动飞片、电磁轨道炮驱动飞片及核爆炸驱动飞片。炸药爆炸加速飞片装置的示意图见图 5 - 10。飞片在爆轰产物的推动下,经过几厘米的空腔飞行,可以较充分地吸收爆轰产物提供的能量,以达到一定的飞行速度。飞片在空腔中的加速过程是依靠飞片中来回反射的波实现的,也就是波把在飞片后界面上吸收的能量带向飞片的前界面,使之得到加速,然后又返回后界面再次吸收能量。通过这种多次的来回反射,飞片不断吸收爆轰产物的能量,最后达到其极限速度。由此可知,飞片要达到它的极限速度,就必须有一定的时间,或者说要有一定的飞行空腔长度。一般情况下的空腔长度选为 50 mm 左右。飞片的极限速度 W_{max} 由下式求得:

$$\frac{W_{max}}{D} = 1 + \frac{1}{\eta} - \sqrt{\frac{2}{\eta} + \frac{1}{\eta^2}} \tag{5-24}$$

式中:D 为爆轰波速度;$\eta = \dfrac{16}{27}\dfrac{m}{M}$ (m 为炸药质量,M 为飞片质量)。改变装药结构(主炸药种类、飞片材料以及整个装置的几何配置),可以使飞片速度在每秒几百米到 10 000 m/s 的范围内调节。

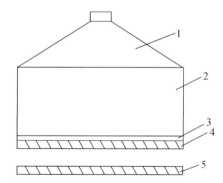

1—平面波发生器；2—主炸药；3—塑料片或空气隙；
4—飞片；　5—靶(即试件)

图 5 - 10　化爆加速飞片装置示意图

1.高压气炮

用高压气体作为驱动源的加速飞片装置称为高压气炮,高压气炮主要由高压室、膜片和发射管组成。图 5 - 11(a)是一级高压气炮的结构示意图。试验时,先向高压室充气,当达到预定压力时,膜片破裂,高压气体随之进入发射管,推动弹丸飞行(飞片贴于弹丸的前端面上),最后平稳地与置于管口外不远处的试件相撞。工作气体一般为空气、氮气、氦气或氢气。工作气体压力 p、气体初始压力 p_0 与弹丸速度 u 的关系可近似写为

$$\frac{p}{p_0} = \left(1 + \frac{\gamma - 1}{2}\frac{u}{c_0}\right)^{\frac{2\gamma}{\gamma - 1}} \qquad (5-25)$$

$$c_0 = \sqrt{\frac{\gamma R T_0}{\mu}} \qquad (5-26)$$

式中:c_0为工作气体的初始声速;R为普适气体常数;μ为气体相对分子质量;γ为气体绝热指数;T_0为气体初始温度。由式(5-25)和式(5-26)可看出,选择质量小,初始声速大,以及通过加温提高工作气体初始声速的办法,都有利于提高弹丸速度。一级炮的弹丸速度一般为数十米每秒到 1 000 m/s,击靶时产生的压力约为数十千帕到数百千帕。当欲获得约大于 600 m/s 的弹丸速度时,一般要用氢气或氦气作为工作气体。如欲获得更高的弹丸速度,就要采用二级轻气炮[见图 5-11(b)]。二级轻气炮弹丸的最高速度目前可达 8 000 m/s 左右。

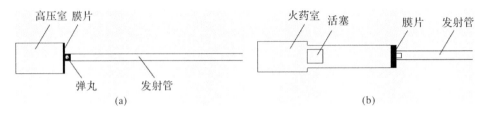

图 5-11 高压气炮装置示意图

(a)一级炮; (b)二级轻气炮

2.电炮

用过热的高密度金属蒸气作为驱动能源的飞片装置称为电炮。电炮的主要动作过程是:由储能电容器组向一金属膜作快速放电,对之进行欧姆加热,并使金属膜在很短的时间内完成固-液-气态的相转变。由于整个过程的时间仅约 0.1 s,此气态金属将基本保持为其原来的初始密度,因而是一种高温、高密度金属蒸气。这个金属蒸气将驱动与之相贴的飞片做加速运动,加速空腔的大小一般为几毫米,电炮飞片速度目前可在每秒几百米到 10 000 m/s 之间调节,最近的报道数据表明,在钽飞片撞击速度为 9.7 km/s。用于测量材料雨贡纽线的电炮装置的示意图如图 5-12 所示。飞片飞行与靶的结构如图 5-13 所示。

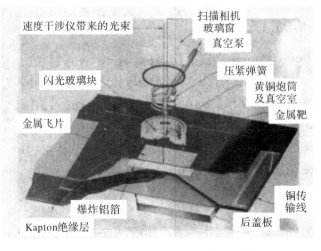

图 5-12 用于测量材料雨贡纽线的电炮装置

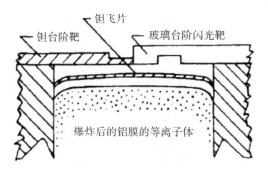

图 5 - 13　飞片飞行与靶的结构

3. 轨道炮

用电磁力驱动飞片的装置称为轨道炮。它的工作原理如图 5 - 14 所示,在两条平行的刚性金属导轨间,放置一个可运动的导电体电枢与弹丸-飞片组合体,当一强电流通过金属导轨与电枢组成的电回路时,导轨间要产生一强磁场,该磁场与流过电枢的电流相互作用,就产生洛伦兹推力($F=\frac{1}{2}LI^2$),这时弹丸-飞片组合体的速度为

$$W = \frac{L}{2M}\int I^2\,\mathrm{d}t \tag{5-27}$$

式中:I 为电流;L 为单位长度轨道的电感;M 为弹丸-飞片组合体质量;t 为时间。因此,如果 $I=10^6\,\mathrm{A}$,馈入电流时间为 1 ms,$L=0.4\ \mu\mathrm{H/m}$,$M=5$ g,则飞片速度可达 40 km/s。实际上,由于轨道炮系统中存在许多能量耗损机制,再加上洛伦兹力 F 过大时会出现飞片破碎现象,故目前尚未达到这么高的飞片速度。根据最近的报道,用这一技术,已获得了速度为 10 km/s 左右的、无破碎的飞片。

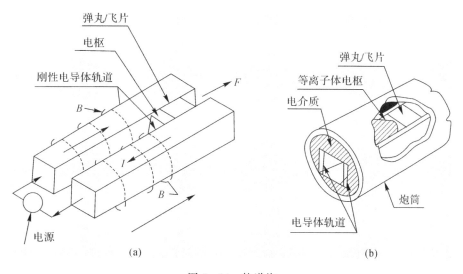

图 5 - 14　轨道炮

(a) 轨道炮原理图(由电源进入轨道的电流产生磁场 B,该磁场与流过电枢的电流相互作用,就会产生对轨道中弹丸背表面上驱动力);(b) 实际装置的剖视图(电解质用于固紧轨道的位置,还与轨道一起约束弹丸后表面的等离子体)

5.3.3 能量沉积产生冲击波

当高能量密度粒子束(电子、离子和光子等)辐照在靶(试件)表面上时,就会有一部分能量被反射,有一部分能量将沉积于靶表面的一薄层材料内。该薄层材料在吸收了这部分的能量之后,被迅速加热,形成一个热层。在辐照功率密度不大的情况下(一般指小于 10^9 W/cm^2 的情况),该热层最多只能发生固—液—气的相转变,不发生电离现象。此热层再通过热弹性耦合,对相邻的"冷"靶材膨胀做功,产生冲击波,发生冲击压缩。但是,在辐射源功率密度大于 10^9 W/cm^2 时,靶内冲击波产生的机制将有所变化,以激光束照射为例,这时被照射靶表面的一薄层气化层将进一步转变为等离子体层,并继续吸收后继的激光能量,形成高温等离子体,然后向背后的真空中快速飞散,如图 5-15 所示。根据动量守恒定理,这种向后飞散的等离子体将同时向"冷"靶反冲,向"冷"靶中驱入一个冲击波。同时,向后飞散的等离子体自身的密度也降低,因此激光束就得以向更深部的靶材中穿透,并产生新的高温等离子体。这一新的高温等离子体层又将在其向后飞散的过程中向"冷"靶产生反冲作用,由于以上过程是持续进行的,故靶中将维持着一个稳定冲击波,此过程将持续到激光脉冲终止。激光产生冲击波的压力-功率密度关系式为

$$p = \alpha I_0^\beta \tag{5-27}$$

式中:I_0 为入射激光束功率密度;α 和 β 为常数。在 $\lambda = 1.06 \ \mu m$,$I_0 = 10^{12} \sim 5 \times 10^{14}$ W/cm^2 时,$\alpha = 8$,$\beta = 0.6 \sim 0.8$。

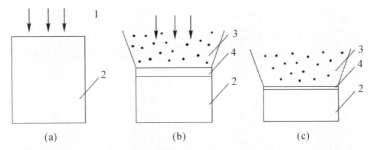

1—入射激光束;2—靶;3—高温等离子体;4—冲击压缩的靶层

图 5-15 激光产生冲击波

(a) 激光束辐照前; (b) 激光束辐射中; (c) 激光束停止辐照后

5.3.4 准等熵压缩技术

等熵压缩仅在物质状态处于绝热变化甚缓时才能出现,因此当不是利用冲击波而是利用较缓陡度波阵面的压力波压缩试件时,便可得到熵增小的压缩作用。下面介绍两类一维平面的准等熵压缩技术:一种叫作斜波发生器,另一种叫作变冲击阻抗的缓冲层垫层技术。

斜波发生器是一种可以把间断冲击波改造为连续加载波的技术,其原理恰为图 5-9 所讨论情况的逆过程。当某种材料具有 $(\partial^2 p/\partial^2 v^2)_s < 0$ 的性质(曲线线下凹),或者说具有 $\left[\dfrac{\partial^2 (u+c)}{\partial^2 p}\right]_s < 0$ 性质时,在有一间断阵面冲击波传入该材料后,波阵面将随其传播距离的增长而逐渐展宽。因此当它从该材料背面传出时,将表现为具有一定时间宽度波阵面的压

力波。具有这种特殊性质的材料可用来设计成斜波发生器。这类材料通常有玻璃陶瓷、熔融石英和钛硅玻璃等。但是,用斜波发生器技术产生的连续加载波的最高幅度一般只能到 $100\sim200$ kbar,因为压力再高时,$(\partial^2 p/\partial^2 v^2)_s<0$ 的条件就可能不成立了。

如欲获得更高压力幅度的连续加载波,可以采用变化冲击阻抗的缓冲层垫层技术,其原理及结构如图 5-16 所示,图中飞片前的缓冲垫层由逐渐变化冲击阻抗的材料制成。根据波系作用的分析可知,虽然垫层材料本身的性质是$(\partial^2 p/\partial^2 v^2)_s>0$,但是击靶后靶内产生的将是具有缓变阵面特性的准等熵的压缩波。利用这一技术,已获得了大约 2 Mbar 幅度的等熵压缩效果。

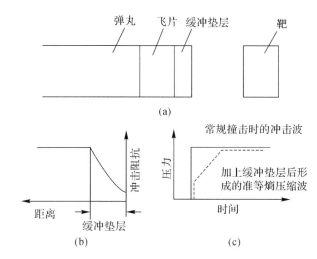

图 5-16　采用变化冲击阻抗的缓冲层垫层技术原理示意图
(a) 缓冲垫层产生准等熵压缩的原理装置示意图;
(b) 飞片与缓冲垫层材料的冲击阻抗变化图;　(c) 撞击界面上的压缩波形图

目前利用各种动高压技术可实现的压力范围如图 5-17 所示,如果我们以 10^7 bar($=10^6$ MPa$=1$ TPa)作为划分高压区域超高压区的界限,则用于高压区的成熟技术是化爆技术(接触爆炸和飞片撞击法)和高压气炮技术。超高压区唯一可用的技术是核爆产生冲击波技术。激光产生脉冲、高能电炮及轨道炮技术正在发展中。

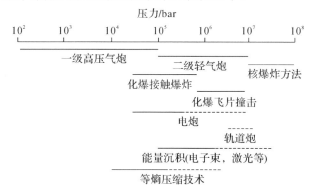

图 5-17　目前各种动高压技术可实现的压力范围示意图
注:实线为目前可实现精确测量的区域;虚线为技术尚不十分成熟的区域。

习　　题

1.硬质弹丸对不同厚度靶板冲击的破坏机制有哪些？如何分类？

2.动态高压加载有哪些典型实现方法？具体技术原理如何？

第6章　电磁驱动斜波加载试验技术

强动载荷下材料动力学行为的一个主要特点是相关行为特性具有明显的应变率效应，与加载的热力学路径息息相关。在材料的相空间(p,V,T)内，沿不同的热力学加载路径材料表现出的行为特性覆盖不同的热力学空间。例如，静态等温压缩下材料的等温压缩线、等熵加载下材料的等熵压缩线和冲击压缩下材料的冲击绝热线（Hugoniot），三者在材料相空间的关系是等熵压缩线介于等温压缩线和冲击绝热线之间，位于等温压缩线上方，是联系两者之间的桥梁。当前，强动载荷下材料动力学行为的表征主要基于单轴应变状态下的平面压缩试验，研究和掌握材料的响应（应力-应变关系），强度（或模量）对压力、应变率的依赖关系，应力和应变的弛豫性质，材料微结构的影响，材料的热-力学性质，应力波的传播和衰减等等规律性认识。基于火炮驱动、炸药爆轰驱动和一级、二级气体炮驱动的高速平面飞片撞击试验技术是数十年来研究和获取强动载荷下材料状态方程、强度和相变等物性和动力学行为的主要手段。正如前文所述，鉴于强动载荷下材料物性和动力学行为的复杂性，以及加载手段的局限性，传统的动态加载技术已远远不能满足研究和认识材料动态力学行为的需求。近年来，基于激光技术和脉冲功率技术的飞速发展，美国、法国、中国等国家的科学研究人员利用这两种新型技术发展了可产生高压力、高温度、高应变率和复杂热力学加载路径的极端动载荷产生装置和试验技术，用于研究极端条件下材料的物性和动力学行为。例如，基于高能脉冲激光装置的纳秒脉冲激光直接和间接驱动的冲击加载和斜波加载试验技术，基于强脉冲电流装置的电磁驱动斜波加载和冲击压缩试验技术，通过多年的发展和应用，这两种新型动高压试验技术已经较为成熟，目前广泛应用于极端条件下材料的物性和动力学行为研究。

电磁驱动斜波加载可实现材料的准等熵压缩，能够有效地解决冲击加载试验中难以避免的伴随热软化问题，把压力与温度这两个主要参数的影响区分开来考虑，是一种应用范围宽广、应变率可控的材料动力学研究的理想试验工具。本章从电磁加载和电磁驱动斜波加载原理、电磁驱动斜波加载试验设计、测量技术和数据处理方法及其典型应用等方面介绍电磁驱动斜波加载试验技术，以便读者对这种技术有全面的认识。

6.1　基本概念与工作原理

6.1.1　电磁加载的基本概念

电磁加载是指脉冲功率装置产生的强冲击电流（$1\sim10^2$ MA）流经低电感负载（试验样

品结构)产生强大电磁力(洛伦兹力),对样品或结构的强烈压缩和高速驱动作用。有些场合下由磁扩散引起强电流对样品表面层加热,导致该处烧蚀等离子体快速膨胀,并形成对样品凝聚态部分的反冲压力加载作用。

根据样品几何结构以及电流通过情形,电磁加载可分为平面与柱面两类。平面电磁加载主要用于实现材料等熵压缩和驱动高速飞片。柱面加载包括 Z 箍缩内爆(流经柱壳的轴向电流与其生成的磁场相互作用产生电磁力,驱动柱壳向轴线会聚运动)、θ 箍缩内爆(在涡电流与螺线圈磁场相互作用产生的电磁力驱动下,螺线圈内部的柱壳向轴线会聚运动),主要用于驱动等离子体或固体套筒内爆,造成高能量密度状态和产生辐射,或用来进行柱面冲击压缩、等熵压缩等流体动力学试验。典型的受驱动样品和结构如图 6-1 所示。

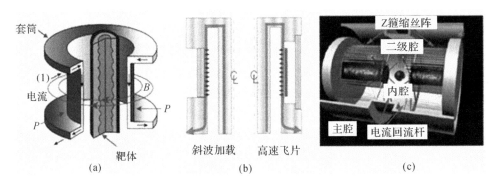

图 6-1　强冲击电流驱动电磁加载典型的样品和结构示意图
(a) 柱面套筒;　(b) 平面板状;　(c) 丝阵

根据 Maxwell 方程组,若导体表面电流(线)密度为 i,该表面所受的磁压力即为 $p = \mu_0 i^2 / 2$,μ_0 为真空磁导率。磁压力与电流密度二次方成正比,不存在上界的限制,不同于气炮、炸药爆轰加载技术存在着驱动速度或压力的原理性限制。事实上,电磁加载可能存在的限制是,很高电流密度之下导体可能成为等离子体,其物态和电导率有较复杂的性质。电磁内爆——磁压力作用下导体、等离子体套筒内爆的特点是,总电流不变条件下电流密度与套筒半径成反比,套筒半径越小,磁压与套筒半径二次方的倒数越成比例地增高。由于磁通压缩的特点,磁压加载容易达到很好的均匀性、对称性,适合于厘米级尺度的样品,可得到 $10^{-2} \sim 1$ cm³ 体积的高能量密度区,运动过程时间尺度为 $10^{-1} \sim 1$ μs。这样的时空尺度下试验测量及诊断易于达到高精度。

虽然电磁加载所能达到的等离子体温度和能量密度不可能如高功率激光加载那么高,但它能很好模拟一些高能量密度状态和流体动力学运动。另外,等离子体电磁内爆适合于大尺度低温黑腔物理试验研究,能为惯性约束聚变(Inertia Confined Fusion,ICF)研究提供一种低成本的直接高能量内爆压缩手段,一旦其试验构型创新或固体套筒流体动力学不稳定问题得到突破,电磁内爆在聚变研究方面的潜力即可展现。

根据上面对电磁加载物理原理的分析可知,这种加载方式的“源”是低电感强电流发生器,可向低阻抗负载(电感为几个纳亨的金属丝阵、导体套筒、导体平行板条等)提供上升沿 $10^{-1} \sim 1$ μs、峰值 $1 \sim 10^2$ MA 的脉冲电流。上述负载的阻抗相当于 0.02~0.05 Ω,传统的快脉冲功率发生器内阻抗很难减小到这个量级,从原理上看数十兆安电磁加载装置可能的技术途径是：

（1）多台高阻抗、上升沿为数十至数百纳秒的快脉冲功率发生器（介质脉冲形成线和传输线）并联，如美国 Sandin 实验室的 Z 机器，主要用于等离子体内爆（Z 箍缩）和磁驱动试验。近年来人们正在探索快脉冲发生器的新途径，如等离子体断路开关和直线变压器等新技术。

（2）电流上升沿为若干微秒的慢发生器（通常为电容器组），如美国 Los Alamos 实验室的 Atlas 机器，主要用于固体套筒内爆和相关的流体动力学试验。输出电流为数兆安的小型电容器组，其上升沿可以缩短到 500 ns 左右，也可兼用于 Z 箍缩内爆和磁驱动试验，如法国 Gramat 研究中心的 GEPI 装置。

（3）大型爆炸磁压缩电流发生器（Magnetic Cumulative Generators，MCG），如美、俄两国的 Ranchero 装置和圆盘（Disc）发生器的输出电流已达到数十至数百兆安，可用于直接驱动固体套筒，若与通路/断路开关组成的功率调节部件联合使用，也可提供快速上升的强输出电流，成为快脉冲发生器。

图 6-2 是中国工程物理研究院流体物理研究所研制和建设的一套紧凑型脉冲功率装置 CQ-4，用于斜波和冲击加载下材料的动力学行为研究。该装置可产生的最大短路峰值电流约为 4 MA、上升时间为 400~600 ns，在材料样品中可生产数吉帕至数百吉帕的斜波加载压力。

图 6-2　紧凑型脉冲功率装置 CQ-4

6.1.2　电磁驱动斜波加载原理

6.1.2.1　磁压力计算

如图 6-3 所示，假设导体表面微元 $\mathrm{d}y\mathrm{d}z$ 的法向为沿 x 轴指向导体内部，磁场强度 H 沿 y 轴方向，电流 j 方向为沿 z 轴。由于不存在位移电流，麦克斯韦方程组中的安培定律可写为

$$j = \nabla \times H \tag{6-1}$$

式中：j 是流经面元 $\mathrm{d}x\mathrm{d}y$ 的电流面密度。在一维情形下，电流密度和磁场都只与坐标 x 有关，式（6-1）就成为 $j = -\partial H / \partial x$。

根据毕奥-萨伐定律，有电流面密度 j 流过并处于磁通密度 B 下的导体微元受到的体力是

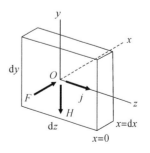

图 6-3　导体表面的磁压力

$$\boldsymbol{F} = \boldsymbol{j} \times \boldsymbol{B} \tag{6-2}$$

这里采用国际单位制，$\boldsymbol{F}$，$\boldsymbol{j}$ 和 $\boldsymbol{B}$ 的单位分别是 N/m^3，A/m^2 和 T（特斯拉）。线电流元 $d\boldsymbol{l}$ 在距离 r 处产生的磁场强度增量为

$$d\boldsymbol{H} = \frac{I d\boldsymbol{l} \times \boldsymbol{r}}{r^3} \tag{6-3}$$

式中：线元的总电流 I、距离 r 和磁场强度 H 的单位分别是 A，m 和 A/m。各向同性介质中 $\boldsymbol{B}$ 与 $\boldsymbol{H}$ 的关系是 $\boldsymbol{B} = \mu\boldsymbol{H}$，除了铁磁金属之外，大多数金属和电介质的磁导率 μ 的值接近于真空磁导率 $\mu_0 = 4\pi \times 10^{-7}$ H/m，这里 H（亨）是电感单位，等于 mN/A^2。

根据式（6-1），平衡情形下导体微元受到的磁力 F 应等于 $x = 0$ 和 dx 两个表面上的压力之差，即有 $Fdxdydz = jBdxdydz = (p|_{x=0} - p|_{x=dx})dydz$。当 $dx \to 0$ 时，得到导体内部压力梯度的方程：

$$\frac{\partial p}{\partial x} = B\frac{\partial H}{\partial x} \tag{6-4}$$

理想导体的电导率 σ 为无限，磁场不能向导体内部扩散，在 dx 处的磁场和磁压力都趋于零，这样就得到良导体自由表面的磁压力为

$$p = \frac{1}{2}\mu H^2 = \frac{B^2}{2\mu} \tag{6-5}$$

此时电流集中于导体表面层（例如斜波加载试验情形），总电流为 $jdxdy$，$\int jdx$ 即流经线元 dy 的电流线密度 i，安培定律给出 $i = H = B/\mu$，设 $\mu \approx \mu_0$，则式（6-5）也可写为

$$p = k_M\frac{\mu_0}{2}i^2 \tag{6-6}$$

式中：k_M 是实际磁压力的比例系数，与驱动电极的结构相关。例如：小型平板结构 k_M 为 $0.4 \sim 0.65$；较大的同轴型结构，k_M 略高一些。需要指出，电流产生的磁力的大小与电极板材料性质关系不大，是由电流线密度 i 单独确定的。只要 i 能够增大，磁压力升高在原理上没有限制。上述基本概念的计算指出了磁压力的范围，作为精确计算还应考虑电极板二维构型、三维构型、电流非均匀分布和导体中磁场扩散的影响。

6.1.2.2 电磁驱动斜波加载

利用上述磁压力实现样品或结构的电磁加载。由于加载过程中脉冲电流是随时间连续变化的，因此产生的磁压力也是随时间连续变化的，在样品表面产生的应力波连续变化，是一种弱间断。相对于强间断的冲击波，我们称这种连续变化弱间断的应力波为斜波。电磁加载的样品或结构形状可以是平面、柱状或丝阵等形式。在本书中，以平面结构为例进行阐述。

如图 6-4 所示，电磁驱动的负载电极为一对末端短路的平行板电极，电极呈上、下对称分布，中间为真空间隙或一定厚度的高电压绝缘薄膜，以防上、下电极电击穿导通。实现样品或结构斜波加载的工作原理是：脉冲功率装置产生的强电流流经由两个相近的平行导电平面电极板所构成的回路时，电流产生的磁场与电流本身相互作用产生洛伦兹力（即磁压

力),在这两个平面电极板之间起排斥作用,即对电极板材料施加应力(压力)脉冲。由于磁场的约束作用,电流沿负载电极的内表面流动,因此加载应力波作用于电极内表面,沿厚度方向传播。通常放电电流的时间波形接近于正弦形状,由于磁压力正比于电流密度的二次方,在一定时段中很接近于随时间线性平滑地上升。也就是说放电一开始,从两个导电表面各向其极板的厚度方向作用有平滑上升的压力波,在这样的加载作用下材料经历等熵程度很高的压缩过程。

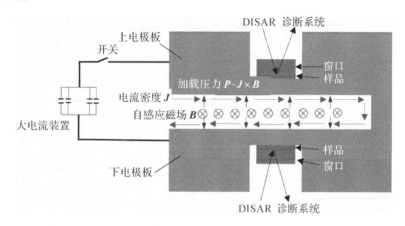

图 6-4　电磁驱动平行板电极实现斜波加载的工作原理示意图

由于较强动力压缩下材料发生塑性变形、黏性流动等不可逆耗散过程,不可能做到严格的等熵压缩。当整个过程中耗散所生成的热量比压缩能量小得多,并且过程进行得很快时,可忽略样品与外界的热交换,则可通过样品在试验中的温升数据对其熵增做出估计。如果这样的熵增引起的测量误差可以控制在允许的范围,那么称之为准等熵过程。相对于其他一些试验方法(如多层飞片、阻抗梯度飞片或非线性材料等改进的传统方法)而言,电磁驱动斜波加载的明显优越性在于,它是一种既能达到 TPa 级压力,又可保持较高等熵程度的加载过程,因此也称为准等熵加载。

固体材料具有黏性、位错和其他内耗缺陷,因此严格的冲击加载或者真正的等熵加载都难以实现,需要讨论的是怎样的加载条件比较接近理想的冲击或等熵情形。美国华盛顿州立大学 Ding 计算了类似于 6061 铝合金的体黏性材料,幅值 200 GPa 以上的加载冲击波剖面形状不变,但其时间尺度有不同倍数,相当于波的上升前沿不同,最陡的为 0.2~0.3 ns ("冲击波"),放大 50 倍者即为 10~15 ns。图 6-5 是在一定的本构和热力学关系下计算材料中的参数剖面,体积压缩一倍处,"冲击波"最高温度接近 10 000 K,熵增大于 2 500 J/(kg·K),最高应变率约 3×10^9 s^{-1}。相同压缩下,前沿放大 50 倍者的温度约 2 300 K,熵增约 1 000 J/(kg·K),最大应变率略高于 5×10^7 s^{-1}。熵增为零的等熵压缩情形,相应的加载温度是 800 K。由此可见,前沿展宽到 50 ns 以上的斜波加载,其效果已接近于等熵压缩而远离冲击波情形了。根据以上分析,电磁驱动斜波加载的前沿一般在 300 ns 以上,其等熵程度自然很高。

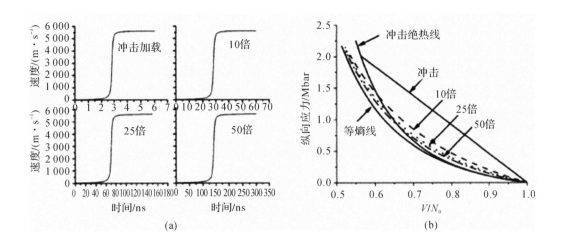

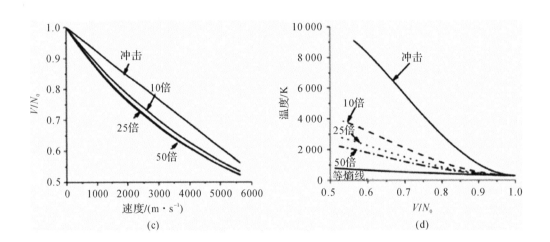

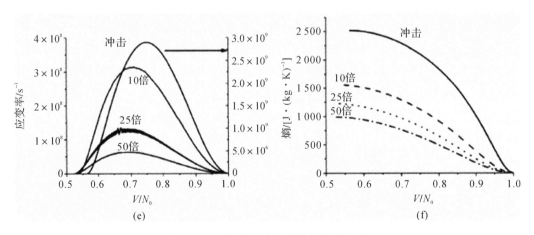

图 6-5　不同前沿宽度斜波加载的比较

6.1.2.3 **电磁驱动过程的磁流体动力学**

电磁驱动电极材料通常选择铜、铝等良导体,尽管其导电性能优良,但仍存在一定电阻率,为非理想导体。驱动过程中,焦耳加热作用引起电极载流面温升进一步导致载流层电阻的变化。这种非理想特性导致磁场扩散发生,随着时间的增加,载流面相状态发生变化,会逐步沿电极厚度方向渗透,引起平行板驱动电极载流面间距增加,进而增加结构电感,引起装置放电电流变化。需要指出,磁场扩散阵面的传播速度远远低于应力波的传播速度,因而可实现对样品的斜波加载。如图 6-6 所示,电磁驱动斜波加载是一个典型的电、磁、热、力多物理场耦合的过程,加载过程涉及材料的固、液、气、等离子体多个相态,相关过程为磁流体动力学过程,也是典型的二维或三维问题。为分析简便,使读者对该复杂过程有个基本认识,本书讨论较为简单的一维情况。

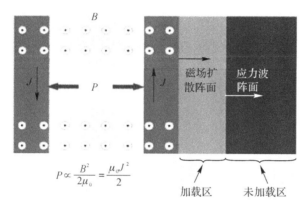

图 6-6 电磁驱动斜波加载物理过程示意图

描述上述电磁驱动斜波加载过程的一维磁流体动力学方程组包括质量守恒方程、动量守恒方程、能量守恒方程和磁扩散方程,分别为:

质量守恒方程:

$$\frac{\partial \rho}{\partial t} + \nabla \cdot (\rho u) = 0 \qquad (6-7)$$

动量守恒方程:

$$\rho \frac{\mathrm{d}u}{\mathrm{d}t} + \nabla(p+q) - J \times B = 0 \qquad (6-8)$$

能量守恒方程:

$$\frac{\mathrm{d}e}{\mathrm{d}t} + (p+q)\frac{\mathrm{d}v}{\mathrm{d}t} - \dot{e}_{\mathrm{D}} = 0 \qquad (6-9)$$

磁扩散方程:

$$\rho \frac{\mathrm{d}}{\mathrm{d}t}\left(\frac{B}{\rho}\right) - (B \cdot \nabla)u = -\nabla \times \left[\frac{\eta}{\mu_0}(\nabla \times B)\right] \qquad (6-10)$$

式(6-7)~式(6-10)中:ρ 是密度;u 是速度;$v=1/\rho$ 是单位质量的体积;t 是时间;p 是标量压强;q 是人为黏性压强;$J=\dfrac{1}{\mu_0}\nabla \times B$ 是电流密度;B 是磁场;T 是温度;$\dot{e}_{\mathrm{D}}$ 是欧姆加热率;η

是电阻率；$\dot{e}_D$ 的表达式为

$$\dot{e}_D = \eta J^2 \qquad (6-11)$$

计算采用的坐标体系为 Lagrangian 坐标系。取 Lagrangian 坐标为 x，空间坐标为 r，在平面坐标下，它们直接具有如下关系（包含质量守恒方程）：

$$\frac{\partial r}{\partial x} = V(x,t) \qquad (6-12)$$

$$\frac{\partial}{\partial r}\big|_t = \frac{1}{V}\frac{\partial}{\partial x}\big|_t \qquad (6-13)$$

$$\frac{\partial}{\partial t}\big|_r = \frac{\partial}{\partial t}\big|_x - \frac{u}{V}\frac{\partial}{\partial x}\big|_t \qquad (6-14)$$

$$V = \frac{v}{v_0} = \frac{\rho_0}{\rho} \qquad (6-15)$$

在上述坐标变换下，磁流体力学方程组［见式(6-7)～式(6-10)］变为（其中已经将 $J = \frac{1}{\mu_0}\nabla \times \boldsymbol{B}$ 代入方程）：

$$\rho_0 \frac{du}{dt} + \frac{\partial}{\partial x}\left(p + q + \frac{B^2}{2\mu_0}\right) = 0 \qquad (6-16)$$

$$\rho_0 \frac{de}{dt} + (p+q)\frac{dV}{dt} - \rho_0 \dot{e}_D = 0 \qquad (6-17)$$

$$\frac{\partial(VB)}{\partial t} = \frac{\partial}{\partial x}\left[\frac{\eta}{\mu_0 B}\frac{\partial(VB)}{\partial x}\right] \qquad (6-18)$$

材料的电阻率模型是磁流体力学计算成功的一个关键。导体的电导率并非常数，它与材料的状态量特别是温度密切相关。对于固体状态的导体，其电阻率随温度线性上升，有

$$\eta_{T_2} = \eta_{T_1}\left[1 + \alpha(T_2 - T_1)\right] \qquad (6-19)$$

式中：η_{T_2}，η_{T_1} 分别为温度 T_2 和 T_1 下的电阻率；对于铝和铜 α 分别为 $460 \times 10^{-5}\,℃^{-1}$ 和 $433 \times 10^{-5}\,℃^{-1}$。$\eta_{T_1}$ 可取 $0℃$ 时的值；铝和铜在 $0℃$ 下的电阻率分别为 $2.5 \times 10^{-6}\,\Omega \cdot cm$ 和 $1.55 \times 10^{-6}\,\Omega \cdot cm$。

导体在焦耳加热作用下发生熔化和气化直至产生等离子体，其间导体的密度变化显著，温度不再是唯一的决定电阻率大小的主要因素，必须考虑气体密度的影响。建立一个合理的电阻率模型也是开展电磁驱动斜波加载磁流体动力学过程研究的一项重要工作。

正如前文所述，由于焦耳加热、磁场扩散等作用，装置负载区的电感、电阻等电参数随时间变化，放电电流的实时变化，因此开展上述磁流体动力学计算时，对耦合电路方程进行反馈迭代计算才更加符合实际。

利用磁流体动力学程序，可以计算获得不同时刻负载电极密度和温度的剖面分布，得到磁场扩散速率随加载电流密度的变化关系等加载过程负载电极的物理和力学状态，获得电磁驱动斜波加载不同加载电流密度条件下样品密度、压力的剖面分布，获得不同位置粒子速度随时间的变化关系，计算结果可为电磁驱动斜波加载试验样品设计提供依据。

6.2　电磁驱动斜波加载试验技术

表征强动载荷下材料的动力学行为主要采用单轴应变平面加载技术。传统成熟的单轴应变平面加载技术是一维平面应变冲击压缩试验技术,主要用于研究高压高温下材料的冲击 Hugoniot 特性。本章主要介绍基于紧凑型脉冲功率装置和电磁驱动斜波加载原理而建立起来的一维平面应变电磁驱动斜波加载试验技术,用于研究准等熵加载热力学路径下材料的状态方程物性和强度、相变等动力学行为。因此进行电磁驱动斜波加载试验设计需要满足的必要条件为:一是一维平面应变加载,即驱动电极样品区域电磁加载压力分布均匀,在所关心的时间范围内,样品中心区域不受稀疏波的影响;二是在样品中不形成冲击波;三是样品中的应力波为简单波流场。具体需要根据加载电流波形参数考虑驱动电极、样品和测试窗口尺寸设计。下面从驱动电极设计、样品和测试窗口设计、测量技术和数据处理方法几个方面介绍一维平面应变电磁驱动斜波加载试验技术。

6.2.1　驱动电极结构设计

满足一维平面应变加载要求,一个首要前提是经过汇流后流经电极板的电流密度在样品区分布均匀,保证关心区域驱动电极受到的加载电磁力分布均匀,进而传递施加给样品的加载应力(压力)均匀。试验过程中,装置电流通过大尺寸平行电极板传输汇流至小尺寸样品驱动电极,受结构因素影响,电流难以均匀分布。图 6-7 是基于 CQ-4 装置设计的样品驱动电极结构示意图。通常情况下,沿样品驱动电极两侧和过渡端的电流较大,为使传输电流尽快沿样品驱动电极长度方向分布均匀,需要对样品驱动电极结构进行优化设计。

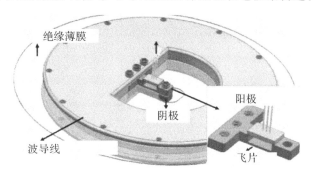

图 6-7　CQ-4 装置负载区驱动电极典型的结构示意图

前文已叙及,电磁驱动平面斜波加载是一个复杂的磁流体动力学过程,样品驱动电极结构优化设计需要考虑二维或三维的磁流体动力学效应,因此需要借助相关的磁流体动力学数值模拟程序开展相关工作。该过程涉及电磁、力、热的耦合计算:电磁计算通过求解麦克斯韦方程和安培定律实现;力学响应通过求解流体动力学方程组、本构方程、状态方程得到模型的力学量及其变形量;热学信息通过材料的热状态方程、热传导方程计算得到,模型的电磁、力、热的计算结果则通过电磁分布、力学变形、温度等量的更新实现电磁、力、热的耦合计算得到。计算模型如图 6-8 所示。

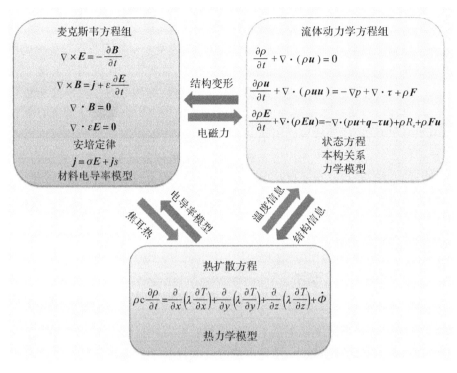

图 6-8 电磁驱动斜波加载磁流体动力学计算模型

图 6-9 是 3 种典型的用于电磁驱动一维应变斜波加载样品驱动电极结构平面示意图，通过对样品驱动电极电流汇流入口端和短路端结构和尺寸的优化，电流沿传播方向即电极的长度放电分布均匀性差别较大。计算结果表明，图 6-9(c)电极结构可获得较为理想结果，能保证试验设计要求。

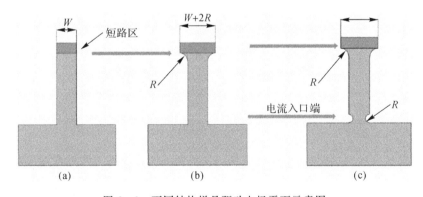

图 6-9 不同结构样品驱动电极平面示意图

图 6-10 给出了图 6-9(c)电极结构电流入口端"刻槽"和短路端预制圆弧过渡"耳朵"不同尺寸情况下磁场分布均匀性的计算结果。图中以长 24 mm、宽 10 mm 的图 6-9(a)电极板为参照电极。计算结果显示，相同电极板长度时，采用 1 mm 的"耳朵"能很好地抑制短

路区叠加磁场的不均匀性；"刻槽"采用 1 mm 时，相比其他两种算例可给出较好的计算结果，可保证在长度方向 10 mm 以上的磁场均匀区域（图中长度位于 8～20 mm 之间）。在电极板长度减小到 19 mm 时，"刻槽"和"耳朵"的半径均采用 1 mm，在长度方向 6 mm 范围能保持较好的磁场均匀性（位于图中长度 8～14 mm 之间）。

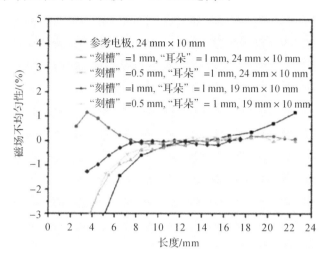

图 6 - 10　不同"刻槽"和"耳朵"尺寸的电极构型的长度方向磁场均匀性

6.2.2　驱动电极和样品尺寸设计

电磁驱动斜波加载试验设计时除要满足 6.2.1 节中讨论的样品区加载应力均匀的要求外，还要满足在所关心的时间区间内，样品中心区域不能受到侧向稀疏波的影响，在样品中不能形成冲击波。驱动电极尺寸的设计要考虑目标加载压力、磁场扩散和电流焦耳热烧蚀的影响，磁场扩散和烧蚀需要借助磁流体动力学计算进行分析。

6.2.2.1　驱动电极

在电磁驱动斜波加载试验中，减小电极板宽度有利于提高线电流密度，进而提高峰值压力。但电极板宽度受加载脉冲持续时间的限制，在我们所关心的时间段内，必须避免边侧稀疏波对中心观测区域的影响。试验中，我们对边侧稀疏波影响的估计主要借鉴平板撞击试验的分析方法，但数值计算结果表明，用平板撞击试验的分析方法来估计磁驱动斜波压缩试验中边侧稀疏波的影响，其结果偏于保守。

图 6 - 11 是计算给出的在平面撞击条件下，边侧稀疏波向中心传播时距离撞击面 0.5 mm 位置（沿加载方向）处侧向扰动应变随时间变化图。图 6 - 12 是计算给出的磁驱动斜波压缩下，边侧稀疏波向中心传播时距离加载面 0.5 mm 位置（沿加载方向）引起的扰动应变随时间变化图。冲击和磁压缩加载下加载压力脉冲如图 6 - 13 所示。图 6 - 14 和图 6 - 15 是两种加载条件下平板中心位置加载方向应变和扰动应变的对比。

计算结果表明，冲击压缩和斜波压缩试验中边侧稀疏波的传播具有明显不同的特征，主要体现在：

(1)扰动应变随时间的变化趋势不同，平板撞击条件下在压缩脉冲时间内扰动应变的传

播具有相似性且一直呈现增长的趋势,而磁压缩加载脉冲时间内扰动应变相似性不明显,并且增长趋势也不大相同;

(2)冲击压缩边侧稀疏波传播过程中衰减较小,而斜波压缩试验中边侧稀疏波的传播衰减很快,要使得电极板中心的一维应变状态发生明显改变,则需要更长时间扰动的积累。

造成这些差异的主要原因是:

(1)电磁驱动斜波加载过程中,电极板边侧的变形影响了该处电流密度的分布,进而使得该处的后续加载磁压力方向发生变化,这使得靠近边侧部分的侧向应变增大且变化趋势不同。

(2)冲击加载时,未受边侧稀疏波扰动的冲击压缩区域处于无约束状态,外部的扰动很容易使得压缩区域的状态发生变化;而对磁驱动斜波加载,其压缩区域处于持续加载状态,边界的稀疏波对压缩状态的扰动受到后续加载的约束,使得压缩区域的状态不易发生变化。

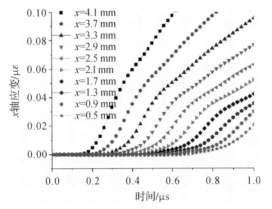

图 6-11　平板撞击下边侧稀疏波的传播　　　　图 6-12　磁驱动斜波压缩下边侧稀疏波的传播

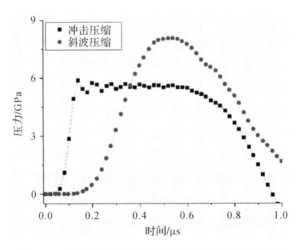

图 6-13　平板撞击与磁驱动斜波压缩加载压力比较

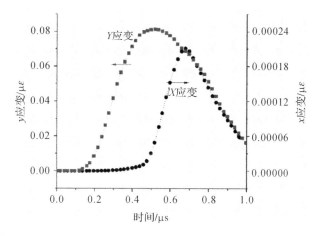

图 6 - 14　磁驱动斜波压缩时平板中心位置主应变与扰动应变比较

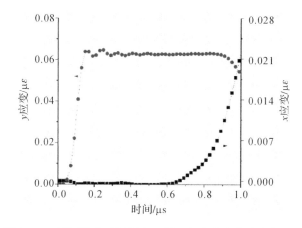

图 6 - 15　平面撞击时平板中心位置主应变和扰动应变比较

　　电磁驱动斜波压缩试验中脉冲大电流流经电极板时,由于趋肤效应电流主要集中在电极板内表面,电极板内表面温度因焦耳热的沉积而迅速升高。电极板内表层温度的迅速升高:一方面引起了电极板内表层材料短时间内发生熔化、气化甚至形成等离子体;另一方面温度的变化导致电导率的增大,从而加速了磁场在电极板内的扩散。如果在加载时间内磁扩散前沿或者热扩散前沿已经到达样品/电极板界面,样品的后续一维应变加载均一性将遭到破坏。

　　图 6 - 16～图 6 - 19 是采用上升沿 460 ns、峰值 2.7 MA 的脉冲电流加载时,长 20 mm、宽 10 mm、厚 1 mm 铝电极板中温度、磁感强度、加载压力等物理量的时空分布。计算过程中采用变电阻率模型(电阻率模型温度变化从 300 K 至气化点),总计算时间为 490 ns。图 6 - 16 是沿厚度方向电极板温度的分布,铝电极板 0.4 mm 厚度内电极板材料温度超过其沸点温度,材料发生气化,0.5～0.6 mm 厚度内电极板材料温度超过其熔点温度,材料发生熔化。图 6 - 17 和图 6 - 18 是磁通密度的时空分布,在 490 ns 时磁扩散前沿位置深入样品内部 0.7 mm。随着磁扩散的发展,洛伦兹力不再保持为面加载,而是扩

散为体力加载。在未被洛伦兹力影响的区域,其不同位置具有相同的加载压力历史,如图 6-19 所示。

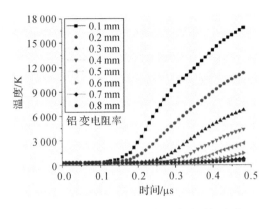

图 6-16 电极板厚度方向温度随时间变化

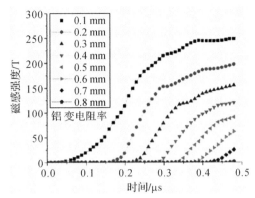

图 6-17 电极板厚度方向磁感强度随时间变化

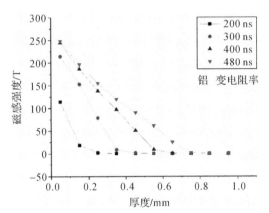

图 6-18 电极板厚度方向磁感强度分布

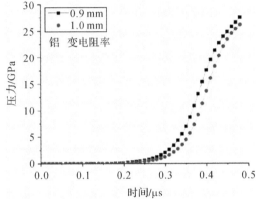

图 6-19 磁扩散未扰动区域加载压力分布

图 6-20~图 6-23 是采用上升沿 460 ns、峰值 2.7 MA 的脉冲电流加载时,长 20 mm、宽 10 mm、厚 1 mm 铜电极板中温度、磁感强度、洛伦兹力,加载压力等物理量的时空分布。计算过程中采用变电阻率模型(电阻率模型温度变化从 300 K 至气化点),总计算时间为 710 ns。加载时间为 490 ns 时,0.3 mm 厚度内铜电极板温升超过其气化温度,0.3~0.4 mm 内温度超过熔化温度,磁扩散前沿位置深入样品内部 0.55 mm。加载时间为 710 ns 时,0.5 mm 厚铜板气化,磁扩散深度为 0.75 mm。铝和铜电极板在相同加载条件下的计算结果可知,加载过程中铜电极的烧蚀量和磁扩散深入要比铝的小。

在考虑磁扩散与热烧蚀和边侧稀疏波时,我们可以根据加载电流波形的上升沿时间 Δt 对电极板的厚度 b 和宽度 w 给出其下限要求:

$$\left. \begin{array}{c} b \geqslant c_{\text{diff}} \Delta t \\ w \geqslant 2c_0 \Delta t \end{array} \right\} \qquad (6-20)$$

式中:c_{diff},c_0 分别是常温磁扩散速度和弹性声速。为了在加载区域获得均一的加载压力,负载电极采用底部带凹槽汇流,顶部带外圆弧过渡的双条型结构。为了获得更大的加载压力峰值,在保证测试时间内稀疏波不会影响测量区域的情况下,应尽量减小电极板宽度。负载电极材料和样品材料不相同时,电极板的宽度由下式给出:

$$w = 2c_0\Delta t/0.7 \tag{6-21}$$

其理由是:电极板宽度 70% 区域的加载压力均匀区在加载时间内刚好被加载界面的边侧稀疏波干扰。优化后电极板轴向中心位置约占其长度 40% 大小的区域内加载压力偏差小于 1%(磁场偏差小于 0.5%),因此电极板长度由下式确定:

$$l = 2c_0\Delta t/0.4 \tag{6-22}$$

其物理含义是:电极板轴向加载压力均匀区(占电极板长度 40%)和横向加载均匀区大小一致。

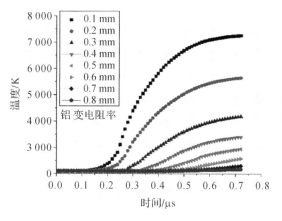

图 6-20　电极板厚度方向温度随时间变化　　图 6-21　电极板厚度方向磁感强度随时间变化

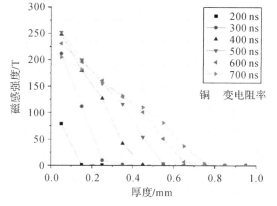

图 6-22　电极板厚度方向磁感强度分布

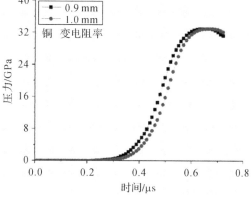

图 6-23　磁扩散未扰动区域加载压力分布

6.2.2.2　样品与窗口

通常情况下,电磁驱动斜波加载试验负载区结构是典型的"三明治"结构,即驱动电极、样品和测试窗口。6.2.2.1节讨论了驱动电极的尺寸设计,这里分析样品和测试窗口的尺寸设计。对于样品和测试窗口来讲,要重点关注侧向稀疏波的影响,样品中不形成冲击波,加载应力波在电极、样品和窗口界面之间传播反射和透射等问题。

如图 6.24 所示,对于平滑上升的压力-时间历史曲线,在完整的加载历程中,电极板与样品、样品与窗口的界面处均会发生波的反射和透射。电极/样品界面处的反射波会对样品的加载压力历史产生影响,由于不同厚度样品与电极界面处波阻抗一样,对加载压力历史的改变是一致的,因此对于不同厚度样品而言,依然可看作具有相同的压力历史。

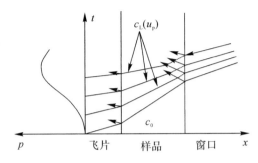

图 6-24 斜波在不同材料界面处的反射

当样品厚度太薄时,窗口/样品界面处的反射波到达样品/电极界面,对于不同厚度的样品,这种扰动到达时间的差异,会破坏加载压力历史的一致性。因此在设计负载区“三明治”结构的尺寸时,应确保斜波加载压力完整传播的前提下,样品厚度足够厚:

$$T \leqslant 2\delta/c(\rho_0) \tag{6-23}$$

式中:T 为斜波加载时间,与装置放电上升沿时间基本一致;δ 为样品厚度;$c(\rho_0)$ 为样品的初始声速。

样品的厚度 δ 又应有一定限度,以防止在样品内出现压缩波向冲击波的转变,如图 6-25 所示。作为一个简单的近似分析,可认为样品中冲击波转变位置是当 1/4 放电周期($t_{1/4}$)时(即当压力达到峰值、介质密度为 ρ_{max} 时),从加载面发出的扰动赶上 $t=0$(此时介质密度为 ρ_0)所发出的初始扰动的位置。因此,样品厚度必须满足如下不等式:

$$\frac{c(\rho_0)}{2}T \leqslant \delta \leqslant \frac{c(\rho_0)c(\rho_{max})}{c(\rho_{max})-c(\rho_0)}t_{1/4} \tag{6-24}$$

使用式(6-24)只需要对 $c(\rho_{max})$ 做适当的估计。

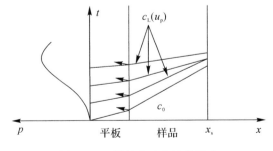

图 6-25 样品中冲击波的形成

样品直径的确定,既要考虑提高电流密度的需要,又不能过窄,以致无法防止侧向稀疏波的影响,得不到必要的一维平面区域。这个问题的理论分析比较困难,一般认为试验样品的直径至少应为其厚度的 $1\sim3$ 倍。受边侧稀疏波影响的二维区域的最大宽度是 $c(\rho_0)t_{1/4}$,因此样品直径的设计值不应小于

$$[(1\sim3)\delta+2c(\rho_0)t_{1/4}] \tag{6-25}$$

测试窗口的选择一般考虑两个因素:一是窗口材料的波阻抗尽量与样品材料的波阻抗匹配或接近,以避免样品与窗口材料的波阻抗差异过大,波在样品与窗口界面发生波的反射和透射(见图 6-24),造成数据解读困难;二是能有效透过测试用波段的激光,获取高信噪比激光干涉信号。通常情况下,对于大部分金属材料,其表面经过抛光后,具有很好的光反射效果,既可对其进行自由面速度测量,也可以粘贴透明窗口材料,测量在约束条件下的速度响应。而对于聚合物、含能材料、陶瓷等非金属材料,需要使用测试窗口来探测有效的激光测试信号。

对于斜波加载过程,粒子速度为 u_p 时,认为材料屈服,材料的波阻抗 Z 为

$$Z=\rho_0 c_L=\rho_0(c_0+2su_p) \tag{6-26}$$

窗口材料一般要求在试验压力范围内光学性质和力学性质稳定,动高压试验中常用的测试窗口有单晶 LiF、单晶蓝宝石、有机玻璃(PMMA)、NaCl 单晶等等,为与激光干涉测速设备匹配,一般在测试窗口与样品接触面镀 $300\sim500$ nm 的铝反射膜,另一面镀相应激光波段(例如 1 550 nm 红外激光、532 nm 可见光激光)增透膜,提升对相应波段激光的透过率。

磁驱动斜波加载试验中,为获得样品的原位粒子速度,需要对不同窗口材料进行折射率修正,消除窗口材料在高压下的折射率变化带来的表观速度与真实速度的差异,然后利用增量阻抗匹配方法或转换函数方法,对样品和窗口的阻抗差异进行修正,以获得样品的原位粒子速度。对于自由面,近似认为自由面速度是原位粒子速度的 2 倍。

国内外学者对于窗口材料的折射率修正进行了大量研究,最新的研究表明:在 350 GPa 压力范围内,LiF(100)单晶的折射率变化与密度非线性相关;在 100 GPa 压力范围内,斜波加载与冲击加载的折射率基本一致,折射率的线性相关性依然适用,见下式:

$$n=a+b\rho \tag{6-27}$$

式中:n 为折射率;ρ 为窗口密度;a,b 为与材料相关的常数。

对于单次冲击,折射率系数有如下关系:

$$n=\frac{n_0 u_s-u_a}{u_s-u_p} \tag{6-28}$$

式中:u_s 是冲击波速;u_a,u_p 分别为测试获得的表观速度与真实速度。

冲击波跳跃条件如下:

$$\frac{\rho}{\rho_0}=\frac{u_s}{u_s-u_p} \tag{6-29}$$

则联立式(6-27)~式(6-29),表观速度 u_a 与真实速度 u_p 有如下的关系:

$$u_a = au_p \atop u_p = \dfrac{u_a}{a} \Bigg\}$$ (6-30)

对于 LiF, $a = 1.277$,则

$$u_p = \frac{u_a}{1.277}$$ (6-31)

NaCl 为 $u_p = \dfrac{u_a}{1.29}$, PMMA 的折射率对速度的影响在目前压力范围内表现出低于 1% 的非线性特性,认为 $a \approx 1$,即可不进行折射率修正。

由于铝电极与窗口材料波阻抗不匹配,斜波压缩下,对速度曲线上所有的速度值均需做阻抗匹配修正以获取铝的原位粒子速度。

对速度曲线离散,考虑增量阻抗匹配方法,对于曲线上每一个速度值,均比之前的速度增加 Δu,对速度增量的阻抗匹配如下:

$$\Delta u_p = \frac{Z_s + Z_w}{2Z_s} \Delta u_w$$ (6-32)

式中:$Z_s = [\rho_0 c(u_w)]_s$ 表示在界面速度 u_w 下的样品的初始密度与声速的乘积,即样品在界面速度 u_w 时的波阻抗。$Z_w = [\rho_0 c(u_w)]_w$ 表示窗口在界面速度 u_w 时的波阻抗。

式(6-30)中的 u_p 为试验获得的界面速度,与窗口速度一致,替换为 u_w,联立式(6-26)、式(6-30)和式(6-32),则可对试验测得的速度曲线进行处理,获得采用不同测试窗口时样品的原位粒子速度曲线。下面举例加以说明。

如图 6-26 所示,在相同厚度铝基板上安装不同的窗口材料 LiF(100),NaCl(100),PMMA。在 15 GPa 压力范围内的斜波加载下,对相同厚度(2 mm)铝样品/窗口材料界面速度和铝电极自由面速度进行了测量,试验获得的铝电极/窗口界面速度和铝电极自由面速度曲线如图 6-27 所示。

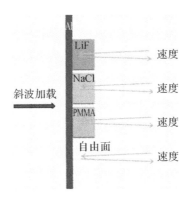

图 6-26　不同窗口电磁驱动斜波加载试验负载区示意图

由于加载压力历史一致,根据试验测得的界面粒子速度和自由面速度曲线处理得到的铝的原位粒子速度应一致。依据上述处理方法,由图 6-27 试验结果处理得到的铝样品原位粒子速度曲线结果如图 6-28 所示。

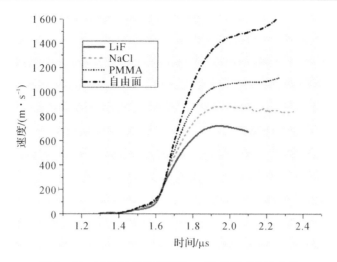

图 6 - 27　试验测得的不同窗口/样品界面速度曲线

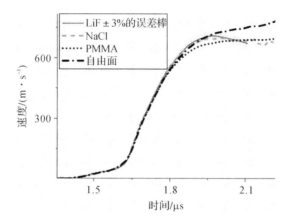

图 6 - 28　处理获得的不同窗口下铝样品的原位粒子速度曲线

　　由于试验中铝和 LiF 窗口的波阻抗最为接近,以此作为速度基准,给出了 LiF 窗口数据 3% 的误差棒,通过对比数据及处理结果,由图 6 - 28 处理结果可见:窗口波阻抗越低,样品/窗口界面测试获得的界面粒子速度越大;样品/窗口的波阻抗失配越大,试验结果到原位粒子速度的修正越大。NaCl 窗口处理的结果与 LiF 窗口处理的结果十分接近。由于 PMMA 复杂的动力学响应特性和严重的波阻抗不匹配,在高速部分,速度偏离明显。自由面速度历史获得的原位粒子速度表明,在斜波加载试验中,自由面速度的 1/2 不能简单看作样品的原位粒子速度。特别是在卸载部分,加载压力降低,但测试获得的速度明显上翘,此时若仍然作简单波处理,计算所得压力值将明显偏高。处理结果进一步表明,仅考虑加载部分,不考虑卸载部分,自由面、NaCl 窗口、LiF 窗口获得的试验结果,经过折射率和波阻抗匹配修正,都能得到相对一致的铝电极的原位粒子速度。

6.2.3　速度测量技术

　　电磁驱动斜波加载试验涉及数十千伏甚至兆伏高电压、数兆安甚至数十兆安大电流的强电磁场环境,常规的电子学测试传感器(例如锰铜压力传感器、应力应变计等)无法应用于该试验诸多物理量的测量;光学或射线学的测试仪器或传感器较为合适,例如激光干涉速度仪、高速摄影相机、闪光 X 射线机等等。即便如此,试验过程中需要对这些仪器本身加以电磁屏蔽防护,以免其受到电磁驱动试验装置产生的强电磁场环境的干扰而误动作或损坏。在这类试验中,样品动态响应自由面速度与窗口界面粒子速度的测量非常关键,据此采取合适的数据处理方法,可以获得斜波加载下材料的应力-应变关系、等熵压缩线和状态方程、强度和本构关系、相变和相变动力学等诸多物理力学参量。因此本章主要介绍样品动态响应的自由面或界面粒子速度测量技术,其他物理量测量技术例如样品温度测量、动力学过程成像的高速摄影技术等不做介绍,读者可参考相应文献或书籍。

当前,常用于动载荷下材料响应自由面速度或界面粒子速度测量的技术有激光干涉测速技术(Velocity Interferometer System for Any Reflector,VISAR)和激光多普勒效应速度测量技术(Photonic Doppler Velocimetry,PDV)。下面介绍 PDV 的工作原理。

PDV 测速的原理为:激光器出射的激光经 1×2 光纤耦合器分成两束:一束经过光纤衰减器后进入 3×3 光纤耦合器,称为参考光;另外一束经过环形器和光纤探头照射到运动靶面。从运动靶面反射的光具有多普勒频移,该多普勒频移光被光纤探头收集,经过光纤放大器、光纤滤波器和光纤衰减器后,进入 3×3 光纤耦合器,称为信号光。多普勒频移光之所以能够进入光纤放大器,是由光纤环形器的性质决定的。环形器的性质是:光从端口 1 进入将从端口 2 出射,从端口 2 进入则从端口 3 出射,反之则被阻断。参考光和信号光在 3×3 光纤耦合器里形成干涉,输出 3 路相位不同的干涉光信号,通过对干涉光信号进行处理,获得靶面运动的位移和速度历史,如图 6-29 所示。

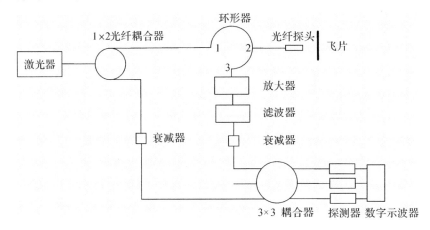

图 6-29　PDV 测速原理图

图 6-30 是一种双光源 PDV 测速系统,与单光源不同之处是参考光利用了不同频率的激光代替。

设信号光的激光频率为 f_0,参考光的激光频率为 f_r,定义基准速度为

$$V_p = \frac{\lambda}{2} \cdot (f_r - f_0) \qquad (6-33)$$

设干涉信号的频率为 f_m,则测量速度 V_m 为

$$V_\text{m} = \frac{\lambda}{2} \cdot f_\text{m} \tag{6-34}$$

实际速度 V_a 为

$$V_\text{a} = \big| V_\text{p} \pm V_\text{m} \big| \tag{6-35}$$

设记录系统的带宽为 B,定义带宽速度为

$$V_\text{B} = \frac{\lambda}{2} \cdot B \tag{6-36}$$

根据双激光位移干涉技术的原理可知,其测速范围为 $(V_\text{p} - V_\text{B}) \sim (V_\text{p} + V_\text{B})$。

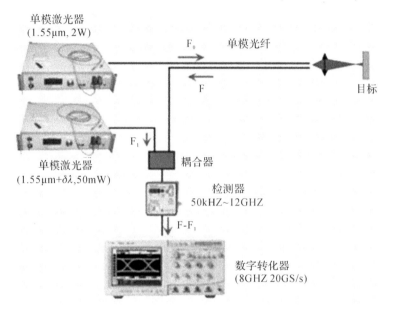

图 6-30　双光源 PDV 测速系统

图 6-31 直观地显示了单光源 PDV 系统和双光源 PDV 系统获得的干涉信号的区别。

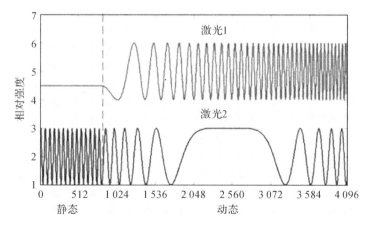

图 6-31　单光源 PDV 系统和双光源 PDV 系统获取的干涉信号

设激光波长为 λ，光速为 C，可得

$$\Delta \lambda = \frac{f \cdot \lambda^2}{C} \qquad (6-37)$$

令激光波长为 1 550 nm，10 GHz 的频率差对应 0.08 nm 的波长差，因此，该技术对激光的波长提出了很高的要求。参考激光采用可调谐激光波长能够改变测速范围，但是对调谐精度要求很高。

6.2.4　数据处理方法

材料的电磁驱动斜波加载试验通常利用激光干涉速度仪 VISAR 或 PDV 技术测量得到不同厚度样品斜波加载响应下自由面速度或样品与窗口的界面粒子速度信息。如何根据若干不同厚度平行样品的自由面或界面粒子速度试验数据得到样品介质内部的力学状态数据？即采用斜波加载试验独特的数据处理方法，其前提是多个平行样品的加载历史相同，其最大优点是不需要知道加载具体情况和样品内部的流场信息，仅仅依据不同厚度样品表面响应的差异，通过 Lagrange 速度分析或者求解力学运动方程组的反问题，就可得出关于加载情况以及样品材料力学性质的高精度数据。下面将叙述 3 种斜波加载试验数据处理方法：①原位粒子速度近似即拉格朗日分析法，包括样品后表面为自由面和窗口界面情况；②力学运动方程组的反积分；③基于特征线计算编码的反演方法。

6.2.4.1　拉格朗日分析法

据样品介质内部若干拉格朗日位置上的压力或粒子速度历程，利用拉格朗日形式的力学守恒方程组进行近似积分或插值，得到介质内部的流场分布，如密度、压力、粒子速度甚至炸药反应程度等内变量的分布，从而为该介质物性关系（物态方程、本构关系、反应速率……）函数形式的确定提供试验依据。这种处理试验数据的理论方法称为拉格朗日分析（Lagrangian analysis）。

在拉格朗日表达下，介质一维平面等熵运动的质量、动量和能量守恒方程组可写成

$$\left. \begin{array}{l} \dfrac{\partial \sigma}{\partial h} = -\rho_0 \dfrac{\partial u}{\partial t} \\[2mm] \dfrac{\partial \varepsilon}{\partial t} = -\dfrac{\partial u}{\partial h} \\[2mm] \rho_0 \dfrac{\partial e}{\partial t} = \sigma \dfrac{\partial \varepsilon}{\partial t} = -\sigma \dfrac{\partial u}{\partial h} \end{array} \right\} \qquad (6-38)$$

式中：h, t 分别是拉格朗日坐标和时间；σ 为正应力；u 为粒子速度；$\varepsilon = 1 - \rho_0 / \rho$ 为体应变（$\rho = 1/v, \rho, v$ 分别为密度和比容，以压应力、压应变为正）；e 为比内能。我们注意到通常拉格朗日坐标作为质量坐标，即自介质左边界（此处欧拉坐标 $x = 0$）起至坐标点止的单位面积上的介质质量。在式（6-38）中该坐标是以长度量表示，则应取 $\partial h / \partial x = \rho / \rho_0$ 或 $h = \int_0^x (\rho / \rho_0) \mathrm{d}x$。

从上述基本方程组可得到沿等熵线的守恒关系式。在欧拉表述下介质的（体）声速二次方被定义为等熵线的斜率，即小扰动传播速度，称之为欧拉声速 c_E，$c_E^2 = (\partial \sigma / \partial \rho)_s = -\rho^{-2} (\partial \sigma / \partial v)_s$。拉格朗日声速 $c_L(u)$ 则是应力波传播中粒子速度 u 的"位相"在未受扰空间中（或拉格朗日坐标下）的传播速度，可定义为 $c_L \equiv (\rho / \rho_0) c_E$。

等熵线的斜率 $\Delta h / \Delta t$ 即是扰动传播的拉格朗日声速，式（6-38）给出等熵线上扰动引起的流场量增量之间的关系：

$$\Delta\sigma = -\rho_0 c_{\rm L}(u)\Delta u \tag{6-39}$$

$$\Delta v = \frac{v_0}{c_{\rm L}(u)}\Delta u \tag{6-40}$$

$$\Delta e = -\sigma\Delta v$$

$$\Delta E = \frac{1}{2}\sigma\Delta v$$

式中：E 为总比能量。上述式子中 u 指介质内部的粒子速度（即原位粒子速度），而激光干涉速度仪测量只能给出样品后自由面或窗口界面的速度。假设这样测得的自由面速度等于一个很厚的介质在相当于该样品厚度的拉格朗日位置处原位粒子速度的两倍，这样近似下多个不同厚度样品的自由面速度历程就可看作很厚介质中多个拉格朗日位置处的原位粒子速度历程。这种方法称为原位粒子速度近似，这里没有考虑实际存在的后自由面反射对粒子速度的影响。压力和比容都是从粒子速度积分得出的，如果两条自由面速度历史的相对时间有误差，通过积分就会累积到较大的程度，因此必须对时间零点进行校正。

根据体应变 ε 的定义，$\Delta v = -v_0\Delta\varepsilon$，从式（6-40）即可导出另一个基本关系：

$$-c_{\rm L}(u)\Delta\varepsilon = \Delta u \tag{6-41}$$

式（6-41）与式（6-39）一起表示了以 u 为参数形式的正应力 σ -体应变 ε 关系，也可写成 $\Delta\sigma = \rho_0 c_{\rm L}^2\Delta\varepsilon$。这些关系是微分形式，在材料加载和卸载过程中都是适用的。

只要得到拉格朗日声速，即可以粒子速度 u 为参数积分式[见式（6-39）和式（6-40）]，得出 $\sigma(u)$ 和 $v(u)$，这就是参数形式的等熵压缩线，其斜率为 $\Delta\sigma/\Delta v = -\rho_0^2 c_{\rm L}^2(u)$。根据自由面速度近似，两个初始厚度相差 Δh 的平行试验样品的自由面速度历程，在同一速度 $u_{\rm f}$ 值处的时间差若为 Δt，则可取 $\Delta h/\Delta t = c_{\rm L}(u_{\rm f}/2)$，即是原位粒子速度 $u = u_{\rm f}/2$ 所对应的拉格朗日声速。由于激光干涉速度仪测量的自由面速度历程在一定范围内是连续的，上述步骤可以给出该速度范围内 $c_{\rm L}(u)$ 的连续函数值。图 6-32 直观地表示通过平行试验方法用自由面速度近似得到 $c_{\rm L}(u)$，再通过积分式[见式（6-39）和式（6-40）]得到 $\sigma(u)$ 关系和等熵压缩线 $\sigma(v)$ 的过程。

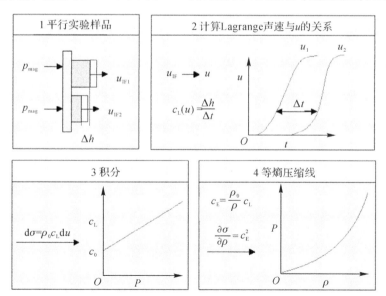

图 6-32　拉格朗日分析方法处理斜波加载试验数据得到等熵压缩线的过程示意图

对于带光学窗口的材料,测量得到的是不同厚度样品与各自窗口界面的速度历史。通常要求窗口材料的声学阻抗与样品材料接近,从而界面速度与样品在该处的原位粒子速度接近。为了得到与界面速度 u_w 对应的近似原位粒子速度 u_p,需要依据阻抗匹配进行修正:

$$\Delta u_p = \frac{Z_s + Z_w}{2Z_s} \Delta u_w \qquad (6-42)$$

式中:Z_s 和 Z_w 分别是样品和窗口材料的声阻抗 $\rho_0 c_{Ls}$ 和 $\rho_{0w} c_{Lw}$。后者认为已知,前者由特征线斜率算出。如果测量得到的速度剖面包含完整的加、卸载阶段,那么经这种方法得到的 Lagrange 声速也可以呈现出弹塑性加载-卸载的特征。

Lagrange 分析方法仅依据在自由面/窗口界面处对应的少数拉格朗日位置处的速度剖面,就可获取材料的 Lagrange 声速和应力-应变曲线,具有一定优势,但在其获取原位粒子速度的过程中,存在一定误差,且如果需要知道材料内部其他位置的热力学参量的变化过程,还需要额外进行积分计算。

此外,Lagrange 分析方法的积分公式表达的是压力平滑上升的压缩波,即简单波情形。如若考虑辐射输运等复杂物理过程,则需要对更一般的非简单波进行分析,以避免空间坐标方向离散数据点有限的不足,目前已经发展了沿等时线积分、途径线(Path Line)方法、冲量时间积分(Impulse Time Integral)等方法的拉格朗日处理技术。

6.2.4.2 反向积分法

美国 Los Alamos 实验室和 Sandia 实验室的科学家在处理磁驱动等熵压缩试验数据中,除了采用前面叙述的自由面速度近似方法以外,发展了一种新的斜波加载试验数据处理方法即反向积分(Backward Integration)方法,以期得到更高的计算精度。Barker 于 1972 年最早提出了反向积分方法,近年来 Hayes 把此方法发展为适合于以自由面速度历史为输入数据的情形,应用于多个平行样品的试验数据确定材料本构关系、断裂特性以及炸药反应特性等工作中。

应用 VISAR,PDV 等激光干涉技术测量的样品自由面或样品/透明窗口界面的速度历史,与内置式拉格朗日量计测量结果有较大差别。内置式量计的厚度通常很薄,其材料的声学阻抗与样品材料比较接近,可以认为量计对样品内部流场的干扰不大,测到的结果基本上是样品材料内部的原位粒子速度历史或压力历史。但上述激光干涉技术的测量场景则不同,由于压缩波在后自由面(或低阻抗窗口材料的界面)处反射稀疏波,并与后续压缩波相互作用,使得特征线发生弯曲,相互作用区中的流动一般不再是简单波,也不再是未受扰动的原始压缩波。VISAR 等技术测到的结果不可能是相应于原始压缩波的自由面(或界面)速度历史,而是受到反射波干扰之后的结果。对电磁驱动情形,由于不同厚度样品中到达自由面/界面时压缩波形状不同,反射稀疏波的扰动情况也不相同,不能认为这种扰动对各种厚度样品都一样,属于系统性扰动而可以设法消除之(见图 6-32 中自由面速度近似的做法)。

虽然反向积分方法不能直接应用于冲击压缩情形,分析此时的自由面速度与原位粒子速度之间的关系可提供有关自由面扰动的概念。相平面上反射稀疏波之后自由面的状态由通过冲击压缩点的等熵卸载线决定,如果用材料冲击绝热线关于冲击压缩点的反射像作为等熵卸载线的近似,那么可得出原位粒子速度约为自由面速度之半。这个近似分析已被引申用于前面的自由面速度近似方法。事实上,等熵卸载线略高于冲击绝热线的反射像,受自由面扰动后的原位粒子速度略高于自由面速度的百分之几,这个估计同样适用于本节的讨论。

冲击动力学问题的数值模拟中,在给定的加载条件、本构关系和其他定解(初始、边界)条件之下,数值积分流体动力学方程组可得到样品材料、结构的运动或"响应"。这种途径可称为动力学方程组的"正向积分"。当流场中不出现冲击波间断的场合时,如果知道材料或结构的某种"响应"以及有关的定解条件,是否可以通过上述方程组在时间上的反向积分拟合确定材料的加载条件和本构关系?这种方法称为动力学方程组的"反向积分"。具体说来,就是以加载条件相同、厚度不同的几个平行样品的自由面/窗口界面速度历史数据作为"响应",输入流体动力学方程组,用反向积分计算、确定它们共同的加载历史和本构关系(等熵压缩试验中的等熵线,层裂试验中的层裂强度,起爆试验中炸药的反应度或反应速率等)。

反向积分方法与传统积分次序不同,它将样品材料某一位置处的变量演化历史作为"初始条件",然后按照流体动力学方程组时、空置换后的差分格式对时间作数值积分,逐个求出上述坐标位置向内一个空间步长处位置上运动的时间历史,即将控制方程的时空坐标交换考虑进行反演计算,如图 6-33 所示。

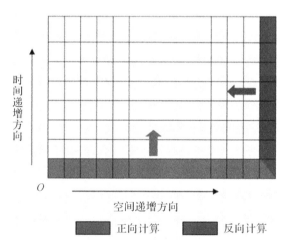

图 6-33　反向积分计算与一般流体力学正向计算的比较示意图

流体动力学方程组的反向积分可以有多种形式。针对样品后自由面/界面的速度历史作为"响应"输入的情况,适宜于把时、空坐标交换位置来考虑,即把上述"响应"看作为"初始条件",施加于后自由面/界面所在位置的整个运动时间区间。然后按照流体动力学方程组时、空置换后的差分格式对时间做数值积分,逐个求出上述坐标位置向内一个空间步长处位置上运动的时间历史。必须注意,当流场中出现冲击波时,流场量之间的单值关系受到破坏,此时反向积分方法失效。

我们把式(6-38)中能量方程换为材料的本构关系 $\varepsilon = F(\sigma)$ 来考虑,则该方程组作反向积分运算的差分格式是

$$\left.\begin{aligned}
\sigma(h-\mathrm{d}h,t) &= \sigma(h,t)+\rho_0\left[u(h,t+\mathrm{d}t)-u(h,t-\mathrm{d}t)\right]\mathrm{d}h/2\mathrm{d}t \\
u(h-\mathrm{d}h,t) &= u(h,t)+\left[\varepsilon(h,t+\mathrm{d}t)-\varepsilon(h,t-\mathrm{d}t)\right]\mathrm{d}h/2\mathrm{d}t \\
\varepsilon(h-\mathrm{d}h,t) &= F\left[\sigma(h-\mathrm{d}h,t)\right]
\end{aligned}\right\} \tag{6-43}$$

这里应注意不同位置处对时间积分的区间不应相同,这是由双曲型偏微分方程组的特性所决定的。(h,t) 平面上某点的事件存在着它所能影响的时空范围,以及可能影响它的时空范围。这样就决定了反向积分问题的时间"边界条件"。假定激光干涉速度仪实际有效记录的自由面/界面运动开始时间为 t_0,则离该面距离 H 处位置运动开始时间应是 $t_H=t_0-H/C_0$,C_0 是材料初始状态下的声速,因此计算中激光干涉速度仪记录的开始时间至少应补充到 t_H 或更早时刻。如果激光干涉速度仪实际记录的最后时刻为 t_1,那么离该面 H 处位置的反向积分解的有效时间应受到自由面/界面在 t_1 时发出的反向特征线(时间线)在 H 处给定的时间后退量的限制。显然,反向积分过程中所有空间点在时间积分开始时的"边界条件"是材料处于未受扰动的初始状态。

反向积分的空间终点一般设在加载面所在位置,其外侧可采用与连续边界条件类似的处理方法。本构关系设定之后,反积分结果可给出加载面处的粒子速度、压力(或应力)以及其他流场量的历史。如果只有一个样品的"响应"(激光干涉速度仪记录)作为输入,把得到的加载历史同其他直接或间接的测量结果做比较,根据比较的差异可以进一步调整样品材料的本构关系或参数。如果有多个不同厚度平行样品的"响应"作为输入,那么在同样设定的本构关系下在同一加载面处它们应当给出同样的加载历史,否则就必须调整本构关系,以求做到此点。这时,反向积分将同时给出待定的加载历史和样品材料的本构关系。一般做法往往先设定材料本构关系(或等熵线等)的函数形状,只调整其中的参数,通常采用优化计算步骤,自动取得合适的反向积分计算结果。

6.2.4.3 基于特征线的反演方法

特征线反演方法主要通过分析样品内部入射波和反射波的相互作用规律,沿特征线反演得到未受干扰的特征线上的信息,进而可沿右行特征线得到样品内任意拉氏位置处的原位粒子速度,具有精度高、计算量小等特点。但需要说明的是,对于卸载过程中由弹性波追赶造成的压力峰值衰减,由窗口和样品材料较大阻抗差引起的卸载等情况,不能用原位粒子速度的单值函数进行描述,故特征线反演必须结合其他流体力学计算才能达到计算要求。

借助于特征线方程和 Riemann 不变量,由材料自由面或材料/透明窗口间界面上的速度历史 u_p,反演应力波相互作用区中特征线网格点的位置和状态(见图 6-34):由界面上的 $(1,1)$ 和 $(2,2)$ 点信息确定 $(1,2)$ 点的状态和位置,$(2,2)$ 和 $(3,3)$ 点确定 $(2,3)$ 点,……,由 $(1,2)$ 和 $(2,3)$ 点确定 $(1,3)$ 点,$(2,3)$ 和 $(3,4)$ 点确定 $(2,4)$ 点……由 $(1,3)$ 和 $(2,4)$ 点确定 $(1,4)$ 点状态和信息,直至左行特征线到达加载面 $(1,n)$ 为止。由于第一条左行特征线下均为简单波区,因此由第一条左行特征线上的信息沿右行特征线可推出材料任意拉氏位置处的原位粒子速度 u^* 和应力 σ 等信息,通过多次迭代计算直至收敛并满足误差限后,可得到满足要求的 u^*。

特征线反演计算过程依赖于轴向应力的积分公式:

$$\mathrm{d}\sigma = \rho_0 c_{\mathrm{L}}(u^*)\mathrm{d}u^* \tag{6-44}$$

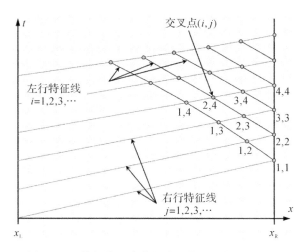

图 6-34 特征线反演分析中的特征线交叉示意图

Riemann 不变量中的积分部分可记为原位粒子速度 u^*，由原位粒子速度的变化 Δu^* 可进一步积分

$$\left.\begin{array}{l}\Delta\sigma = \rho_0 c_{\mathrm{L}}(u^*)\Delta u^* \\[2mm] \Delta v = v_0/c_{\mathrm{L}}(u^*)\Delta u^*\end{array}\right\} \tag{6-45}$$

得到比容 Δv 和应力 $\Delta\sigma$ 的变化。

根据 Riemann 不变量 R^+ 式：

$$R_j^+ = R^+(i,j) = R^+(i+1,j) = u_{\mathrm{p}}(i+1,j) + u^*(i+1,j) \tag{6-46}$$

$$R_i^- = R^-(i,j) = R^+(i,j-1) = u_{\mathrm{p}}(i,j-1) + u^*(i,j-1) \tag{6-47}$$

由 $(i,j-1)$ 和 $(i+1,j)$ 通过下式可判断和计算左右行特征线交叉点 (i,j) 上的信息：

$$\left.\begin{array}{l}u_{\mathrm{p}}(i,j) = \dfrac{R_j^+ + R_i^-}{2} \\[4mm] u^*(i,j) = \dfrac{R_j^+ - R_i^-}{2}\end{array}\right\} \tag{6-48}$$

进一步通过插值计算 (i,j) 上相应的声速和应力也可得

$$\left.\begin{array}{l}c_{\mathrm{L}}(i,j) = c_{\mathrm{L}}[u^*(i,j)] \\[2mm] \sigma(i,j) = \sigma[u^*(i,j)]\end{array}\right\} \tag{6-49}$$

由特征线段斜率式 $(6-50)$ 的计算可通过式 $(6-51)$ 和式 $(6-52)$ 判断 (i,j) 点的位置：

$$\left.\begin{array}{l}C_{\mathrm{L},j} = \dfrac{c_{\mathrm{L}}(i,j) + c_{\mathrm{L}}(i+1,j)}{2} \\[4mm] C_{\mathrm{L},i} = \dfrac{c_{\mathrm{L}}(i,j) + c_{\mathrm{L}}(i,j-1)}{2}\end{array}\right\} \tag{6-50}$$

$$t(i,j) = \frac{X(i,j-1) - X(i+1,j) + C_{\mathrm{L},i}t(i,j-1) + C_{\mathrm{L},j}t(i+1,j)}{C_{\mathrm{L},i} + C_{\mathrm{L},j}} \tag{6-51}$$

$$X(i,j) = X(i,j-1) - C_{\mathrm{L},i}[t(i,j) - t(i,j-1)] \tag{6-52}$$

逐步可得到左行特征线（到达加载面为止）上的所有点 $(1,j)$ 的位置和状态。再由 $(1,j)$ 点沿

右行特征线可判断拉氏位置在自由面/窗口界面处的原位粒子速度信息：

$$
\left.
\begin{aligned}
&(t_j)_{\mathrm{R}} = t(1,j) + \frac{X_{\mathrm{R}} - x(1,j)}{c_{\mathrm{L}}(1,j)} \\
&(u_j^*)_{\mathrm{R}} = u^*(1,j) \\
&\sigma_{\mathrm{R}}\big[(t_j)_{\mathrm{R}}\big] = \sigma\big[u^*(1,j)\big]
\end{aligned}
\right\}
\tag{6-53}
$$

或者可反向得到加载面上的信息：

$$
\left.
\begin{aligned}
&(t_j)_{\mathrm{L}} = t(1,j) - \frac{x(1,j)}{c_{\mathrm{L}}(1,j)} \\
&(u_j^{\mathrm{Loading}})_{\mathrm{L}} = u^*(1,j) \\
&\sigma_{\mathrm{L}}^{\mathrm{Loading}}\big[(t_j)_{\mathrm{L}}\big] = \sigma\big[u^*(1,j)\big]
\end{aligned}
\right\}
\tag{6-54}
$$

最后 $(u_j^*)_{\mathrm{R}}$ 参与下一次特征线反演，迭代计算直至其满足误差限。

需要说明的是，迭代计算中需要自由面或样品/透明窗口间界面上原位粒子速度 u^*、声速 $c_{\mathrm{L}}(u^*)$ 和应力 $\sigma(u^*)$ 信息的初始值，为了减少迭代次数、加速收敛，这些初始值可通过等熵线假设或利用阻抗匹配得到：自由面 $u^* = 1/2 \cdot u_{\mathrm{p}}$，窗口界面依据阻抗匹配给出修正后的 u^*；声速 $c_{\mathrm{L}}(u^*)$ 由多个位置 $[X, t(u^*)]$ 点拟合得到或由台阶靶原位粒子速度剖面计算 $[c_{\mathrm{L}}(u^*) = \Delta h/\Delta t]$ 得到。通过特征线和 Lagrange 分析结合，得到新的自由面或材料/窗口间界面处的原位粒子速度后可开始迭代反演计算，至此就可实现整个特征线反演的计算过程。

6.3　电磁驱动斜波加载试验技术的典型应用

前面从电磁加载和电磁驱动斜波加载原理、电磁驱动斜波加载驱动电极设计、样品与测试窗口设计、自由面或样品/窗口界面粒子速度测量技术和斜波加载试验数据处理方法等几方面较为详细地建立起了电磁驱动斜波加载试验技术，为其应用奠定了重要基础。正如该技术的首创者 J. R. Asay 所说，电磁驱动斜波加载试验技术为材料动力学性质研究开辟了新的途径，目前已经广泛应用于材料的等熵压缩线测量和相关状态方程、动态强度测量和本构关系、相变和相变动力学、塑性变形及其变形机制、层裂与损伤演化动力学以及超高速飞片发射和高压状态方程等方面研究，取得了显著进展。本节主要介绍电磁驱动斜波加载下材料的等熵压缩线测量和相关状态方程、动态强度测量和本构关系以及相变和相变动力学等三个典型应用。

6.3.1　等熵压缩线和状态方程

电磁驱动斜波加载试验技术的一个重要目的是测量材料的等熵压缩线，可作为 Grüneisen 方程或其他理论物态方程的重要参考线，改进对偏离 Hugoniot 状态（off-Hugoniot）的认识。对于某些过程较长的爆炸装置，用等熵压缩描述其中材料状态的变化，可能更接近于真实的情况。

根据热力学第二定律，沿等熵线 $p_s(v)$ 的比内能函数 $e_s(v)$，即是压力 p_s 对比容积分的负值 $-\int p_s \mathrm{d}v$。$p_s(v)$ 和 $e_s(v)$ 一起组成了 Grüneisen 型物态方程的另一类参考线，可以提供准等熵状态下材料动态可压缩性质的重要信息。另外，磁驱动斜波压缩试验的等熵程度较高，压缩过程中材料样品的温升较低，避免了冲击压缩中材料升温甚至熔化、气化、给物态方程测量带来的不确定性。在一定的压力、温度范围内，依据等熵压缩绝对测量数据可给出关于高压物态方程的有用信息。

图 6-35 给出了开展电磁驱动一维平面应变斜波加载试验的示意图。根据前面介绍，测量材料的等熵压缩线一次试验通常需要两个或两个以上不同厚度样品，根据样品反射测试激光信号的情况，可选择测试窗口。

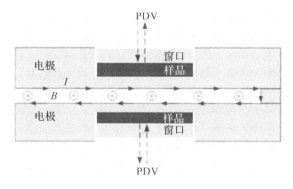

图 6-35　电磁驱动斜波加载试验示意图

基于图 6-2 所示的 CQ-4 装置，开展了纯钽的等熵压缩线测量，试验中选择 LiF 单晶作为测试窗口，两发试验钽样品的厚度尺寸如图 6-36 所示，直径为 6 mm。图 6-36 是利用 PDV 测速仪测量得到的钽样品/LiF 窗口的界面粒子速度。

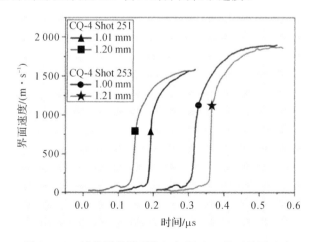

图 6-36　试验测量得到的钽/LiF 窗口界面粒子速度

利用反向积分和特征线反演两种方法处理图 6-36 的界面粒子速度曲线得到斜波加载下纵向应力与比容的关系曲线，如图 6-37 所示。两种数据处理方法处理得到的结果一致。

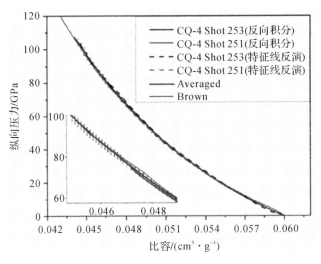

图 6 - 37　斜波加载下钽的纵向应力-比容关系曲线

扣除斜波加载下塑性变形耗散和强度等因素影响,可以获得斜波加载下钽的准等熵压缩线。图 6 - 38 给出了钽斜波加载下纵向应力-比容、准等熵压缩线和理论等熵压缩线三者之间的关系。从图中可以看出,在斜波加载试验 100 GPa 压力范围内,强度和塑性变形不可逆耗散不可忽略,两者的贡献接近 3%。压力越高,这种贡献影响越大。

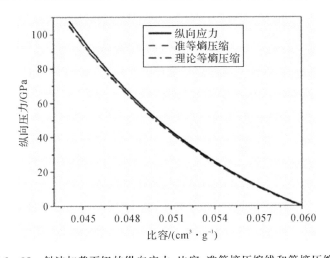

图 6 - 38　斜波加载下钽的纵向应力-比容、准等熵压缩线和等熵压缩线

在此基础上,基于试验结果对传统的 Grüneisen,VINET,Tillotson,PUFF 和 Birch-Murnaghan 状态的适用性进行了验证与确认。图 6 - 39 是基于等熵压缩线和纵向应力-比容曲线作为参考线验证与确认 Grüneisen 状态方程整体适应性的结果。结果表明,理论等熵线总体位于试验准等熵压缩线(纵向应力-比容关系曲线)上方,但 250 GPa 压力范围内总体偏差小于 3%。由试验准等熵压缩线计算得到的冲击 Hugoniot 线与试验测量得到的冲击 Hugoniot 线基本一致,而基于理论等熵线计算得到的冲击 Hugoniot 线位于试验测量得

到的冲击 Hugoniot 线下方,但总体偏差不大于 3%。

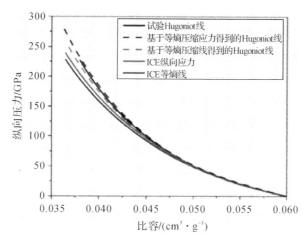

图 6 - 39　基于试验准等熵压缩线 Grüneisen 状态方程的验证与校核

6.3.2　材料动态强度测量与本构关系

强度是指材料抵抗剪切变形的能力,是影响材料在高压高应变率加载下动力学行为的主要因素之一。研究非均匀压缩状态下固体材料的屈服强度有着明确的需求背景和重要的学术意义,如装甲和武器设计中的防护与破坏、固体材料中界面运动不稳定性[Rayleigh-Taylor(RT)不稳定性和 Richtmyer-Meshkov(RM)不稳定性]等。此外,材料力学性能与其微结构的关系研究,迫切需要了解相关的物理规律、建立合适的物理模型作为支撑。压力、温度和应变率相关规律就是其中的重要方面,这要求不断完善和创新动力学本构模型及关系。而这一切,都需要试验提供重要的概念和数据。

目前,测量材料高压强度的试验方法主要是基于平板撞击的自相容方法和 RT 不稳定增长法。材料发生屈服时,其 RT 不稳定性的增长率曲线出现折点,基于一定的理论模型通过数值计算来重现试验现象,可以用来确定高压下材料的强度,如当前惯性约束聚变研究中所作那样。然而,采用这类方法一个很重要的问题是,计算的结果不仅和材料参数相关,而且与所采取的材料模型精度相关。Asay 等人提出的自相容技术(简称 AC 方法)是目前测量材料高压下屈服强度的基本方法,其思想是:先对样品进行冲击加载使之达到较高的应力状态,之后再对冲击状态样品进行二次加载使之达到上屈服面,或是卸载使之达到下屈服面,由上、下屈服面的差值来给出材料在高压下的屈服强度。然而,这种方法的不足之处也较明显:首先,它要求预冲击加载具有足够宽的高压力平台,确保再次冲击和等熵卸载都是在样品处于均匀应力状态的基础上进行的;其次,样品受预冲击加载时其熵增和温升不容忽视,压力对材料强度的影响伴随着不易区分的应变率效应和热软化问题。

近些年,研究学者成功将测量材料高压强度的 AC 方法拓展到磁驱动斜波加载试验。本节介绍基于 CQ - 4 装置开展磁驱动斜波加载下 2A12 铝高压声速和强度的试验测量技术,讨论这类试验的试验设计和数据处理等内容。

由于2A12材料是良导体,因此进行试验样品和电极采用一体化设计加工,电极材料即样品材料,电极镗孔底部即为试验样品,如图6-40所示。试验材料为T4状态的2A12硬铝,初始屈服强度390 MPa。使用阻抗与2A12阻抗接近的单晶LiF作为测试窗口材料,利用PDV激光干涉仪进行样品/窗口界面粒子速度测量。

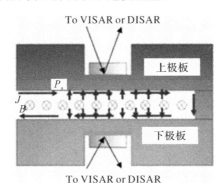

图6-40　磁驱动斜波加载材料动态强度测量示意图

如前面章节所述,试验电极的构型采用DYNA3D磁流体动力学程序进行优化,确保在观测时间内观察区域能够保持一维应变状态。对磁驱动压缩试验,影响观测区域一维应变状态的主要因素有两个,一是加载磁压力的均匀性,即样品区不同空间位置磁压力的相同程度,另一是边侧稀疏波。图6-41是优化设计加工后的驱动电极实物照片。电极镗孔底部表面平面度优于10 μm,表面粗糙度优于50 nm,LiF窗口表面平面度优于1 μm,试验样品和窗口材料采用流动性好的环氧胶黏结。

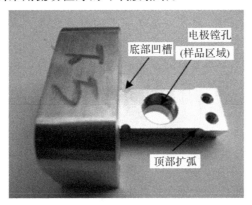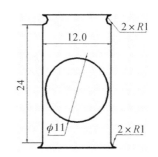

图6-41　试验驱动电极/样品实物照片

试验测量得到不同厚度样品/窗口的界面粒子速度曲线,利用式(6-42)的阻抗匹配方法处理得到样品的原位粒子速度,见下式:

$$\Delta u = \frac{(\rho_0 C)_w + (\rho_0 C)_s}{2 (\rho_0 C)_s} \Delta u_w \tag{6-55}$$

式中:下标s和w分别表示样品材料和窗口材料。

由台阶靶不同Lagrange位置原位速度曲线在时序上的差异,计算出声速 $C_L(u) = \Delta h/$

$\Delta t(u)$。根据试验测得的加载-卸载过程声速的变化,可以计算加载过程中样品材料的强度变化。对冲击试验,强度的计算公式为

$$\left.\begin{aligned} \tau_c - \tau_0 &= \frac{3}{4}\rho_0 \int_{\varepsilon_0}^{\varepsilon_{\text{上}}} (C_L^2 - C_B^2)\,\mathrm{d}e \\ \tau_c + \tau_0 &= -\frac{3}{4}\rho_0 \int_{\varepsilon_0}^{\varepsilon_{\text{F}}} (C_L^2 - C_B^2)\,\mathrm{d}e \\ Y &= 2\tau_c \end{aligned}\right\} \tag{6-56}$$

式中:τ_0 是预冲击状态的剪切应力;τ_c 是屈服面位置的剪切应力,ε_0 是预冲击状态的应变;$\varepsilon_{\text{上}}$,ε_{F} 分别是到达上、下屈服面时的应变;C_L,C_B 分别是 Lagrange 纵波声速和体波声速;ρ_0 是初始密度。对斜波加载试验,由于加载过程中一直处于上屈服面位置,式(6-56)可简化为

$$Y \approx \tau_c + \tau_0 = -\frac{3}{4}\rho_0 \int_{\varepsilon_0}^{\varepsilon_{\text{F}}} (C_L^2 - C_B^2)\,\mathrm{d}e \tag{6-57}$$

应当说明,采用式(6-56)和式(6-57)计算的强度结果是峰值压力时的强度数据。另一种计算强度的方法是利用轴向应力和流体静水压力的差(即弹塑性分析法)来获得加载过程中强度随加载压力的变化,计算公式为

$$Y = \frac{3}{2}(\sigma - p) \tag{6-58}$$

T. J. Vogler 对式(6-58)的使用进行了详细的讨论,分析认为:①流体静水压 p 应该理解为不包含强度信息的等熵压缩线;②加载过程中因塑性变形导致的温度变化应该考虑,因此需要对等熵线进行修正。显然,式(6-58)中 p 的确切含义应该为不包含强度信息的准等熵压缩线。Volger 给出沿准等熵线的温度和压力变化为

$$\left.\begin{aligned} \mathrm{d}T &= \frac{1}{c_V}\left(\frac{bT}{\rho^2}\mathrm{d}\rho + \beta\frac{2Y}{\rho^2}\mathrm{d}\rho\right) \\ \mathrm{d}p &= \frac{K}{\rho}\mathrm{d}\rho + \beta\frac{2bY}{c_V\rho^2}\mathrm{d}\rho \end{aligned}\right\} \tag{6-59}$$

式中:c_V 是定容比热容;$b = 3\alpha K_T$,α 是热膨胀系数;K_T 是等温体积模量;β 是塑性功的热转换系数;K 是等熵体积模量。由于 p 的计算依赖于理论模型的准确程度,而且轴向应力 s 是采用积分计算给出,随着压力的增大其误差逐渐积累,因此式(6-58)的使用对理论精度和试验精度提出了严格的要求。

图 6-42 是不同加载压力下试验测得的样品/LiF 窗口界面速度曲线和 Asay 等人在 VELOCE 装置上对 6061-T6 硬铝的磁驱动压缩试验结果。加载-卸载过程中 Lagrange 声速与原位粒子速度关系如图 6-43 所示。材料发生屈服后,其 Lagrange 声速由弹性纵波声速转变为体波声速。加载初始段弹性声速约为 6.5 km/s,塑性加载段体波声速的外插值为 5.4 km/s,塑性加载段体波声速与粒子速度的线性拟合为 $C_B = 5.40 + 2.74u$,这和由

Hugoniot线导出的等熵线结果 $C_B = C_0 + 2\lambda u$ 一致（$C_0 = 5.33, \lambda = 1.34$）。

图6-44是试验获得的斜波加载下2A12铝在不同加载压力时的强度数据,同时也给出了Asay等人的气炮试验和斜波加载试验结果。图6-45是采用等熵线做参考线时,根据式(6-58)计算得到的加载过程中强度的变化。加载峰值为7.5 GPa时,强度数值为530 MPa,高于式(6-56)的计算结果440 MPa。根据Volger对V63试验的计算结果,导致两者偏差的主要原因是加载过程中塑性变形导致的温度变化,如图6-46所示。

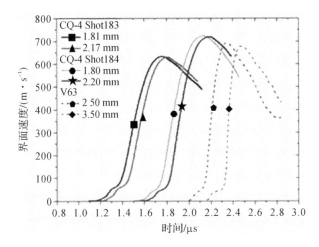

图6-42　铝/LiF界面速度曲线

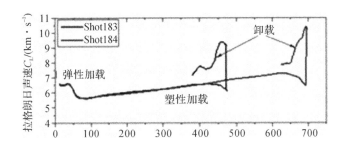

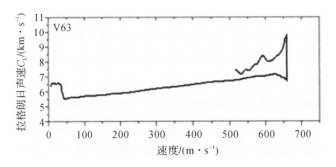

图6-43　加载-卸载过程中Lagrange声速的变化

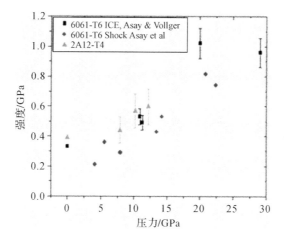

图 6 - 44　不同加载压力下的强度变化

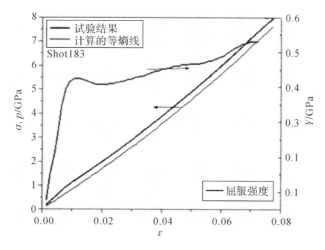

图 6 - 45　斜波加载过程中强度的变化

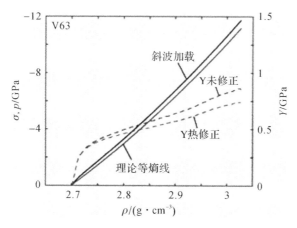

图 6 - 46　考虑/不考虑热修正时斜波加载过程中强度变化的比较

6.3.3　多形相变与相变动力学

相变是自然界普遍存在的一种现象,物质在一定的压力和温度条件下会发生相转变,物质相变前后物理、力学、化学和结构等性质显著改变,因此相变是冲击波物理、材料动力学领域的重要研究方向之一。传统研究动高压条件下材料的固-固多形相变的试验技术主要是冲击加载方式,例如基于一级、二级轻气炮的飞片撞击技术。冲击加载的一个主要特点是加载冲击波阵面上升时间短,为纳秒甚至更短时间尺度,为终态加载。在加载压力较高的情况下,在样品中容易形成过载现象,波剖面测量过程中,弹塑性转变、固-固相变等波形特征由于压力波过载而消失。相比较而言,电磁驱动斜波加载在样品中产生的斜波上升时间长,为数百纳秒,且是过程加载。在该情况下,样品的响应时间被大大延长,容易在波剖面测量中获取多种动态响应特性,例如弹塑性转变、多个固固相的转变等。下面以电磁驱动斜波加载铋的固-固相变研究为例阐述相关应用情况。

铋在低压区有着复杂的固-固、固-液相变,常温常压下为初始相(1相)hR2结构,约2.55 GPa压力时转变到mC4结构(2相),而2相相区很窄,约2.7 GPa又进入3相,在7.7 GPa压力附近由3相进入BBC结构(5相)。因其结构复杂、物理性质特殊,铋一直被作为相变动力学研究和构建多相状态方程的典型材料。

试验的设计同前,满足一维应变加载、样品中不形成冲击波等要求,图6-47是典型的试验布局示意图,测速点分别在上下极板中心位置。上面为样品自由面速度测量,下面为极板自由面速度测量。极板材料为纯铝,上、下极板对称,厚度均为1.0 mm,宽度10 mm;样品尺寸均为ϕ10 mm×1.2 mm。具体尺寸见表6-1。

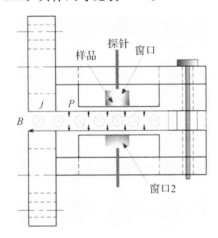

图6-47　电磁驱动斜波加载铋相变试验布局示意图

表6-1　电磁驱动斜波加载铋相变试验基本条件

试验编号	铋初始温度 /℃	极板尺寸 /mm	样品尺寸 /mm
Shot371	25℃	1×12×25	ϕ10×1.2
Shot373	100℃	1×12×25	ϕ10×1.2
Shot474	−40℃	1×10×25	ϕ10×1.2
Shot478	−80℃	1×10×25	ϕ10×1.2

4 个初始温度下铋的斜波压缩相变试验得到的自由面速度历史如图 6-48 所示。首先,4 条速度波剖面整体趋势相同:在 240～320 m/s 速度区间内,出现了 1—2 相和 2 相—3 相相变对应的速度平台,而且在大的速度平台初始阶段存在一个较窄的"S"速度波形,这一"S"速度波形的上、下速度差约 25 m/s(见表 6-2),转换成压力约 0.3 GPa,正好与相图中较窄的 2 相区对应;在 470～590 m/s 速度区间内,出现了 3—4 相相变对应的速度平台,对应压力约 8 GPa。其次看温度对铋相变的影响:在 3 GPa 内的相变分为两组,常温和 100℃试验结果基本重合,两组低温试验结果基本重合,降低样品初始温度使相变起始压力提高到了约 0.35 GPa;对于 7～8 GPa 附近的相变,100℃ 样品相变起始压力比常温降低约 0.5 GPa,而低温的两个试验结果比常温相变压力高约 0.4 GPa,整体趋势为随着温度的降低相变起始压力提高,与相图趋势吻合。

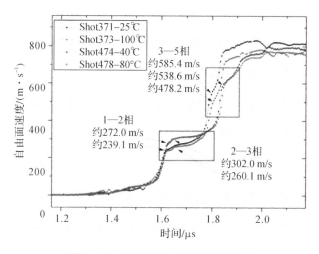

图 6-48　铋样品自由面速度波剖面

表 6-2　相变起始点速度和压力

试验编号	样品初始温度	起点速度(1—2 相)/(km · s⁻¹)	起点速度(2—3 相)/(km · s⁻¹)	起点速度(3—5 相)/(km · s⁻¹)
Shot371	25℃	0.239	0.265	0.535
Shot373	100℃	0.238	0.259	0.481
Shot474	−40℃	0.269	0.300	0.587
Shot478	−80℃	0.269	0.300	0.594

由热力学关系可知,确定某系统的热力学完全状态方程后,该系统的所有热力学性质和热力学参数都可以被确定。热力学完全状态方程(或称热力学势函数)有 4 种:热焓 $H(p,S)$、Helmholtz 自由能 $F(V,T)$、内能 $E(V,S)$ 和 Gibbs 自由能 $G(p,T)$。因此,确定锆的两相 Helmholtz 自由能形式及相应参数后,可以得到对应状态下锆的压力、熵、内能

和 Gibbs 自由能。构建材料各相的 Helmholtz 自由能 $F(V,T)$ 是现阶段研究材料状态方程的一种普遍方法,其优点是只需要通过 Helmholtz 自由能关系式就可以确定全部热力学状态量。

需要注意的是,对于纯相区直接用其各项的热力学关系式及参数。由热力学关系,Gibbs 自由能、熵、压力和内能的计算式如下:

$$G_i(V,T) = F_i(V,T) + PV \tag{6-60}$$

$$S_i(V,T) = -\left(\frac{\partial F_i}{\partial T}\right)_V \tag{6-61}$$

$$P_i(V,T) = -\left(\frac{\partial F_i}{\partial V}\right)_T \tag{6-62}$$

$$U_i(V,T) = F_i(V,T) + TS \tag{6-63}$$

对于混合相区,更新某物理量(B)时,需计算各相的值(B_i),然后进行质量分数加权平均,见下式:

$$B(V,T) = \sum_i B_i \xi_i \tag{6-64}$$

其中,式(6-62)为基于 Helmholtz 自由能的多相状态方程,与 Hayes 模型不同,这里不再出现相变引起的比容间断(或应变间断),最重要的是材料各相 Helmholtz 自由能 $F(V,T)$ 形式以及参数的确定,自由能计算的准确性,直接影响计算结果的可靠性。

铋在给定的体应变 ε_i 和温度 T 时,各相 Helmholtz 自由能为

$$
\left.
\begin{aligned}
&F_i(T,\varepsilon_i) = C_{Vi}\left[(T-T_{0i})(1+b_iV_{0i}\varepsilon_i) + T\ln(T_{0i}/T)\right] + F_{0i} - (T-T_{0i})S_{0i} + p_{0i}V_{0i}\varepsilon_i + h_i(\varepsilon_i) \\
&h_i(\varepsilon_i)\big|_{i=1} = K_{0i}V_{0i}\varepsilon_i^2(1/2 + a_1\varepsilon_i/3 + a_2\varepsilon_i^2/4) \\
&h_i(\varepsilon_i)\big|_{i=2,3,5} = K_{0i}V_i\left[(1-\varepsilon_i)\ln(1-\varepsilon_i) + \varepsilon_i\right]
\end{aligned}
\right\}
$$

$$\tag{6-65}$$

式中: $\varepsilon_i = 1 - V_i/V_{0i}$, V_{0i} 是温度为 T_{0i} 、压力为 p_{0i} 时的初始比容; V_i 是温度为 T 、压力为 p 时的比容。

由 Helmholtz 自由能表达式和式(6-62)联立,可得铋的多相状态方程。1 相压力计算具体形式见下式:

$$p_i(T,\varepsilon_i) = -C_{Vi}(T-T_{0i})b_iV_{0i}\frac{\partial \varepsilon_i}{\partial V_i} - p_{0i}V_{0i}\frac{\partial \varepsilon_i}{\partial V_i} - K_{0i}V_{0i}(\varepsilon_i\frac{\partial \varepsilon_i}{\partial V_i} + a_1\varepsilon_i^2\frac{\partial \varepsilon_i}{\partial V_i} + a_2\varepsilon_i^3\frac{\partial \varepsilon_i}{\partial V_i}) \tag{6-66}$$

第 2 相、3 相和 5 相压力计算数学形式为下式:

$$p_i(T,\varepsilon_i) = -C_{Vi}(T-T_{0i})b_iV_{0i}\frac{\partial \varepsilon_i}{\partial V_i} - p_{0i}V_{0i}\frac{\partial \varepsilon_i}{\partial V_i} + K_{0i}V_{0i}\ln(1.0-\varepsilon_i)\frac{\partial \varepsilon_i}{\partial V_i} \tag{6-67}$$

式(6-66)和式(6-67)中: $K_{s0,\xi}$, $K'_{s0,\xi}$, $\Delta\varepsilon_i$, $\Delta\gamma_{ij}$, $C_{p,\xi}$ 和 α_ξ 依次为某时刻(各相质量分数为 ξ)的初始体积模量、体模量对压力的一阶导数、相变引起的体应变间断、相变引起的偏应变间断、定压比热容和体膨胀系数。具体计算参数见表 6-3。

表 6-3　铋的 Helmholtz 自由能计算参数

参数	1 相（hR2）	2 相（mC4）	3 相	5 相（BCC）
$F_{0i}(\mathrm{Pa \cdot m^3 \cdot kg^{-1}})$	0	2 000.0	7 000.0	14 020
$S_{0i}[10^2\mathrm{Pa \cdot m^3 \cdot (kg \cdot K)^{-1}}]$	0	0.698 4	0.725 3	0.800 3
T_{0i}/K	300	456	456	447
$P_{0i}/(10^{11}\mathrm{Pa})$	0	0.017	0.017	0.052 6
$V_{0i}/(10^{-4}\mathrm{m^3 \cdot kg^{-1}})$	1.020 41	0.932 17	0.882 47	0.828 74
$C_{0i}/[10^2\mathrm{Pa \cdot m^3 \cdot (kg \cdot K)^{-1}}]$	1.226	1.2	0.84	1.08
$b_i/(10^4\mathrm{kg \cdot m^{-3}})$	1.025	2.0	3.6	2.3
$K_{0i}/(10^{11}\mathrm{J \cdot kg^{-1}})$	0.321 7	0.602	0.752 5	0.782 6
a_1	3.5			
a_2	8.499			

结合非平衡相变速率模型和基于自由能的多相物态方程（F-MEOS）方法对室温 Shot371 试验的物理过程进行了数值模拟。在斜波压缩过程中，体模量一直被定为常数是不合理的，需考虑压力项修正。F-MEOS 和考虑修正的 F-MOES 两种计算的速度波剖面及试验结果如图 6-49 所示，体模量视为常数时，模型在 100 m/s 之后，计算结果小于试验结果；修正的 MEOS 模型计算结果也与试验结果基本重合，2 GPa 和 7 GPa 附近的相变起始点与试验吻合。在速度波剖面上，计算结果还不能再现 1—2 相和 2—3 相变这一细节，出现这一问题的潜在原因较多，如相变模型及其参数设置不合理，材料多相本构关系不合理等，还需深入研究。

由于 2—3 相和 3—5 相的多形相变是位移型相变，因此其相变速率非常快，相变弛豫时间只有约 2 ns；1—2 相相变属于重组型相变，新相的成核和成长都需要较长时间，因此其相变弛豫时间明显增加，约 120 ns。

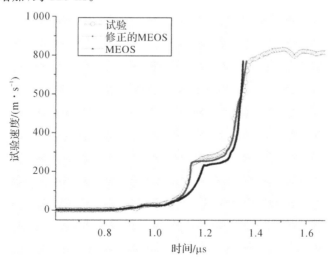

图 6-49　Shot371 计算与试验速度波剖面

铋样品斜波压缩过程在压力-比容和温度-压力平面对应的路径如图 6-50 所示。在压力-比容热力学平面,斜波压缩路径总体分为 3 个阶段(初始相、3 相和 5 相),中间均由相变过程过渡。在温度-压力相图中,斜波压缩过程对应的路径在冲击压缩对应的路径之下,这是由斜波压缩过程温升较小造成的。

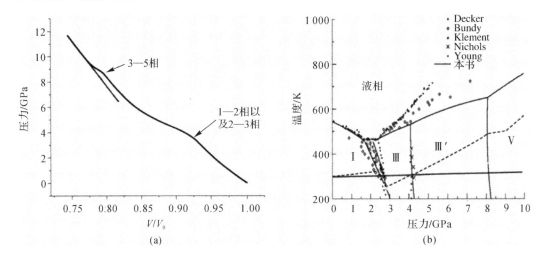

图 6-50 热力学路径

(a) 压力-比容平面; (b) 温度-压力平面

预设铋样品初始温度条件下试验和计算结果如图 6-51 所示。计算结果与试验结果基本吻合,能够体现样品弹塑性转变和相变这些物理过程。350 K 升温计算与试验结果只有在低压相变处存在差异,计算结果还无法分辨 1—2 相和 2—3 相两次相变,但试验已体现了两次相变。235 K 降温试验计算与试验结果还存在较大差异,这是由于数值计算中只改变了样品初始温度,一些参数还没考虑温度的影响。

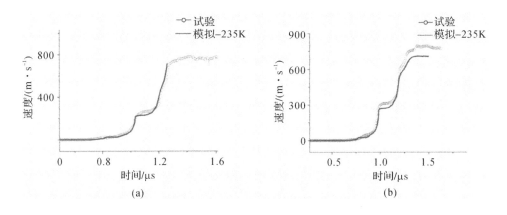

图 6-51 铋的变温试验和计算结果对比

(a) 初始温度 350 K 的试验和计算结果; (b) 初始温度 235 K 的试验和计算结果

习　题

1. 阐述电磁加载的概念及电磁驱动斜波加载的原理。
2. 一维平面应变电磁驱动斜波加载试验设计需要满足的必要条件是什么？驱动电极结构、样品与窗口的设计原则及需要满足的条件有哪些？
3. 常用的一维平面应变电磁驱动斜波加载试验测量技术有哪几种？各自原理是什么？
4. 材料的一维平面应变电磁驱动斜波加载试验数据的处理方法主要有哪几种？各自的适用条件、原理和它们的差异是什么？
5. 比较一维平面应变冲击加载和斜波加载的区别。
6. 现需测量获得高纯铝 100 GPa 压力下准等熵压缩线，请依据本章介绍的一维平面应变电磁驱动斜波加载试验技术设计相关试验方案。

第7章 超高声速飞行器相关的高温、高压测试技术

7.1 引 言

在第二次世界大战中，德国 V-2 导弹研制组试图研制速度大于马赫数 5 和射程更远的导弹。而在 1945 年德国战败后，沿着德国人的技术思路，一个与其相仿的马赫数为 10 的高超声速风洞于 1961 年在美国阿若德工程发展中心（AEDC）投入运行，直接促进了火箭导弹技术的发展，将试验空气动力学推入了高超声速领域。

为了与超声速有所区别，1946 年钱学森定名了"高超声速"这一术语，以体现高超声速的特点，即包括贴近物面的薄激波层、头激波的强熵增、没于熵层内的边界层、对物面压力分布很有影响的黏性干扰、催化效应等高空飞行时的稀薄气体效应，以及平衡、非平衡、冻结、分离、复合、化学反应等物理化学特性。回望过去，无黏、有黏、高温、高超声速绕流的分析方法历经了新旧两个阶段。旧的无黏流计算如牛顿法、爆炸波理论，有黏的如黏性干扰理论，高温时有 Fay-Riddele 理论等。不少老方法仍有实用价值，并在工程中应用。新的方法则是始自钝体绕流计算的欧拉方程与 N-S 方程各类近似假设与计算格式下的数值解。旧的方法对试验依赖性很强。新方法对有化学反应的平衡与非平衡计算均有很大发展，一定程度上减轻了试验的负担，但是由于湍流模型、转捩及化学反应速率等的不定，造成计算有较大的不确定度，故仍有赖于试验提供确定的数据，且新方法对湍流等基础流动研究和计算格式的验证有赖于大量的试验，试验的作用是明显的。在研的高超声速航天器的流场很复杂。

高超声速飞行器是指一类飞行在大气层中，一般低于 90 km、速度高于马赫数 5 的飞行器，在这种速度条件下，空气在飞行器表面发生分离并产生巨大高热量。高超声速飞行器集成航空和航天的各项先进技术，与传统航空类飞行器技术相比，主要表现为以下几个特点：

（1）飞行高度和速度变化范围大，飞行高度在 0～90 km 内变化，飞行速度范围在马赫数 0 到马赫数几，甚至马赫数十几之内变化，飞行环境变化多样，气动及气热特性复杂且变化剧烈，因而飞行器模型非线性程度高；

（2）常以传统火箭方式或超燃冲压发动机方式推进；

（3）与常规飞行器设计时不同，高超声速飞行器往往采用机体与发动机一体化设计理念，因而造成飞行器机体、结构和推进系统的高度耦合；

（4）飞行控制要求精度高，控制难度大，舵面易饱和，末端制导难度大；

(5)高超声速飞行时间短,通常仅为十几分钟、几分钟,甚至几十秒。

当飞行器在大气中飞行时,有两个产生噪声的基本因素:

(1)推进装置的作用(发动机喷流,火箭等)。

(2)飞行器与大气的相互干扰,在低速飞行时,例如:起飞和刚起飞之后,第一种因素占绝对的主导地位;当飞行速度接近声速或超声速时,第二种因素变为最主要的。

为估计声环境和脉动压力环境变化的规律,航天飞行器的任一飞行周期中有 4 个重要阶段需要研究。按它们在飞行中出现的次序列出如下:

(1)起飞阶段:在该阶段中,声激励来自火箭排气的噪声。

(2)发射飞行到入轨阶段:在该阶段,火箭排气噪声减小,而气功脉动压力(伪声)开始占主要地位。从气动噪声观点来看,该段在跨声速马赫数($0.6 < Ma < 1.6$)范围最为关键。

(3)再入阶段:在此阶段中,只出现气动脉动压力。

(4)返回阶段:在此阶段,返回发动机的噪声占主导地位。

如图 7-1 所示,在近代,美国 FALCON 计划发展的高超声速飞行器名为高超声速技术飞行器(HTV)。由于 HTV-1 飞行器表面前缘分层问题未能解决,2006 年 5 月,建造两架 HTV-1 的计划被取消,转而直接研制 HTV-2。HTV-2 为无动力高超声速滑翔飞行器,最大设计速度为 $Ma \geqslant 20$,采用 GPS(全球定位系统)惯性导航组合系统。2010 年 4 月的首次试飞中,HTV-2 由弥诺陶洛斯-4 运载火箭成功送入亚轨道,并在 $Ma > 20$ 的速度下成功与火箭上面级分离。虽然在发射 9 min 后 HTV-2 与地面失去联系,试验未取得完全成功,但助推火箭与高超声速飞行器分离技术得到成功验证,为后续发展奠定了良好基础。

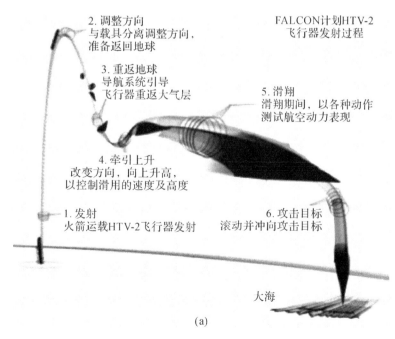

(a)

图 7-1　高超声速飞行器发射飞行轨迹示意图
(a) FALCON 计划 HTV-2 飞行器发射过程

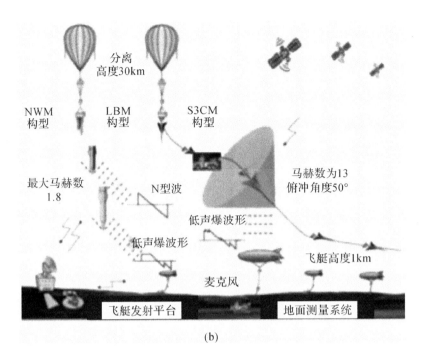

(b)

续图 7-1　高超声速飞行器发射飞行轨迹示意图
(b) 湍流效应对声爆的影响试验

相关名词解释如下：

(1) 马赫(Ma) 是速度大小。其定义为：1 马赫在 1 个标准大气压和 15℃ 的条件下约为 340 m/s。因此通常以 340 m/s 作为标准声速。声速就是声音传播的速度，声音在空气中传播的速度会因为温度、气压的变化而变化。

(2) 雷诺数 (Reynolds Number，Re)。雷诺数是一种可用来表征流体情况的无量纲数，是流体力学中表征黏性影响的相似准则，为纪念雷诺而命名，记为 Re。$Re = \rho VL/\mu$，其中 ρ，μ，V，L 分别为流体密度、动力黏度、流场的特征速度和特征长度。对于外流问题，V，L 一般取远前方来流速度和物体主要尺寸，例如机翼展长和球直径。雷诺数大，意味着惯性力占主要地位，流体呈紊流 (也称湍流) 流动状态。一般管道雷诺数 $Re < 2\,000$ 为层流状态，$Re > 4\,000$ 为紊流状态，$Re = 2\,000 \sim 4\,000$ 为过渡状态。在不同的流体状态和流体的运动规律下，流速的分布不同。雷诺数的大小决定了黏性流体的流动特性。

(3) 流体的特征。流体与固体在力学特性上最本质的区别在于：二者承受剪应力与产生剪切变形能力的不同。流体的剪切变形就是指流体质点之间出现相对运动 (例如流体层间的相对运动)，流体的黏性就是指流体抵抗剪切变形或质点之间的相对运动的能力。流体的黏性力就是抵抗流体质点之间相对运动 (例如流体层间的相对运动) 的剪力或摩擦力，在静止状态下流体不能承受剪力；但在运动状态下，流体可以承受剪力，剪力大小与流体变形速度梯度有关，而且与流体种类有关。当马赫数小于 0.3 时，气体的压缩性影响可以忽略不计。

7.1　超声速飞机的特点

7.1.1　声爆的产生

为了在超声速飞行时获得较好的机动能力,超声速飞机必须通过改变飞机的外形以产生合理的气动布局。超声速飞机一般有较小的展弦比,常采用三角翼、后掠翼这两种机翼。当飞机的飞行速度达到声速时,飞机的头部便产生激波。这些激波在传播时相互影响,互相干扰,最后形成两道波,即位于机头的前激波和位于机尾的后激波。这些激波虽然厚度小,但是这两道激波能量大,压强大。被激波激起的空气温度、气压急速变化,造成大量能量损失,导致超声速飞机的速度降低,因此超声速飞行变得非常困难。由于空气的剧烈变化,空气中的水分子凝结成小水滴,围绕在飞机周围,飞机看上去就被笼罩了云雾一样,被称为"声爆云",如图 7-2 所示。当飞机产生的两道旋涡向外传播时,产生的前、后激波中,前激波增压,后激波降压。前、后激波产生巨大的压力差,当它传播到地面上时,人们会听到巨响的两次声音。同时,巨大的压力可能导致地面建筑玻璃振动甚至破碎。如果飞机高度低,那么带来的危害会更加严重,甚至导致人耳失聪。"声爆"是飞行器超声速飞行时特有的一种空气动力学现象。

F-18超级大黄蜂形成的"声爆云"　　　F-22形成的声爆云　　　F-14D"雄猫"形成的"声爆云"

B-1B"枪骑兵"超声速战略　　　低空掠过航母的F-18大黄峰　　　一定条件下可形成机身上的
轰炸机形成的"声爆云"　　　　　　"声爆云"　　　　　　　　"声爆云"

图 7-2　突破音障的激波和"声爆云"现象

7.1.2　声爆的理论发展

超声速飞机声爆的产生与体积和升力密切相关。下面首先介绍蕴含声爆产生机理的理论发展,然后从物理角度介绍体积效应和升力效应对声爆产生的影响。

Whitham 基于细长体线化理论,推导出的修正的线化声爆理论,被认为是计算声爆方法的基石。该理论中通过马赫锥所截飞机等效截面积的二阶导数 $S''(\xi)$ 计算 F 函数 $F(y)$:

$$F(y) = \frac{1}{2\pi} \int_0^y \frac{S''(\xi)\mathrm{d}\xi}{\sqrt{(y-\xi)}} \tag{7-1}$$

之后根据 F 函数获取近场与远场的压力信号：

$$\frac{\Delta p}{p_0} = \frac{\gamma Ma^2}{\sqrt{2Br}} F(y) \tag{7-2}$$

其中，F 函数反映了飞机对周围流动扰动的强弱。

$$\frac{\Delta p_{max}}{\sqrt{p_v p_g}} = K_R \frac{\gamma}{\sqrt{\gamma+1}} (2B)^{1/4} r^{-3/4} \left[\int_0^{y_0} F(y)dy\right]^{1/2} \tag{7-3}$$

式中：p_0 为未受扰动的压强；Δp 为超压值；Δp_{max} 为远场波形最大超压值；γ 为大气比热比；Ma 为来流马赫数；参数 $B = \sqrt{Ma^2-1}$；r 为计算位置到飞机轴线的垂直距离；y 为特征线相关参数，$y(x,r) = x - Br$；y_0 为 $F(y)$ 的零点并使 $\int_0^{y_0} F(y)dy$ 取得最大值；K_R 为地面反射效应因子，取值范围为 $0 \sim 2.0$；p_v 为飞行高度处的压强；p_g 为地面观测处压强。从修正线化理论中可以看出声爆信号与飞机体积相关。

7.2 超高声速飞行器的高温、高压现象

高超声速飞行器能够以超过 5 倍声速的速度（$Ma>5$）飞行，由气动加热产生的热环境极为严酷。某些高超声速飞行器翼、舵等姿态控制结构表面所面临的热环境温度会超过 1 000 ℃，飞行器前端、翼舵前缘部的温度则会更高。另外，由于远程高超声速飞行器飞行速度快、滞空时间长，在飞行过程中翼、舵等姿态控制结构还会出现持续的剧烈振动。气动加热产生的高温使得飞行器材料和结构的弹性性能发生变化，从而引起翼舵结构的模态频率、模态振型等振动特性的改变，这会对高超声速飞行器的颤振特性和控制特性产生很大的影响。因此研究翼、舵等平面状结构在力-热复合环境下的模态频率等振动特性随温度的变化规律，对高超声速飞行器的安全飞行和可靠性设计具有非常重要的意义。

热/振联合试验装置如图 7-3 所示，矩形板结构试验件水平放置，通过支座上的螺栓固定在竖梁上，在距离试验件的上、下表面各约 60 mm 处安装有密集排列的石英灯（石英熔点为 1 750 ℃，钨熔点高达 3 410 ℃）红外辐射加热阵列，对矩形板结构的上、下表面同时进行加热，瞬态气动热环境模拟试验系统生成稳态或动态变化的高温热试验环境。激振器安装在试验件自由端的下方，通过耐高温金属导杆与矩形板结构的端部连接，试验时激振器通过金属导杆在高温热场之外对试验件进行振动激励。

试验温度高达 1 200 ℃，由于加热时间比较长，为了防止高温环境下金属导杆强度降低，在金属导杆的中部区域设计、安装有水冷结构，通过冷却水给金属导杆降温。另外，矩形板安装支座与竖直梁之间有一块带有水冷通道的金属热隔离板，试验时通过流动液体在试验件根部与竖梁之间形成一个温度缓冲区。为了对高温加热区域进行热屏蔽，红外辐射阵列的外侧安装有可耐 1 600 ℃高温的轻质陶瓷纤维隔热板，以保证传感器、激振器以及供电线路的安全。由于要在高达 1 200 ℃的热环境下对矩形板结构的振动信号进行拾取，设计了由陶瓷引伸导杆和专用连接固定卡具组成的传递试验件振动信号的引伸装置。引伸导杆由耐高温的刚玉陶瓷材料制成，可在 1 600 ℃的高温环境下稳定工作。陶瓷引伸杆的直径仅有 4 mm，为中空结构，因此具有质量轻、刚性好的优点。由于刚玉陶瓷引伸导杆在高温下的抗变形能力很强，所以能够有效传递矩形板结构上的振动信号。为了获得矩形板结构上的热模态信息，在矩形板结构的 4 个截面上共安装了 8 组振动信号引伸装置（见图 7-3）。引伸装置的一端固连在矩

形板结构之上,另一端延伸至陶瓷纤维隔热板的外侧,用于采集振动信号的加速度传感器固定在处于常温环境中的引伸杆的冷端。因为加速度传感器被安装在热场之外,所以可以使用普通的常温加速度传感器获得难于测量的高温环境下的矩形板结构上的振动信号。

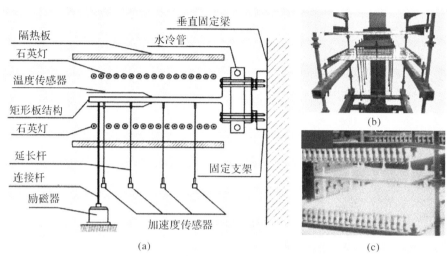

图 7 - 3　激振器热/振联合试验装置

(a) 示意图;　(b)(c) 实际装置图

振动台热/振联合环境要求见表 7 - 1。

表 7 - 1　振动台热/振联合环境要求

振动	最大推力为 8 t
	可模拟正弦、随机、冲击等载荷
温度	噪声环境下最高加热温度为 800℃
	能够进行温度-时间历程曲线控制
	最快加热速率为 100℃/s
静力	分布式集中力加载形式
	最多加载通道为 8 个
	单通道最高加载能力为 8 000 N

7.3　热结构的材料要求与特性

近年来,以陶瓷基复合材料(Ceramic Matrix Composite,CMC)为代表的热结构作为国际上先进高超声速飞行器热防护系统设计的主流结构形式备受关注,如图 7 - 4 所示[t(℉)$=32+1.8t$(℃)]。热结构除具有高度可重复使用、全寿命成本低、结构模块化、全天候、易检查维护等新型高超声速飞行器所要求的特点外,还具有与主体结构相近的热膨胀特性,易于一体化设计,具有强韧性和耐冲击性、可进行损伤容限设计等特点。

通常高超声速地面试验的要求归结为下列 4 项:

(1)要求正确地模拟马赫数与焓值,也就是要求正确地模拟马赫数和速度;

（2）要求模拟与非平衡热化学效应相关的尺度效应，通常可能换成要求正确地模拟尺度随高度的变化；

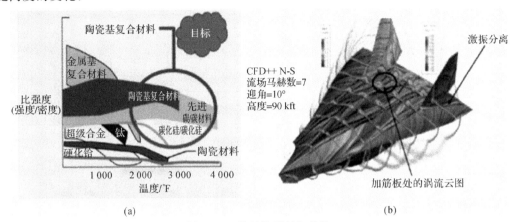

(a)   (b)

图 7-4 热结构材料与结构

（a）陶瓷基复合材料与其他耐热材料的性能比较；（b）温度载荷分布

注：1 ft＝0.304 8 m。

（3）提供无污染和没有不符合要求的化学和自由流湍流效应的数据；

（4）为了满足了解物理现象和进行程序确认的要求，需提供高质量和足够详细的数据。

其中满足以上条件的一类加速器原理如图 7-5 所示，它将冲压发动机的原理用到炮膛内。炮弹的形状类似于冲压发动机的中心体，它被发射到充满加压的可燃混合气体的管中，在炮弹后燃烧，产生推力，加速炮弹到很高的速度。华盛顿大学已研制成功了 38 mm 的加速器，模型质量为 45～100 g，用甲烷、乙烯和氢的混合气体在 0.3～5 MPa 下进行了试验，速度可达 700～2 700 m/s。法国的圣路易研究所（ISL）也进行了 90 mm 加速器的试验。将冲压加速器用到大型弹道靶，还要进行速度大于 3 km/s 的试验验证，以解决高速、高压下的材料与技术问题。

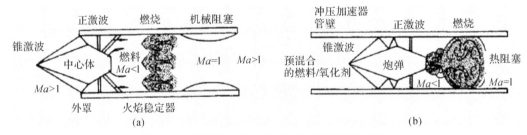

(a)   (b)

图 7-5 常规冲压发动机和冲压加速器的原理图

7.4 高超声速地面试验

7.4.1 火箭橇试验

高超声速飞行器地面火箭橇试验为可进行 1∶1 实际模型试验的手段，火箭橇试验可模拟真实飞行的综合试验环境，可通过模拟飞行过程来获得大量数据，并且试验的重复性、操控性、维护性均优于风洞试验。

一些发达国家十分重视高超声速地面火箭橇试验,在 20 世纪 60 年代已开展了高超声速相关的火箭橇试验进行高超声速飞行器基础理论的研究。虽然美国已具有用于完成高速的风洞试验装置,但他们还是在 Holloman 建立了火箭橇试验轨道(HHSTT)(见图 7-6)。该轨道长 15 546 m,调校精度为±0.32 mm。开展了三大类(弹头试验、高超声速火箭发动机试验、高雷诺数气动力试验)高超声速飞行器试验和相关的火箭橇专项(如滑靴)试验等。

为了使 HHSTT 轨道能适应高超声速的应用,他们开展了以下几个方面的研究:滑靴/轨道的凿削;改进火箭橇的设计,使火箭橇在 HHSTT 上的速度能够达到 $Ma=6.0$ 数量级;热烧蚀问题;采用复合材料发展高性能的火箭发动机。在 20 世纪六七十年代高超声速的相关火箭橇试验非常密集,八九十年代以后逐年减少,近期报道的美国火箭橇地面试验数量大减,更多的是速度上的突破。目前火箭橇地面最高速度可达到 $Ma=8.7$。对于高超声速地面火箭橇试验存在的问题,可借鉴高超声速飞行器所形成的设计集成技术,但并不能完全覆盖,许多关键技术是火箭橇所独需的。刨削、摩擦热烧蚀等现象的形成机理比较复杂,影响因素颇多,从美国发展高超声速火箭橇的文献报道来看,搞清楚问题发生的机理可以找到解决这些问题的突破口。

图 7-6　美国 HHSTT 轨道上的高超声速火箭橇试验($Ma=8.5$)

7.4.2　热结构力-热-氧综合试验需求

C/C 复合材料、C/SiC 复合材料等是现有在惰性气氛中高温力学性能最好、烧蚀环境下烧蚀性能极佳的材料。高超声速飞行器结构设计中大量使用 C/C 复合材料、C/SiC 复合材料等结构,主要是由于该类结构具有耐高温、轻质高强、化学性能稳定、可设计性强、膨胀性低和摩擦性能优良等优点。但是,复合材料结构复杂的制备工艺导致材料高温下基本力学性能离散性大,结构的许用强度和材料的许用强度差别较大,且大量使用螺栓、铆钉等连接结构,单独依靠数值分析手段很难评价结构的合理性并进行优化设计,故此必须通过大量的试验手段实现对热结构强度的有效评估。目前,国内对高超声速飞行时结构面临的气动热、气动力等载荷环境已经有了较为深刻的认识,并开展了大量结构力-热试验研究,但对于高空低氧环境对结构力学性能的影响还缺乏深入的认识和研究。

C/C 复合材料、C/SiC 复合材料等高温结构具有优良的高温力学性能和化学稳定性,其长时间使用温度不低于 1 650℃。但是,C/C 复合材料、C/SiC 复合材料等高温复合材料对氧环境比较敏感,在 400℃以上的高温有氧环境中,会产生氧化损伤,采用抗氧化涂层只能起到有限的保护作用,外部严酷复杂力热载荷环境会改变表面抗氧化涂层的微裂纹宽度,使得一些部位的缺陷和裂纹宽度增加,导致氧气等气体的进入量增加,加速氧化过程的进行,致使表面抗氧化涂层可能出现脱落和破坏,最终可能导致复合材料结构的整体灾难性破坏,这成为限制 C/C 复合材料、C/SiC 复合材料等应用的关键环节。高温复合材料结构的氧化行为主要受温度、氧浓度和应力状态的综合影响,随着对其氧化行为的认知,设计师越来越意识到在飞行器 C/C 复合材料、C/SiC 复合材料等高温热结构的力热性能评估中综合考虑力、热、氧复合环境的重要性。

美国国家航空航天局(NASA)热结构力热氧综合试验:随着高超声速飞行器的发展需求,为了在地面完成 C/SiC 复合材料热结构力热试验,NASA Amstrong 研究中心于 2000 年建造了一个氮气环境力热氧试验系统,主要包括 3 个部分:一个大型试验舱、一套力热联合试验系统以及配套的水/气冷却系统。试验舱长 7.3 m、宽 6 m、高 7.3 m,加热系统主要使用石英灯模块加热装置;水/气冷却装置用以冷却石英灯加热器、净化试验箱环境;净化/气体冷却系统利用一个高流量的鼓风机净化试验箱,并冷却辐射加热器。此外,向因压缩过程而被加热的气流中喷入液氮进行冷却,并将试验箱中的氧气置换出去,箱内的氧气含量可降低到 0.014%。通过改变氧气分压调整试验环境,模拟高空大气条件。以 X-37B 为例,该实验室利用氮气环境力热氧试验系统对 C/SiC 复合材料舵、襟翼等结构开展了多种力热联合试验,典型的试验包括静热联合试验、热模态试验、热振联合试验等。

7.4.3 热结构力热氧试验中的热载荷模拟实现

国内外的力热氧试验中均采用辐射加热的方式完成热载荷的模拟,这是由于辐射加热方式比较容易与各类力载荷模拟方式相组合,易于解决载荷施加装置的力热耦合作用和空间干涉问题,并且能够按照飞行时序实现力热载荷的联合控制,达到热应力与机械应力的准确叠加。静力载荷的施加方式有很多种,比较容易与辐射加热相组合的是油压伺服加载方式,振动环境多使用电动振动台或液压激振器实现,解决好空间干涉和防热问题就可以实现与辐射加热的组合。

加热技术:国外结构热试验辐射加热模拟手段主要包括石英灯、石墨加热器、电弧灯加热器等多种加热方式。20 世纪 70 年代,美国为满足航天飞机和高超声速飞行器的试验验证需求,研制了以石墨为加热元件的辐射加热试验系统,最大加热能力达 5 600 kW/m²。为了获得更高的热流密度,美国 AFRL 建设了电弧灯加热系统,热流密度达 22 700 kW/m²,用于飞行器鼻锥、翼前缘以及发动机试样热试验。为了进一步挖掘石英灯加热装置的加热能力,实现高温(1 650℃)、长时间加热,美国 NASA Dryden,NASA Langley,AFRL 以及德国 IABG 采用模块化石英灯加热装置进行气动加热环境模拟。NASA Dryden 模块化石英灯加热装置如图 7-7(a)所示,AFRL 模块化石英灯加热装置如图 7-7(b)所示,IABG 采用的模块化石英灯加热装置如图 7-7(c)所示。

1. 常规石英灯辐射加热器

石英灯加热器由于具有热惯性小、控制便捷、输出热流较高、同时可以随试验件的形状组成各种形状等优点,广泛运用在飞行器结构地面热试验中。通常的石英灯加热器由辐射石英灯管、水冷电极灯头以及水冷抛光反射板三部分组成。在设计阶段,可根据试验对象的外形尺寸和热场分布情况,设计随形加热设备。常规的石英灯加热器结构简单,设计和安装都很方便快捷,应用最为广泛。但此类加热器结构缺乏对石英灯的有效冷却,长时间高热流输出过程中因灯管和灯头温度过高而易损坏石英灯,所以常规的石英灯加热器不大适宜长时间高热流条件的热载荷模拟。

(a)　　　　　　　　　　　(b)　　　　　　　　　　　(c)

图 7 - 7　模块化石英灯加热装置

(a) NASA Dryden 模块化石英灯;(b) AFRL 模块化石英灯;(c) IABG 模块化石英灯

2. 模块化石英灯加热装置

高超声速飞行器在长时间飞行过程中,迎风面大面积承受的气动加热较为严重,加热温度常常超过 1 200 ℃,且需要长时间维持。石英灯在维持长时间、高功率输出的过程中,会因散热条件变差而导致个别石英灯损坏进而造成试验中止,模块化石英灯加热装置应对这一问题而研制成功。模块化石英灯加热装置是将多支高功率石英灯组合起来封装在一个模块中,使用风冷灯管、水冷灯头的方式提高石英灯长时高热流输出的能力,以满足高超声速飞行器热试验的要求。

3. 石墨加热装置

高超声速飞行器在长时间飞行和再入过程中,气动加热严酷程度远高于传统飞行器,局部区域远超石英灯加热器的加热能力,石墨加热方式作为一种新型手段用来解决高热流模拟问题。如图 7 - 8 所示,典型的板栅式石墨加热元件,其最大加热热流高达 2 500 kW/m²,加热温度可超过 2 000 ℃。石墨在高温富氧环境下本身会发生剧烈氧化,导致其在大气环境下高热流输出时使用寿命非常短,无法满足长时高速飞行器结构的热试验需求。而在氮气环境试验舱和低气压舱中,通过降低氧气含量(<1%)的方式,可为石墨加热设备提供有效的低氧环境,极大地降低石墨加热元件高温条件下的氧化损伤,为石墨加热设备的高功率、大规模运用提供了合适的平台。

图 7 - 8　典型石墨加热器

注:1 in≈2.54 cm。

7.5 多场耦合试验技术

7.5.1 热/振动试验技术

近年来,由 C/SiC 复合材料和耐高温金属材料组成的混杂热结构操纵面在 X-37 等一系列高超声速飞行器中广泛应用,为考核操纵面的动力学性能,验证操纵面结构稳定性预估方法,DFRC 利用大型惰性气体环境试验箱进行了 X-37 C/SiC 复合材料方向舵的热模态测试试验。如图 7-9 所示,试验系统由振动台和加热系统组成,专门设计了水冷板对振动台进行热遮挡。为模拟方向舵与机身的连接,试验件采取根部支持,试验过程模拟飞行器再入段载荷,由于受加速度传感器使用温度限制,最高加热温度限制在 482℃。为防止 C/SiC 复合材料高温下发生氧化,试验过程中向试验箱喷入氮气。由于氮气喷入过程中产生较大噪声,专门安装了噪声测试仪器,噪声测试结果用于试验数据的修正。通过该项试验,初步形成了结构高温模态测试方法,取得了方向舵高温条件下动力学特性重要数据。

图 7-9 X-37 C/SiC 复合材料方向舵热模态测试试验设备

7.5.2 热/噪声试验技术

20 世纪 90 年代初,NASA 开始热结构和热防护系统的热/噪声试验技术研究。LaRC 利用行波管进行了金属 TPS 的热/噪声响应与热/噪声疲劳试验,试验模拟了 TPS 飞行过程中所承受的最高温度、最大温升率和最大噪声级,验证了在热/噪声循环载荷作用下金属蜂窝面板的疲劳性能以及耐久性和损伤容限性能。另外,NASA 依据 X-33,X-37 和 X-43A 的飞行环境,开展了一系列先进 C/C 复合材料、C/SiC 复合材料鼻锥、方向舵等热结构的热/噪声试验。在试验设备方面,LaRC 于 1995 年新建了热噪声疲劳试验装置 TAFA,其最高温度可达 1 370℃,总声压级高达 175 dB。此外,美国空军怀特实验室建有针对子单元的热/噪声试验装置,声压级达 180 dB,并于 1993 年建立了热/声/静载综合环境试验装置,可进行 1 650℃和 175 dB 条件下结构的热/噪声/静载联合试验。俄罗斯西伯利亚国家航空研究院建有 1 000℃以上典型结构件热/噪声/振动/静力联合试验装置,以及 1 000℃高温下翼面结构热/噪声疲劳试验装置。

7.6　先进的热试验测试技术

NASA Dryden 在结构热试验中仍主要采用热电偶进行结构温度测量,结合 C/C 复合材料、C/SiC复合材料的特点,主要开展了热电偶安装技术研究。此外,为建立一种针对高温复合材料结构的精确且可重复使用的温度测量新方法,NASA Dryden 在 20 世纪末开展了黑体光导管温度测试技术研究(见图 7-10)。1999 年在 NASA Dryden 飞行载荷实验室黑体校准炉内完成了黑体光导管温度传感器的校准试验,峰值温度达 1 500℃。试验结果表明,在温度范围为 800～1 500℃,黑体光导管温度传感器与光学高温计之间误差小于1.1℃。2000 年,NASA Dryden 飞行载荷实验室采用模块化石英灯加热装置进行了黑体光导管温度传感器的鉴定试验,此传感器被用于高达 1 316℃的温度控制,黑体光导管温度传感器与热电偶测试数据的一致性很好。

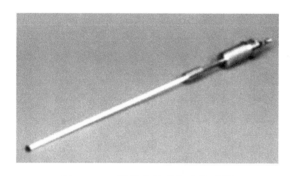

图 7-10　黑体光导管温度传感器

另外,热图技术近期发展较快,该技术基于厚壁量热原理,采用绝热材料来加工试验模型,利用做成涂层的热敏材料或红外热像仪,测量模型表面温度随其在自由流中暴露时间的变化,从而求得热流。与薄壁热偶技术相比,热图为面测量,目前的精度尚低。北京空动所曾在 1977 年用胆甾型液晶测温和做转捩试验。后来采用了相变涂料,因其相变点不受压力和大气温度的明显影响,而能较为准确地测量温度和热流。不同配方涂料的相变温度可从 300 K 变到 1 600 K,间隔可达 1.7 K,每种涂料的相变点误差接近±1%,但相变漆不能重复使用。

空天飞机的预研,促进了温度和热流测量技术的发展,磷光热图技术即为其一。美国已在许多场合替代了热偶与相变漆。空气动力技术研究院开展双色热图磷光技术的研究,即在陶瓷模型上涂磷光体,用紫外光照射,电子受激励跃迁,当松弛回低能级时发出是当地温度函数的可见光,与相变漆相比,可重复使用。另一则是红外热图,使用的是红外热像仪,国内已引进的有日本航空电子公司的 TVS-2000 系列(原美国休斯公司生产)瑞典的 Agema-900 型。国内研制的 HWRX-2 型,红外热像仪能测物体表面上每一点的热辐射和温度。空气动力技术研究院所用 TVS-2000 作过特氟隆模型上的边界层转捩及表面温度测量,空气动力中心用 HWRX-2 作过 $Ma=7$ 时的三维分离热图谱。这类像仪扫描速度为 15～30 幅/s。光谱响应为 8～12 Ms(探测元件蹄锡汞)和 3～5.4 Ms(锑化铟),温度灵敏度为 0.1℃,风洞试验窗要用锗、硅、蓝宝石等材料,模型可制成薄壁或由低导热材料制作。热偶传感器响应慢,现正探索研制响应时间为 20 ms,直接做于模型上的定态与瞬态微型热流计,测温范围 500~1 000℃。

1. 薄膜式传感器的研制与应用

如图 7-11 所示,美国刘易斯研究中心于 1990 年已开始先进薄膜式热电偶的研究工作,并初步实现在工作温度为 1 000℃发动机金属和陶瓷构件的应用。此外,NASA 的 Glenn 研究中心在薄膜式传感器方面也开展了大量研究工作,重点研究溅射薄膜温度和应变传感器,并于 2001 年研制成功 1 100℃高温下使用的薄膜多功能传感器,用于金属和陶瓷基复合材料结构表面温度、热流和应变测试;2008 年研制成功高温陶瓷薄膜多功能传感器,成功用于工作温度为 1 500℃发动机的叶片温度、热流、应变测试。

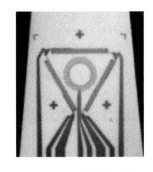

图 7-11　溅射薄膜多
功能传感器

2. 光纤传感器的研制与应用

如图 7-12 所示,由于陶瓷基复合材料热结构工作温度高达 2 000℃,已有的温度、应变传感器耐受不了如此高温,即使能在 1 000℃以上高温环境使用,也是短时间的。因此,美国于 2000 年开始光纤传感器的研究。光纤传感器主要包括温度和应变传感器。用于制作光纤的纤维材料主要有两种:石英纤维和蓝宝石纤维。其中,石英纤维光纤传感器用于 1 100℃以下,1 100℃以上用蓝宝石纤维光纤传感器,蓝宝石光纤应变计使用温度可达 1 650℃。光纤传感器具有响应快、测试精度高等优点,但安装技术复杂,工程使用难度大。从 2003 年至今,已经实现了光纤应变计在 X-37 C/C 复合材料、C/SiC 复合材料部件热试验中的初步应用,但技术成熟度仍然不高,光纤应变计的性能验证和标定以及工程应用研究还有大量工作要做。

图 7-12　光纤传感器在热试验中的应用

7.7　热流密度传感器

1. 传感器

目前,热试验中使用的热流密度传感器主要有 3 类,即塞式、圆箔式、薄膜式(热堆式)。其中:塞式热流计不需要水冷,但工作时间较短;圆箔式热流计需要水冷,工作时间较长;薄膜式热流计无水冷情况下量程较小,有水冷情况下量程有一定程度增加且可长时间使用。热试验中可针对不同的试验要求选择不同类型的热流密度传感器。美国、法国、俄罗斯等发达国家都具有多年热流密度传感器的研制经验,已形成多个专业传感器生产厂家,可以提供各种类型的高精度热流密度传感器,其加工技术成熟,传感器灵敏度系数高、量程大(3 145 kW/m²)、响应速度快,安装方式多,使用方便。这些先进的热流密度传感器在电弧喷流试验、结构热试验中得到了广泛应用,如图 7-13 所示。

 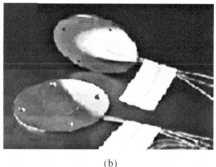

(a)　　　　　　　　　　　　　　　(b)

图 7-13　热流计
(a)水冷式热流计;(b)薄膜热流密度传感器

2. 热流测试

热流测量通常有 10%~20% 的不确定性误差。为量化和减小热流计校准的误差,NASA Dryden 飞行载荷实验室开展了辐射热流计校准系统特性鉴定,包括黑体炉和石墨平板加热器校准装置;建立了石墨平板热流计校准系统的一个准三维有限差分数值模型,进行了黑体炉 1 100℃ 稳态下的试验测试与数值建模分析。Tao Systems 和 Virginia Tech 联合开展了新型小尺寸、高频响热流传感器研制,并应用于重复使用运载器与其他的高速航天器,如图 7-14 所示。2002 年,NASA Glenn 提出了在氧化铝基片上研制双面、单面薄膜惠斯登电桥热流计,其比热电堆型薄膜热流计更容易制造,且输出信号更大,如图 7-15 所示。

图 7-14　Tao Systems 和 Virginia Tech 热流计

图 7-15　双面与单面薄膜惠斯登电桥热流计

7.8 高温应变测试

现有的应变传感器类型主要包括箔式应变计、焊接式应变计、绕线式应变计以及二氧化硅光纤应变计,高超声速飞行器结构热试验需要研究极端环境温度下精确、可靠的应变测试方法。20 世纪末,美国 NASA Dryden 认识到光纤传感器这项新型测试技术具有许多传统传感器所没有的优点,能够解决高超声速飞行器结构测试的需求,便开始全面研究高温光纤测试技术。美国 NASA Dryden 应变测试发展历程如图 7-16 所示。NASA Dryden 飞行载荷实验室开展了 FBG,EFPI 应变传感器在 Inconel、C/C 复合材料以及 C/SiC 复合材料材料上的热喷涂安装方法研究,在常温/高温、静热复合载荷、地面结构热试验以及飞行试验中进行了光纤传感器的性能鉴定,并为地面模拟试验与飞行试验研制了便携的高温光纤测试系统。2003 年,在 NGLT 项目 C/C 复合材料升降副翼操纵面结构热试验中安装了 14 个EFPI 传感器,EFPI 传感器鉴定温度达到 899℃;在 NGLT 项目 C/SiC 复合材料机身襟翼地面结构热试验中也安装了 14 个 EFPI 传感器,EFPI 传感器使用温度超过 1 010℃。NASA Dryden 与 Lambda 公司正在合作开展蓝宝石光纤应变传感器研制,要求温度上限提高到 1 650℃。

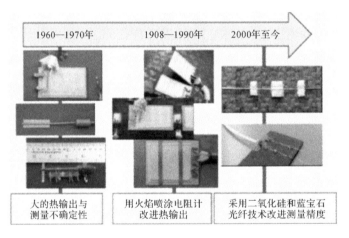

图 7-16 美国 NASA Dryden 应变测试发展历程

高温传感器安装技术:虽然黏结剂使用简单,但是热喷涂安装方法仍是 NASA Dryden 首选的传感器安装方法。图 7-17 是采用热喷涂方法安装的热电偶和光纤应变传感器。黏结剂经常腐蚀热电偶或应变计合金,黏结剂消耗引起的收缩破裂更容易导致传感器黏结剂失效。热喷涂技术适合于在C/C 复合材料、C/SiC 复合材料热结构上安装传感器。NASA Dryden 开展了各种材料结构上的传感器安装技术研究,包括获得适合于基底的表面处理

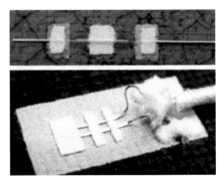

图 7-17 热喷涂安装传感器

与最优的等离子喷涂参数(粉末类型、功率大小、移动速率以及喷涂距离);优化选择最适用的黏结剂;改进易坏传感器在苛刻安装过程时的防护处理方法。NASA Dryden 热喷涂设备包括 80 kW 等离子喷涂系统、Rokide 火焰喷涂系统、粉末喷涂系统、喷砂箱、微送风系统以及水幕喷涂台。传感器的热喷涂安装主要包括电弧等离子喷涂底层与 Rokide 火焰喷涂安装层两个部分。

7.9　飞行器表面气动与剪应力测试技术

对于飞行器而言,空速、攻角和侧滑角等都是进行控制的基本气动参数,传统的航空器气动参数获取主要依靠空速管和机械风标,这些装置需要固定在航空器表面并向外突出。同时流体壁面剪应力的有效测量可为研究分析边界层状态提供重要支撑,对飞行器及水下航行器的优化设计、减阻增升、主动流体控制,以及自然界的泥沙搬运和沉积、水利工程的抗侵蚀能力研究具有极其重要的意义。

长期以来,流体壁面剪应力一直没有有效测量手段。传统的热线探针(Hot Wire Probe)虽然可以通过测量速度梯度来间接计算剪应力,但是由于其近壁测量误差大、标定使用复杂等缺点,不能满足流体边界层内壁面剪应力的测试要求。随着微机电系统(MEMS)技术的发展,制造敏感尺寸小、分辨率高、壁面贴合性好的热敏测量元件成为可能,如图 7-18 所示。国外的柏林工业大学、加州理工大学等众多科研机构纷纷开始研究基于 MEMS 技术的新型剪应力传感器。其中,美国加州工学院与加州大学洛杉矶分校合作研制出的硅岛式热敏薄膜剪应力传感器阵列最具代表性。该传感器已经成功用于边界层分离的研究。国内的西北工业大学也十分关注先进剪应力传感器的设计和制造,并成功研制了聚酰亚胺基全柔性热敏镍膜剪应力微传感器阵列,开展了相应的风洞/水下测试应用技术研究。该传感器具有动态响应好、空间分辨率高、曲面贴合性好、鲁棒性高等特点,能够广泛应用于空气和水下的壁面剪应力测试。

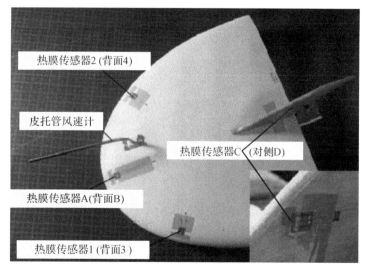

图 7-18　在飞行器表面粘贴的热膜传感器

7.9.1 热线式与热膜式传感器特征

热线式与热膜式传感器均属于热式流速传感器范畴,它们工作原理的核心是通过测量介质流速引起的对流散热来推算流速。二者的敏感元件形状不同,如图 7-19 所示,热线式传感器使用被支架张紧的悬空热敏金属细丝,而热膜流速计使用附着在基底的热敏薄膜。

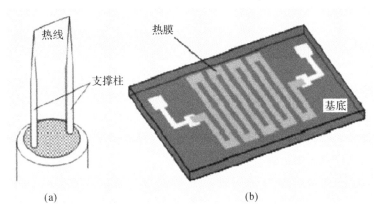

图 7-19　热线式和热膜式传感器
(a) 热线式传感器结构细节;(b) 热模式传感器结构细节

1914 年,加拿大科学家 Louis Vessot King 提出了流场中细小圆柱体的对流散热规律,这为热线流速计提供了重要的理论基础。对于热线流速计来说,热线传感器的敏感丝被通过一定的电流而产生焦耳热[1841 年,英国物理学家焦耳发现载流导体中产生的热量 Q(称为焦耳热)与电流 I 的二次方、导体的电阻 R、通电时间 t 成正比,这个规律叫焦耳定律],使其温度高于环境中的流体介质,同时通过散热保持自身热平衡,热线自身具有热敏电阻特性(热敏电阻是一种传感器电阻,其电阻值随着温度的变化而改变。按照温度系数不同分为正温度系数热敏电阻和负温度系数热敏电阻。正温度系数热敏电阻器的电阻值随温度的升高而增大,负温度系数热敏电阻器的电阻值随温度的升高而减小,它们同属于半导体器件),并置于检测电路中(通常是单臂电桥),通过检测其电阻变化知其温度变化,进而可以通过热平衡关系和强制对流散热关系求出流速。

将热线用热敏膜代替,就是热膜式流速传感器,早期的热膜式流速传感器仅仅是将传统热线的金属丝用镀有热敏金属膜和外保护层的石英丝/陶瓷丝来代替,以改善在恒温差驱动条件下的性能。其形状是圆柱形热线形态。不同于圆柱形热线传感器,采用图形化镀膜技术制备的热敏传感器与热线传感器拥有迥异的外观,如图 7-20所示。

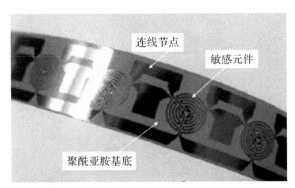

图 7-20　采用 MEMS 图形化镀膜技术制作的热敏薄膜传感器

7.9.2　表面流动热式检测的基本理论

热式流速检测的 3 个理论:① 描述热对流散热规律的 King 公式;② 表达温度与散热功率之间关系的牛顿冷却定律;③ 热敏材料的电阻-温度关系。三者均为单调转换关系。如图 7-21 所示,它们联合决定了流速向电信号的转换规律。

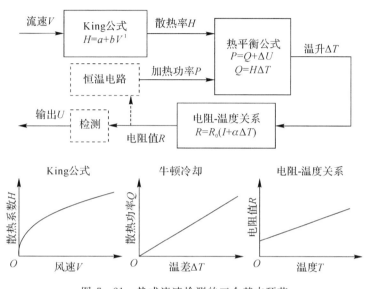

图 7-21　热式流速检测的三个基本环节

7.9.3　流速-散热率环节

1. 对流散热 King 公式

King 公式是解决对流散热问题的理论基础,决定流速-散热率之间的转换。原始 King 公式只考虑无限长圆柱截面模型,不考虑线端向支架的热传导损失。以此模型得出的散热关系为下式:

$$H_{inf} = (a + bV^{1/2}) \qquad (7-4)$$

式中:H_{inf} 是无限长热线总散热率;V 为介质自由流速,其方向垂直于热线延伸方向;系数 a 和 b 为与介质热导率、密度、分子黏度、普朗特数,以及热线直径有关的参数。在有限长热线模型中,考虑端部导热损失,实际应用中经常将公式修改为

$$H_{fnt} = (a + bV^n) \qquad (7-5)$$

或写成 V 的显式形式:

$$V = \left(\frac{H_{fnt} - a}{b} \right)^{1/n} \qquad (7-6)$$

式中:H_{fnt} 为有限长热线的总散热功率;n 为修正后的流速指数。热膜式流速传感器其形状多为有限长带状或片状,并且与基底有更强的热传导,通常实际中对式(7-6)采用拟合。指数 n 根据具体情况通常在 $0.2 \sim 0.5$ 范围内。基底热传导越强,指数越小。

King 公式适用于空气中的强制对流换热,当在其他流体介质时,需要考虑所在流体的性质。

2. 散热率-温升-电阻环节

根据牛顿散热定律,有

$$Q_{fnt} = \Delta T \cdot H_{fnt} \tag{7-7}$$

式中:Q_{fnt} 为总散热功率;ΔT 为高低温物体的温差。

将热膜传感器作为一个系统,应用热力学第一定律:

$$\Delta E = W - Q_{fnt} \tag{7-8}$$

式中:W 为传感器加热功率;ΔE 为传感器内能变化量。对于给定的流速,在传感器达到稳态的时候,$\Delta E = 0$,即

$$W = Q_{fnt} \tag{7-9}$$

W 是通过焦耳热实现的,故有

$$W = \frac{U^2}{R_h} \tag{7-10}$$

式中:R_h 为传感器稳定工作时的电阻;U 为加在热线两端的电压。结合以上各式可得

$$V = \left(\frac{U^2}{b \cdot \Delta T \cdot R_h} - \frac{a}{b} \right)^{1/n} \tag{7-11}$$

同时得到传感器灵敏度公式为

$$\frac{\partial U}{\partial V} = \frac{n \cdot b}{2} \cdot \sqrt{\Delta T \cdot R_h} \cdot \frac{V^{n-1}}{\sqrt{a + b \cdot V^n}} \tag{7-12}$$

热膜传感器的敏感膜由热敏金属材料制作,其电阻值与其温度之间符合线性关系:

$$R_h = R_0 \cdot (1 + \alpha_h \cdot T_h) \tag{7-13}$$

式中:R_0 为传感器在零摄氏度时的电阻值;α_h 为传感器的电阻温度系数;T_h 为传感器的工作温度(℃)。

工作温度满足以下关系:

$$\left. \begin{aligned} T_h &= T_R + \Delta T \\ \Delta T &= \frac{R_h - R_0}{R_0 \cdot \alpha_h} - T_R \end{aligned} \right\} \tag{7-14}$$

式中:T_R 为环境温度,可由温度传感器获得。由此得到用于测量的表达式为

$$V = \left[\frac{U^2}{b \cdot \left(\dfrac{R_h - R_0}{R_0 \cdot \alpha_h} - T_R \right) \cdot R_h} - \frac{a}{b} \right]^{1/n} \tag{7-15}$$

实际应用存在两种工艺方法的传感器制备:一是柔性 PCB 工艺;二是光刻工艺。图 7-22 是热膜式流速传感器的结构与工艺,以及包含的基本要素。

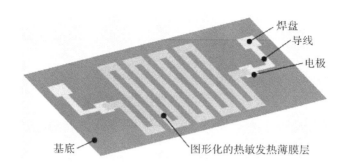

图 7 - 22　热膜流速传感器的基本组成

7.9.4　热膜式传感器测试实例

1. 流速流量测试

作为航天器进行姿态微调的冷气推进器,其推力控制依靠精密质量流量测量来实现。由于考虑到实际中存在的抗过载、结构材料和气路电路接口等方面的特殊要求,设计制作了该精密质量流量计的原理样机并进行了标定,装置如图 7 - 23 所示。原理样机中的传感器采用热膜流速传感器,总厚度不大于 150 mm,以 4 mm 内径和 6 mm 外径的不锈钢管壁作加固兼顾支撑作用。传感器的敏感部位在管中是悬空的,相比任何粘贴于固体壁面的安装方式,在灵敏度和功耗方面具有很大优势。

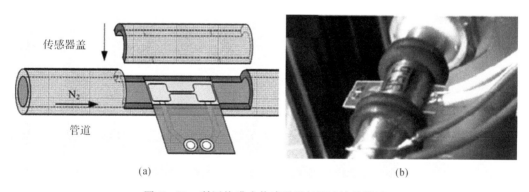

(a)　　　　　　　　　　　　　　　　(b)

图 7 - 23　利用热膜式传感器进行流速流量测试

(a) 热膜式流速传感器；(b) 热模传感器作为流量计的安装方式

2. 水洞剪应力测试

如图 7 - 24 所示,采用图示水洞设备和试样,进行了剪应力测试试验,水回路通过对定量泵串并联节流阀来调节流量,流量计的量程为 $200 \sim 2\,000\ L \cdot h^{-1}$,精度 $50\ L \cdot h^{-1}$,并根据水利工程经验公式由流量计算剪应力,折合剪应力的精度在 1.5 Pa 以内。试样粘贴在被测表面上,导线由背面引出,正面无凸起部分。防水绝缘采用 Parylene 气相沉积薄膜保护。热膜采用恒温差驱动,测得输出电压-剪应力关系如图 7 - 25 所示,其雷诺数在测量区间均大于 5 000,表明管中的流动始终为湍流。

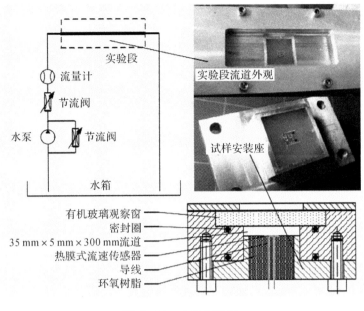

图 7-24　水洞与试样

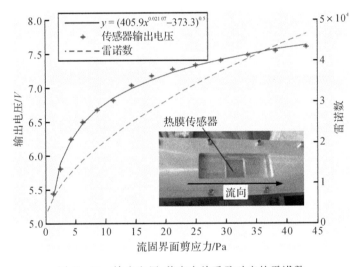

图 7-25　输出电压-剪应力关系及对应的雷诺数

习　　题

1. 简述超高声速飞行器在服役中面临怎样的高温高压极端环境。

2. 针对超高声速飞行器设计的典型地面试验方法有哪些?

3. 应用于超高声速飞行器的耐热材料有哪些?

4. 简述已有的高温传感器技术的特点。

第8章 动态变形与破坏的非接触测试技术

8.1 高速摄影技术

高速摄影的"高速"指的是拍摄频率高、曝光时间短、扫描速率快,具备三者之一即可称为高速摄影。而高速摄影技术是用摄影的方法拍摄高速运动过程或快速反应过程,它把空间信息和时间信息一次记录下来,具有形象逼真的动画效果。

人眼的视觉残留时间为 0.1 s(也就是说,人眼的时间鉴别率是 0.1 s)。具体来说,人眼的时间分辨能力只有 1/24 s,正是利用这一特点,电影摄影与放映的频率选为 24 幅/s,以不连续的放映使人获得连续的感受。但对于许多高速运动的物体或瞬变现象,受人眼时间分辨率的限制,我们无法看清过程。而高速摄像机将人类视觉无法分辨的高速运动现象记录在可观察的媒介上,可将时间鉴别率提高 10^6 倍,甚至更高。2004 年,在美国召开的第 26 届"国际高速摄影和光子学会议"上,把高速摄影的定义为:速度大于 128 幅/s,可连续获得 3 幅以上的画面。现在,高速摄影的功能远远超过这个范畴,最短的曝光极限也在不断地修正。多年前,这个极限为几亿分之一秒;现在为几兆分之一秒或更少,每秒可连续拍摄 6 亿幅画面以上。

历史上第一次高速摄影是由英国化学家、语言学家及摄影先驱亨利·塔尔博特完成的。1851 年,塔尔博特将《伦敦时报》的一小块版面贴在一个轮子上,让轮子在一个暗室里快速旋转。当轮子旋转时,塔尔博特利用莱顿电瓶(这是一种聚集电荷的容器,就是现在的电容器的前身)的闪光(速度为 1/2 000 次/s),拍摄了几平方厘米的原版面,最终获得了清晰的图像,它好像是从一种静止的实体上拍下来的,但实际上却是运动中的实体。

值得一提的是闪光摄影之父——哈罗德·埃杰顿,埃杰顿的关键之处是意识到了闪光灯与相机一旦结合起来,将会发挥出巨大的潜力。埃杰顿发现在汞弧整流器发出的明亮的闪光照耀下,旋转着的转子似乎一直都是静止不动的。如果能够控制闪光,使之与旋转着的机器同步,就有可能使运动"凝结",借以研究在运动中的高速发电机。很快,埃杰顿和几位志同道合者,利用充有水银蒸气和其他气体的闪光灯,实现了能够产生时间非常短促的闪光——短到只有百万分之一秒,亮度超过阳光。目前一些普通的 35 mm 照相机已具有最高速度可达 1/4 000 次/s 的焦平面快门,发光时间在 1/10 000~1/25 000 s 之间的小型电子闪光灯也比比皆是。所以:现在所说的高速摄影起点就是数千分之一秒;在科技摄影领域,曝光时间在几亿分之一秒甚至几兆分之一秒的已不鲜见。

许多重大科学领域都与高速摄像技术有着紧密的联系。用高速摄影方法可以研究从自然到人为的许多高速流逝过程,例如高能粒子、激光、机械运转、碰撞、断裂的高速运动等。高速摄影技术成功地帮助人们解决了科学技术领域内许多存在旷日已久的问题。在严谨的应用过程中,高速摄像技术得到了重大发展。

常用的高速摄影仪器按照时间分辨能力的不同可以分为以下几种:

(1)间歇式高速摄影机:胶片做间歇运动,摄影频率为 10^2 数量级。

(2)光学补偿式高速摄影机:在摄影过程中,胶片持续地通过片窗,避免了间歇运动情况下对其的作用,摄影频率为 10^4 数量级。

(3)鼓轮式高速摄影机:鼓轮带动固定在其表面上的胶片一起转动,摄影频率为 $10^4 \sim 10^5$ 数量级。

(4)转镜式高速摄影机:利用旋转反射镜成像光束急速扫描安装在圆柱面框架上的胶片,完全摆脱了胶片强度对摄影速度的限制。转镜式高速摄影机在某些应用领域频率可达到千万幅频以上。转镜式高速摄影机由于拍摄频率高、分辨率高、图像分析观察方便等优点而受到人们的重视,其综合性能指标要高于其他类型的高速摄影机。

(5)数字式高速摄影机:是一种利用电子传感器把光学影像转化成电子数据的高速摄像机,它的成像元件是 CCD(电荷耦合元件)或者 CMOS(互补金属氧化物半导体)。数字式高速摄像机用电子传感器代替了胶片。这种存储下来的电子数据更适合当今科技的需要。

(6)阵列相机近年来也取得重大发展,2005 年 Ren Ng 提出光场成像技术理论。2007年,Lytro 公司推出光场相机,在主透境和传感器之间增加微透镜阵列,实现先拍照后对焦。德国 Raytrux 公司也致力于研究应用于科学工业及 3D 显示的光场相机。2011 年,Pelican 公司研发出阵列相机,其镜头由 4×4 个子镜头构成,能够实现先拍照后对焦、图像拼接、三维立体显示功能。

按照摄影速度分类如下:

(1)快速:拍摄频率为 $10^2 \sim 10^4$ 幅/s,曝光时间为 $10^{-3} \sim 10^{-5}$ s,扫描速率为 $10^{-3} \sim 10^{-1}$ mm/μs;

(2)高速:拍摄频率为 $10^4 \sim 10^6$ 幅/s,曝光时间为 $10^{-5} \sim 10^{-7}$ s,扫描速率为 $10^{-1} \sim 10$ mm/μs;

(3)超高速:拍摄频率为 $>10^6$ 幅/s,曝光时间为 $<10^{-7}$ s,扫描速率 >10 mm/μs。

扫描摄影技术是在一次曝光时间内将被测过程沿时间轴连续展开,其特点为连续且一维的。分幅摄影技术是在一次曝光时间内获得一幅二维图像,在多次曝光中获得运动过程的变化状态,其特点为间断且二维的。

8.1.1 转镜式高速扫描摄影仪

转镜式高速扫描摄影仪简称扫描相机,它研究的是被测物体或反应过程沿某一特定方向的空间位置随时间变化的规律,从而得到反应过程在该特定方向运动的轨迹。这种摄像仪适合测量运动速度、加速度、同步性、时间间隔等参数。图 8-1 为扫描型摄影的光学原理示意图。

转镜式高速摄影仪是由控制台(包括电路、电源和电机 3 个模块)、摄影机(包括转镜机构部件和快门部件)、电缆等组成的。图 8-2 为转镜式高速扫描摄影技术中转镜像点轨迹与坐标的示意图。

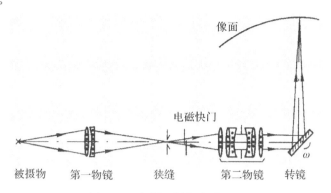

图 8-1　扫描型摄影光学原理

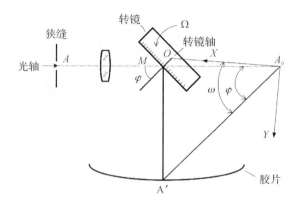

图 8-2　转镜像点轨迹和坐标

转镜式高速扫描摄影仪的技术参数如下：

(1)扫描速度。狭缝在胶片上形成的像沿胶片某一方向运动的速度，称为扫描速度：

$$v = 2L\Omega(1 + a/L\cos\varphi) \tag{8-1}$$

式中：L 是转镜转轴中心 O 点到虚像坐标的距离；Ω 是反射镜的旋转角速度；a 是反射镜的 $1/2$ 厚度；φ 是光轴入射角。

令 $R = L(1 + a/L\cos\varphi)$ 为扫描半径，则 $v = 2R\Omega$。Ω 用反射镜转速 $N(\text{r/min})$ 代替，则有 $v = \pi NR/15$。

(2)时间分辨率。转镜扫描摄影机的时间分辨率定义为能分辨的最小时间间隔。时间分辨率取决于狭缝的宽度 b 和扫描速度 v，即

$$\tau_0 = b/v$$

提高时间分辨率有两条途径：一是提高像的扫描速度，也就是提高反射镜的旋转速度；二是减小狭缝宽度。除此之外，提高被摄物体的发光强度、改善感光胶片的性能也可增强时间分辨率。

(3)速度测量与精度分析。狭缝扫描在底片上记录了某一物体的物理化学反应过程沿狭缝长度方向扩展的距离-时间函数，如雷管的破裂状态、药柱的爆轰过程等。其图像是一条或多条黑密度突变的曲线（包括直线），狭缝扫描的角度示意图如图 8-3 所示。

$$\tan\theta = \frac{\mathrm{d}y_i}{\mathrm{d}x_i} \qquad\qquad (8-2)$$

式中：$\mathrm{d}y_i = \beta\mathrm{d}h$；$\mathrm{d}x_i = v\mathrm{d}t$；$\beta$ 为光学系统的放大比（像物之比）；$\mathrm{d}h$ 为平行于 y 轴方向的被测物长度的增量；v 为狭缝像在底片上的扫描速度；$\mathrm{d}t$ 为平行于 x 轴方向上的时间增量。

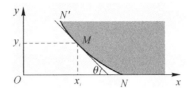

图 8-3　狭缝扫描的角度示意图

若令爆轰过程的扩展速度为 $D = \mathrm{d}h/\mathrm{d}t$，则

$$\tan\theta = \frac{\beta}{v} \cdot \frac{\mathrm{d}h}{\mathrm{d}t} = \frac{\beta D}{v} \qquad\qquad (8-3)$$

$$D = \frac{v\tan\theta}{\beta} = \frac{v}{\beta} \cdot \frac{\mathrm{d}y_i}{\mathrm{d}x_i} \qquad\qquad (8-4\mathrm{a})$$

或

$$D = \frac{v}{\beta} \cdot \frac{\Delta y}{\Delta x} \qquad\qquad (8-4\mathrm{b})$$

根据以上公式可以求各时刻的爆速，也可求爆轰的平均速度：

$$\frac{\Delta D}{D} = \sqrt{\left(\frac{\Delta v}{v}\right)^2 + \left(\frac{\Delta\beta}{\beta}\right)^2 + \left(\frac{2\Delta\theta}{\sin2\theta}\right)^2} = \sqrt{\left(\frac{\Delta v}{v}\right)^2 + \left(\frac{\Delta\beta}{\beta}\right)^2 + \left[\frac{\Delta(\Delta y)}{\Delta y}\right]^2 + \left[\frac{\Delta(\Delta x)}{\Delta x}\right]^2} \qquad (8-5)$$

式中：$\Delta v/v$ 表示扫描速度测量的相对误差；$\Delta\beta/\beta$ 表示光学系统放大倍数的相对误差；$2\Delta\theta/\sin2\theta$ 为像的 $\tan\theta$；$\Delta(\Delta y)/\Delta y$ 和 $\Delta(\Delta x)/\Delta x$ 为像的测量精度，由量尺的精度确定。

8.1.2　转镜式高速分幅摄影仪

转镜式高速分幅摄影仪可以得到高速事件的一系列间断的平面图像，它的二维空间信息是连接的，时间信息却是间断的，分幅摄影用于研究燃烧爆炸、冲击过程的速度、加速度、对称性和一致性等物理参数。图 8-4 为转镜式分幅型摄影的光学原理示意图。图 8-5 为光阑与排透镜的对应关系。

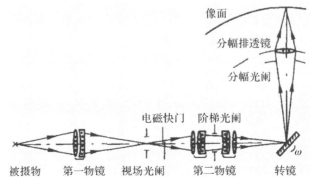

图 8-4　转镜式分幅型摄影光学原理

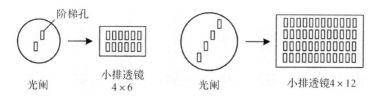

图 8 - 5　光阑与排透镜的对应关系

被摄目标通过第一物镜成像在阶梯光栏平面上,由第二物镜二次成像到旋转反射镜的镜面,得到中间像。排透镜也称为分幅光栏,它与阶梯光栏通过场镜共轭,把中间像成像到胶片上。当反射镜旋转时,反射光线相继扫过一个个排透镜,胶片上就得到与排透镜数目相同的照片。

每个排透镜就像一部照相机,相互间以一定时间间隔依次拍摄。反射镜的高速旋转,使得来自目标的光线在每一个排透镜上一闪而过,起到光学快门的作用。这些照片在时间和空间上都是彼此独立的,每一幅照片都反映了目标在某一瞬间的实际影像,相邻的照片反映了目标变化过程的细微差别。

转镜式高速分幅摄影仪的拍摄频率:

$$F = \frac{2\pi R}{S}k\,\frac{2N}{60} = \frac{\pi RNk}{15S} \tag{8-6}$$

式中:R 为扫描半径;S 为胶片上相邻两列图像的中心距;k 为胶片上图像画幅排数;N 为反射镜旋转速度。

8.1.3　数字式高速摄像系统

高速摄像具有体积小、便于携带、启动快、同步性好和可即时重放等特点。目前数码相机的核心成像部件(固态图像传感器)有两种:一种是广泛使用的 CCD 元件;另一种是 CMOS 器件。CMOS 和 CCD 一样同为在数码相机中可记录光线变化的半导体。两者相同点都是利用硅的光电效应,不同点是电荷的读出方式不同。

1. CCD

CCD:电荷耦合元件,是一种半导体器件,能够把光学影像转化为电信号,也称图像传感器。CCD 的作用就像老式相机内的胶片一样,但它是把光信号转换成电荷信号。CCD 上有许多排列整齐的光电二极管,能感应光线,并将光信号转变成电信号,经外部采样放大及模数转换电路转换成数字图像信号。图 8 - 6 显示了 CCD 摄像系统的构成。

CCD 是 20 世纪 70 年代初发展起来的一种新型半导体器件。CCD 是于 1969 年由美国贝尔实验室(Bell Labs)的维拉·波义耳(Willard S. Boyle)和乔治·史密斯(George E. Smith)所发明的。在 20 世纪 70 年代,贝尔实验室的研究员已经能用简单的线性装置捕捉影像,CCD 就此诞生。1974 年 500 单元的线性装置和 100×100 像素的平面装置出现了。

2. CMOS

CMOS 作为一种低成本的感光元件技术被发展出来。CMOS 的制造技术类似计算机芯片,主要是利用硅和锗做成的半导体,使其在 CMOS 上共存着 N(带负电)和 P(带正电)的半导体,这两个互补效应所产生的电流即可被处理芯片记录和解读成影像。CMOS 器件产生的图像质量相比 CCD 来说要低一些。CMOS 主要用在摄像头以及使用大尺寸感光器件的单反机上。CMOS 硅芯片最大的一部分面积变为一块感光区域。图 8-7 显示了CMOS 摄像系统的构成。

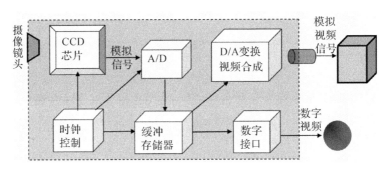

图 8-6　CCD 摄像系统的构成

注:A 为模拟信号;D 为数字信号。

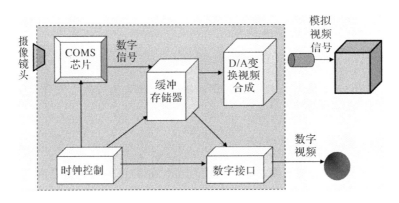

图 8-7　CMOS 摄像系统的构成

8.1.4　高速摄影主要参数设置

高速摄像系统的应用领域与胶片式高速摄影机相同,具体采用何种摄像机视具体测试需求而定。高速摄像机的主要设置参数包括拍摄频率(帧频)、触发方式、曝光时间、摄像机布站位置。

(1)拍摄帧频设置如下:

1)根据测试要求,确定水平和垂直方向上的拍摄空间范围 x 和 y,根据 CCD 芯片成像区尺寸 $a \times b$ 计算影像放大比 $\beta = a/x$;

2)根据目标尺寸 L 及影像放大比,计算目标像尺寸 $L' = L \times \beta$,要求目标像在任何方向都能覆盖 $3 \sim 10$ 个像元;

3)根据安全因素确定布站距离 S,镜头焦距设置为 $f = S \times \beta$;

4)根据目标速度 V 和 CCD 像元尺寸确定拍摄频率,要求摄像频率满足像移量要求,即由于目标运动引起的像移量不应大于所允许的运动模糊量 d(可以看成允许像元数),由此可推出摄像机拍摄频率 $F = \beta V/d$;

5）根据计算出的拍摄频率要求和存储器容量,计算摄像机总的记录时间。

在某些拍摄项目中通常对拍摄的有效画幅数提出要求,拍摄频率应根据下式求得的值进行设置:

$$F \geqslant \frac{N_{有效}}{t} = \frac{N_{有效}}{x/V} \tag{8-7}$$

式中:x 为线视场宽度;V 为目标速度。

（2）同步方式设置:根据具体使用情况,可采用零时信号、光学信号、声音信号和人工触发方式。

（3）曝光时间设置:曝光时间应满足摄像机曝光量和像移量的要求。

（4）摄像机布站位置:摄像机布站时,应首先考虑安全因素,然后通过选择合适的焦距来满足拍摄视场要求。

8.1.5　摄影相关技术

（1）光源。

1）自然光源;

2）人工光源。

（2）采光技术。

1）顺光;

2）侧光;

3）逆光。

（3）对高速摄影胶片要求。

1）足够的机械强度,在以约 100 m/s 速度输片时,不断裂。

2）尽可能高的感光灵敏度,以便在曝光量很低时仍能得到清晰的图像。

3）反差系数尽可能高,获得高反差影像。

4）灰雾密度(也称非曝光密度)尽可能低。

【例 8-1】　飞行跟踪系统在战斗部飞行试验中的应用如图 8-8 所示。

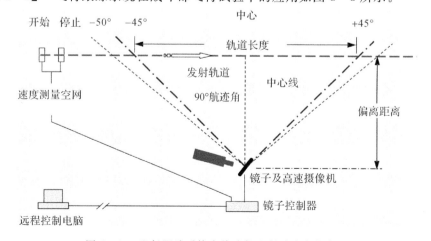

图 8-8　飞行跟踪系统在战斗部飞行试验中的应用

【例 8 - 2】 典型事件平均持续时间和获得的有用画幅数如表 8 - 1 所示。

表 8 - 1　典型事件平均持续时间和获得的有用画幅数

目标或事件	持续时间 /s	画幅数 /(帧·ks⁻¹)	目标或事件	持续时间 /s	画幅数 /(帧·ks⁻¹)
分钞机分钞过程	1.2	1 200	击打高尔夫球及球杆轨迹	0.6	600
内燃机燃烧试验	0.7	700	复合材料断裂	0.1	100
轮胎试验	0.4	400	汽车碰撞试验（相撞时）	0.3	300
高压电路断路器（一个周期）	0.2	200	安全气囊充气	0.035	35

8.2　数字图像相关方法理论与技术

在力学学科中，对于不同载荷下材料和结构表面的位移或变形测量是非常重要的任务之一。常用的测量方法可以分为接触式和非接触式两类。较常用的接触式测量方法有电阻应变计测量、机械式仪表测量、位移传感器测量等。最常用的电阻应变计测量具有精度高、结果稳定、操作简单的优点。电阻应变计在测量中必须将应变片粘贴在试件表面，当测量微小试件或软物质时，这种接触式测量的附加刚度和质量以及对结构的局部损伤是不能忽略的。此外：极小的试件很难（或不可能）粘贴应变片；电阻应变计测量是点（应变计敏感栅范围平均值）测量方法，不能获得应变场，这对于研究界面、破坏等非均匀变形问题是不方便的；应变片的测量范围有限，大变形（如破坏区变形）时常将应变片的电阻丝拉断，因而不能获得测量数据；在某些特殊环境下，应变片的测量精度难以保证，有时候甚至无法进行测量操作。

光测力学的变形测量方法，如全息干涉法、云纹干涉法、电子散斑干涉法等，为非接触的全场测量，可以获得变形场，进而得到应变场，而且可以测量大变形。这些优点正好弥补接触式测量方法的缺点，所以光测力学变形测量方法常应用于传统方法无法完成的测量问题中，如微小试件变形测量、破坏问题测量、界面问题测量等。许多工程实际问题，如无损检测、复杂结构的强度评价等，有时也需要用光测方法来测量，但工程实际测量环境的复杂性常常限制了普通光测力学方法的应用。比如不少光测方法的原理与光的干涉有关，一般都要求使用激光作为光源，对测量环境要求较高。当应用于复杂环境测量（如现场测量）时，一些光测方法的稳定性难以保证，甚至无法实施。因此，增强光测力学方法对复杂测试环境适用性的研究显得很重要。

数字图像相关（Digital Image Correlation，DIC）方法是一种光测力学变形测量方法。它的基本原理是：通过图像匹配的方法分析物体表面变形前后的散斑图，跟踪散斑图上几何点的运动获得位移场，在此基础上计算得到应变场。

与其他光测力学变形测量方法相比，数字图像相关方法对复杂环境的适应性更好，这是由它的原理和特性决定的。相比于其他光测力学方法，该方法有以下优点：

（1）试验具有非接触性、无损测试的特点；

（2）光路简单，白光作为光源即可；

（3）表面处理过程简便，可直接从被测物体的天然斑点或人工喷涂的斑点中提取所需的图像信息；

（4）对测试环境要求不高，易于操作，便于实现工程现场应用；

（5）全场测量，且测量精度较高。

数字图像相关方法是近年来发展最快的非接触式位移或应变测试方法。

图 8 - 9 给出了非接触式测量的所有方法分类。

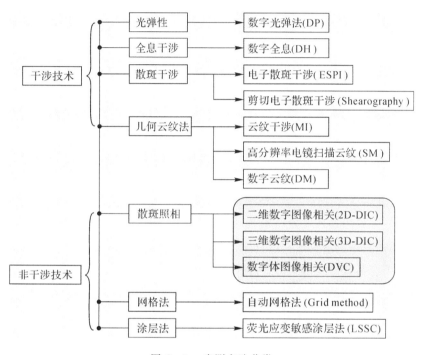

图 8 - 9 光测方法分类

8.2.1 DIC 的基本原理

数字图像相关方法，也称为数字散斑相关方法（Digital Speckle Correlation，DSC）是一种基于计算机视觉原理、数字图像处理和数值计算的、非接触、非干涉、全场变形光学计量方法，是当前应用最广泛的光测力学方法之一。

数字图像相关方法的基本原理是通过分析对比被测物体表面变形前一时刻和后一时刻的散斑图像，匹配追踪两个时刻散斑图像中相同形状散斑点的位置来获取被测物体表面的位移矢量。

数字图像相关方法是针对有一定特征点的图像开展的变形测量，对于表面没有明显特征点的材料，要人为地在试件表面制作随机散斑形成特征点，这些特征点以像素点为坐标，并且以像素的灰度作为信息载体传入计算机软件进行分析处理。一般假设材料表面某定点的灰度信息不会随着其位置的改变而发生改变，也正是基于这个假设建立了被测区域变形前、后间的数学关系。

自 1960 年激光器问世后不久,在使用 He - Ne 激光器时发现了一种十分奇怪的现象——当激光从诸如纸张或者投影屏幕上反射时,观察者将会看到对比度高而尺寸细微的颗粒状图样,被激光照明的物体的表面呈现颗粒状结构。这种颗粒结构被称为"散斑"。这种强度随机分布的散斑图样,可以由激光在粗糙表面反射或激光通过不均匀媒质时产生。因为大多数物体表面对光波的波长(以氦氖激光器为例,$\lambda \approx 0.6~\mu\mathrm{m}$)来讲是粗糙的,由于激光的高度相干性,当光波从物体表面反射时,物体

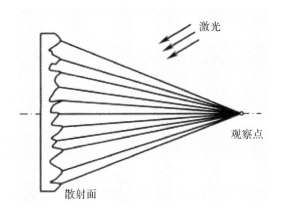

图 8-10　散斑的形成

上各点到适当距离的观察点的振动是相干的。因此观察点的光场是由粗糙表面上各点发出的相干子波的叠加。因为粗糙度大于光波波长,所以物体各点发出子波到达观察点的位相是随机分布的。相干叠加结果就产生了散斑的随机强度图样——颗粒状,如图 8-10 所示。

检测范围的上限:散斑颗粒位移必须小于一定尺寸,使散斑对仍保持双孔特征(Decorrelation,退相关效应);下限:散斑颗粒位移必须大于散斑的横向尺寸。激光散斑效应的基本统计特性主要用光强度分布函数、衬度和特征尺寸来表示。散斑场的光强分布具有随机性,故推导光强分布函数要应用统计学方法。

假设散射屏上共有 N(N 是一个很大的数)个独立的散射面元,这些面元具有相同的宏观结构,仅仅在微观上有区别;设入射光波是线偏振的单色平行光,且其偏振状态不因散射而改变。由第 k 个散射面元散射到观察点的基元光波复振幅可表示为

$$U_k(r) = \frac{1}{\sqrt{N}}a_k(r)\mathrm{e}^{\mathrm{i}\varphi_k(r)} \tag{8-8}$$

式中:$a_k(r)/\sqrt{N}$ 表示此相幅矢量的随机长度;$\varphi_k(r)$ 为其随机位相。由 N 各面元散射到观察点的各基元光波叠加后,最后的复振幅为

$$U(r) = a\mathrm{e}^{\mathrm{i}\theta} = \frac{1}{\sqrt{N}}\sum_{k=1}^{N}a_k(r)\mathrm{e}^{\mathrm{i}\varphi_k(r)} \tag{8-9}$$

式中:a 表示复振幅 $U(r)$ 的长度;θ 表示其相位。显然,入射到散射面的相干激光散射后,物面光场不再是激光器发出的空间相干场,而是变成了严格空间非相干的,故式(8-9)中的各随机相幅矢量求和完全是随机的。

数字图像相关方法处理的是变形前和变形后物体表面的数字图像,以二维算法为例,它的计算过程如图 8-11 所示。选取像素大小为 $(2M+1) \times (2M+1)$ 的正方形参考子区,子区以特征点 (x_0, y_0) 为中心,右图区域为变形后图像,通过一定的匹配追踪方法和相关计算算法来自动追踪匹配变形后的特征点,该点所对应的目标函数达到极值,如右图中点 (x_0', y_0')。由以 (x_0', y_0') 为中心的目标图像子区的空间位置即可得到所选特征点变形后在三维空间的位移分量 u, v 和 w。

数字图像相关方法试验原理具体如下:用黑白 CCD 相机拍摄被测物体在变形过程的表

面图像,变形前的图像称为参考图像,变形后的图像称为变形后图像。将参考图像仍待计算区域划分成虚拟网格形式(图像子区),比对变形后的图像与变形前的参考图像,计算每个网格节点在 x,y 和 z 方向的位移获得全场位移信息。DIC 影像比对的标的是被测物体表面的灰度特征,或说是散斑特征。灰阶影像上,每一像素依亮暗的不同,分成 $0 \sim 255$ 不同的数值。分析时,在参考影像内取一子方格(图像子区),此子方格就像一片应变规,其内包含一些斑点特征,只要在变形后的影像中找出对应的子方格(图像子区),也就是其格内的特征点一模一样,计算变形后彩像中的子方格与变形前影像中具同样斑点特征的子方格在三维方向的位移,就可得知被测物体表面该子方格的位移。

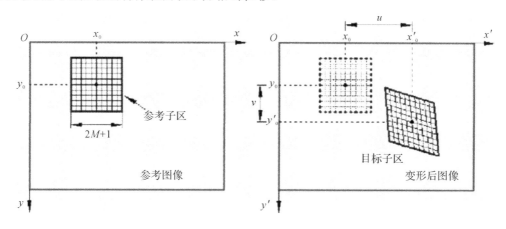

图 8-11　变形前后图像子区示意图

DIC 方法的缺点:目前的技术不适合非均匀小变形测量;某些情况下,测量结果受使用者的经验(输入参数)的影响较大;计算量较大,目前的技术不能实现实时测量。

8.2.2　DIC 方法的测试系统和试验技术

DIC 方法最初是在 20 世纪 80 年代由日本学者 Yamaguchi 以及美国的研究学者 Peter 和 Ranson 分别独立创建的,它的基本原理就是通过跟踪(或匹配)物体表面变形前后两幅散斑图像中同一像素点的位置来获得该像素点的位移向量,从而得到试件表面的全场位移。图 8-12 给出了一种典型的 DIC 测量系统示意图,该系统一般由 CCD 摄像机、照明光源、图像采集卡及计算机组成。首先,需要使试件的成像表面具有可以反映变形信息的随机散斑图,然后在试验过程中对试件表面在加载前、后的图像进行采集并存入计算机,最后利用软件程序采取相关的数学算法得到试件表面的位移信息。

8.2.2.1　DIC 测量基本理论

数字图像相关测量方法的基本原理:基于有一定特征点分布的图像(称为散斑图),这些特征点是以像素点为坐标,并且以像素的灰度作为信息载体,在相关算法运行之前,选取一个正方形的图像子区,这个子区的中心为所感兴趣的像素点。在图像移动或变形的过程中,通过追踪图像子区在变形后图像(即目标图像中的位置)即可以获得子区中心点处的位移矢量,如图 8-13 所示。经过分析多个子区中心点的位移矢量,便构成了整个分析区域的位移场。

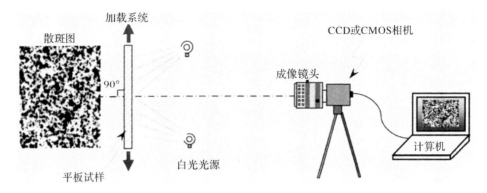

图 8-12　二维 DIC 方法测量系统示意图

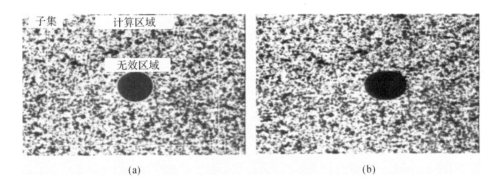

图 8-13　变形前、后 DIC 图像追踪示意图

(a) 变形前；(b) 变形后

如图 8-14 所示，在参考图像中，子区中心点 $P(x_0,y_0)$ 以及子区中任意临近点 $Q(x,y)$，在变形后图像的目标子区中为 $P'(x_0',y_0')$，$Q'(x',y')$。由变形的连续性假设，在参考子区中的一系列临近点在目标子区中依旧是中心点的临近点。

如图 8-14 的位移分析示意图，对于点 P'，有下式成立：

$$\left.\begin{array}{l} x_0' = x_0 + u \\ y_0' = y_0 + v \end{array}\right\} \tag{8-10}$$

式中：u,v 为点 P' 位移在 x,y 轴的分量。对于点 Q'，有下式成立：

$$\left.\begin{array}{l} x' = x + u_Q \\ y' = y + v_Q \end{array}\right\} \tag{8-11}$$

式中：u_Q,v_Q 为点 Q' 位移在 x 和 y 轴的分量。变形前、后 Q 点的灰度可以写为

$$\left.\begin{array}{l} f(Q) = f(x_i,\ y_i) \\ g(Q') = f(x_i',\ y_i') \end{array}\right\} \tag{8-12}$$

式中：f 和 g 分别表示变形前、后所记录的两帧图像的灰度分布。若

$$\left.\begin{array}{l} u_Q = u + u_x x + u_y y \\ v_Q = v + v_x x + v_y y \\ x = x_i - x_0,\ y = y_i - y_0 \end{array}\right\} \tag{8-13}$$

定义 $\boldsymbol{P} = \begin{bmatrix} u & u_x & u_y & v & v_x & v_y \end{bmatrix}^{\mathrm{T}}$ 为式中未知矢量，包含位移变量。为了能准确地确定位

移矢量,就要确定目标子区与参考子区的唯一对应关系。引入相关系数(或相关判据) $C(f,g)$ 的概念,作为反映两幅图像相似程度的一个数学指标。

$$C(f,g) = C(x_i, y_i, x_i', y_i') = C(\boldsymbol{P}) \tag{8-14}$$

即相关系数为 $\boldsymbol{P}$ 的函数。求解相关系数的最小值:

$$\frac{\partial C}{\partial P_i} = 0 \tag{8-15}$$

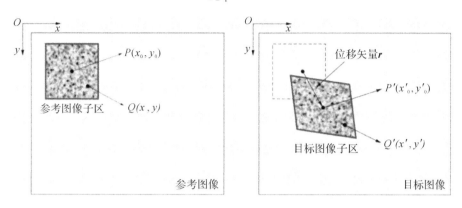

图 8-14　参考子区与目标子区(变形子区)在变形前、后的示意图

通过一定的迭代算法便可以确定 $\boldsymbol{P}$ 值。其迭代算法包括整像素搜索和亚像素搜索两个过程,分析流程如图 8-15 所示。通过对全场子区进行搜索,即可以唯一确定变形前后相同的子区,此时子区的位移矢量也已经确定出来,由位移和应变的关系即可确定应变场。

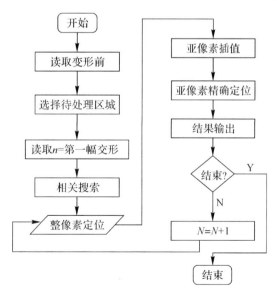

图 8-15　DIC 方法分析流程图

8.2.2.2　相关算法介绍

为评价参考子区和变形子区的相似程度,在相关算法运行之前,需要定义相关判据。相关判据是用于测量参考子区图像和变形子区图像相似度的函数,也叫光强相关系数,它以散

斑图的灰度值作为信息。在不同的文献中,对于相关判据有不同的定义,一般这些相关算法可以分为两类:SSD 判据和 CC 判据,见表 8-2 和表 8-3。

表 8-2　常用的 SSD 相关判据

SSD 相关判据	定义
Sum of Squared Differences（SSD）	$C_{SSD} = \sum_{i=-M}^{M} \sum_{j=-M}^{M} \left[f(x_i, y_i) - g(x_i', y_i') \right]^2$
Normalized Sum of Squared Differences（NSSD）	$C_{NSSD} = \sum_{i=-M}^{M} \sum_{j=-M}^{M} \left[\dfrac{f(x_i, y_i)}{\bar{f}} - \dfrac{g(x_i', y_i')}{\bar{g}} \right]^2$
Zero - Normalized Sum of Squared Differences（ZNSSD）	$C_{SNSSD} = \sum_{i=-M}^{M} \sum_{j=-M}^{M} \left[\dfrac{f(x_i, y_i) - f_m}{f} - \dfrac{g(x_i', y_i') - g_m}{g} \right]^2$

表 8-3　常用的交叉相关(CC)判据

CC 相关判据	定义
Cross - Correlation(CC)	$C_{CC} = \sum_{i=-M}^{M} \sum_{j=-M}^{M} \left[f(x_i, y_i) g(x_i', y_i') \right]$
Normalized Cross - Correlation(NCC)	$C_{NCC} = \sum_{i=-M}^{M} \sum_{j=-M}^{M} \left[\dfrac{f(x_i, y_i) g(x_i', y_i')}{\bar{f} \bar{g}} \right]$
Zero - Normalized Cross - Correlation(ZNCC)	$C_{ZNCC} = \sum_{i=-M}^{M} \sum_{j=-M}^{M} \left\{ \dfrac{\left[f(x_i, y_i) - f_m \right] \times \left[g(x_i', y_i') - g_m \right]}{fg} \right\}$

　　DIC 的匹配过程是通过搜索相关函数的全局极值来实现的,因此相关函数的定义是数字图像相关分析的必要前提和理论基础。相关函数的选择依据如下:

　　(1)易操作:相函数应有简单的数学描述。表达式中涉及的物理量易于计算机的自动提取,有关参量广泛适用不同的散斑图,非匹配的窗口与匹配窗口的相关函数输出应有显著差别,而且匹配窗口的输出在一定的搜索区域内应为最大值(或最小值)。

　　(2)抗干扰性:变形前、后的散斑图可能有由照明条件改变,或试样表面亮度的改变引起的灰度分布的微小变化。好的相关函数应能容忍这些干扰因素的存在,保持较稳定、可靠的输出。

　　(3)较小的计算量:数字图像相关方法是一种全场测量技术,需要许多点的相关搜索,相关函数在所有计算量中占据了较大部分。因此,相关函数的计算量决定了相关运算的计算速度。

　　位移测量的误差分析:DIC 位移和应变测量的精度主要受载荷系统、成像系统以及相关算法的影响。试样、载荷和成像引起的误差如下:

　　(1)散斑图像 DIC 测量的精度与散斑图的质量密切相关。一方面,直接影响到图像对比度和散斑尺寸,影响图像灰度的分布;另一方面,影响到 DIC 分析时子区大小的选择,针对不同的图像所适合的子区大小也不同,具有高对比度的图像适合选择小的子区。

　　(2)离面位移以及 CCD 感光器和物体表面的平行度基于 DIC 工作原理,在采集图像时,试样表面必须要平坦而且要平行于 CCD 感光器。在试验过程中,或多或少会存在试样表面和感光器不平行的情形,例如在加载过程中会产生离面位移,离面位移会引起图像和物体距离的变化,如果试样与相机距离很近,变化会很明显,因此可以选择使用远心镜头或是将相机和试样的距离调远。

(3)图像失真:图像失真一般是由镜头畸变引起的,是光学透镜固有的透视失真现象,无法消除只能改善。因此为了能更好地再现实物,要选择高质量的成像镜头,不过在边缘产生不同程度的变形和失真是难免的。对于扫描电镜图片还存在空间和漂移失真现象,也需要相应的失真消除技术。

(4)噪声:在图片采集的过程中,会有各种噪声的影响。其影响可以通过采用高性能的硬件来改善,如采用冷却 CCD。另外,照明光强的起伏也会带来噪声,这种影响可以通过采用合适的相关判据来避免。ZNSSD 和 ZNCC 判据由于对于光强的偏移和线性变化不敏感而被广泛采用。

相关算法引起的误差分析如下:

(1)子区尺寸:在 DIC 分析过程中,子区的选择,可以小至几个像素也可以大至 100 个像素。子区大小直接决定了参考子区和目标子区的面积,对于位移测量的精度起着决定性作用。为了获得可靠的相关分析结果,子区大小需要足够大,包含足够的灰度信息,以便与周围子区相区分。但是,大的子区可能会导致变形计算时产生较大的误差。因此,一般为了保证可靠的位移测量,优先选择较小的子区。

(2)相关判据:在真实试验环境下,曝光时间和照明光路的偏移会影响到成像。有研究证明 ZNSSD 和 ZNCC 判据针对不同光强和曝光时间对相关算法影响不大。数学推导也证明了这两种判据对于光强的偏移和线性变化不敏感。

(3)插值算法:常用的插值算法有双三次插值、B 样条插值和双五次样条插值。较高阶的插值算法,能更好地重建图像强度和强度梯度,更真实地反应实际强度分布,不过会增加计算时间由于在亚像素重建时会引起亚像素的位置误差,会带来基于亚像素位移的系统误差。

(4)形状函数:子区变形场能够通过一阶或二阶形状函数得以近似,但形状函数的选择会产生系统误差。理论和试验结果表明,二阶形状函数能比一阶形状函数产生较低的系统误差。

8.2.2.3　DIC 测量系统与试验技术

采用 VIC‐2D 二维相关测量设备,系统主要包括硬件和软件两部分。硬件部分主要由光源、CCD 相机、图像采集卡和控制计算机构成,主要进行图片采集;软件部分为 VIC‐2D Snap 和 VIC‐2D Analysis 软件,主要对由采集系统得到的图像进行相关算法分析,获得所需要的变形信息。

VIC‐2D 的数字图像相关测量系统主要包括光学成像系统光电转换传感器和数字图像处理系统。CCD 摄像机和镜头(常规镜头或 1.5 倍微观镜头)装在精密的具有水平仪的三维调节支架上,通过调节水平仪可以使试样表面与 CCD 相机平行,以便获得精确的变形图像。在试验过程中,调节成像系统,将试样表面的散斑图通过 CCD 摄像机读入图像卡中,然后将图像卡中的图像数字化后存入计算机中。一般图像卡中可处理的图像为 8 位 bmp 格式或者是 8 位、10 位、12 位 tif 格式,在随后的图像分析步骤中将直接提取该格式的图像进行相关运算。试验中,采用的光源为普通白光灯,在试验过程中调节光强与光的汇聚度,在试样表面形成均匀光场。

DIC 测量系统相关设备及参数如下：

（1）硬件：

1）CCD 摄像机：

a）成像设备：GRAS-50S5MC，黑白成像系统；

b）有效像素：2 448 像素（水平）×2 048 像素（垂直）；

c）像素尺寸：440 μm×4.40 μm；

d）模拟/数码转换：14 位模拟-数码转换器；

e）最大帧数：15 帧/s。

2）光源：高强度卤素灯 235 W，230 V。

3）控制电脑：1 TB 硬盘存储容量，4 GB 内存。

4）USB 数据采集系统：12 位。

5）模拟数字转换器，200 KB/s 采样率。

（2）软件：

1）VIC-2D Snap 图像获得软件：用于采集图像，可以设置不同的采集频率，但不能超过采集系统的最大采集频率 15 帧/s；

2）VIC-2D 图像相关软件：用于计算全场位移、应变值，

（3）制斑方法与散斑尺寸：

1）制斑方法：数字图像相关算法技术依赖于试样表面的散斑图，表面的散斑质量直接影响到测量的精度。一般试样表面的散斑可以是自然纹理、喷漆、投影或是其他方法制成的人工散斑场。常用的人工制斑方法可以有喷漆、网格法、电化学腐蚀法和平板印刷术等。

2）喷漆：喷漆是最常用的制斑方法，也是本书采用的方法，可以用于中等尺寸、不与漆产生化学反应的试样，例如金属、陶瓷复合材料。一般选择哑光喷漆，有光泽的漆会产生镜面反应。等到底漆发黏之后再进行喷漆，否则底漆太湿会使斑点混合、模糊。漆斑的大小可以根据不同的喷嘴来进行选择。

3）散斑尺寸：好的散斑图一般需要包括非重复性、各向同性、高对比度等特点。计算机软件处理散斑图时只是将试样的表面图案看作是灰度强度的对比区域此，一般采用的散斑图是在白色的衬底上形成黑色斑点，或者是在黑色的衬底上形成白色斑点，如图 8-16 所示。散斑尺寸的选取要合适，既不能太大也不能太小。一般而言，散斑大小的范围很宽泛，为了在后续分析过程中具有较大的灵活性，一般要选择最优的散斑尺寸。如果散斑太大，某一子区可能会完全落在一个全黑或是全白的区域，在 DIC 分析追踪子区时很难找到较好的匹配，因为在这个区域里处处都可以得到很精确的匹配；可以通过增加子区大小来进行补偿，但会降低空间分辨率。相反，如果散斑太小，相机分辨率会不够，而不能精确呈现试样形貌，造成"模糊"。一般来说，散斑大小应该至少是 3 个像素。

同样，在实际分析过程中，为了能够获得精确的匹配结果，所选取的子区应该足够大以包含充分多的灰度变化信息，从而保证子区在变形前、后能够被唯一识别。试验步骤主要包括：

（1）准备试样：加工试样为所需要的形状（包括普通的拉伸试样或是带缺口的试样），然

后将试样表面清洁,之后喷漆,控制喷漆大小,形成均匀表面散斑图。之后将试样垂直夹持在拉伸机的夹头上,如需要则配上纵向引伸计。

(2)调整 VIC-2D 设备:包括白光灯、采集系统、CCD 摄像机的安装,确定合理的试样与相机的工作距离。要得到精确的相关分析结果,要保证试样表面平直并且平行于相机传感器,调整三脚架上的水平仪,保证相机平行于地面。

(3)调焦:打开白光灯,将白光灯调至最大的散光状态(可以根据图像的明暗进行调整),运行电脑上的 VIC-2D Snap 软件,先将相机光圈调至最大,根据电脑上的图像的亮暗程度调节光圈至合适的位置,之后调整相机上的焦距,配合调整 VIC-2D Snap 中的曝光时间,直至在 VIC-2D Snap 界面上形成最清晰且明暗程度适中的图像。

(4)图像采集:在 VIC-2D Snap 界面上设置采集频率,获取参考图像。

(5)开始试验:待采集参考图像之后,同时进行拉伸试验机拉伸与相机的图像采集。采集的试样图像会自动存储在之前建立的文件夹里。

(6)应变分析:针对存储的图像,运行 VIC-2D Analysis 软件,分析试样在拉伸变形过程中的位移场与应变场。

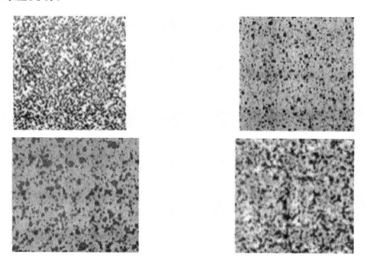

图 8-16　具有较好对比度和尺寸大小的散斑图

8.2.3　DIC 方法在极端高温环境中的应用

高超声速飞行器要经历严酷的气动热环境,为确保其运行安全,在设计和研制阶段必须要进行大量的材料、部件甚至整机级的气动热强度试验。其中包含两个关键科学问题:①非线性、超高温、大热流气动热环境试验模拟技术,②气动热环境下的力学试验及测试技术。图 8-17～图 8-19 分别为在上千摄氏度高温下实现的非接触式变形测试技术实例,其中图 8-17 为采用主动成像技术实现 1 200℃高温热变形测量,图 8-18 为实现 1 200℃全场高温变形的非接触、高精度、可验证的定量测量,图 8-19 为实现 1 550℃瞬时高温下的变形定量测量。

目前,DIC 在材料研究方面应用最广泛也最成熟的就是通过 DIC 技术代替引伸计来测量样品在拉伸中的实时应变分步。对于传统的拉伸试验,要想获得试验过程中的应变数据,就需要在样品上装卡一个引伸计来得到应变的数据,它测量的是样品的平均应变,而 DIC

技术可以给出样品中点对点的应变信息,从而可以画出试验过程中的应变分布云图的变化过程,为分析研究材料的变形行为及失效断裂机理提供了良好的途径。图 8-20 是 TC4 钛合金样品在拉伸过程中不同时间的主应变的云图分布情况,图中颜色的深浅就代表着对应位置应变量的高低。

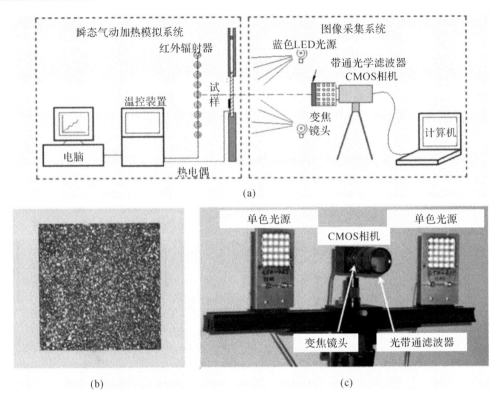

图 8-17 采用主动成像技术实现 1 200℃高温热变形测量

（a）基于红外辐射加热技术和主动成像数字图像相关方法的高超声速飞行器高温变形非接触光学测量系统示意图；（b）表面制有高温散斑的镍基不锈钢板试验件；（c）主动成像数字图像相关测量系统

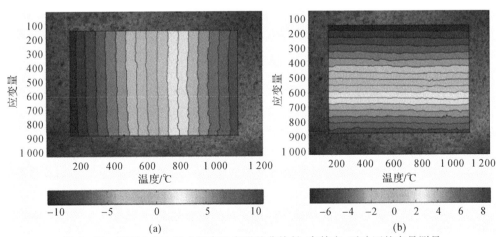

图 8-18 实现 1 200 ℃全场高温变形的非接触、高精度、可验证的定量测量

（a）u 场；（b）v 场

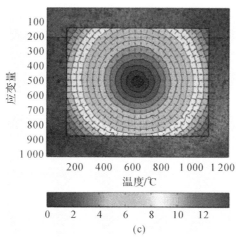

续图 8-18　实现 1 200℃全场高温变形的非接触、高精度、可验证的定量测量

（c）径向位移矢量及等值线图

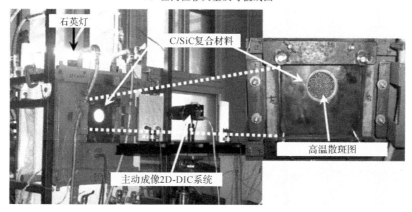

图 8-19　国际领先技术——实现 1 550℃瞬时高温，逼近石英玻璃软化温度 1 600℃

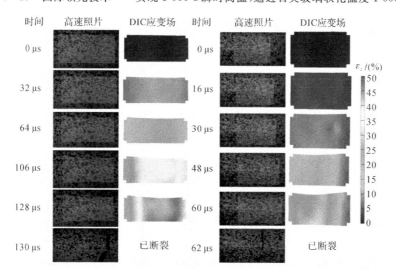

图 8-20　TC4 钛合金在拉伸不同阶段的高速摄影照片及其主应变分布

如前文所述,在进行 DIC 试验之前需要对样品的表面进行标记,通常采用的方法是人工在样品表面随机喷涂黑白漆从而得到一系列的散斑点,而金属材料的微观组织形貌本身也可以作为 DIC 测量的标记,因为只要样品表面具有足够的特征点,DIC 技术就可以用来捕捉这些特征位置进行计算,这种方法一般用于研究和分析材料在受力过程中一个很小的区域内的应变演化。图 8-21 就给出了一种回火处理的双相钢在拉伸过程中不同阶段的微区局域应变分布情况,加载方向沿着水平方向,可以看出材料的局域应变并不均匀,结合材料的微观组织就可以分析组织状态对于材料受力变形以及断裂失效的影响。

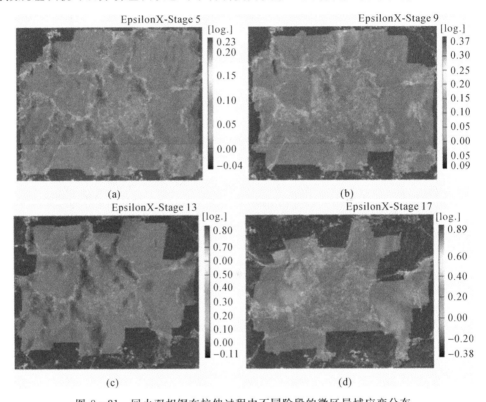

图 8-21 回火双相钢在拉伸过程中不同阶段的微区局域应变分布
(a)局部平均应变:0.089;(b)局部平均应变:0.148;(c)局部平均应变:0.244;(d)局部平均应变:0.405

除了在材料静态力学测试中的广泛应用,DIC 在动态力学测试的疲劳研究领域也大有作为,其中一个应用就是通过 DIC 来表征疲劳裂纹尖端附近的塑性区形状及尺寸。图 8-22 就是利用 DIC 技术对纯钛的疲劳裂纹尖端附近塑性区的形状及尺寸进行定量化表征,它的基本过程是:首先得到裂纹尖端附近的水平位移场和垂直位移场,然后对位移数据进行微分处理得到应变场,再根据胡克定律获得应力场,接着利用米塞斯(von Mises)或者屈雷斯加准则计算等效应力,最后将等效应力数值与材料本身屈服应力数值相等的点连接起来,就得到了裂纹尖端塑性区的形状及尺寸。

DIC 在关于疲劳裂纹方面的另一个用途就是测量裂纹闭合效应。裂纹闭合指的是在循环载荷作用下,疲劳裂纹在由最大力卸载过程中还未达到最小力就提前发生裂纹面接触的一种现象,研究裂纹闭合现象有助于更好地理解材料的疲劳裂纹扩展行为及其微观机制。

图 8-23 和图 8-24 表示的是利用 DIC 对一种铝合金的疲劳裂纹在扩展过程中的裂纹闭合效应进行测量,首先在样品表面的裂纹两侧设置 5 组相对应的标记点,在加载卸载过程中记录标记点位置之间的相对位移变化,从而得出相对位移随着外加载荷的一个变化情况。可以看出,在载荷较小时,相对位移接近于零且保持不变,说明裂纹此时处于闭合状态。随着载荷的逐渐增大,相对位移开始增加,裂纹处于张开状态,接着就可以计算出裂纹闭合张开力的水平,从而为分析疲劳裂纹扩展的性能及微观机制奠定基础。

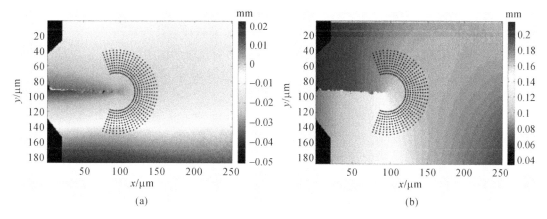

图 8-22　纯钛疲劳裂纹扩展试验裂纹尖端塑性区形状及尺寸的表征

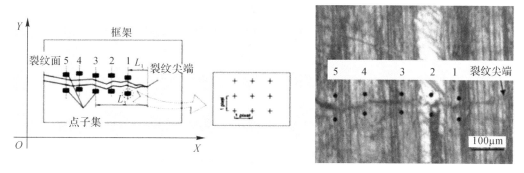

图 8-23　测量裂纹闭合效应设置标记点的示意图及实际照片

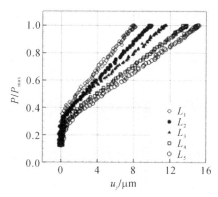

图 8-24　得到的不同标记点相对位移随归一化载荷的变化情况

除了以上列出的几种典型应用,根据材料变形中的位移信息,结合试验中的其他数据信息及相关理论知识,还可以得到材料的许多性能指标及参数(比如材料的弹性模量、泊松比)以及与裂纹相关的断裂力学参数(K 因子、J 积分)等等。

习　　题

1. 简述高速扫描摄影技术与高速分幅摄影技术各自的技术特点与异同。

2. 简述现代数字式高速摄影系统的核心元件和技术原理。

3. 结合高速摄影技术与 DIC 技术,完成 Hopkinson 杆试验中的应变采集,并与 Hopkinson 杆试验传统应变技术方法的计算结果进行对比,分析误差来源。

第9章 结构撞击的试验方法和测试原理

9.1 引 言

随着现代飞行器性能不断提高,飞行器的工作环境变得愈发严酷。有效地模拟飞行器工作中的恶劣环境是检验飞行器正常运作的必要手段。冲击是飞行器运行过程所承受的严酷工况之一,也是导致飞行器损坏的关键因素。因此,模拟冲击环境以考核飞行器的总体性能变得非常重要。

当前,飞行器的冲击环境主要分为标准单脉冲冲击与复杂振荡冲击。标准单脉冲冲击波形可用垂直冲击试验机进行准确的模拟,而模拟复杂的振荡冲击波形通常需要开发专用的冲击设备,如气炮式冲击响应谱试验机、摆锤式冲击响应谱试验机等,同时将振荡冲击时域信号转换为冲击响应谱。因此,进行不同类别的冲击试验需要使用不同的设备。

经典冲击波形的模拟方式简单,但与复杂的振荡冲击波形存在较大的区别。通过对经典波形进行傅里叶变换分析可以发现,该波形包含大量低频能量,而真实的复杂振荡冲击能量主要集中在高频段内。因此,经典冲击试验不能完全模拟真实的冲击环境。为解决这一问题,人们愈发关注准确地模拟较为真实复杂冲击环境的有效方法。近些年逐渐发展起来的冲击响应谱成为当前冲击试验技术的研究热点。冲击响应谱简称冲击谱,将振荡的复杂冲击信号进行相关后处理,以此模拟试验对象的复杂冲击环境。冲击响应谱以复杂振荡信号为基础,因此能够比较真实地等效冲击环境,具有较高的准确性与可行性。

本章通过对冲击响应谱的介绍、现阶段经典冲击波形的发生和复杂冲击波形的发生3个方面的研究工作汇总来阐述垂直冲击试验机技术的试验方法和测试原理。

9.2 冲击响应谱

9.2.1 冲击响应谱概述

反映在特定的激励作用下单自由度系统的最大响应(最大位移、速度、加速度或者其他的量)随固有频率(或者固有周期)变化的曲线称为响应谱。因为所绘的是最大响应对固有频率(或者固有周期)的关系曲线,所以响应谱提供了所有可能的单自由度系统的最大响应。

冲击响应谱是冲击信号的一种后处理方法。利用复杂振荡的冲击信号激励一系列单自由度质量阻尼系统的公共基础,求解每一单自由度系统的位移、速度或加速度响应情况,提取各个单自由度系统的最大响应值,这些最大响应值随各个系统固有频率变化的曲线称为冲击响应谱。确切地说,冲击响应谱是对单自由度系统在单一时间上的响应最大值进行包络形成的谱线,其原理如图 9-1 所示。

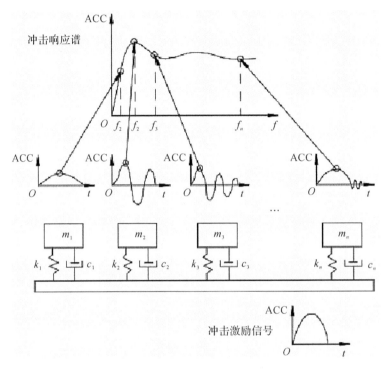

图 9-1 冲击响应谱概念示意图

作为冲击试验的一种考核标准,冲击响应谱能等效地模拟真实冲击环境,具有良好的衡量效果。与傅里叶谱不同,冲击响应谱所表达的是系统受到复杂冲击激励后,其自身的响应结果,而傅里叶谱只是简单地将冲击信号进行时频转换分析,并未对响应系统进行分析。因此,冲击响应谱描述的是冲击对系统的影响,在冲击试验考核方面具有重要的意义。

大多进行冲击模拟试验的研究对象都能依据其自身固有特性分解为一系列固有频率不同的单自由度系统。当该研究对象受到冲击激励时,其响应效果等价于这些单自由度系统的响应情况。因此,研究一系列固有频率不同的单自由度系统的最大冲击响应情况,能够直观、等效地分析出该冲击信号引起研究对象的响应情况。在线弹性范围内,实际系统最大响应值的物理意义是最大应力、应变值,这是导致该系统损伤破坏的直接原因。通过冲击响应谱考核试验对象,能够精确地分析出该系统的薄弱结构,对试验对象的结构优化设计具有良好的指导作用。

冲击响应谱的横坐标为单自由度系统固有频率,纵坐标为各系统的最大响应值。最大响应信号可以是位移、速度或者加速度。冲击响应谱类型可以依据系统响应类型划分,而响应类型的相关参数又可以将冲击响应谱细分为绝对加速度谱、相对加速度谱、绝对速度谱、相对速度谱、伪速度谱、绝对位移谱和相对位移谱等,不同类型的冲击谱分别含有重要意义。

(1)绝对加速度谱:单自由度系统的最大加速度响应,其确定了系统中弹性结构与阻尼联合作用时，产生的应力效果。

（2）相对加速度谱：单自由度系统基础受到冲击激励时的最大加速度响应，其直观地表示了系统的抗冲击能力。

（3）绝对速度谱：单自由度系统的最大速度响应，其能确定系统在受到冲击激励时的最大动能。

（4）相对速度谱：系统基础受到的速度激励与系统自身的速度响应关系，其可以确定系统中黏弹性阻尼引起的应力和结构损耗的最大能量。

（5）伪速度谱：某个频率点下，最大相对位移响应的绝对值 $|z_{max}|$ 与固有频率 ω_n 的乘积 $|z_{max}| \cdot \omega_n$ 即为该频率点下的虚拟速度，也称伪速度。

（6）绝对位移谱：系统关于一个惯性参考平面的最大位移响应。

（7）相对位移谱：系统响应相对于基础的最大位移，在计算结构响应变形和应变时能起到良好的测试作用。

对于小阻尼、固有频率为 ω_n 的单自由度系统响应，其最大相对位移 δ_{max}、最大相对速度 $\dot{\delta}_{max}$ 和最大绝对速度 $\ddot{x}_{max}$ 存在如下近似关系：

$$\left.\begin{array}{l} \dot{\delta}_{max} = \omega_n \delta_{max} \\ \ddot{x}_{max} = \omega_n \dot{\delta}_{max} \\ \ddot{x}_{max} = \omega_n^2 \delta_{max} \end{array}\right\} \tag{9-1}$$

考核产品运载过程的冲击试验多使用绝对加速度响应谱。检测减振类装置的抗冲击效果时常使用最大相对位移谱。在舰船冲击试验中，为了考察舰船设备及其电子元件的抗冲击性能，通常使用伪速度响应谱。

根据系统响应最大值的选取时间段和响应方向，冲击响应谱又可以分为初始响应谱、残余响应谱、正响应谱、负响应谱和最大响应谱。

（1）初始响应谱：单自由度系统在冲击信号作用时间内的最大响应值。

（2）残余响应谱：系统在冲击信号作用结束后所产生的最大响应值。

（3）正响应谱：系统与冲击激励信号作用方向相同的最大响应值。

（4）负响应谱：系统与冲击激励信号作用方向相反的最大响应值。

（5）最大响应谱：初始响应谱与残余响应谱的最大值包络谱线。

由于绝对加速度响应谱和最大响应谱能够反映系统受到冲击后的最严酷的情况，因此两者在冲击响应谱试验中使用最为广泛。

9.2.2 经典波形冲击响应谱特点

工程上早期使用的冲击响应谱是基于经典冲击波形计算得来的，该类冲击响应谱的横纵坐标通过 $a_{max}/A - f_n D$ 表示，其中横坐标采用对数坐标，纵坐标通过线性形式表达。通过计算经典冲击波形得到的标准冲击响应谱一般可分为 3 个区域：冲击隔离区、冲击放大区和等冲击区。图 9-2 为峰值 $50g$、脉宽 $10\ ms$ 的半正弦波、后峰锯齿波、方波 3 类经典冲击波形对应的冲击响应谱曲线。

（1）冲击隔离区：又称为缓冲区。当经典冲击波形所持续的时间 D 与单自由度系统的

固有频率 f_n 的乘积小于 0.3，即 $f_nD<0.3$ 时，系统的最大响应值通常小于经典冲击波形的最大幅值，即 $a_{max}/A<1$。另外，f_nD 的值越小，单自由度系统的隔震效果就越好，其性质表现为单调下降。

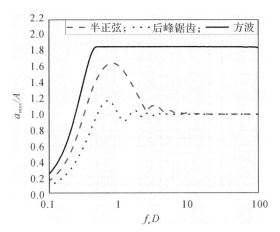

图 9-2　经典波形归一化冲击响应谱

（2）冲击放大区：当经典冲击波形的持续时间 D 与单自由度系统的固有频率 f_n 之积落在 0.3～10 的区间范围内时，系统的最大响应值将大于经典冲击信号的最大幅值，即 $a_{max}/A>1$。在此区域内，冲击信号的作用效果将被放大，其放大系数将先增加后减小。

（3）等冲击区：在冲击激励持续时间与系统固有频率之积 $f_nD>10$ 之后，单自由度系统的响应幅值将和冲击信号的最大值相当。此时，系统的响应将不再被放大。

上述冲击响应谱的特点是基于经典冲击波形分析得出的，当冲击激励信号为复杂的振荡波形时，以上特点便不再适用。

9.2.3　冲击响应谱试验技术规范

冲击是大量能量瞬间释放、转换和传递的过程，具有持续时间短、波形非周期等特点。在实验室难以模拟真实冲击时域波形，但可以模拟冲击环境对试验对象造成的损伤效果，即等效损伤原则。

等效损伤是指冲击模拟试验使研究对象产生的损伤或故障与真实冲击环境对其破坏程度相当。损伤表现为试验对象结构强度的破坏，故障则是试验对象的功能受到损坏。因此，等效损伤的模拟主要是考察试验样品的结构强度及其功能的稳定性。

对于单自由度系统，在弹性极限范围内，应力与应变为线性关系，应变直接与材料质点位移、速度和加速度等运动量相关，其大小直接决定了系统的结构强度与功能稳定，因此考核系统在冲击环境作用下的最大运动量，可等效地检验其损伤程度。将冲击响应谱作为冲击试验的技术规范，以系统最大响应相当为原则，可实现冲击环境的模拟。

现如今，冲击响应谱指标需要根据实际冲击环境制定，通过提出冲击响应谱上升段斜率 k，最大加速度峰值 a_{max}，起始频率 f_1，终止频率 f_3，拐点频率 f_2 以及上下容差 ϕ 这 7 项指标设计冲击响应谱试验要求，如图 9-3 所示。

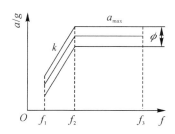

图 9-3　冲击响应谱试验技术规范

9.2.4　冲击响应谱计算方法

为简化讨论,考虑如图 9-4 所示的单个单自由度系统,其中 m,c 和 k 分别为该单自由度系统的质量、阻尼系数及刚度,f_n 为其固有频率,$\ddot{y}$ 为输入该单自由度系统的冲击激励加速度信号,$\ddot{x}$ 为在此冲击信号下的响应。

根据牛顿定律,可以得到以下控制微分方程:

$$m\ddot{x} + c\dot{x} + kx = c\dot{y} + ky \qquad (9-2)$$

定义质量块相对于基座的相对位移 $z = x - y$,则由式 (9-2)可得

$$m\ddot{z} + c\dot{z} + kz = -m\ddot{y} \qquad (9-3)$$

无阻尼固有频率:

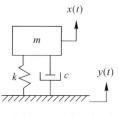

图 9-4　单自由度
机械系统

$$\omega_n = \sqrt{\frac{k}{m}} \qquad (9-4)$$

式中:ω_n 是以 rad/s 为单位的固有频率。

系统阻尼比:

$$\zeta = \frac{c}{2m\omega_n} \qquad (9-5)$$

需要注意的是,ζ 通常用放大系数 Q 表示,$Q = 1/(2\zeta)$ 被称为品质因数。

将式(9-4)和式(9-5)代入式(9-3)可得相对应的运动方程:

$$\ddot{z} + 2\zeta\omega_n\dot{z} + \omega_n^2 z = -\ddot{y} \qquad (9-6)$$

解式(9-6)的微分方程即可得到冲击响应谱的峰值[$\max(\ddot{x})$]与单自由度系统固有频率的关系,从而将冲击时域加速度信号转化为频域的冲击响应谱表达。对于经典冲击等简单的冲击输入载荷,可以使用 Duhamel 原理求解解析解。然而,对于冲击激励输入信号 $\ddot{y}$ 是任意函数(大多数情况下比较复杂)的一般情况,式(9-6)不具有解析解,此时需要使用某种形式的数值计算方法。最常用的单自由度响应数值计算方法有龙格库塔(Runge-Kutta)法、隐式积分法、Kelly-Richman 数字滤波法以及改进的斜坡不变数字滤波递归法。

这里主要介绍改进的斜坡不变数字滤波递归法,其由 Smallwood 首次提出,该算法具有物理意义明确、算法简单明了、计算速度快、计算精度高等优点,成为目前普遍使用的冲击响应谱数值算法及工程标准。其递归推导过程如下:

如果单自由度系统没有初始累计能量,那么响应加速度与输入加速度连接的传递函数为

$$H(s) = \frac{\ddot{X}_{max}(s)}{\ddot{Y}(s)} = s = \frac{2\zeta\omega_n s + \omega_n^2}{s^2 + 2\zeta\omega_n s + \omega_n^2} \tag{9-7}$$

后续将采用改进的斜坡不变数字滤波递归法,该算法的关键是要考虑使用斜坡不变方法对连续系统的响应进行采样,使用 $H(z)$ 来描述数字滤波系统,将得到与离散序列相同的结果,如下式所示:

$$Z\left\{L^{-1}\left[\frac{H(s)}{s^2}\right]_{t=nT}\right\} = H(z) \cdot \frac{Tz}{(z-1)^2} \tag{9-8}$$

式中:$T = 1/f_s$ 为采样周期,f_s 为采样频率。SRS 计算标准中建议使用至少为目标最高频率 10 倍的采样频率,则有

$$H(z) = \frac{b_0 + b_1 z^{-1} + b_2 z^{-2}}{1 + a_1 z^{-1} + a_2 z^{-2}} \tag{9-9}$$

数字滤波器各个参数的值通过以下给出的公式进行计算:

$$\left.\begin{array}{l} b_0 = 1 - \exp(-A) \cdot \dfrac{\sin B}{B} \\[2mm] b_1 = 2\exp(-A) \cdot \left(\dfrac{\sin B}{B} - \cos B\right) \\[2mm] b_2 = \exp(-2A) - \exp(-A) \cdot \dfrac{\sin B}{B} \\[2mm] a_1 = -2\exp(-A) \cdot \cos B \\[2mm] a_2 = \exp(-2A) \end{array}\right\} \tag{9-10}$$

式中:

$$\left.\begin{array}{l} A = \dfrac{\omega_n T}{2Q} \\[3mm] B = \omega_n T \cdot \sqrt{1 - \dfrac{1}{4Q^2}} \end{array}\right\} \tag{9-11}$$

则可以得到由数字滤波系数表示的响应加速度与输入加速度的差分方程:

$$\ddot{x}_i = b_0 \ddot{y}_i + b_1 \ddot{y}_{i-1} + b_2 \ddot{y}_{i-2} - a_1 \ddot{x}_{i-1} - a_2 \ddot{x}_{i-2} \tag{9-12}$$

式中:$\ddot{x}_i$ 为系统在采样时间点 i 处的绝对加速度响应;$\ddot{y}_i$ 为系统在采样时间点 i 处的加速度激励输入信号。

9.3 垂直冲击试验机

9.3.1 冲击试验机简介

冲击试验机从 20 世纪初期开始研制,一般根据质量大小选择相应的冲击台,如轻型冲击台和浮动冲击台。进入 20 世纪 60 年代,冲击机可以通过规定指定的冲击波形进行试验,

根据实际情况下的冲击波形,选择半正弦波、矩形波、正矢波或后峰锯齿波作为冲击台模拟冲击的波形。

目前,主流的经典冲击试验设备有垂直冲击试验机、水平冲击试验机和水平加速台车等等。此类设备主要以模拟经典冲击波形为目的。冲击响应谱试验主要可通过以下 3 种方式进行:

(1)电动振动台模拟。利用小波综合与衰减正弦波形合成振荡时域波形,并输入电动振动台进行冲击响应谱模拟。由于受到电动振动台振动幅值与频率的限制,该方法产生的冲击响应谱幅值一般在 1 000g 以下,频率在 3 000 Hz 以内,所以电动振动台主要用于模拟低量级的冲击响应谱。

(2)机械撞击模拟。为提高冲击响应谱的量级与频域宽度,通过一质量块撞击一类谐振响应结构,如悬臂梁或薄板,进而产生振荡的复杂冲击信号,形成冲击响应谱。利用机械结构的固有响应特性,产生的冲击响应谱幅值可达 5 000g,响应频率上限提高到 10 000 Hz。

(3)火工爆炸模拟。航天器产品受到的冲击主要由爆炸引起,如火箭的级间分离、舱段对接撞击等。通过火工品爆炸可直接模拟真实的冲击环境。火工品爆炸形成的冲击响应谱幅值可达 10 000g 以上,响应频率超过 10 000 Hz,但因火工产品的重复性低、危险性大,试验受到较大限制。

综上所述,当前国内进行冲击响应谱试验的方式以机械撞击类型为主,且已经形成多种应用广泛的试验设备。

垂直冲击试验机是进行经典冲击试验的主要设备,通过释放跌落台面,撞击波形发生器,产生单脉冲冲击波形。该设备结构简单,波形可调,冲击性质可控,并且在合适的精度要求内可以重复冲击,对于模拟冲击环境具有重要的应用。图 9-5 为该冲击试验机的结构简图。

其工作原理为:将样品直接固紧到台面或通过夹具固紧到台面上,将工作台面提升至一定的高度,释放后自由跌落,或使用压缩空气

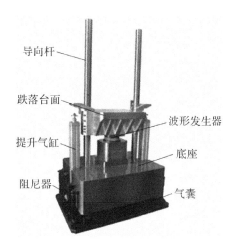

图 9-5　垂直冲击试验机

加速,台面底部与底座上的缓冲垫层(波形发生器)碰撞,使台面受到一个向上的冲击载荷,再由台面将所产生的脉冲载荷传递给固定于台面的样品,从而实现对固定于台面上的产品的冲击。另外,在台面上装有加速度感测器,通过测量台面的加速度,以确定样品所承受到的冲击脉冲载荷。

9.3.2　垂直冲击试验机理论模型

根据垂直冲击试验的工作原理,将其整体结构简化为二自由度系统,可求解跌落台面的加速度波形,如图 9-6 所示。其中,k_1 和 c_1 分别为波形发生器的等效刚度和等效阻尼系数,c_2 为阻尼器阻尼系数,$F(x_2)$ 为气囊弹性力。

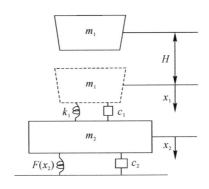

图 9 - 6　垂直冲击试验机二自由度模型

其动力学方程为

$$m_1\ddot{x}_1 + k_1(x_1 - x_2) + c_2(\dot{x}_1 - \dot{x}_2) - m_1 g = 0 \\ m_2\ddot{x}_2 + F(x_2) + c_2\dot{x}_2 - k_1(x_1 - x_2) - c_1(\dot{x}_1 - \dot{x}_2) - m_2 g = 0$$ (9 - 13)

当跌落台面与不同类型的波形发生器碰撞时,便能形成不同的单脉冲冲击波形,如半正弦波、后峰锯齿波和梯形方波等。这类冲击波形均属于经典冲击波形。

9.3.3　垂直冲击试验机仿真方法

冲击试验机仿真优化指的是利用有限元方法模拟冲击过程,得到谐振板的加速度时域信号,利用编写的冲击响应谱分析软件得到冲击谱。通过分析谐振板固有频率、炮弹的质量和冲击速度等因素对响应谱的影响,得到各因素对响应谱波形的影响规律,可为实际调试工作提供理论基础。其仿真调试流程如图 9 - 7 所示。

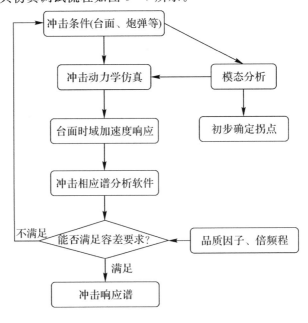

图 9 - 7　冲击试验机仿真调试流程框图

　　模态是机械结构的固有振动特性,经大量的试验及仿真分析,在垂直冲击的台面设计过程中,结构固有频率特别是低阶模态将直接影响响应谱的拐点频率,可以通过改变台面的四周连接方式和台面厚度来改变台面垂直方向的固有频率,以便达到需要的响应谱拐点设计。

9.4　波形发生器

　　波形发生器是一种可以模拟真实冲击环境下冲击波形的媒介。所产生波形类型与模拟精确度主要由冲击方式、波形发生器的材料、结构等因素共同决定。经典波形均可由冲击试验机跌落台面以一定初速度撞击对应的波形发生器而产生。根据实际生产生活与工业发展的需要,目前应用较为广泛且试验波形相对理想标准波形较为接近的波形发生器主要分为3 种,分别是用于产生半正弦波的橡胶波形发生器(a)、产生后峰锯齿波的铅锥波形发生器(b)以及产生梯形波的气缸波形发生器(c),如图 9 - 8 所示。

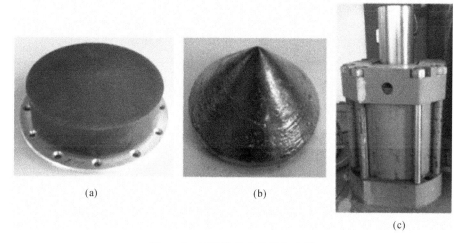

图 9 - 8　不同种类的波形发生器

通过垂直试验机跌落台面撞击它们所产生的理想经典波形如图 9 - 9 所示。

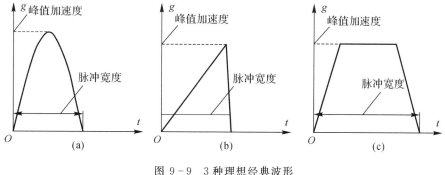

图 9 - 9　3 种理想经典波形

　　除此之外,还有较为复杂的模拟水下舰船冲击环境的双波冲击试验机和模拟火工品爆炸冲击环境的冲击响应谱发生器,将在后文进行着重介绍。

由于冲击过程中实际环境因素的影响,因此真实试验波形与理想的半正弦波、后峰锯齿波、梯形波有较为明显的差别。以半正弦波为例,如图 9-10 所示,试验测得的波形相对标准半正弦波主要体现为"尖峰细腰"。

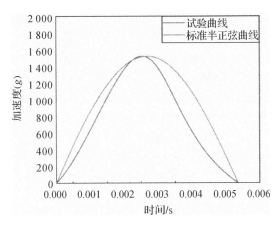

图 9-10   试验曲线与标准半正弦对比图

近年来,工程研究人员为了探究影响波形发生器所产生波形参数的因素并改善其相对标准冲击波形的精确度提出了一系列波形发生器的改进方案,建立了近似的理论模型,以下选取其中体系相对完善的模型进行列举。

9.4.1   橡胶垫-半正弦波形发生器

橡胶波形发生器的主要应用是产生近似半正弦的冲击脉冲,用于对许多产品(如蜂窝纸板、硬盘驱动器、转子-轴承系统、印刷电路板、微机电系统器件等)进行冲击试验。目前可以较为精确预测橡胶波形发生器产生波形的非线性动力学模型可表示如下:

$$m\ddot{x} + kx + \beta x^3 + \frac{b_3 + b_4 x^2}{\sqrt{b_5 + \dot{x}^2}}\dot{x} = 0 \qquad (9-14)$$

式中:m 为冲击负载质量;k,β 和 x 分别为橡胶垫的线性刚度、非线性刚度和变形位移;b_3,b_4,b_5 为橡胶垫的阻尼系数基本参数。

$$\left.\begin{aligned} &k = \alpha_1(\dot{x}_0)k_s \\ &k_s = 1.20\pi\frac{\Phi^2}{4H}\left[1 + 1.65\left(\frac{\Phi}{4H}\right)^2\right]\Omega \\ &\Omega = 2(1+\upsilon)G \\ &G \approx 0.117\exp(0.034HA) \\ &\beta = \alpha_2(\dot{x}_0)(k_s \times 10^4) \\ &b_i = \alpha_i(\dot{x}_0)b_i^b, \ i = 3,4,5 \end{aligned}\right\} \qquad (9-15)$$

式中:k_s,Φ,H 分别为橡胶垫的静刚度、直径和厚度;Ω,G,HA 分别为橡胶垫的压缩弹性模量、剪切弹性模量和邵氏硬度;υ 为橡胶材料的泊松比;b_i^b 为系数 b_i 的基本性能参数,通过预试验估算得到;$\alpha_1(\dot{x}_0),\alpha_2(\dot{x}_0),\cdots,\alpha_5(\dot{x}_0)$ 为无量纲修正系数,与负载初始冲击速度 $\dot{x}_0$ 有关,可通过试验标定得到。

此模型综合了已有的 Duffing 方程、Pan-Yang 模型和圆柱橡胶隔振器刚度经验计算公式的研究成果,这 3 种方法可以分别对橡胶波形发生器的超弹性、非线性黏弹性和几何因素进行建模。此外还考虑了初始冲击速度的影响,可以准确预测橡胶垫的冲击波形。

结合图 9-5 的垂直冲击试验机,综合考虑以下 5 种影响因素:

(1)底座、阻尼器和缓冲气囊组成的减振系统的影响;

(2)台面自身的柔性;

(3)台面从跌落到与波形发生器接触过程中的速度损失;

(4)台面和底座自身重力对半正弦波形发生器和缓冲气囊变形量的影响;

(5)半正弦波形发生器自身刚度和阻尼的非线性特性。

建立冲击响应动力学试验系统模型如图 9-11 所示。

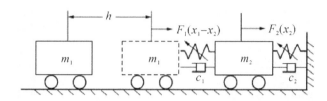

图 9-11 二自由度非线性动力学模型

图 9-11 中,m_1 为台面质量,m_2 为底座质量,h 为台面跌落高度,x_1 和 x_2 分别为 t 时刻台面和底座的绝对位移。同样规定台面与波形发生器接触时刻为冲击起始时刻,分离时刻为冲击结束时刻,并忽略波形发生器自身质量,从而 x_1-x_2 为波形发生器的变形量;$F_2(x_2)$ 为缓冲气囊变形引起的恢复力;c_2 为阻尼器的阻尼系数,c_1 为橡胶波形发生器的阻尼系数,具体表达式如下:

$$c_1 = \frac{\alpha_3 b_3^b + \alpha_4 b_4^b (x_1 - x_2)^2}{\sqrt{\alpha_5 b_5^b + (\dot{x}_1 - \dot{x}_2)^2}} \tag{9-16}$$

建立该系统的冲击动力学方程为

$$\left. \begin{aligned} &m_1 \ddot{x}_1 + k(x_1 - x_2) + \beta(x_1 - x_2)^3 + c_1(\dot{x}_1 - \dot{x}_2) = m_1 g \\ &m_2 \ddot{x}_2 + F_2(x_2) + c_2 \dot{x}_2 - k(x_1 - x_2) - \beta(x_1 - x_2)^3 - c_1(\dot{x}_1 - \dot{x}_2) = m_2 g \\ &x_1(0) = x_2(0) = 0 \\ &\dot{x}_1(0) = -\mu\sqrt{2gh} \\ &\dot{x}_2(0) = 0 \end{aligned} \right\} \tag{9-17}$$

式中:μ 为台面从跌落到碰撞波形发生器过程中的速度损失系数,取值范围为(0.7,1)。结合相关初始条件,可以采用龙格库塔方法求解非线性动力学方程组[见式(9-17)]得到半正弦波形发生器的冲击响应脉冲。冲击器质量 m、线性刚度 k、非线性刚度 β、橡胶波形发生器的阻尼系数 c_1 和初始冲击速度 $\dot{x}_1(0)$ 对试验测得波形脉宽、峰值、形状均有不同程度的影响。

在其他量固定的情况下,脉冲宽度会随 k,β,$\dot{x}_1(0)$ 的增大而减小,随 m 或 c_1 的增大而增大。峰值加速度会随 k,β,$\dot{x}_1(0)$ 的增大而增大,随 m 或 c_1 的增大而减小。波形形状上,"尖峰细腰"的程度会随 k 的减小,β,m 和 $\dot{x}_1(0)$ 的增大而更加明显;阻尼系数 c_1 主要影响波形的对称性,由图 9 - 10 所示,这种影响可以描述为冲击脉冲的上升部分是陡峭的,而冲击脉冲的下降部分是渐进的。换言之,冲击脉冲的上升部分形状更接近理想化的半正弦脉冲,而下降部分的形状更严重地偏离理想化的半正弦脉冲。同时,与理想半正弦的对称轴相比,被测脉冲的峰值轴略微偏左,c_1 的值越大,这种效应则越明显。

9.4.2 气缸式梯形波发生器

梯形冲击脉冲比半正弦和后峰锯齿冲击脉冲在更宽的频谱范围上产生更高的响应,被广泛用作电子产品可靠性评估的冲击试验波形。目前,梯形冲击波形主要是通过气缸式梯形波发生器和跌落冲击测试仪配合产生的。图 9 - 12 为气缸式梯形波发生器的结构剖面图。

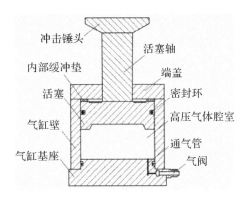

图 9 - 12　梯形波发生器气缸机械结构

其中,密封腔内的恒压气体用于在波形中间产生恒加速度值。如图 9 - 13 所示,跌落冲击试验机与梯形波发生器之间的安装方式可分为垂直安装和倒置安装两种。可以发现,在倒置安装时,梯形波发生器与冲击试验台固定在一起,而在垂直安装时,梯形波发生器安装在冲击试验台的底座上。这两种安装方式的工作程序相似:首先,将工作台沿导杆抬高到所需高度;其次,自由下落工作台,使梯形波发生器以期望的初速度撞击;最后,用安装在冲击试验台上的加速度计测量加速度-时间信号。

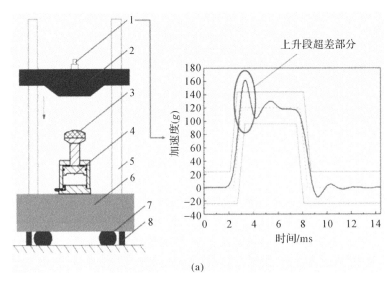

(a)

1—加速度计;2—跌落冲击试验台;3—橡胶垫;4—梯形波发生器;
5—导杆;6—跌落冲击试验底座;7—波纹管式空气弹簧;8—跌落冲击试验阻尼器
图 9 - 13　跌落冲击测试仪与梯形波发生器的两种安装方式
(a)垂直安装

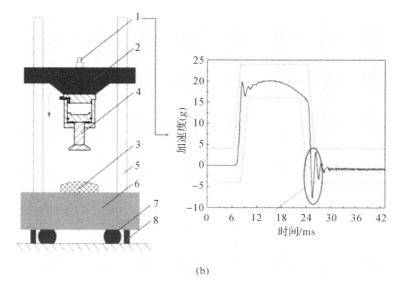

1—加速度计；2—跌落冲击试验台；3—橡胶垫；4—梯形波发生器；

5—导杆；6—跌落冲击试验底座；7—波纹管式空气弹簧；8—跌落冲击试验阻尼器

续图 9 - 13　跌落冲击测试仪与梯形波发生器的两种安装方式

(b) 倒置安装

在垂直安装样式中,在台面与梯形波发生器碰撞的瞬间,冲击力会通过冲击锤直接传递到台面上,导致产生的冲击波形上升拐点处超差。在倒置安装情况下,冲击力通过梯形波发生器中的高压气体传递到工作台,在一定程度上抑制了上升坡道的过偏。因此,在实际冲击试验中,倒置安装比垂直安装采用得更广泛,但残余波仍存在超差现象,其主要由活塞与梯形波发生器的端盖碰撞造成。

倒置安装方式产生梯形波的工作机理如图 9 - 14 所示。图 9 - 14(a)中,当跌落台和梯形波发生器一起自由落体运动时,梯形波发生器中的压力是内力,因此跌落台的加速度为零(忽略重力)。之后,如图 9 - 14(b)所示,当梯形波发生器的冲击锤撞击橡胶垫时,橡胶垫将受到梯形波发生器的压缩,所产生的弹性力将随着橡胶垫压缩量的增加而增加,这一过程导致在图 9 - 14(d)中出现上升斜坡段。在此之后,随着橡胶垫的进一步压缩,弹性力将大于梯形波发生器内的气体压力,因此,活塞将从梯形波发生器的底部向上移动,随着活塞的向上移动,梯形波发生器中的气体将被进一步压缩。相应地,内部气体压力会大于橡胶垫的弹性力,导致活塞向下运动,这个过程对应产生了如图 9 - 14(d)中梯形波的恒加速度段。由于活塞的上下运动,上升段与下降段之间的恒加速度段近似为一条椭圆曲线,但如果合理设计梯形波发生器的腔室容积和初始气压,这条椭圆曲线仍可控制在公差范围内。最后,随着活塞的向下运动,梯形波发生器的腔室气压和底部橡胶垫的变形都将恢复到初始状态,冲击锤与橡胶垫分离,这一过程产生了图 9 - 14(d)梯形波的下降段。如图 9 - 14(c)所示,由于在冲击锤与橡胶垫之间的碰撞过程中,活塞与梯形波发生器端盖之间仍存在相对速度,这将造成这两个部件之间的碰撞,这是产生残余波超差的主要因素。

如图 9 - 15 所示,梯形波发生器的分段线性弹簧-质量模型清楚地描述了梯形波发生器在冲击试验中的动力学行为。

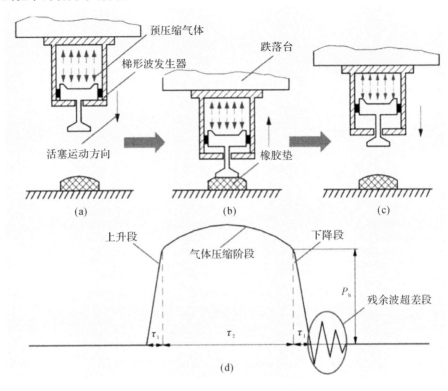

图 9-14 倒置安装波形发生工作机理

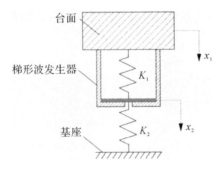

图 9-15 梯形波发生器动力学模型

此模型可表述为下式：

$$\left.\begin{array}{l} M_s\ddot{x}_2 + K_2 x_2 = 0, \quad |x_2| \leqslant F_{p0}/K_2 \\ M_s\ddot{x}_1 + K_e x_1 = 0, \quad |x_1| > F_{p0}/K_2 \end{array}\right\} \qquad (9-18)$$

式中：M_s 为梯形波发生器和跌落冲击试验台的质量之和；x_2 为橡胶垫的变形量；K_2 为橡胶垫的刚度；x_1 为跌落冲击试验台朝向底座的绝对位移；K_1 为梯形波发生器的非线性刚度；$K_e = K_1 K_2/(K_1 + K_2)$ 是 K_1 与 K_2 串联的等效刚度；而 F_{p0} 是梯形波发生器的初始气压。根据此模型结合图 9-14(d)，梯形波的脉冲宽度可以等效为 $2\tau_1 + \tau_2$，其中 τ_1 是上升和下降斜坡的持续时间，τ_2 是恒加速度相位的持续时间。P_h 是梯形波形的脉冲高度。τ_1, τ_2 和 P_h 的值计算式如下：

$$\left.\begin{array}{l} \tau_1 = \dfrac{1}{\omega_2}\arcsin\left(\dfrac{\omega_2 x_2}{v_0}\right) \\[2mm] \tau_2 = \dfrac{2}{\omega_2}\sqrt{\dfrac{2M_s g K_2 h}{F_{p0}^2} - 1} \\[2mm] P_h = \omega_2^2 x_2 \end{array}\right\} \tag{9-19}$$

式中：$\omega_2 = \sqrt{\dfrac{K_2}{M_s}}$ 是橡胶垫的固有频率；$v_0 = \sqrt{2gh}$ 是台面的初速度（h 是梯形波发生器的落差高度）。由式（9-19）可得，脉冲宽度和脉冲幅度由橡胶垫的刚度、工作台和梯形波发生器的质量之和、梯形波发生器的落差高度和初始气压等因素共同决定。

为了解决倒置安装残余波超差的问题，研究人员设计了分离式结构的梯形波发生器，其与垂直跌落冲击台的安装方式如图 9-16 所示。分离式结构的梯形波发生器解决了原始梯形波发生器的超差现象，活塞杆和冲击锤与活塞分离。这个优化措施相当于将冲击锤质量、活塞杆直径和活塞杆长度均减小到 0。优化后的分离式梯形波发生器在冲击试验中的冲击强度得到了很大程度的减轻。

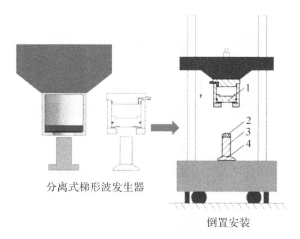

分离式梯形波发生器

倒置安装

1—活塞；2—橡胶垫；3—活塞杆；4—冲击锤
图 9-16 分离式梯形波发生器及其安装方式

9.4.3 铅锥-后峰锯齿波发生器

目前，国内外常采用铅块配合跌落式冲击试验台的方式开展后峰锯齿冲击试验，即利用铅块受压时的非弹性，通过改变铅块的尺寸和形状得到不同量级的后峰锯齿波形。日本吉田精机株式会社的 ASQ 系列冲击台采用铅锥作为后峰锯齿波形发生器，结果发现当铅锥底面积不变时，后峰锯齿波脉宽随着锥角的增大而减小。相对于圆台体和圆柱体铅块，圆锥体铅块可获得较好的后峰锯齿波形，且随着铅锥锥角的增大，响应加速度峰值增大、脉宽减小。

后峰锯齿冲击波的波形没有变形后的恢复阶段，代表作为波形发生器的材料或结构在达到某一变形量后突然失去了抵抗变形的能力。目前通常采用冲击铅锥法，利用铅锥受压时的非弹性产生瞬态波形(即后峰锯齿冲击波)。图9-17为后峰锯齿冲击脉冲波形及容差要求。

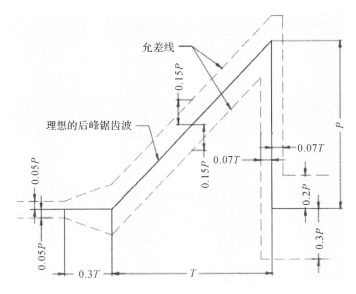

图9-17 后峰锯齿冲击脉冲波形及容差要求

跌落式冲击试验台产生后峰锯齿冲击波的原理如图9-18所示:产品固定在冲击台面上,将台面提升至特定高度后突然释放,使产品和台面一起跌落在铅锥上;从台面接触铅锥时起,台面向下运动受阻产生一个与重力方向相反的加速度,同时铅锥发生塑性变形,加速度近似于线性增加;在铅锥达到某一变形量后加速度突然降至0,即响应加速度曲线呈现后峰锯齿波形。试验过程中通过数据采集系统采集冲击信号进行处理和分析。

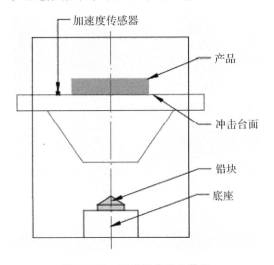

图9-18 后峰锯齿发生装置

铅锥的压缩物理模型如图9-19所示,设铅锥为理想刚塑性体,且铅锥被压缩过程中遵循体积不变定律,即塑性变形前的体积与变形后的体积相等。

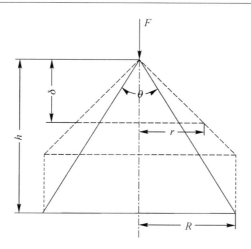

图 9 - 19　铅锥的压缩物理模型

根据体积不变定律,有

$$\frac{1}{3}\pi R^2 h = \frac{1}{3}\pi(h-\delta)(R^2 + Rr + r^2)$$ (9 - 20)

式中:R 为铅锥底面半径;h 为铅锥高度;δ 为铅锥压缩量;r 为铅锥被压缩后上表面的半径。

解方程可得

$$r = \frac{R}{2}\left(\sqrt{\frac{h+3\delta}{h-\delta}} - 1\right)$$ (9 - 21)

故可知,当 $r=R$ 时,铅锥压缩量 $\delta = \frac{2}{3}h$。为了简化计算,认为铅锥在压缩过程中其径向应变量呈线性增大,则有

$$\frac{R}{\frac{2}{3}h} = \frac{r}{\delta}$$ (9 - 22)

可推得

$$r = \frac{3\delta}{2}\tan\frac{\theta}{2}$$ (9 - 23)

式中:θ 为铅锥锥角。设铅锥的屈服应力为 σ_s,则铅锥所受冲击力的计算式为

$$F = \pi r^2 \sigma_s$$ (9 - 24)

将式(9 - 23)代入式(9 - 24),即得

$$F = \frac{9}{4}\sigma_s \pi \delta^2 \tan^2\frac{\theta}{2}\mathrm{d}\delta$$ (9 - 25)

设冲击块质量为 m_1,铅锥被压缩过程中冲击块的速度为 v,则

$$\frac{\mathrm{d}v}{\mathrm{d}t} = \frac{\mathrm{d}^2\delta}{\mathrm{d}t^2} = -\frac{F}{m_1}$$ (9 - 26)

由式(9 - 25)和式(9 - 26)可得

$$\frac{1}{2}\mathrm{d}\left[\left(\frac{\mathrm{d}\delta}{\mathrm{d}t}\right)^2\right] = -\frac{9}{4m_1}\sigma_s \pi \delta^2 \tan^2\frac{\theta}{2}\mathrm{d}\delta$$ (9 - 27)

忽略摩擦力造成的机械能损失，则铅锥即将被压缩时冲击块的速度为 $v_0 = \sqrt{2gH}$，其中 H 为冲击块的跌落高度。对式（9-27）积分可得

$$\frac{1}{2}\mathrm{d}\left[\left(\frac{\mathrm{d}\delta}{\mathrm{d}t}\right)^2 - v_0^2\right] = -\frac{3}{4m_1}\sigma_s\pi\delta^3\tan^2\frac{\theta}{2} \tag{9-28}$$

当 $v = 0$ 时，铅锥的压缩量最大，故铅锥最大压缩量的计算式为

$$\delta_{\max} = \left(\frac{2m_1v_0^2}{3\sigma_s\pi\tan^2\dfrac{\theta}{2}}\right)^{\frac{1}{3}} \tag{9-29}$$

由式（9-25）和式（9-29）可推得冲击加速度峰值为

$$a_{\max} = \left(\frac{9\pi\sigma_s}{4m_1}\right)^{\frac{1}{3}}\left(3gH\tan\frac{\theta}{2}\right)^{\frac{2}{3}} \tag{9-30}$$

对式（9-28）积分可得铅锥压缩时间为

$$\mathrm{d}t = \frac{\mathrm{d}\delta}{v_0\sqrt{1 - \left(\dfrac{\delta}{\delta_{\max}}\right)^3}} \tag{9-31}$$

令 $x = \delta/\delta_{\max}$，对式（9-31）积分可得

$$t = \frac{\delta_{\max}}{v_0}\int_0^1\frac{\mathrm{d}x}{\sqrt{1 - x^3}} \tag{9-32}$$

求解式（9-29）和式（9-32），可得冲击脉宽为

$$T = 1.4\left(\frac{2m_1}{3\pi\sigma_s\sqrt{2gH}\tan^2\dfrac{\theta}{2}}\right)^{\frac{1}{3}} \tag{9-33}$$

设冲击块质量 $m = 100$ kg，铅锥锥角 $\theta = 55.3°$，通过以上数值分析模型求解得到图 9-20 所示的不同跌落高度下的冲击响应加速度。可以看到，随着跌落高度的增大，响应加速度峰值增大，脉宽减小。

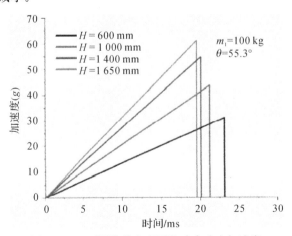

图 9-20　不同跌落高度下的冲击响应加速度

设冲击块质量 $m = 100$ kg，跌落高 $H = 500$ mm，通过以上数值分析模型求解得到如图 9-21 所示的不同铅锥锥角下的冲击响应加速度。可以看到，随着铅锥锥角的增大，响应加

速度峰值增大、脉宽减小。

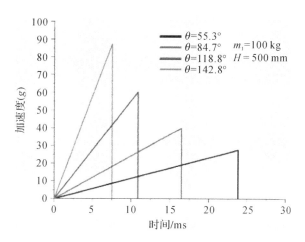

图 9-21　不同铅锥锥角下的响应加速度

9.5　双波冲击机

9.5.1　应用背景及工作原理

　　海军舰船在战时不可避免地遭受水雷、鱼雷等敌方武器的攻击,由此产生的水下非接触爆炸一般不会击穿船体结构,却会造成舰用设备大范围的损坏(比如,螺栓断裂、管路泄漏、主轴卡死等),导致舰艇丧失生命力和战斗能力。大量海战和实船爆炸试验的案例表明,设备是舰船抗水下非接触爆炸最薄弱的环节。

　　水下非接触爆炸产生冲击波和气泡脉动两种冲击效应。冲击波传播速度快,作用到船体后,船体向上拱起,船体结构和舰用设备受到正波冲击;气泡脉动随后作用到船体上,使其突然向下运动,船体结构和设备受到负波冲击。

　　对于舰船和潜艇大型结构无法进行水池爆炸试验,使用炸药进行舰船水下爆炸试验费用高、安全性很难控制,而环境保护又使公开的爆炸冲击试验面临更多问题。现在各国海军普遍采用冲击试验机来模拟水下爆炸给舰船机电设备造成的冲击环境。其优点有:

　　(1)冲击试验机产生冲击载荷特性容易控制,并有精确的可重复性,可以对被试设备进行评估,对设备性能进行准确记录;

　　(2)可以模拟设备实际冲击环境的平均效应,采用冲击载荷的平均效应作为设备抗冲击设计载荷行之有效;

　　(3)冲击试验机安装地点灵活,可以配备各种测试监测设备,数据采集和处理方便;

　　(4)冲击试验成本低,对设计开发中的大量设备和零部件进行冲击试验经济可行。

　　双波冲击试验机系统的主要组成和原理如图 9-22 所示。双波冲击机采用高压气体作为动力源,通过活塞式蓄能器和冲击缸系统(或称正波液压系统)将高压气体的压力能转化为液压能,驱动冲击锤撞击冲击台,对被试设备实施高速冲击,形成正脉冲。自适应耗能式液压缓冲缸(或称负波液压系统)对冲击台实施制动的过程中,在耗散正波冲击能量的同时形成负脉冲。自适应耗能式液压阻尼器的耗能原理是流体流过节流孔时产生局部阻力损失,因此调节液压阻尼器出口的通流面积,即可调节负波脉宽和加速度峰值。其中正波脉宽和正波加速度峰值和冲击速度有一定的关系,调节正波波形时,需要综合考虑三者间的对应关系。

双波冲击机的冲击速度取决于驱动冲击锤的冲击能量。由于冲击锤的质量、冲击缸的结构尺寸、冲击锤的行程设计为定值,因此冲击能量取决于储存在活塞式蓄能器里的气体压力能。调节活塞式蓄能器的气体压力,可以调节冲击能量,从而调节冲击速度。在冲击速度确定后,正波脉宽和加速度峰值取决于波形器材料和结构参数。通过合理设计波形器材料和结构,可使波形器在满足冲击强度的前提下,实现需要的波形。

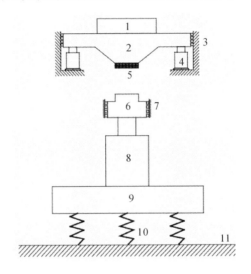

1—被测试件;2—冲击台;3—冲击台导向机构;4—缓冲缸系统;5—波形发生器;

6—冲击锤;7—冲击锤导向机构;8—冲击锤系统;9—大质量基础;10—基础隔振系统;11—基础

图 9-22　双波冲击试验机工作原理示意图

9.5.2　液压驱动系统及冲击加速度波形

为实现标准要求的冲击加速度波形,冲击锤与波形器的撞击速度是非常关键的因素。在冲击锤驱动系统实现中有两个难点:一是驱动过程中所需的高能量存储与瞬时释放,使冲击锤在有限的行程内从静止加速到预定的速度;二是撞击完成后对驱动系统的卸荷,避免冲击锤对台面的二次撞击。一种冲击缸、配流阀一体结构如图 9-23 所示。进行测试前,首先向冲击缸的环形腔内冲注预定压力的高压油。在冲击锤活塞底部采用的密封装置,使高压油封闭于冲击缸的环形腔内,保持冲击锤处于静平衡状态。开始测试时,油液通过先导控制油口进入冲击锤活塞的底部,使冲击锤活塞脱离密封面。此时冲击腔内的高压油便可进入冲击锤活塞底部推动冲击锤向上加速运动。同时,由蓄能器提供冲击过程所需的瞬时能量。在冲击锤与台面波形器撞击后,冲击缸上的配流阀活塞开始限位,使蓄能器不能继续向冲击缸内供油。同时冲击缸上的卸荷阀开始对高压油进行卸荷。

为考察被测试件的冲击加速度波形的影响因素,下面对加速度波形进行推导。冲击锤与波形器撞击时刻的力学模型如图 9 - 24 所示。

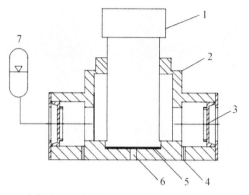

1—冲击锤；2—冲击缸；3—配流阀；4—调整油口；

5—密封圈；6—先导控制油口；7—蓄能器组

图 9 - 23　冲击锤驱动系统结构简图

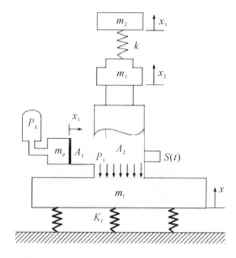

图 9 - 24　冲击机系统运动的数学模型

做如下的假设：

（1）由于冲击台面的刚度非常大（一阶固有频率在 700 Hz 左右），忽略其在冲击时的变形；

（2）波形器的质量相比于台面的质量而言可以忽略；

（3）波形器的弹性力与变形间呈线性关系；

（4）忽略缓冲缸系统初始阻尼作用及外力对正波产生过程的影响。

则有

$$\left.\begin{array}{l} m_1 \ddot{x}_2(t) + k x_2(t) = k x_3(t) \\ m_2 \ddot{x}_3(t) + k x_3(t) = k x_2(t) \end{array}\right\} \qquad (9 - 34)$$

式中：m_1 为冲击锤的质量；m_2 为冲击台（包括被测试件）的质量；x_2 为冲击锤的位移；x_3 为冲击台的位移；k 为波形发生器的刚度。其初始条件为：$x_2(0) = x_3(0) = 0, \dot{x}_2(0) = v_0, \dot{x}_3(0) = 0$，

求解方程式(9-34)可得

$$
\left.\begin{array}{l}
x_2(t) = \dfrac{v_0 - v_{\mathrm{p}}}{\omega}\sin(\omega t) + v_{\mathrm{p}}t \\[3mm]
x_3(t) = -\dfrac{v_{\mathrm{p}}}{\omega}\sin(\omega t) + v_{\mathrm{p}}t
\end{array}\right\}
\tag{9-35}
$$

式中：$\omega = \sqrt{\dfrac{m_1 + m_2}{m_1 m_2}k}$ ；$v_{\mathrm{p}} = \dfrac{m_1}{m_1 + m_2}v_0$ 。

由式(9-35)可得台面的加速度为

$$
\ddot{x}_3(t) = v_{\mathrm{p}}\omega\sin(\omega t)
\tag{9-36}
$$

其加速度波形的峰值和脉宽分别为

$$
\left.\begin{array}{l}
a_{\max} = \sqrt{\dfrac{m_1 k}{(m_1 + m_2)m_2}v_0} \\[3mm]
\tau = \dfrac{T}{2} = \dfrac{\pi}{\omega} = \pi\sqrt{\dfrac{m_1 m_2}{(m_1 + m_2)}k}
\end{array}\right\}
\tag{9-37}
$$

由式(9-37)可知，在波形发生器满足线弹恢性复力的情况下，加速度波形的峰值 $a_{\max}$ 与冲击锤的初速度 v_0 成正比，并且当冲击锤速度一定时，随着波形器刚度 k 的增加而增加。波形脉宽 τ 只是与质量 m_1，m_2 和波形发生器刚度 k 有关，与冲击锤的冲击速度 v_0 无关。当冲击机系统和被测试件质量一定时，脉宽只与波形发生器刚度有关。因此针对标准中对不同等级设备的测试要求，可通过调整冲击锤撞击速度和波形发生器刚度来实现对加速度波形幅值和脉宽的调整。

水下非接触爆炸所产生正负双波冲击载荷是舰船设备冲击环境的体现。目前冲击环境特征都是通过读取冲击载荷所产生的伪速度谱获得的，其主要的参数主要有谱位移、谱速度和谱加速度。因此不同的冲击载荷波形则会产生不同的伪速度谱，不同冲击波形对伪速度谱的影响主要可以归结为以下两个结论：

(1)在脉宽幅值相同的情况下，在低频和中频区域中，正负双正弦波所产生的伪速度谱值都要大于正负双三角波和正负双锯齿波。

(2)在同一类型的正负双正弦波冲击载荷所产生的伪速度谱中，幅值主要影响了高频区域伪速度谱值。幅值越大，该区域的伪速度谱值就越大。另外，波形的脉宽主要影响着低频区域的伪速度谱值，脉宽越宽，则该区域的伪速度谱值越大。

习　　题

1. 使用改进的斜坡不变数字递归滤波法求解峰值为 $100g$、脉宽为 $10\ \mathrm{ms}$ 的半正弦激励的冲击响应谱(阻尼比 ξ 取 0.05)。

2. 简述冲击响应谱试验方法与垂直冲击试验机的工作原理。

3. 试利用拉普拉斯变换求解图 9-25 所示的梯形波发生器分段线性弹簧-质量模型系统的响应，其中台面质量 $m_2 = 1\ \mathrm{kg}$，梯形波发生器质量 $m_1 = 2\ \mathrm{kg}$，$K_1 = 20\ \mathrm{N/m}$，$K_2 = 40\ \mathrm{N/m}$，初始条件如下：

$(1) x_1(0) = 0.10, x_2(0) = 0.05, \dot{x}_1(0) = 0, \dot{x}_2(0) = 0;$

$(2) x_1(0) = -0.05, x_2(0) = 0.10, \dot{x}_1(0) = 0, \dot{x}_2(0) = 0。$

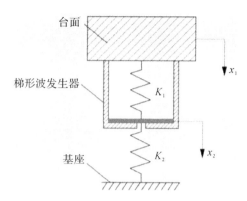

图 9-25　梯形波发生器动力学模型

4. 一铅锥的底面半径为 R，高度为 h，跌落冲击台的质量为 m，从高 H 的高度落下冲击到铅锥上，已知铅锥的屈服应力为 σ_s，被压缩后，铅锥上表面的半径为 r，剩余部分的高度为 δ，求解此冲击激励的峰值和脉宽。

5. 依据如下假设推导双波冲击试验机系统运动的数学模型：

(1)冲击台面的刚度非常大，忽略其在冲击时的变形；

(2)波形器的质量相比于台面的质量而言可以忽略；

(3)波形器的弹性力与变形间呈线性关系；

(4)忽略缓冲缸系统初始阻尼作用及外力对正波产生过程的影响。

第 10 章　动态断裂试验技术

10.1　动态断裂研究的发展

10.1.1　动态断裂问题

　　动态断裂是相对于准静态断裂而言的，通常指含有缺陷的材料和结构在爆炸、冲击、振动等载荷下发生破坏，包括裂纹的动态起始和传播两大类问题。自 20 世纪七八十年代以来，材料的动态断裂问题为越来越多的学者所关注，相关研究发展迅速，形成断裂力学的重要分支，即动态断裂力学（断裂动力学）。动态断裂力学在考虑受载物体各处惯性的基础上，用连续介质力学的方法研究固体在高速加载或裂纹高速扩展条件下的裂纹扩展和断裂规律。诸如脆性材料在加工、碰撞和冲击作用下的破坏，地震波造成建筑结构的坍塌、天然气管道的破裂，以及军事工程中许多抗爆和防护问题都属于动态断裂力学的研究范畴，如图 10-1 所示。因此，动态断裂力学的发展对于保障工程结构在动态载荷下的安全具有重要意义。

10.1.2　动态断裂研究

　　在很多工程技术和科学研究所涉及的一系列实际问题中，人们往往会遇到各种各样的爆炸、冲击等动载荷问题，并且可以观察到材料和结构的力学响应往往与静载荷下存在明显区别。对于断裂问题而言，这种由动载荷所造成的区别也是显而易见的。

　　虽然人们早期对动态断裂问题已有一些关注，但对于该类问题的详细研究最早开始于 20 世纪初，大致发展历程如图 10-2 所示。J. Hopkinson 和 B. Hopkinson 最早对应力波引起的动态破裂问题进行了系统的试验观察和研究。1921 年，A. A. Griffith 从能量平衡的观点出发提出了裂纹扩展引起脆性材料断裂的理论。他认为，裂纹扩展的动力来源于系统内部储存的弹性势能的释放。当弹性应变能的释放速率大于或等于形成新表面所需要吸收的能量率时，裂纹将会自动扩展。第二次世界大战后，军事工业的发展极大地促进了材料和结构在应力波或高速加载条件下的断裂规律研究。1948 年，N. F. Mott 在 Griffith 的能量平衡关系中考虑了动能的影响，研究了断裂过程中裂纹快速扩展的问题，并引出了裂纹扩展的极限速度的概念。20 世纪 50 年代以后，线弹性断裂力学的发展和完善以及弹塑性断裂力学的兴起为动态断裂力学提供了新的理论分析方法。例如，应力强度因子、裂纹扩展力、应变能密度因子、裂纹张开位移、J 积分等参量以及与它们有关的理论在考虑相应的动态效应之后都被用来讨论裂纹的动态扩展问题，从而促进了断裂动力学的发展。

图 10 - 1 动态断裂中的典型案例

(a) 陶瓷材料在冲击载荷下的脆断；(b) 桥梁在振动载荷下的破坏；

(c) 天然气管道的爆炸破坏；(d) 高速侵彻破坏

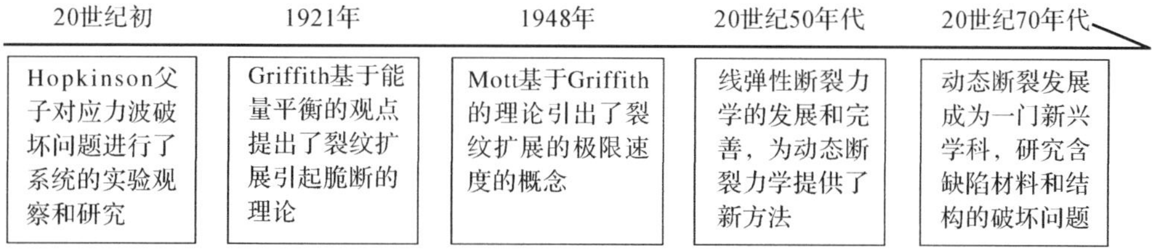

20世纪初	1921年	1948年	20世纪50年代	20世纪70年代
Hopkinson父子对应力波破坏问题进行了系统的实验观察和研究	Griffith基于能量平衡的观点提出了裂纹扩展引起脆断的理论	Mott基于Griffith的理论引出了裂纹扩展的极限速度的概念	线弹性断裂力学的发展和完善，为动态断裂力学提供了新方法	动态断裂发展成为一门新兴学科，研究含缺陷材料和结构的破坏问题

图 10 - 2 动态断裂力学的发展史

到了 20 世纪 80 年代，Kanninon 等人提出了一个更广泛的概念：断裂动力学涵盖了载荷和裂纹尺寸迅速变化的所有断裂力学问题，因此诸如裂纹的扩展和止裂等与时间有关的边值问题均可归类于断裂动力学的研究范畴。近年来，随着车辆、飞机、船舶以及军事设施等结构在动态载荷下的失效分析、损伤演化和安全评估等问题日益受到重视，材料的动态断裂特性及规律不仅成为动态断裂力学的前沿热点研究课题，而且正逐步成为工程设计以及结构安全性分析的重要依据。

10.1.3 加载速率的定义

在断裂动力学中，往往以应力强度因子 K_I 对时间的变化率表示加载速率：

$$\dot{K}_{\mathrm{I}} = \left(\frac{\partial K_{\mathrm{I}}}{\partial t}\right)_{V=0}, \quad 0 < t < t_{\mathrm{f}} \quad (10-1)$$

式中:K_{I} 单位为 MPa·m$^{1/2}$/s;V 为裂纹传播速度;t_{f} 为裂纹起裂时间。在比例加载时,通常以平均加载速率来衡量加载的快慢,其定义为

$$\dot{K}_{\mathrm{I}} = \frac{K_{\mathrm{I}\,\mathrm{d}}}{t_{\mathrm{f}}} \quad (10-2)$$

式中:$K_{\mathrm{I}\,\mathrm{d}}$ 为材料的动态断裂韧性。

对应于应变率,依据加载速率 $\dot{K}_{\mathrm{I}}$ 可以把断裂问题划分如下:

(1)当 $\dot{K}_{\mathrm{I}}$ 介于 10^{-3} MPa·m$^{1/2}$/s 和 10^{3} MPa·m$^{1/2}$/s 之间时,属于准静态断裂范围;

(2)当 $\dot{K}_{\mathrm{I}}$ 介于 10^{3} MPa·m$^{1/2}$/s 和 10^{5} MPa·m$^{1/2}$/s 之间时,属于低速冲击载荷作用下的动态断裂范围;

(3)当 $\dot{K}_{\mathrm{I}}$ 大于 10^{5} MPa·m$^{1/2}$/s 之间时,属于高速或短脉冲载荷作用下的动态断裂范围。

10.1.4　研究内容

动态断裂力学研究的内容包括但不限于以下方面:

(1)动态断裂判据,它是判定某一动态断裂现象是否出现的依据,包括在动载条件下裂纹的起始和失稳扩展判据、快速扩展裂纹的分岔判据、快速扩展裂纹的停止(止裂)判据等;

(2)高应变率条件下材料特性对裂纹起裂和扩展的影响;

(3)动态应力强度因子复合比对裂纹起裂和偏转的影响;

(4)快速扩展裂纹顶端附近的应力场和应变场;

(5)应力波和扩展裂纹的相互影响;

(6)动态裂纹的韧-脆转变及失效模式转变;

(7)动态断裂的宏观现象与微观机制的联系。

10.1.5　研究现状

动态断裂现象往往在极短的时间内完成,并且由于在有限尺度构件中,涉及应力波的传播、反射和弥散,从而使得理论解析研究十分困难。但是,随着试验技术和数值模拟方法的进步,动态断裂研究已从低速冲击(毫秒级)向高速冲击(微、纳秒级)范围发展。因此,试验测试和数值模拟方法是研究动态断裂问题的有效手段。

(1)理论分析。对于裂纹的动态起始问题,其数学处理就是求解波动方程(或方程组)的初值-混合边值问题,因此较断裂静力学的裂纹起始问题要复杂得多。而对于运动裂纹而言,需要按照数学物理中的"运动边界问题"进行求解。该类问题具有高度非线性,在数学理论上尚缺乏深入研究。不过,计算机技术和数值模拟技术的迅速发展和广泛应用弥补了解析方法的不足。其中动态有限元法、动态有限差分方法、动态边界元方法,以及相场法、近场动力学方法、分子动力学方法等都已被用于动态断裂问题的分析。

(2)试验研究。关于动态断裂问题的试验研究主要分为加载和测量两个方面。自 20 世纪以来,动态加载和测量技术的发展历经了很长一段时间,并逐渐趋于成熟,如图 10-3 所

示。目前,在动态断裂问题的研究中,主要使用 Charpy 冲击、落锤冲击、Hopkinson 杆等装置进行加载,它们所能施加的应变率依次增加。而动态光弹性法、全息照相、焦散线法以及数字图像相关技术和高速摄影技术的发展也为动态断裂问题的试验研究和分析提供了新的手段。在断裂动力学的研究中,试验测试和数值模拟两种研究手段相互结合、互为补充,使得研究日益深化。

图 10-3　动态加载和测量技术的发展历程

10.1.6　主要试验技术

1. Charpy 冲击试验

Charpy 冲击试验主要用于测定金属材料的冲击韧性。通常采用 U 形缺口或 V 形缺口试样,如图 10-4 所示。试样在 Charpy 冲击试验机上处于简支梁状态,以试验机举起的摆锤对试样施加一次冲击载荷,使之沿缺口发生断裂。然后根据对试样加载后摆锤重新升起的高度差来计算试样的吸收功。吸收功值(焦,J)越大,表示材料韧性越好,对结构中的缺口或其他的应力集中情况越不敏感。

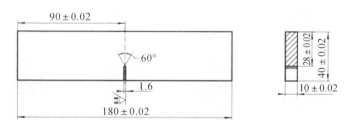

图 10-4　一种 Charpy 冲击测试试样

2. 落锤冲击试验

落锤式冲击试验机常用于测量金属或非金属结构件的抗冲击性能,其工作原理为将具有一定质量的锤体提升到某一高度,然后释放锤体,利用锤体自由落体产生的动能对被测试样进行冲击加载。除可以增加锤体质量和下落高度以外,还可通过弹簧蓄力以增加其初始势能。落锤试验机因其原理简单、操作简便，是目前常用的冲击试验装置之一。通过设计特定的试样和夹具，落锤试验机也可用于进行动态断裂测试。用于动态断裂试验的落锤试验装置如图 10-5 所示。

图 10-5　用于动态断裂试验的落锤试验装置

3. Hopkinson 拉、压杆技术

Hopkinson 拉、压杆技术是目前较常用于测试材料高应变率下动态力学性能的试验设备。由于该技术具有操作简单、测试精确、应变率高等优点，已逐渐被用于材料动态断裂特性的试验测试。进行动态断裂测试时，通常需要对 Hopkinson 杆装置或试样进行特殊设计（详见 10.2 节）。其中单杆三点弯曲试验装置示意图如图 10-6 所示。

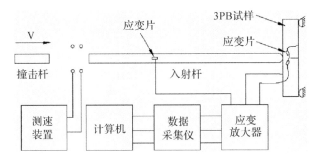

图 10-6　用于动态断裂的 Hopkinson 压杆测试装置

4. 动态光弹性法

动态光弹性法是一种模型试验方法，该方法利用受力后能产生暂时双折射现象的光学灵敏材料制成的实物模型，施加相应载荷时，在偏振光场中测定出边界和内部各点的应力及其分布，如图 10-7 所示。该方法可用于分析动态载荷条件下具有特定形状的试样，其裂尖应力场以及构件中裂纹的传播和止裂等问题。

5. 数字图像相关技术

该技术的基本原理是通过分析试样变形前、后表面散斑相对位置的变化，从而计算出试样表面的变形信息，如位移场、应变场。结合高速摄像技术，数字图像相关方法可在冲击、爆炸加载下的动态断裂研究领域得到应用，例如为动态加载下试样表面的裂尖位移场的确定提供帮助，如图 10-8 所示。

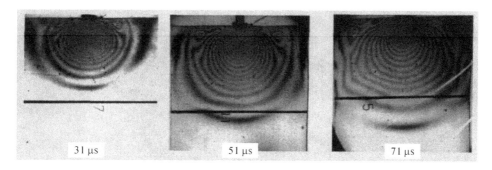

图 10-7　动态光弹性法的典型应用案例

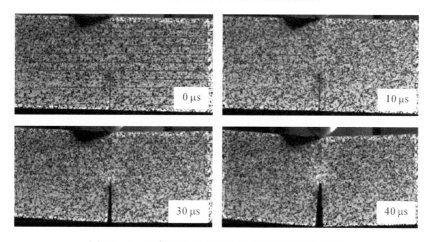

图 10-8　预制开孔试样在动态载荷下的试验结果

　　除以上测试方法外,飞片撞击试验也被用于研究材料在超高应变率下的裂纹起始和传播问题。常用的驱动方式为轻气炮驱动和电磁驱动。其中,轻气炮驱动原理与 Hopkinson 杆相似,即采用高压气体推动质量体使其达到一定速度,以实现高应变率加载。电磁驱动则是利用电磁系统中电磁场产生的力来对金属体进行加速,使其达到所需的速度。相对于轻气炮而言,电磁驱动可以实现更高应变率下的加载。

　　虽然动态断裂力学的一些理论和研究成果已经在飞行器和船舶设计、水坝工程、核动力装置和武器装备等方面得到了部分应用,但是作为一门新兴学科,动态断裂力学的发展目前仍不够成熟。尤其是在理论分析遇到困难的一些问题上,仍需以试验测试作为主要研究手段,并结合数值模拟开展定量或定性分析。因此,对一些材料和结构进行系统的试验测试和数据积累不仅可以为工程实际提供指导,而且可以为动态断裂力学的发展提供有力的数据支撑。

10.2　动态断裂力学的基本概念

　　动态断裂力学是基于线弹性断裂静力学的基础概念和理论而发展起来的,即设想材料所含的缺陷为理想裂纹(尖端曲率半径为 0),而且材料的变形遵循线弹性理论。在工程实践当中,为抵御大规模的断裂事故,很多重要结构都是由延性材料制成的。对于该情况,线弹性断裂理论仅能给出近似的结论。尤其是在动力学的条件下,裂尖发生大范围塑性变形的情形迄今动态断裂力学仍相对较少涉及。因此,本节所讨论的问题仅局限在线弹性范围内。

10.2.1　动态应力强度因子理论

含有中心裂纹(长度为 $2a$)的无限大板,受双轴拉应力作用,如图 10-9 所示。按照弹性力学的平面问题求解,可得到裂纹尖端附近的应力场和位移场表达式(坐标系见图 10-10)如下:

$$
\left.
\begin{aligned}
\sigma_x &= \frac{\sigma\sqrt{\pi a}}{\sqrt{2\pi r}}\cos\frac{\theta}{2}\left(1 - \sin\frac{\theta}{2}\sin\frac{3\theta}{2}\right) \\
\sigma_y &= \frac{\sigma\sqrt{\pi a}}{\sqrt{2\pi r}}\cos\frac{\theta}{2}\left(1 + \sin\frac{\theta}{2}\sin\frac{3\theta}{2}\right) \\
\tau_{xy} &= \frac{\sigma\sqrt{\pi a}}{\sqrt{2\pi r}}\cos\frac{\theta}{2}\sin\frac{\theta}{2}\cos\frac{3\theta}{2} \\
\tau_{xz} &= \tau_{yz} = 0 \\
\sigma_z &= \upsilon(\sigma_x + \sigma_y) \qquad \text{(平面应变)} \\
\sigma_z &= 0 \qquad \text{(平面应力)}
\end{aligned}
\right\}
\tag{10-3}
$$

和

$$
\left.
\begin{aligned}
u_x &= \frac{\sigma\sqrt{\pi a}}{E}(1+\upsilon)\sqrt{\frac{r}{2\pi}}\cos\frac{\theta}{2}(\kappa - \cos\theta) \\
u_y &= \frac{\sigma\sqrt{\pi a}}{E}(1+\upsilon)\sqrt{\frac{r}{2\pi}}\sin\frac{\theta}{2}(\kappa - \cos\theta) \\
u_z &= 0 \qquad \text{(平面应变)} \\
u_z &= -\int\frac{\upsilon}{E}(\sigma_x + \sigma_y)\mathrm{d}z \qquad \text{(平面应力)}
\end{aligned}
\right\}
\tag{10-4}
$$

式中:

$$
\kappa =
\begin{cases}
3 - 4\nu & \text{(平面应变)} \\
\dfrac{3-\nu}{1+\nu} & \text{(平面应力)}
\end{cases}
\tag{10-5}
$$

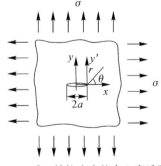

图 10-9　受双轴拉应力的中心穿透裂纹板

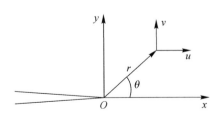

图 10-10　裂纹顶端的坐标系

可以看出,应力分量 σ_y 和距裂尖的距离 r 存在如下关系:

$$\sigma_y(x,0) \propto r^{-1/2}, \quad r \to 0 \tag{10-6}$$

这种现象被称为在裂纹顶端区域应力场具有 $r^{-1/2}$ 阶的奇异性。由式(10-6)可以得到

$$r^{1/2}\sigma_y(x,0) = 常数, \quad r \to 0 \tag{10-7}$$

式中:右端的常数代表了应力场 $r^{-1/2}$ 阶奇异性的强弱程度,因而被称为应力场奇异性强度因子,简称应力强度因子。其中 I 型应力强度因子记为 K_I^S,通常以下述方式定义:

$$K_I^S = \lim_{r \to 0}\sqrt{2\pi r}\sigma_y(r,0) = \lim_{x \to a^+}\sqrt{2\pi(x-a)}\sigma_y(x,0) \tag{10-8}$$

式中:K 的下标 I 表示 I 型裂纹问题,上标 S 表示静态情况。II 型和 III 型也可类似定义。应力强度因子的大小与加载方式、载荷、裂纹长度以及裂纹体的几何形状有关。量纲为[力]·[长度]$^{-3/2}$,国际单位为牛·米$^{-3/2}$,常用单位为 MPa·m$^{1/2}$。

对于图 10-10 所示的情况,易知 K_I^S 的值即为

$$K_I^S = \sigma\sqrt{\pi a} \tag{10-9}$$

根据以上分析可知,裂纹尖端的应力状态完全由应力强度因子决定。因此,对于线弹性材料而言,Irwin 在 1957 年提出了应力强度因子断裂准则:

$$K_I = K_C \tag{10-10}$$

对于 I 型裂纹,当 K_I 值达到临界值 K_C 时,裂纹便发生起始扩展。其中 K_C 为材料的断裂韧性,是与试验温度、加载速率等相关的物理参量。

在动态情况下,由于应力分量是时间的函数,因而应力强度因子也是时间或裂纹传播速度的函数,记为 $K_I(t)$ 或 K_I。对于 II 型和 III 型动态应力强度因子也有类似定义。对于图 10-10 中所示的情况,当外载随时间变化时,Sih 和 Loeber 首先发现裂纹顶端应力场仍具有 $r^{-1/2}$ 阶的奇异性,这一特性不因载荷速率或裂纹的运动速度而变化,因此 I 型动态应力强度因子可定义为

$$K_I = \lim_{r \to 0}\sqrt{2\pi r}\sigma_y(r,0,t) = \lim_{x \to a^+}\sqrt{2\pi(x-a)}\sigma_y(x,0,t) \tag{10-11}$$

因此,裂尖附近的应力场与位移场形式与静态情况完全类似,即

$$\left.\begin{aligned}
\sigma_x(t) &= \frac{K_I(t)}{\sqrt{2\pi r}}\cos\frac{\theta}{2}\left(1 - \sin\frac{\theta}{2}\sin\frac{3\theta}{2}\right)\\
\sigma_y(t) &= \frac{K_I(t)}{\sqrt{2\pi r}}\cos\frac{\theta}{2}\left(1 + \sin\frac{\theta}{2}\sin\frac{3\theta}{2}\right)\\
\tau_{xy}(t) &= \frac{K_I(t)}{\sqrt{2\pi r}}\cos\frac{\theta}{2}\sin\frac{\theta}{2}\cos\frac{3\theta}{2}
\end{aligned}\right\} \tag{10-12}$$

与

$$\left.\begin{aligned}
u_x(t) &= \frac{K_I(t)}{E}(1+\upsilon)\sqrt{\frac{r}{2\pi}}\cos\frac{\theta}{2}(\kappa - \cos\theta)\\
u_y(t) &= \frac{K_I(t)}{E}(1+\upsilon)\sqrt{\frac{r}{2\pi}}\sin\frac{\theta}{2}(\kappa - \cos\theta)
\end{aligned}\right\} \tag{10-13}$$

其中,κ 由式(10-5)定义,应力、位移和应力强度因子均为时间的函数。对于 II 型与 III 问题有类似的结果。

10.2.2　裂纹动态起始扩展判据

类似于静态下载荷的裂纹起始判据,当裂纹受到随时间迅速变化的外载时,以 K_{I} 和它的临界值 K_{Id} 之间的约束关系作为控制条件。这里 K_{Id} 被假定为表征材料动态断裂性能的常数,但与加载速率 $\dot{K}_{\mathrm{I}}$ 有关。而 K_{I} 又与裂纹长度 a、外加应力 σ 及加载时间 t 有关,因此动态断裂判据可表示为

$$K_{\mathrm{I}}(a,\sigma,t) = K_{\mathrm{Id}}\big[\dot{K}_{\mathrm{I}}(t)\big] \tag{10-14}$$

式中: K_{Id} 称为裂纹动态起始扩展问题的断裂韧性,即动态断裂韧性。随着外载的变化,当试样内动态应力强度因子 K_{I} 达到 K_{Id} 时裂纹开始起始扩展,起裂时刻所对应的 K_{I} 值即为材料动态断裂韧性 K_{Id}。因此测试材料 K_{Id} 时,动态应力强度因子与起裂时间的准确测量至关重要。

对裂纹的传播问题,材料常数记为 $K_{\mathrm{ID}}(\dot{a})$,它是裂纹运动速度 $\dot{a}$ 的函数。裂纹的传播与止裂判据为

$$K_{\mathrm{I}}(a,\sigma,t) \leqslant K_{\mathrm{ID}}(\dot{a}) \tag{10-15}$$

其中等式表示传播条件,不等式表示止裂条件。本书对于裂纹的扩展和止裂问题不做讨论。

10.2.3　动态应力强度因子的确定方法

材料的动态断裂韧性 K_{Id} 是裂纹体在动态载荷作用下裂纹发生扩展时应力强度因子的临界值,因此要测试材料的动态断裂韧性 K_{Id} 往往要先得到在外载的作用下裂尖应力强度因子随时间的变化历程 $K_{\mathrm{I}}(t)$。动载下的 $K_{\mathrm{I}}(t)$ 的确定具有一定的难度。过去很长一段时间内,许多学者认为将冲击载荷代入静态公式即可得到裂尖的动态应力强度因子,并且在试验中只要确定外载荷随时间变化过程的最大值并代入静态公式就可得到断裂韧性。这种错误的认识最终被大量的试验和计算结果所否定。实际上,载荷的最大值点往往并不是裂纹的起裂点,也不是动态应力强度因子的最大值点。国内学者也对三点弯曲试样在不同类型的动态载荷下的冲击特性进行了动态有限元分析,并与准静态结果进行了对比,发现要获得试样的动态应力强度因子曲线,必须进行完全的动态分析。

另外,美国材料与试验协会(ASTM)推荐标准中规定,当起裂时间 $t \geqslant 3\tau$(τ 为试样的特征振动周期)时,可以用准静态方法确定试样的动态应力强度因子值。但 Kalthoff 的研究结果表明,在摆锤冲击加载三点弯曲试样时,准静态应力强度因子发生振荡变化,但试样内的动态应力强度因子有一个稳定增长的过程。在较小的时间范围内两者完全不同。随着时间的增加,两者的差别有减小的趋势,即便 $t \geqslant 3\tau$ 时两者的差别仍然较为明显。因此,采用准静态公式确定试样的动态应力强度因子的方法是不合适的。

确定 $K_{\mathrm{I}}(t)$ 的方法一般有直接方法和间接方法两种。直接方法是通过冲击试验直接得到裂尖附近应力、应变场的全场信息,进而求得材料的动态应力强度因子,这种方法是以裂尖场的渐进解为基础的;间接方法则先确定出试样承受的冲击载荷、加载点位移或裂纹面张开位移等物理量,然后计算得到裂尖动态应力强度因子历史 $K_{\mathrm{I}}(t)$。具体而言,目前测量动态应力强度因子较为常用的方法主要有以下几种。

1. 动态焦散线法和动态光弹法

通过光学试验方法确定透明材料动态应力强度因子的最有效的方法有动态光弹法和动

态焦散线法。

把带预制裂纹的透明平板试件置于平行光场中,并对试件施加冲击载荷,如图 10 - 11 所示。试件受载荷作用而引起厚度变化,试件前后表面的反射、折射光线相互干涉形成明亮条纹。由于应力集中现象,试件的包围裂纹顶端区域的厚度和材料折射率的变化而形成奇异区。这种奇异区起到类似于发散透镜的作用,使穿过试件的光线向外偏斜。若在试件后方一定距离处放置成像屏,则会在屏上的裂纹顶端出现一个由亮线包围的黑斑。这个黑斑称为焦散斑,包围它的亮线称为焦散线。由于光偏斜的大小与裂纹顶端应力集中的大小相联系,因此焦散线包含着裂纹顶端前缘应力-应变特征的信息,特别是应力强度因子的信息。根据裂纹尖端焦散斑的直径与动态应力强度因子之间的定量关系即可求得 $K_I(t)$。Kalthoff 采用该方法并结合 100 万幅/s 的高速摄影机确定起裂时的动态应力强度因子。

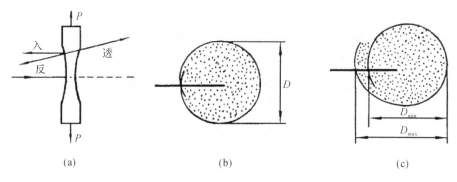

图 10 - 11　焦散线及其形成原理

(a)焦散线的形成原因; (b) I 型裂纹的焦散线; (c) I - II 混合型裂纹的焦散线

如前文所述,采用动态光弹法时,可通过分析由光弹模型得到的等差线条纹图(见图 10 - 12)得到模型中的应力状态和分布。而利用条纹级数及条纹上点的极坐标(r, θ)确定应力强度因子则是有效的试验方法之一。Dally 和 Barker 使用该方法获取了 Homalite 100 材料的动态应力强度因子。

采用上述两种方法测试透明材料的 K_{Id} 时,通常和高速摄影设备配合使用。对于金属材料,则可以与应变片技术结合使用,但费用昂贵、操作复杂是该方法的主要缺点。

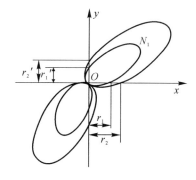

图 10 - 12　等差线条纹及其坐标

2. 应变片法

Dally 和 Barker 根据裂尖应力、应变场的分布规律,提出了一种使用单应变片测定动态应力强度因子的方法,通过检测裂尖附近的应变信号的变化历程来求得 $K_\mathrm{I}(t)$。在裂尖附近的 Ⅰ 型、Ⅱ 型应变场内,由任意位置上应变片(见图 10-13)测得的应变和裂尖场参量有如下关系(对于平面应力情况):

$$2\mu\varepsilon_{x'x'} = A_0 r^{-\frac{1}{2}}\left[k\cos\frac{\theta}{2} - \frac{1}{2}\sin\theta\left(\sin\frac{3\theta}{2}\cos2\alpha - \cos\frac{3\theta}{2}\sin2\alpha\right)\right] +$$

$$B_0(k+\cos2\alpha) + A_1 r^{\frac{1}{2}}\cos\frac{\theta}{2}\left(k+\sin^2\frac{\theta}{2}\cos2\alpha - \frac{1}{2}\sin\theta\sin2\alpha\right) +$$

$$B_1 r\left[(k+\cos2\alpha)\cos\theta - 2\sin\theta\sin2\alpha\right] + C_0 r^{-\frac{1}{2}}\left[k\sin\frac{\theta}{2} + \cos2\alpha\left(\frac{1}{2}\sin\theta\cos\frac{\theta}{2} + \right.\right.$$

$$\left.\left.\sin\frac{\theta}{2}\right) + \sin2\alpha\left(\frac{1}{2}\sin\theta\sin\frac{\theta}{2}\cos\frac{\theta}{2}\right)\right] + 2D_1 r\left[\sin\theta(k+\cos2\alpha)\right]$$

$$(10-16)$$

式中:$k=(1-\upsilon)/(1+\upsilon)$,$\mu$ 和 υ 分别是材料的剪切模量和泊松比;r 和 θ 表示应变片的位置;α 代表应变片的角度;$\varepsilon_{x'x'}$ 为应变片所测得的应变值。那么:

$$A_0 = \frac{K_\mathrm{I}}{\sqrt{2\pi}} \tag{10-17}$$

$$C_0 = \frac{K_\mathrm{II}}{\sqrt{2\pi}} \tag{10-18}$$

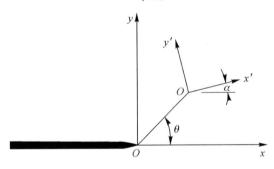

图 10-13 应变片的位置和角度

这种方法较为简单、经济,但对应变片的位置要求严格。在薄板情况下,与光弹性法比较,误差在 10% 范围内。现有研究发现,在准静态情况下,采用单应变法时测量误差随着应变片和裂尖间的距离而增大,而且采用 60°方向的应变片比 90°方向具有更高的精度,但双应变片法在采用 90°方向的应变片时具有更高精度;在冲击载荷作用下,对于单应变片法采用 90°方向的应变片时更加准确,而且距离对结果的影响不明显,但双应变片法在两个方向上均具有更大的分散性。

3. 关键曲线法(冲击响应曲线法)

该方法是 Kalthoff 等人所倡导的。他们认为,当试验条件(包括试样的几何尺寸、锤头的质量、冲击速度、试验机的刚度等)和材料类型一定时,应力强度因子随时间的变化曲线一定并可以由预先试验确定。$K_\mathrm{I}(t)$ 曲线确定了一类材料的试样冲击过程的响应。在实际工作中,把这类材料的试样在相同条件下加载并测出起裂时间,在 $K_1(t)$ 曲线上可以直接得到材料的动态断裂韧性值。这类方法最初是针对 Charpy 冲击试验而提出的,但本质上来看该方法完全能够适用 Hopkinson 压杆的加载方式。李玉龙等人详细研究了冲击响应曲线法在 Hopkinson 压杆加载方式中的适用性问题,采用动态应力强度因子与准静态应力强度因子之比随时间的变化曲线取代冲击响应曲线。结果发现,当试样的几何尺寸一定时,对于同一类材料只需确定在相同加载速率下动态应力强度因子与准静态应力强度因子之比随时间的变化曲线,就可以得到材料的动态断裂韧性值。

4. 近似公式法

为使得材料动态断裂韧性的测试工作简单易行和易于标准化,很多学者致力于寻找三点弯曲试样动态应力强度因子的近似公式。现对此简单介绍如下:

(1)弹簧质量模型法。将预制裂纹的三点弯曲试样简化为线弹簧模型,分别示出等效质量及等效刚度。通过试样的动态响应可得到动态应力强度因子的近似表达式为

$$K_1(t) = \frac{K_{IS}W_1}{P(t)} \int_0^t P(\tau)\sin W_1(t-\tau)\mathrm{d}\tau \tag{10-19}$$

式中:K_{IS} 为准静态应力强度因子;$P(\tau)$ 为载荷历程;W_1 为试样的一阶频率。当载荷历史已知时,对式(10-19)积分或采用数值积分法就能确定任一时刻的动态应力强度因子值。与动态有限元结果相比较,误差在 8% 以内。

(2)裂纹张开位移法。在准静态载荷作用下,应力强度因子和裂纹张开位移存在线性关系。这种关系在冲击载荷作用下仍然存在。利用这一特性,可以通过测定裂纹张开位移确定试样内的动态应力强度因子,即

$$K_1(t) = \frac{E\sqrt{\pi}}{4\sqrt{W}} U\left(\frac{a}{W}\right)\delta(t) \tag{10-20}$$

式中:W 为试样宽度;$U(a/W)$ 为已知代数多项式;$\delta(t)$ 为裂纹张开位移,可通过高速摄影记录并测量。在阶跃载荷、线性载荷和三角函数周期载荷等 3 类 7 种载荷的作用下,式(10-20)的结果与动态有限元法相比误差不超过 7%。

此外,裂纹张开角度的变化情况也能提供裂尖的起裂信息。图 10-14 为 Anderson 等人在 Ti6Al4V 试样断裂测试中得到的裂纹面张开角度随时间的变化图,冲击速度为 9 m/s。可以看出,数据点在初始阶段的上升幅度较为稳定,但大约 77 μs 时(图中以竖直虚线标出)发生明显跳跃,这是由试样裂纹的起裂所造成的,因此可作为起裂时间的确定方法之一。

5. 试验-数值混合方法

试验-数值混合方法是一种试验测试和数值计算相结合的方法,本章将重点介绍这种方法。人们所关心的一些物理量往往很难由试验的方法直接测得,但可以通过对一些容易测得的物理量加以数值模拟和分析,进而计算出要求的量。在测试材料的动态应力强度因子及动态断裂韧性时,可以先测得载荷、位移等随时间变化的曲线及起裂时间;以这些量为输入进行动态有限元模拟,得到试样的动态应力强度因子历史,并根据测得的起裂时间确定材料的动态断裂韧性。该方法通常需要对每次试验分别进行模拟,而且模拟时所采用的材料模型的优劣将对所得结果产生较大影响。但随着计算机功能的日益强大和专业有限元分析软件的不断发展,试验-数值方法将会越来越多地为人们所采用。

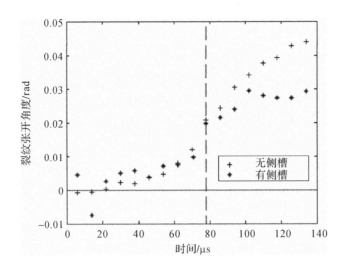

图 10-14　Ti6Al4V 试样裂纹张开角度随时间的变化趋势

10.2.4　裂纹起裂时间的测量

20 世纪 80 年代初,曾有很多研究者认为试样在冲击载荷作用下其起裂时刻位于最大载荷处,但这种思想被后来的很多试验和有限元计算结果所否定。实际上,由于动态载荷下惯性效应的存在,动态应力强度因子的变化不仅要滞后于载荷的变化,而且其变化趋势可能与载荷的变化趋势也完全不同,所以载荷的最大值往往与动态应力强度因子的最大值并不重合。因此裂纹的起裂时间必须在试验中具体测量。

目前,起裂时间的测量方法有电阻应变片法、电磁法、电位法及断裂丝栅法等。其中最为常用的为电阻应变片法,该方法不仅简单易行、成本低廉,而且对于脆性材料的起裂时间的测试可以达到较高的精度。其基本原理是在裂尖沿与裂纹延长线成±60°角的方向且距裂尖 5 mm 处各贴 1 片电阻应变片(例如 BE120-1AA)并串联,如图 10-15 所示。当试样承受载荷作用时,应变片上测得的应变随着载荷增大而增大。当裂纹起裂时,在裂尖产生的卸载波使得应变剧烈减小,因此应变信号的最大值即对应于试样的起裂时刻。图 10-16 为试验测得的典型起裂信号。

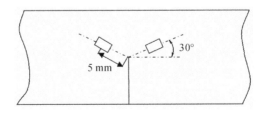

图 10-15　应变片相对裂尖的位置

起裂时间对于动态起裂韧性的影响很大。如果起裂时间有 2～3 μs 的差异,动态起裂韧性的差异可能在 20% 以上。由图 10-16(a)可知,同一试样正反贴片所测得的起裂时间之间也存在一定差异。这主要是由于裂纹起裂是沿厚度上的某点开始,材料内部所受三轴应力程度最高,因此该点理论上应位于厚度的中间位置。但由于受到材料自身及外部因素的综合影响,起裂点的位置实际上存在一定的随机性,因此导致试样两侧应变片所测得的起裂信号存在差异。当采用正反两面贴片的方法测定起裂时间时,一般以较小的起裂时间为准。

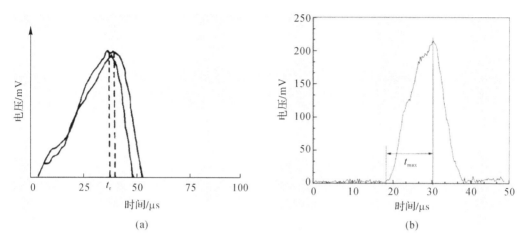

图 10 - 16　由应变片法对起裂时间进行测试
(a) 三点弯曲试样,两侧均贴有应变片；(b) Charpy 试样,单侧贴片

10.3　动态断裂韧性试验方法及技术

材料的动态断裂韧性 K_d 是指在动载条件下,裂纹尖端在平面应变状态下发生失稳扩展(即起裂)时所对应的动态应力强度因子的临界值。动态断裂韧性是衡量材料阻止宏观裂纹失稳扩展能力的度量,因而是表征材料在动载下抵抗脆性破坏的重要性能参数。动态断裂韧性是材料的固有属性,它与材料的加载速率、温度等物理量密切相关。因此,材料的动态断裂韧性往往与准静态下的断裂韧性 K_c 存在明显差异,其测试方法也大相径庭。例如对于某些钢材而言,随着加载速率的增加其强度升高,但断裂韧性却出现降低的趋势。这说明,相较于静态载荷,材料在动态载荷下更容易发生裂纹扩展,因而在工程实际应用中具有更大的危险性。

随着科技的发展,材料在冲击载荷下的断裂性能日益受到科研和工程设计领域的重视。材料的动态断裂韧性不仅逐渐成为工程结构安全性设计的重要依据,而且成为新型材料设计的重要性能指标。此外,动态断裂韧性对于动态载荷下工程构件的性能评估、寿命预测、损伤容限以及可靠性分析等均具有重要意义。

10.3.1　动态断裂韧性测试技术的发展

虽然材料的准静态断裂韧性很容易通过标准化试验而测得,但动态断裂韧性的测试方法因其复杂性而一直未能实现标准化。早期在材料动态断裂特性的试验研究中,研究者多采用落锤、摆锤试验机进行加载,但采集到的波形振荡剧烈,数据稳定性差,容易带来误差。此外,在确定材料的断裂韧性时仍采用准静态条件下的计算公式,而此时由于试样并不满足载荷平衡条件,因此会带来一些问题。另外,摆锤或落锤冲击试验对于延性较好的材料难以满足平面应变条件。同时,因其加载速度较低,无法满足在高速冲击条件下进行测试的实际需求。随着动态加载技术的迅速发展,Shockey 等人、Costin 等人、Klepaczko 等人、Ravi-Chandar 等人以及 Kalthoff 等人学者在高加载速率下对材料的断裂韧性进行了测量,他们所采用的试验设备和测试手段也各不相同,其中包括飞片技术(平板撞击试验)、Hopkinson 杆技术、电磁驱动装置及圆杆撞击试验等。其中,Hopkinson 杆技术在高加载速率下的动态断裂试验研究中起到了举足轻重的作用。

自 Hopkinson 杆技术出现以来,由于其具有测试精确、操作简单、加载速率高等优点而逐渐被用于动态断裂韧性的测试研究。Ruiz 等人通过对摆锤加载方式及 Hopkinson 压杆加载方式的比较指出,Hopkinson 压杆可以克服摆锤加载方式的诸多缺点,而且加载速率可达到 10^6 MPa·$m^{1/2}$,是一种较为理想的加载方法。此后,Hopkinson 压杆及其改进形式作为一种主要的加载及测试手段被应用于多种材料的动态断裂试验,裂纹起裂时的应力强度因子一般采用间接法获得,如动态焦散线法、应变片法、裂纹张开位移法、关键曲线法、试验-数值混合法等,其中试验-数值混合法最为普遍。

10.3.2 基于 Hopkinson 杆技术的纯 I 型动态断裂韧性测试

1977 年,Costin 等人基于 Hopkinson 拉杆(SHTB)技术率先开展了应力波加载下的动态断裂韧性测试。他们通过炸药产生的拉伸应力脉冲对含有周向缺口的圆棒拉伸试样(NRT 试样)进行动态加载,如图 10-17 所示。此后,在该研究的基础上又出现了多种利用反射拉伸波进行动态加载的类似试验方法。

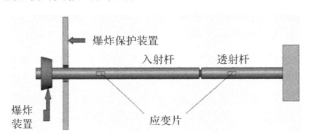

图 10-17 拉杆断裂试验示意图

相对于通过反射拉伸波对试样进行加载,在动态断裂试验中采用压缩应力波对试样进行加载的方法更为常用。人们在采用分离式 Hopkinson 压杆(SHPB)技术进行纯 I 型动态断裂韧性测试时,所采用的研究方法大体包括两类,一种是通过对 Hopkinson 压杆装置进行改进从而实现对裂纹的动态加载,另一种则是对试样的几何形状和尺寸进行改进。

1. 对 SHPB 试验装置进行改进

在对 SHPB 试验装置进行改进方面,常见的方法包括单杆单点弯曲、单杆三点弯曲、双杆三点弯曲和三杆三点弯曲等(见图 10-18)。这些试验方法的核心思想是通过移除或增加透射杆,或通过改变压杆的类型或端部形状,以实现对三点弯曲试样的动态加载,其中最为典型的即为单杆三点弯曲方法。相关文献采用该方法分别获得了金属陶瓷和超高强度钢的 I 型动态断裂韧性。在该方法中,由于透射杆被固定试样的夹具所取代,因此无法获得透射应力波。目前,改进的 SHPB 技术除用于金属材料的断裂特性研究以外,还被应用于骨骼、层板复合材料和铝硅酸盐玻璃等多种材料的断裂特性研究。

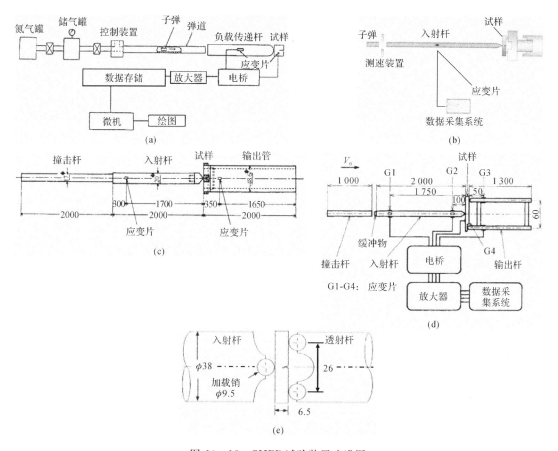

图 10 - 18　SHPB 试验装置改进图

(a) 单杆单点弯曲试验示意图；(b) 单杆三点弯曲试验示意图；

(c) 双杆三点弯曲试验示意图；(d) 三杆三点弯曲试验示意图；(e) 改进的双杆三点弯曲试验示意图

2. 对试样进行改进

在采用 SHPB 技术进行动态断裂测试时,所采用的试样包括以下种类:半圆形弯曲 (SCB)试样、单劈半圆形压缩试样、巴西圆盘、紧凑压缩试样(CCS)、紧凑拉伸试样、环型裂纹试样等,如图 10 - 19～图 10 - 21 所示。有文献采用 SCB 试样对 Stanstead 花岗岩的起裂韧度、传播韧度、裂纹传播速度等动态断裂问题进行了研究,如图 10 - 19 所示。相关文献采用 CCS 试样对钢材进行动态断裂韧性的测试。有文献采用巴西圆盘试样对脆性材料的 I 型动态断裂韧性进行测试。在此基础上,可通过调整中心裂纹的角度来实现 I 型、II 型以及复合型的动态加载。此外,还有采用楔形加载紧凑拉伸试样（Wedge - Loaded Compact Tension specimen,WLCT）的楔入试验方法,如图 10 - 22 所示。

然而,以上试样类型往往具有较大的几何尺寸。对于某些新型材料(如非晶、纳晶材料等),由于受到材料原始尺寸的限制,故往往难以加工出上述断裂试样。

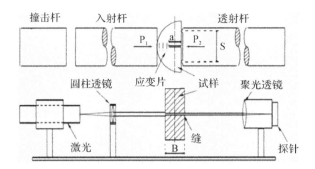

图 10 - 19 基于 SHPB 对半圆盘试样的动态测试

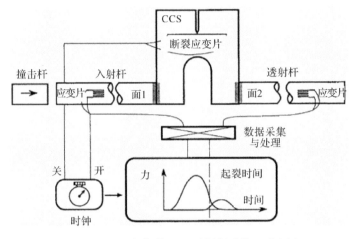

图 10 - 20 双杆加载 CCS 试样断裂装置示意图

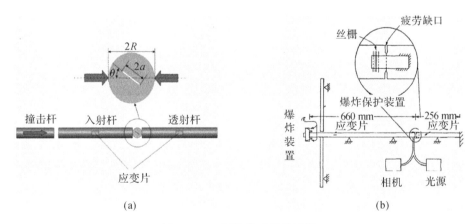

图 10 - 21 圆柱类型裂纹试样
(a) 脆性材料的双杆巴西圆盘断裂试验装置；(b) 环型裂纹试样

经过多年的发展,SHPB 及其改进技术已成为动态断裂测试的有力工具,并在材料的动态断裂特性研究中发挥了重要作用。但是,目前的 I 型动态断裂试验方法仍存在一些不足。例如:部分试样结构不满足平面应变要求,而试样尺寸过大则容易导致测试不便且难以起裂;无法直接获取透射波的应变信号;等等。以上问题仍有待进一步解决。

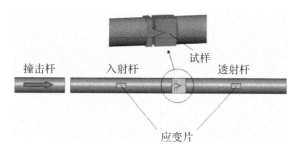

图 10 - 22　动态楔入（WLCT）试验技术

下面以单杆三点弯曲方法为例，对动态断裂韧性的测试方法进行介绍。

本例所采用的试样为《金属材料　平面应变断裂韧度 K_{IC} 试验方法》（GB/T 4161—2007）所要求的标准三点弯曲试样，几何尺寸如图 10 - 23 所示，试验材料为 40Cr 和 30CrMnSiNi2A 两种超高强度钢。首先采用线切割的方式加工裂纹 17 mm，然后在高频疲劳试验机上将裂纹长度预制到 20 mm。试验中所用 Hopkinson 压杆和子弹直径为 23 mm，与试样接触的杆端加工成圆弧面。本工作所设计的专用夹具如图 10 - 24（a）所示。夹具面板上的导向槽用于安装 4 个定位滑块，三点弯曲试样的位置和角度由这些定位滑块精确确定。所有滑块均具有圆弧形端面，以保证和试样的接触关系为线接触。试验前试样和 Hopkinson 压杆的相对位置如图 10 - 24（b）所示。试验时必须保证入射杆与试样长度方向垂直，并且杆端与试样的接触位置要处于试样裂纹的延长面内。

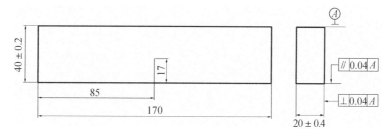

图 10 - 23　三点弯曲试样几何尺寸

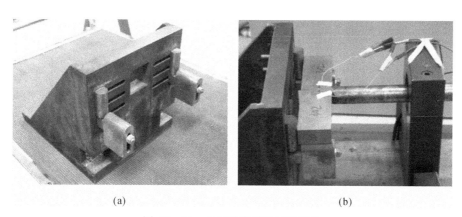

（a）　　　　　　　　　　　　　　　（b）

图 10 - 24　Ⅰ型动态断裂试验装置

（a）夹具；（b）试样的放置方法

压杆和试件上应变片所测得的典型信号如图 10-25 所示。图中反射波在达到峰值以后迅速下降,随后又逐渐上升。这是因为:入射杆的冲击端为圆弧面,当入射波到达此端面时首先发生反射,造成反射波上升;随后应力波继续向前传播,并通过圆弧端传入试件,因此反射波下降;当试样在应力波的作用下发生断裂并与入射杆脱离时,反射波则再次上升。

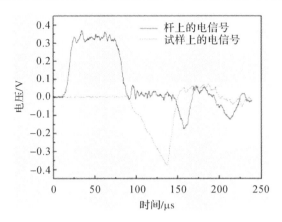

图 10-25 Ⅰ型动态断裂试验测得的典型波形

根据一维应力波理论,通过加载杆上的应变片所获得的入射波信号 $\varepsilon_I(t)$ 和反射波信号 $\varepsilon_R(t)$ 可求得输入杆与试样接触面处的载荷 P 及位移 u:

$$\left.\begin{array}{l} P(t) = EA[\varepsilon_I(t) + \varepsilon_R(t)] \\ u(t) = C_0 \displaystyle\int_0^t [\varepsilon_I(t) - \varepsilon_R(t)] \mathrm{d}t \end{array}\right\} \tag{10-21}$$

式中:E, A 分别为输入杆的弹性模量及横截面积;C_0 为输入杆的一维弹性波速。由试验数据得到的加载点位移 u 和载荷 P 随时间的变化历程如图 10-26 所示。

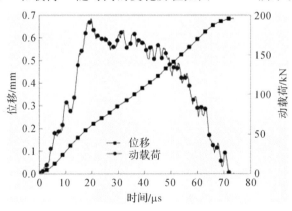

图 10-26 Ⅰ型动态断裂试验加载点的位移和载荷历史曲线

试件的起裂时间采用应变片法进行测定,当裂纹在冲击载荷作用下发生扩展时,裂尖处产生卸载波,从而使得应变片信号急剧下降。起裂时间即是从加载波传递至裂尖开始到卸载波的产生所经历的时间。试件应变片测得的典型起裂信号如图 10-27 所示,应变片所测得的应变波形最大值所对应的时间即为起裂时刻。

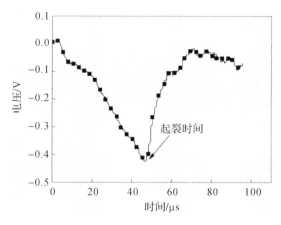

图 10 - 27　试件应变片测得的起裂信号

　　裂尖的动态应力强度因子由试验-数值法确定。本试验中,子弹的撞击速度、入射杆中的应力波波形以及加载点的载荷和位移等参量较容易测得,这些参量均可作为有限元模拟时的输入量对试验过程进行仿真分析。本工作选取入射应力波为初始条件进行模拟,以避免在采用加载点的载荷或位移作为输入量时由接触关系的过多简化而带来的误差。模拟中压杆和试件均采用线弹性模型,材料参数见表 10 - 1。为消除裂尖应力场的奇异性对计算结果的影响,对裂纹尖端和试样上受集中载荷的区域进行网格细化,以充分满足计算要求,如图 10 - 28 所示。试样加载过程中某时刻应力云图如图 10 - 29 所示。从模拟计算结果中提取裂尖区域位移场,利用位移方法可计算出应力强度因子时间历程曲线。起裂时刻所对应的应力强度因子值即材料的 I 型动态断裂韧性。

表 10 - 1　有限元模拟所用材料性能参数

材料	E/GPa	υ	$\rho/(\mathrm{g \cdot cm^{-3}})$
40Cr	199	0.3	7.82
30CrMnSiNi2A	196	0.3	7.85
Hopkinson 杆	210	0.3	7.8

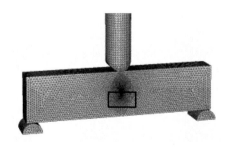
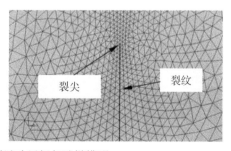

图 10 - 28　I 型动态断裂试验压杆与试样模型

　　相对应力方法而言,位移方法求解应力强度因子时可以得到较高精度的结果。这是由于有限元法采用刚度法求应力时,应力场需要通过对位移场求偏导数,因此精度相对较差。

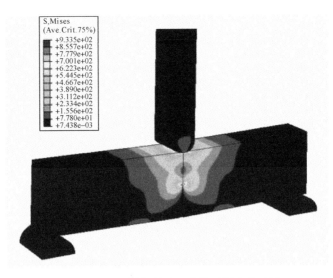

图 10-29　试样加载过程中某时刻应力云图

由动态应力强度因子同裂尖附近位移的关系可知,用有限元方法得到 $u(r_i, \theta_j, t_k)$ 和 $v(r_i, \theta_j, t_k)$ 后即可求出 $K_{\mathrm{I}}(t)$ 和 $K_{\mathrm{II}}(t)$。由于裂纹面上张开位移比较显著,可得到较准确的近似值,因此对在任意时刻 t_k 取 $\theta_k = \pi$ 时的裂纹张开位移 $u(r_i, \pi, t_k)$ 和 $v(r_i, \pi, t_k)$ 进行求解,得到下式:

$$\left. \begin{aligned} K_{\mathrm{I}}(t_k) &= \frac{2\mu}{k+1}\sqrt{\frac{2\pi}{r_i}}\, v(r_i, \pi, t_k) \\ K_{\mathrm{II}}(t_k) &= \frac{2\mu}{k+1}\sqrt{\frac{2\pi}{r_i}}\, u(r_i, \pi, t_k) \end{aligned} \right\} \tag{10-22}$$

由于式中只保留了 r 的奇异项,因此式(10-22)在裂尖附近区域才成立;在离裂尖稍远处,应力强度因子不再是常值。在 t_k 时刻,由于裂尖附近 $K_{\mathrm{I}}(t_k)\text{-}r_i$ 和 $K_{\mathrm{II}}(t_k)\text{-}r_i$ 均近似呈线性关系,将 $K_{\mathrm{I}}(t_k)$、$K_{\mathrm{II}}(t_k)$ 分别与 r_i 进行最小二乘法拟合,反推可得到 $r_i = 0$ 时的动态应力强度因子值。由此确定 t_i 时刻裂尖处的动态应力强度因子值 $K_{\mathrm{I}}(t_i)$ 和 $K_{\mathrm{II}}(t_i)$,并得到动态应力强度因子的历史曲线。某试验所得到的 $K_{\mathrm{I}}(t)$ 曲线如图 10-30 所示。

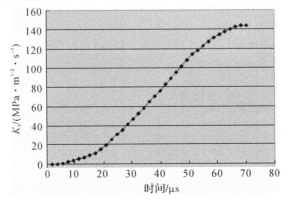

图 10-30　动态应力强度因子随时间的变化曲线

　　由试验-数值方法得到两种材料在相应加载速率下的动态断裂韧性值,并由此作出动态断裂韧性随加载速率的变化趋势曲线(见图 10-31)。从图中可以看出,在现有加载速率范围内,40Cr 材料动态断裂韧性随加载速率的增大其变化趋势不明显,数据的线性拟合曲线基本为一水平直线,平均值为 38.7 MPa·m$^{1/2}$。究其原因可能是材料本身对加载速率较不敏感,也可能是由于本试验加载率分布范围较小的缘故,其率敏感性不能清楚体现。而 30CrMnSiNi2A 材料动态断裂韧性随加载速率的增大而明显增大,说明该材料的率相关性相对 40Cr 材料而言较强,而且材料的动态断裂韧性存在率强化效应。

　　为便于比较,图 10-31 中还给出其他文献中所得到的材料韧性值。可以看出,对于 40Cr 材料本工作与相关文献的结果吻合较好,其平均值相差仅 5.2%;相关文献得到的 30CrMnSiNi2A 材料的动态断裂韧性值随着加载速率的增加也呈现出上升趋势,但其结果较本文结果偏低,考虑到本工作中 30CrMnSiNi2A 钢的 $\sigma_{0.2}$ 略低于相关文献中所用材料,因此上述动态断裂韧性值的差异可能是由于材料本身的成分偏差或不同的热处理制度所造成的。

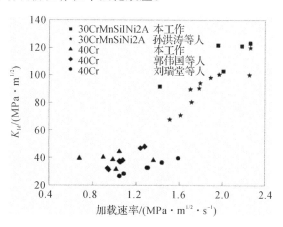

图 10-31　断裂韧性随加载速率的变化趋势曲线

　　两种材料的宏观断口如图 10-32 所示。在 40Cr 材料试样裂尖范围没有观察到宏观塑性变形,断口表面垂直于最大正应力方向,具有放射状条纹,且边缘无剪切唇。在体式显微镜下可观察到 40Cr 试样断口布满了无规则取向的结晶状小刻面,这些均为解理断口的显著特征。

　　而 30CrMnSiNi2A 材料则具有韧窝断口的宏观形貌特征为:断口的两侧和顶部出现明显的剪切唇;而中部存在粗糙不平的纤维区,并且沿裂纹扩展方向呈现出放射状(见图 10-32)。在体式显微镜下可观察到断面具有很多纤维状"小峰",因此该材料具有延性断裂的特征。

　　材料的高应变率响应与其微观结构的演化密切联系,冲击载荷下缺陷、裂纹、相变和它们之间的耦合作用共同表现了材料的宏观动态力学性能。通常,合金的高应变率变形是由位错和孪晶的共同作用所引起的,而且随着应变率的增加后者所占的比例将有所增加。位错在晶格运动过程中总是不断遇到不同类型的阻碍作用(如溶质原子、空穴、小角度晶界和夹杂物等),另外位错运动对其自身也产生阻碍作用,位错从一个平衡原子位置运动到另一位置时,必须克服这些阻碍。根据热激活位错运动理论,热能 ΔG 的增加会加大原子振荡的幅度,进而促进位错的产生。ΔG 可由下式表征:

$$\Delta G = \kappa T \ln \frac{\dot{\varepsilon}_0}{\dot{\varepsilon}} \qquad (10-23)$$

式中:κ 为 Boltzmann 常量;T 为温度;$\dot{\varepsilon}_0$ 为参照应变率。从式(10-23)可知,ΔG 是应变率的减函数,即:随着应变率的提高,材料中所产生的对位错运动有促进作用的热能将减少。

这是由于随应变率的增加,位错克服阻力所用的时间将减少,故有效热能也会减少。另外,材料的流动应力 σ 可以表示为

$$\sigma = \sigma_{G}(\text{structure}) + \sigma^{*}(T, \dot{\varepsilon}, \text{structure}) \tag{10-24}$$

式中:σ_{G} 和 σ^{*} 分别是由材料结构本身决定的非热活障碍和材料热活障碍所引起的部分。ΔG 的减少会引起 σ^{*} 的增加,因此材料在较高加载速率下其裂尖区域在相同应变水平下的流动应力也会提高,这是由于较高应变率变形导致了更大的位错阻力所造成的。

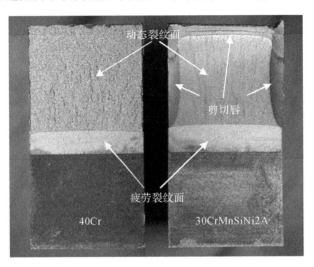

图 10-32　两种材料断口的宏观形貌

上述现象宏观上表现为材料流动应力的应变率强化现象,它是绝大多数材料高应变率塑性变形时所表现出的重要力学特性,此时材料的本构方程中应力通常表示为应变、应变率、温度及变形时效等参数的函数。对于一些材料而言,其应变率强化现象在较低的温度下表现尤为突出。

根据裂尖高应力区的材料分离机理,多晶材料在发生脆性或韧性断裂时分别属于应力或应变控制的断裂机制,前者一般以裂尖区中某一特征距离处的临界应力 σ_{c} 作为起裂准则,而后者则以裂尖区域某一特征距离处的临界应变 ε_{c} 作为材料的起裂准则。由于材料中存在应变率硬化效应,对于前者,加载速率较高时材料在较低的应变下即可达到临界应力 σ_{c},所需要的应力功密度较小,材料中产生的有效热能减少,因此材料韧性降低,更容易发生脆断;而对于后者而言,较高的应变率下需要更大的应力功密度才能达到低应变率下的临界应变,因此材料韧性会提高,如图 10-33 所示。大量研究表明,即使在很脆的缺口试件中,解理断裂之前缺口周围也有小量的塑性变形发生,因此材料的屈服是造成断裂的先决条件。30CrMnSiNi2A 材料在较大程度上以延性断裂的形式发生破坏,断裂韧性随加载速率的增加而升高,进一步验证了上述断裂机制的正确性。40Cr 材料动态断裂韧性下降趋势并不明显,这可能是由于加载速率范围较小的缘故,但测得的平均值相对于静态下测得的断裂韧性值而言仍存在明显下降(约 25%)。

在上述试验方法中,由于试件体积较大,因此对原材料尺寸要求较高,导致该方法在某

些材料领域的应用存在局限性。此外,由于该方法未使用透射杆,无法准确判断试件的载荷平衡条件。近期,笔者提出了一种新型I型动态断裂测试方法,通过设计一种微型三点弯曲试样和配套夹具成功解决了以上问题。该试样及与 SHPB 设备配套的夹具如图 10‑34 所示。试样的起裂时间仍采用应变片法获得。试验中压杆和试件上应变片所测得的典型波形如图 10‑35 所示。目前,该方法已被应用于多种工程材料 I 型动态断裂韧性的测试研究。

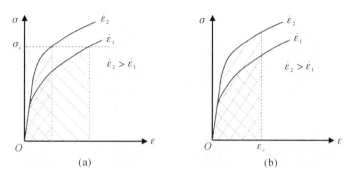

图 10‑33　应变率硬化材料发生动态断裂时的不同机制

(a) 脆性断裂;(b) 韧性断裂

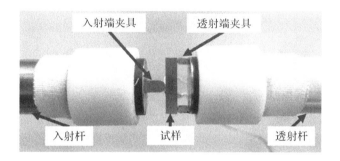

图 10‑34　试件及夹具相对位置

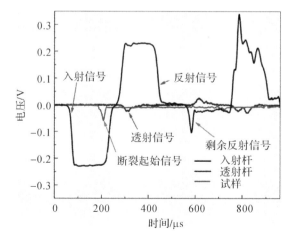

图 10‑35　典型信号图

10.3.3　基于 Hopkinson 杆的纯Ⅱ型动态断裂韧性测试

随着国防建设和科学技术的发展,冲击剪切破坏的重要性越来越为人们所认知,它涉及诸如工程结构抗冲击设计、弹体或破片对装甲的侵彻与贯穿、爆炸形成与爆炸焊接以及空间飞行器的飞行防护等诸多领域。高应变率下的冲击剪切破坏包括动态断裂和绝热剪切失稳两种情况,它们均是金属材料在Ⅱ型动态载荷下的重要失效模式,但它们的形成和发展过程却存在着本质的区别。断裂是由于晶体原子间的结合力在拉伸或剪切作用下发生破坏而形成新的界面,其过程包括微裂纹的萌生、扩展及贯通等。而绝热剪切失稳则是材料内剪应变高度局部化的产物,绝热剪切带的形成预示着材料承载能力的迅速下降甚至完全丧失,在绝热应力-应变曲线中表现为斜率由正向负的转变。由于工程材料或构件在服役过程中往往以该两种形式发生破坏,因此对材料失效形式和内在机理的深入了解不仅对于工程结构的安全设计和材料选择有着极其重要的指导意义,而且对于材料本身性能的优化和提高也将起到巨大的推动作用。

近年来,材料在高速冲击载荷下的剪切破坏问题因其在冲击工程领域的重要性而成为力学和材料学所共同关注的前沿研究热点。但是,目前金属材料在冲击剪切载荷下的研究还存在诸多困难,如动态载荷的施加、控制与测量,起裂信号的监测与确定,以及破坏模式的形成条件等均未形成普遍认可的方法或结论,尤其在破坏模式的转变方面尚存在较大争议,有待进一步深入研究。

20 世纪 80 年代,Kalthoff 首先采用气炮加载单边裂纹试样的方式进行Ⅱ型动态断裂测试,如图 10-36 所示。该研究发现,42CrMo4 钢在低加载速率下发生拉伸型失效,裂纹扩展方向与韧带方向成-70°夹角,而在高加载速率下裂纹则沿韧带方向以绝热剪切带形式发生失效。Kalthoff 的工作迅速引起了其他学者的关注,他们随后也针对材料的失效模式转变问题开展了大量研究。例如,Mason 等人对 C-300 钢单缺口试件进行动态剪切试验,研究了不同失效形式之间的转换。Zhou 等人同时使用单边缺口和双边缺口试件来研究试样几何形状对失效过程的影响。Ravi-Chandar 等人也进行了类似的试验和模拟计算,以此来研究聚合物材料中的失效模式转变,如图 10-37~图 10-39 所示。相关文献则使用改进的 SHPB 技术分别对聚合物和合金的单边裂纹试件施加冲击载荷,获得材料的Ⅱ型断裂韧性。值得注意的是,虽然在所有试验中都证实了从脆性到韧性这一失效模式转变过程,但目前对于材料失效模式转变的内在机理仍认识不足,尚未形成统一的见解。

目前,学界普遍认为失效模式转变是一个"突变"过程,其触发条件为临界冲击速度。他们认为,材料中绝热剪切带的产生比发生断裂需要更多的能量,因此在某些情况下稍微增加冲击速度就会导致耗散更多的冲击能量。在此观点的影响下,一些临界值判据被广泛用于预测固体材料的失效模式。近期,笔者通过采用一种新型Ⅱ型动态试验方法发现钛合金的失效模式转变并非一个"突变"过程,相反,它是一个在热-塑性机制主导下的不同微观结构相演化的连续过程。该结论对于材料失效模式转化的微观机理的试验和理论研究提供了新的思路。

在试验测试方面,SHPB 技术还被应用于对复合材料、岩石、有机玻璃等脆性材料的Ⅱ型动态断裂的测试。相关文献则采用 Hopkinson 拉杆对紧凑拉伸试样进行冲击加载,使之发生Ⅱ型断裂,如图 10 - 40 所示。

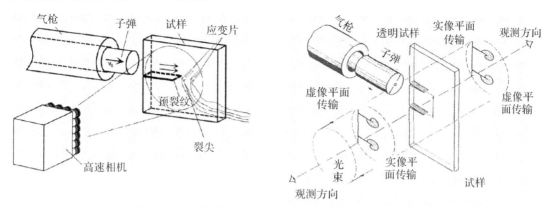

图 10 - 36　单边单裂纹(左)与单边双裂纹加载试验(右)

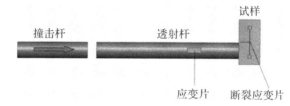

图 10 - 37　用于Ⅱ型断裂韧性测量的单杆冲击试验

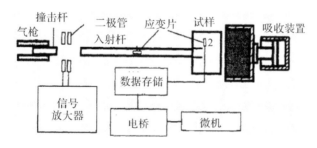

图 10 - 38　改进的单边双裂纹加载试验

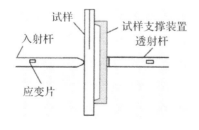

图 10 - 39　单边开口三点弯曲加载试验

　　下面介绍基于 SHPB 技术的Ⅱ型动态断裂韧性测试方法。所采用的试样类型为单边裂纹试样,其外形尺寸与图 10 - 23 所示的三点弯曲试件相同,材料为 40Cr 和 30CrMnSiNi2A 两种超高强度钢。测试时,通过夹具将试件裂纹面以下的部分固定在试验台上,并利用入射杆对试样直接进行加载。入射杆端部与试样侧面裂纹面以上部位保持紧密贴合,从而使得子弹撞击入射杆所产生的应力波在裂尖形成剪切载荷。试件的夹持方式以及与压杆的相对位置如图 10-41 所示,在试验中可以通过改变子弹的入射速度来控制加载速率。

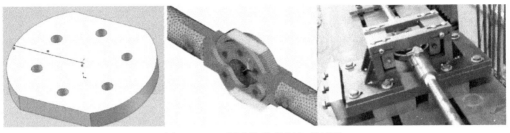

图 10-40　紧凑拉伸剪切加载试验

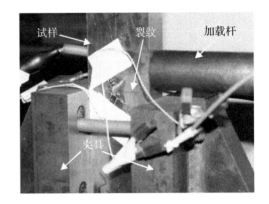

图 10-41　试样的夹持方式以及与压杆的相对位置

　　该方法仍然采用试验-数值法确定材料的 II 型动态应力强度因子,数值模拟仅考虑线弹性情况。模拟中采用压杆测得的入射应力波作为载荷条件,同时对裂纹尖端以及试件受集中载荷的区域进行网格细化。试件的有限元网格和加载过程中某时刻的应力云图如图 10-42 所示。

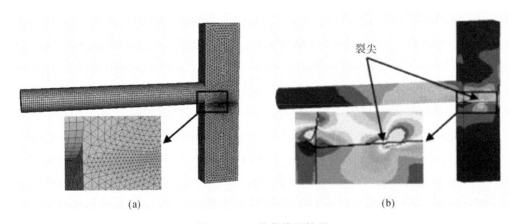

(a)　　　　　　　　　　　　　　　(b)

图 10-42　数值模拟情况

(a) 网格局部细化;(b) 应力云图

该方法中,裂尖的应力强度因子曲线及起裂时间的确定方法均与Ⅰ型裂纹的试验方法相类似。所测得 40Cr 和 30CrMnSiNi2A 两种材料的Ⅱ型动态断裂韧性随加载速率的变化规律如图 10 - 43 所示。

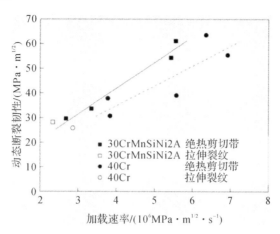

图 10 - 43　两种材料Ⅱ型动态断裂韧性随加载速率的变化规律

已有研究表明,采用气炮或压杆对单边裂纹试样进行加载时,在裂尖受到剪力的同时还会产生相对于裂尖的弯矩,因此裂纹面有张开的趋势并会产生Ⅰ型成分。另外,这类方法不易于对加载速率进行精确控制,而且还存在夹具复杂、试样尺寸较大、不易起裂等问题。近期,笔者提出了一种新型Ⅱ型动态断裂试验方法,成功解决了上述问题。该方法可以对加载速率进行精确控制,从而实现对材料的失效模式转变行为进行系统的量化研究,如图 10 - 44 所示。

该方法不需要对 SHPB 系统进行改动,所采用的新型Ⅱ型断裂试样如图 10 - 45 所示。试验时,该试样通过配套夹具与入射杆和透射杆紧密贴合,并通过入射杆中的压缩应力波对试样进行加载。

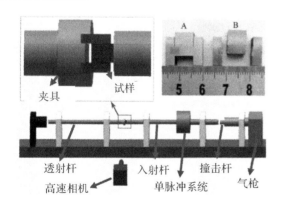

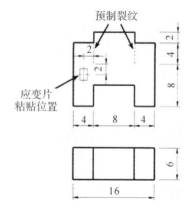

图 10 - 44　Ⅱ型动态断裂试验装置示意图　　　　图 10 - 45　新型Ⅱ型动态断裂试件

采用该方法对 Ti6Al4V 钛合金进行了Ⅱ型动态断裂试验。试验中,由压杆和试件上应变片所测得的典型信号如图 10 - 46 所示。图中反射信号从最高点迅速下降,随后呈上升趋势;与此同时,透射信号中形成与之对应的尖峰。这说明:初始加载时部分入射应力波通过试件传至透射杆,形成透射波;随后在某一时刻,试件突然断裂并失去承载能力,此后的入射波全部被反射回入射杆中,因此反射信号再次上升。

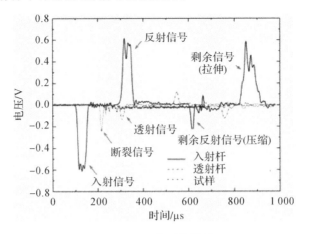

图 10-46　典型信号图

该方法采用试验-数值法确定材料的Ⅱ型动态断裂韧性 $K_{\text{II d}}$。数值模拟中,为考虑裂尖局部区域的热-粘塑性行为,试样材料采用 Johnson - Cook 模型,压杆仍采用线弹性模型。压杆和试件的网格划分情况如图 10-47 所示,由裂尖向外网格尺寸逐渐增加,且采用不同类型的单元进行过渡。将入射应力波作为初始载荷条件施加到压杆端部。

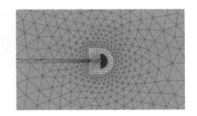

图 10-47　模拟计算网格划分

为了验证模拟结果的有效性,将试件测得的起裂信号与图 10-48 中的有限元分析结果进行了比较。可以看出,两应变信号的上升沿具有良好的一致性。在约 16 μs 时,由于试件发生起裂,因此试验测得的应变曲线突然下降。但由于有限元分析中未考虑材料的失效,因此模拟应变曲线单调上升,直到 19 μs 左右出现振荡。这些振荡可能是发生塑性大变形时裂纹尖端材料热软化后表现出的不稳定性和应力波传播共同作用的结果。另外,图中透射应变信号也在约 16 μs 时达到最大值。因此可确定起裂时间 t_f 为 16 μs。

试验获得的Ⅱ型动态断裂韧性及起裂时间与子弹速度的关系曲线如图 10-49 所示。从图中可以看出,随着子弹速度的增加,起裂时间逐渐减小,而Ⅱ型动态断裂韧性明显增大。这说明当动载荷增强时,材料断裂起始时间提前,但韧性明显增强。

为了在更大范围内研究材料Ⅱ型断裂韧性对加载速率的敏感性,在 MTS 万能试验机上对相同试件进行了准静态试验,结果如图 10-50 所示。从图中可以看出,准静态条件下断裂韧性 $K_{\text{II c}}$ 随着加载速率的提高略有增加;动态加载下,Ⅱ型动态断裂韧性随加载速率的提高而迅速上升。这表明在不同的加载速率范围内,材料的Ⅱ型断裂过程受到不同力学机制的控制。在冲击加载下,Ⅱ型裂纹扩展和绝热剪切带可以同时发生并相互影响。

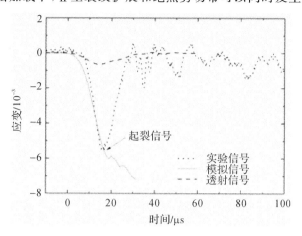

图 10 - 48　试验结果与有限元分析结果比较

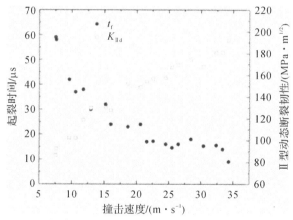

图 10 - 49　Ti6Al4V 钛合金Ⅱ型动态断裂韧性及起裂时间与子弹速度的关系曲线

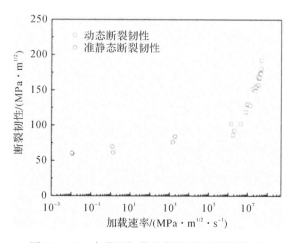

图 10 - 50　大范围加载速率下的Ⅱ型断裂韧性

由图 10-51 可以看出,在动态加载条件下,随着加载速率的增加材料的失效机制由最初的剪切型韧窝逐渐向受热软化影响的大变形韧窝过渡,并最终转化为由绝热剪切带引发的大范围失效。该结果说明:材料在发生Ⅱ型断裂时,其失效模式转变并非"突变"过程;相反,它是一个在不同微观机制主导下的连续演化过程。

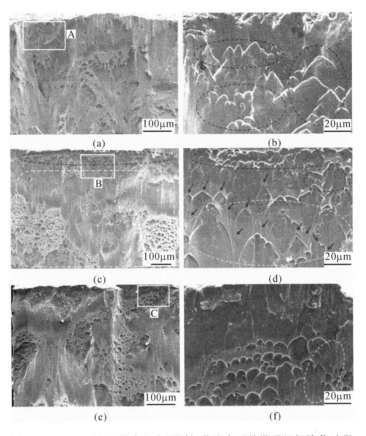

图 10-51　Ti6Al4V 钛合金在不同加载速率下的微观组织演化过程

(a) 8.05×10^6 MPa·m$^{1/2}$·s^{-1},断口表面分布有撕裂脊和较浅的韧窝,这是典型的韧性断裂特征;(b) 为裂纹尖端附近 A 位置的放大图,可以观察到韧窝彼此连接形成浅色边界;(c) 13.36×10^6 MPa·m$^{1/2}$·s^{-1},同时存在两种不同的典型特征,包括图上部靠近裂纹尖端区域的聚集韧窝以及下方抛物线形状的拉长韧窝;(d) 为 B 位置的放大图,位于韧窝和绝热剪切带之间的过渡区域;(e) 33.36×10^6 MPa·m$^{1/2}$·s^{-1},由绝热剪切带引发的失效形貌,图中箭头标记处为凝固的金属液滴;(f) 为 C 位置的放大图,裂尖附近出现典型的抛物线形韧窝和熔融特征

此外,还采用该试验方法对 Vit-1 非晶合金材料的Ⅱ型动态断裂韧性进行了测试,如图 10-52 所示。可以看出,加载速率和子弹速度成正比,但是随着加载速率的增加,材料的Ⅱ型动态断裂韧性基本保持在同一水平。

10.3.4　Ⅰ-Ⅱ复合型动态断裂韧性测试

在实际工程问题中,一般含裂纹构件的受载情况是复杂的,不同类型的裂纹成分往往同时存在并且相互影响,这种情况下裂纹不能简单归结为Ⅰ型、Ⅱ型或Ⅲ型,而称为复合型裂纹。工程材料在冲击载荷下的复合型动态断裂问题是断裂动力学领域的一个前沿课题,它不仅涉及应力波加载下材料的惯性效应以及应变率敏感性对裂纹起裂和扩展的影响,而且涉及裂尖区域由不同类型载荷所引起的应力、应变场的相互耦合,因此在理论和试验方面均具有很大难度。近年来,国内外对于高应变率下复合型断裂问题的理论和试验研究进展还十分缓慢。

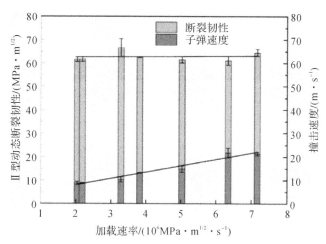

图 10-52　Ⅱ型动态断裂韧性及子弹速度与加载速率关系图

在复杂应力状态下金属材料动态断裂特性方面的研究与准静态下存在很大区别。准静态试验大多采用紧凑拉伸试样和中心穿透裂纹圆盘试样,通过调整加载角度,可以在裂尖实现不同比例的裂纹成分。此外,四点弯曲试样和具有偏置或倾斜裂纹的三点弯曲试样也是较理想的复合型试样。相比之下,动态加载下的复合型断裂试件种类较少,而且大多采用冲击压缩的加载方式,例如紧凑压缩试件和中心穿透裂纹圆盘试件。下面介绍一种能够控制Ⅰ型、Ⅱ型动态应力强度因子成分的复合型动态拉伸试验方法。

各向同性材料Ⅰ-Ⅱ复合型断裂问题按照弹性力学平面问题求解可得裂纹尖端附近的位移场和应力场。在动态条件下,裂纹尖端位移场和应力场的表达形式与静载时相同,此时的位移场和应力场是时间的函数。

假设存在一无限大板,中心有一条长度为 $2a$ 的裂纹。在无限远处受到双轴拉应力和剪应力作用。按照弹性动力学平面问题进行求解,可以得到裂纹尖端附近的位移场,即

$$
\left.
\begin{aligned}
u(r,\theta,t) &= \frac{K_{\mathrm{I}}(t)}{4G}\sqrt{\frac{r}{2\pi}}\Big[(2k-1)\cos\frac{\theta}{2}-\cos\frac{3\theta}{2}\Big]+ \\
&\quad \frac{K_{\mathrm{II}}(t)}{4G}\sqrt{\frac{r}{2\pi}}\Big[(2k+3)\sin\frac{\theta}{2}+\sin\frac{3\theta}{2}\Big] \\
v(r,\theta,t) &= \frac{K_{\mathrm{I}}(t)}{4G}\sqrt{\frac{r}{2\pi}}\Big[(2k+1)\sin\frac{\theta}{2}-\sin\frac{3\theta}{2}\Big]- \\
&\quad \frac{K_{\mathrm{II}}(t)}{4G}\sqrt{\frac{r}{2\pi}}\Big[(2k-2)\cos\frac{\theta}{2}+\cos\frac{3\theta}{2}\Big] \\
w(r,\theta,t) &= 0 \qquad\qquad\qquad\qquad\text{(平面应变)} \\
w(r,\theta,t) &= -\frac{\upsilon}{E}\int\big[\sigma_x(r,\theta,t)+\sigma_y(r,\theta,t)\big]\,\mathrm{d}z \quad\text{(平面应力)}
\end{aligned}
\right\}
\qquad (10-25)
$$

式中:r,θ 是裂纹尖端附近点的极坐标;u,v,w 是位移分量;μ 是剪切弹性模量。

在获得裂纹尖端附近位移场后,将裂纹面上不同位置处沿 x,y 方向的位移分量代入公式(10-13)中,就可以得到裂尖的 I 型动态应力强度因子。由于裂纹面上张开位移较为显著,可得到较准确的近似值,因此取 $\theta=\pi$ 时的裂纹张开位移进行求解。

本方法采用 SHTB 技术对一种含有中心穿透裂纹的平板试件进行加载。在试件和拉杆之间设置连接装置,该装置一端通过螺纹与拉杆端部相配合,另一端通过销钉与试件相连接。试件外形尺寸如图 10-53 所示,裂纹方向与试件轴向即加载方向成 β 夹角,通过改变 β 的数值可以对 I 型和 II 型动态应力强度因子比例成分进行控制。在试件表面裂尖附近粘贴应变片用以捕捉起裂信号。

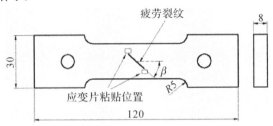

图 10-53 复合型断裂试件

试件中的穿透裂纹是通过疲劳试验机进行预制的。在预制中心穿透裂纹时,首先采用线切割工艺在一块较大方形板中心位置加工出与上下缘平行的缝隙,随后在疲劳试验机上沿垂直裂纹方向施加疲劳拉伸载荷,直至缝隙两端裂尖扩展至所需长度,最终按照预定设计角度通过线切割工艺从方形板中加工出含有中心穿透裂纹的复合型动态拉伸断裂试样,如图 10-54 所示。

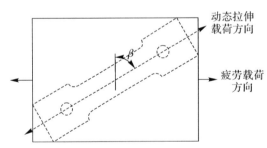

图 10-54 复合型动态拉伸断裂试样加工方法

试验所得入射波、反射波和透射波信号如图 10-55 所示。在子弹和入射杆之间粘贴适当的波形整形器得到质量较高的梯形入射波,入射波波形整体波动较小。当入射波传播至连接装置和试件接触界面时,一部分形成反射波并沿入射杆返回,其余部分则经试件传入透射杆形成透射波。

试验前,在预制裂纹两端延长线方向适当位置分别粘贴应变片,以此捕捉裂尖的起裂信号。含有 60°预制中心穿透裂纹的试样测得的裂尖典型信号如图 10-56 所示。随着拉伸应力波的持续加载,裂尖区域的应力-应变场强度逐渐增大,从而裂尖处应变信号值持续增大。当裂纹应力强度因子的 I 型或 II 型成分一旦达到其临界值(K_{Id} 或 K_{IId})时,裂尖随即发生起裂。此时,裂尖区域积聚的弹性变形能迅速释放,驱动裂纹向前扩展,裂尖区域的应力-应变场强度也迅速降低。从图 10-56 中可以看出,由于加载的非对称性,该试件预制裂纹的两个裂尖先后发生起裂。因此在后续计算中以率先发生起裂的裂尖为对象确定起裂时间和断裂韧性。试验后不同裂纹角的试样如图 10-57 所示。

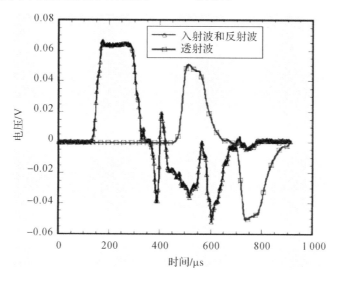

图 10-55　典型信号图

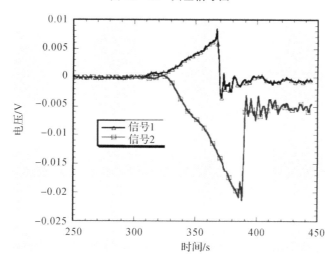

图 10-56　试验起裂信号

图 10-58 为不同裂纹角试件的断口形貌。从图中可以看出以上断口表面均未出现宏观剪切唇。当裂纹角为 90°时,断口表面相对平整且较暗,裂纹扩展方向与裂纹张开方向垂直,以晶间断裂为主。随着 Ⅱ 型成分的增加,断口表面变得更加粗糙,并出现明亮小刻面,以穿晶断裂为主。其中,当 $\beta=45°$时,断口表面最不规则,并可观察到少量塑性变形。

与Ⅰ型和Ⅱ型方法相类似,采用试验-数值法确定材料的复合型断裂韧性。数值模拟中所采用的网格及应力云图如图 10-59 所示。

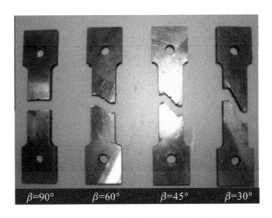

图 10-57　试验后不同裂纹角的试样

图 10-58　不同裂纹角试件断口形貌

(a) $\beta=90°$；　(b) $\beta=60°$；　(c) $\beta=45°$；　(d) $\beta=30°$

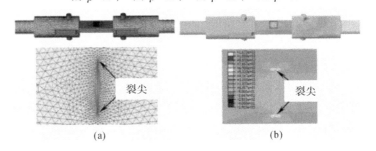

图 10-59　有限元模拟

(a) 有限元网格；　(b) 应力云图

对含有不同裂纹角的动态拉伸试件在相同载荷条件下的有限元模拟结果进行整理,得到 I 型、II 型动态应力强度因子随时间的变化曲线,如图 10 - 60 所示。从图中可以看出,90°裂纹试件受到动态载荷后几乎不出现 II 型应力强度因子成分。随着裂纹角 β 由 90°减小至 30°,$K_I(t)$ 幅值逐渐降低,而 $K_{II}(t)$ 幅值则从接近 0 值逐渐升高,至 30°时已超过 $K_I(t)$。由此可以看出该方法可以通过调整裂纹角 β 的大小实现对动态应力强度因子 I 型、II 型成分复合比的控制。

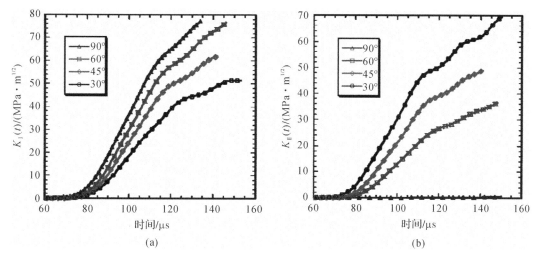

图 10 - 60　不同裂纹角下得到的应力强度因子

(a) $K_I(t)$；　(b) $K_{II}(t)$

测得 40Cr 材料含有不同断裂角的试件在动态加载下的 K_{Id},K_{IId} 后,对相同裂纹角下的数据求平均可得 K_{Id},K_{IId} 随裂纹角 β 的变化趋势,如图 10 - 61 所示。随着裂纹角从 30°上升至 90°,K_{IId} 从 48.8 MPa · m$^{1/2}$ 逐渐降低至零点附近,而 K_{Id} 则随裂纹角 β 从 90°变化至 30°,呈现逐渐上升后稍有回落的趋势。

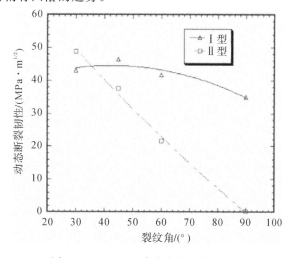

图 10 - 61　DFT 随裂纹角的变化规律

图 10-62 给出了复合比 $K_{\mathrm{IId}}/K_{\mathrm{Id}}$ 随裂纹角 β 的变化曲线。随着裂纹角 β 由 $90°$ 降至 $30°$，复合比 $K_{\mathrm{IId}}/K_{\mathrm{Id}}$ 从零点附近增加至 1.2 左右。该方法通过调整裂纹角 β 的大小实现了对动态断裂韧性 Ⅰ 型、Ⅱ 型成分复合比的控制。

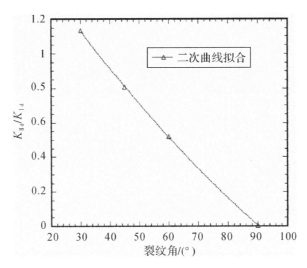

图 10-62　$K_{\mathrm{IId}}/K_{\mathrm{Id}}$ 随 β 的变化规律

复合型裂纹在静态加载时，由于裂纹一般不按原方向开裂与扩展，而且失稳条件比较复杂，以 Griffith 理论为基础发展起来的 Irwin 断裂准则不能简单地用来分析和解决复合型裂纹问题。根据不同的考虑角度和观点以及对宏观断裂机理的不同解释，目前国内外提出的静态载荷下复合型裂纹脆性断裂准则主要有最大应力准则、应变能密度因子准则和应变能释放率准则，但它们所得的结果也存在一定差异。根据不同的断裂准则，在 $K_{\mathrm{I}}-K_{\mathrm{II}}$ 平面内材料的断裂韧性为一条曲线，K_{Ic} 和 K_{IIc} 与 Ⅰ 型和 Ⅱ 型应力强度因子的比值 $K_{\mathrm{I}}/K_{\mathrm{II}}$ 有关。国内外的很多研究表明，根据试验材料和试样几何外形的不同，比值 $K_{\mathrm{IIc}}/K_{\mathrm{Ic}}$ 主要分布于 $0.45\sim2.2$ 之间，这与最大应力准则所预测的 $K_{\mathrm{IIc}}/K_{\mathrm{Ic}}$ 为常值 0.87 有较大出入。冲击载荷条件下结构或试样的动态响应情况与静力条件下有着很大的差别，由本书的试验结果可知，上述静态载荷下的复合型断裂准则并不适合于冲击载荷下复合型裂纹的起裂情况。

冲击载荷作用下，针对纯型 Ⅰ 型、Ⅱ 型裂纹目前常用的动态起裂判据除动态应力强度因子判据 [见式 (10-14)] 外，还存在动态 J 积分判据、最短时间判据和最小作用力判据等，但有关复合型裂纹的动态起裂判据报道较少。图 10-63 给出了 40Cr 材料在不同断裂角度下的 Ⅰ-Ⅱ 复合型动态断裂平面，K_{Id}^{0} 是裂纹角为 $90°$ 时纯 Ⅰ 型动态断裂韧性的平均值。图中横轴和纵轴分别代表纯 Ⅱ 型和纯 Ⅰ 型状态。由图知，相同裂纹角下测得的结果较为接近，当裂纹角 β 从 $90°$ 变化为 $30°$ 时复合比不断变化，且数据点分布于带状区域内。当复合型裂纹的 Ⅰ-Ⅱ 型动态应力强度因子处于 1.3×10^{6} MPa·$\mathrm{m}^{1/2}$·s^{-1} 加载速率包络线的内部时，裂纹不会扩展，该区域可视为安全区。

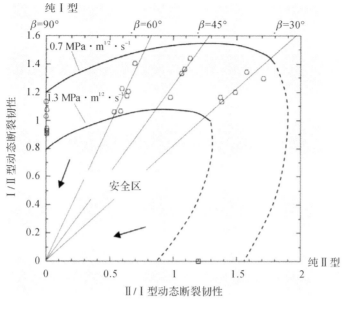

图 10 - 63　Ⅰ-Ⅱ复合型断裂平面

习　　题

如图 10 - 64 所示的标准三点弯曲试样,裂纹长为 20 mm,材料参数如下:弹性模量 $E=$ 200 GPa,泊松比 $\upsilon=0.3$,密度 $\rho=7\ 800$ kg/m³。在试样的正上方作用缓慢增加的载荷,经 10 min 由 0 线性增加至 $P=160$ kN。

(1)试采用公式法求解加载过程的应力强度因子曲线。

(2)若在试样的正上方作用一脉冲载荷 $P=160$ kN,载荷脉宽为 50 μs,试采用有限元方法求解加载过程的动态应力强度因子曲线。

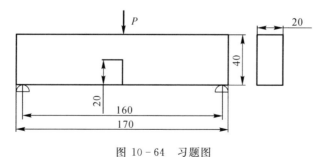

图 10 - 64　习题图

第11章　飞机结构抗鸟撞试验原理与方法

11.1　引　　言

鸟撞事故是飞机等飞行器在飞行过程中与鸟类相撞造成的飞行事故的简称。1905年，人类完成首次飞行创举的两年后，莱特兄弟就报告了他们的飞机遭到鸟撞，这可能是世界上首次飞机鸟撞的报道，如图11-1所示。1912年曾驾飞机横穿美国大陆的飞行员Cal Rogers在飞行中由于鸟撞使控制系统失灵导致坠海，机毁人亡，这是全球首次机毁人亡报道。

　　莱特兄弟于1903年12月17日首次实现飞行。奥维尔·莱特于1905年9月7日报道了第一次鸟撞事件，地点在俄亥俄州代顿的霍夫曼草原附近。在莱特兄弟的日记中，奥维尔写到："…4分45秒飞行了4 751米，绕了4个圈，两次越过栅栏进入比尔德的玉米地。追逐鸟群两轮，杀死了一只落在表面顶部的鸟，过了一段时间后，在摆动一个陡峭的曲线时掉了下来。"一年的时间里，由于鸟类的群集行为，以及撞击的位置，第一只被飞机撞击的鸟被认为是一只红翅膀的黑鸟。

图11-1　世界上首次飞机鸟撞事故报道

　　尽管鸟撞很少会造成机毁人亡的悲剧：1988—2018年的30年时间里，全球由于鸟撞而死亡的人数只有282人，但是其所造成的经济损失仍然不可忽视，而且近年来呈现出大幅增长的态势。据估计,美国民用航空业由于鸟撞造成的损失从 2000 年的 1.09 亿美元攀升到了 2017 年的 4.62 亿美元。

飞机抗鸟撞问题是航空界的一大难题。根据动量定理:一只 0.45 kg 的飞鸟与时速 800 km 的飞机相撞,会产生 153 kg 的冲击力;而一只 7 kg 的大雁撞在时速 960 km 的飞机上,冲击力将达到 144 t,其破坏力不亚于一枚飞弹。

鸟撞事故发生的次数与飞机的飞行高度密切相关,统计表明,发生在 300 m 以下的鸟撞事故约占鸟撞总事故的 78%,发生在 600 m 以下的约占 86%,发生在 1 500 m 以下的约占 95%,发生在 3 000 m 以下的约占 99%。由此可见,鸟撞事故主要发生在飞机起降阶段。因此,机场管理部门采取了多项措施,以降低飞机在起飞和降落阶段遭遇鸟撞的风险。这些措施包括制造鸟类不喜欢的噪声、燃放烟火、清理机场范围内的鸟类食物来源、种植各种不适宜大型鸟类栖息的植物等。

为确保飞行安全,除了在机场采取驱鸟措施外,在飞机研制和设计过程中,开展结构抗鸟撞试验研究是十分必要的。全世界每年发生的鸟撞事故均在 1 万起以上,造成的经济损失巨大,鸟撞事故已被世界航空联合会列入"A 类"飞行空难,鸟撞试验研究受到世界航空发达国家的普遍重视。因此,航空发达国家纷纷制定了飞机抗鸟撞设计规范和试验规范,我国《军用飞机强度和刚度规范　文件和报告》(GJB 67.12—2008)和《运输类飞机适航标准》(CCAR‐25 部)飞机抗鸟撞试验提出了明确的要求。

鸟撞击飞机的部位及比例为:机头/雷达罩 26%,风挡 18%、发动机 17%、机翼/旋翼 14%、机身 12%、起落架 5%、发动机 3%、尾翼为 2%。图 11‐2 为我国自主研制的大型客机 C919 易遭遇鸟撞部位示意图。这些部位主要包括机头、发动机、机翼前缘、尾翼前缘等。

图 11‐2　飞机易遭遇鸟撞部位示意图

11.2　飞机结构抗鸟撞试验依据

11.2.1　CCAR‐25 部有关飞机抗鸟撞的条款

1. 损伤容限(离散源)评定

在下列任一原因很可能造成结构损伤的情况下,飞机必须能够成功地完成该次飞行。

(1)受到 1.8 kg(4 lb)重的鸟的撞击,飞机与沿着飞机飞行航迹的相对速度取海平面

V_c 或 2 450 m（8 000 ft）0.85V_c，两者中的较严重者；

（2）风扇叶片的非包容性撞击；

（3）发动机的非包容性破坏；

（4）高能旋转机械的非包容性破坏。

2. 鸟撞损伤

尾翼结构的设计必须保证飞机在与 3.6 kg（8 lb）重的鸟相撞之后，仍能继续安全飞行和着陆，相撞时飞机的速度等于按 1. 选定的海平面 V_c 值。通过采用静不定结构和把操纵系统元件置于受保护的部位，或采用保护装置（如隔板或吸能材料）来满足本条要求是可以接受的。在用分析、试验或两者的结合来表明符合本条要求的情况下，使用结构设计类似的飞机的资料是可以接受的。

3. 风挡和窗户

（1）内层玻璃必须用非碎裂性材料制成。

（2）位于正常执行职责的驾驶员正前方的风挡玻璃及其支承结构，必须能经受住1.8 kg（4 lb）的飞鸟撞击而不被击穿，此时飞机的速度（沿飞机航迹相对于飞鸟）等于按 1. 选定的海平面 V_c 值。

（3）除非能用分析或试验表明发生风挡破碎临界情况的概率很低，否则飞机必须有措施将鸟撞引起的风挡玻璃飞散碎片伤害驾驶员的危险减至最小，必须表明驾驶舱内的每块透明玻璃都能满足上述要求。

11.2.2 《军用飞机结构强度规范 第 8 部分 振动和航空声耐久性》(GJB 67.8A—2008)关于飞机抗鸟撞和外来物撞击设计要求

（1）在鸟撞和外来物撞击作用下，产生的弹性变形、永久变形和热变形不应引起下列情况的发生：

1）妨碍或降低飞机的机械操作；

2）影响飞机气动力特性，以至无法满足飞行性能或品质要求；

3）进气道、油箱、发动机（叶片）局部损伤；

4）飞行中有害的或过度的振动；

5）导致空勤人员功效性降低；

6）机载设备工作不正常。

（2）被撞击结构的变形要求如下：

1）风挡在鸟撞和外来物撞击作用下不应被击穿，同时透明件及其支持结构的变形不应影响驾驶员的正常工作；

2）机翼、尾翼前缘在鸟撞和外来物撞击作用下，引起的前缘凹陷和变形不应造成空气特性严重变坏，不影响结构总体强度及设备的正常工作；

3）应通过和外来物撞击试验验证所涉及的结构能满足变形要求；

4）应根据理论计算和试验结果，通过目视检查、无损检查或损伤容限评估等，对结构抗鸟撞和外来物撞击的设计进行综合评估。

与飞机结构抗鸟撞设计及鸟撞试验相关的规范还包括《民用飞机结构抗鸟撞设计与试验

要求》(HB 7084—1994)、《军用飞机结构强度规范》(GJB 67.12—2008)、《固定翼飞机风挡系统通用规范》(HB 6514—1991)、《飞机有机玻璃透明件制造工艺说明书》(HB/Z 125—1991)等。

11.3　飞机结构抗鸟撞试验原理

11.3.1　试验系统及发射机构原理

抗鸟撞试验系统原理如图 11-3 所示,系统主要由鸟弹发射系统、激光测速系统、加载架系统及数据采集系统组成。试验时,压气机将高压压缩空气压入高压气室,压力大小由充气阀门控制,开启发射机阀门,高压气室中的压缩气体瞬间进入炮管,推动鸟弹及弹托加速,鸟弹经脱弹装置脱壳后通过激光测速系统,进行弹体速度测量,然后撞击安装在试验台架上试验件,试验过程由高速摄像机记录,应变、载荷、位移等信号经信号处理系统和数据采集系统处理和记录。图 11-4 为鸟撞空气炮系统照片。

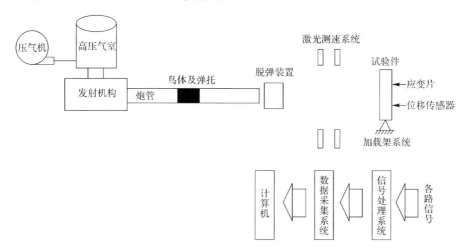

图 11-3　试验系统原理示意图

图 11-4　鸟撞空气炮系统照片

发射机构原理如图 11-5 所示,打开进气阀向活塞缸中的控制气室充气,活塞在高压空气的推动下向右移动,堵住气体炮管进气口,在密封圈和推力作用下高压空气被密封在控制气室和高压气室中,持续充气直至达到所需压力。发射时,打开发射阀,控制气室高压气体排出,相对压力为 0,活塞在高压空气的推动下向左移动,高压气体向炮管排出,驱动鸟弹在炮管中加速。发射机构发射前和发射时状态如图 11-5 所示。

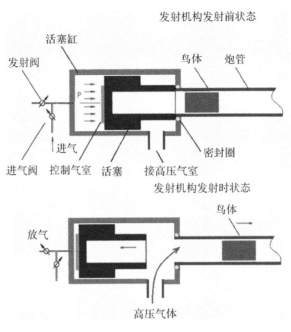

图 11-5 发射机构原理示意图

11.3.2 鸟弹速度估算及测量原理

气炮发射的相同质量的鸟弹速度由高压气室压力、炮管口径和长度决定,试验时调节大小可控制弹体速度。试验前需将鸟弹速度与压力大小进行标定,鸟弹速度可按如下方法估算。

由于炮管容积远小于高压气室容积,压缩气体推动鸟弹加速过程可以近似为等压膨胀过程,则气体膨胀做功,有:

$$W = p \cdot \Delta V \tag{11-1}$$

式中:W 为气体膨胀过程中所做的功;p 为高压气室压力;ΔV 为炮管容积。

鸟弹速可由能量守恒计算得到,即

$$\eta \cdot W = \frac{1}{2}mv^2 \tag{11-2}$$

式中:η 为气体做功效率(其与气炮系统相关,不同气炮可由实际试验进行测量标定);m 为鸟弹和弹托总质量;v 为鸟弹速度。

激光测速系统一般采用 2 点测速原理,系统由 2 支激光器、2 个光电转换器组成,如图 11-6 所示。鸟弹飞行过程中,依次遮挡 2 束激光,光电转换器输出两个下降沿波形,通过数据采集系统可以测出两个下降沿的时间差,而 2 束激光的间距可事先测出,则可由下式计算出鸟弹经过 2 束激光的平均速度(或采用光幕靶测速系统,其测速原理与 2 点测速相同):

$$v = \Delta l / \Delta t \qquad (11-3)$$

式中:v 为鸟弹速度;Δl 为光电转换器间距;Δt 为鸟弹经过两束激光时的时间差。

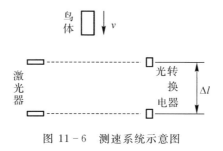

图 11 - 6　测速系统示意图

11.4　飞机结构抗鸟撞试验方法

11.4.1　试验件及安装要求

飞机设计方通常依据规范要求和飞机总体有限元分析结果制订相应的试验规划,设计相应的试验件进行结构选型、试验分析方法和承载能力的验证工作。

试验件制造依据飞机结构对应部位的制造工艺进行加工、选择有资质的厂家进行生产制造。试验件时飞机结构强度验证的重要对象,其设计除满足试验件位置和结构形式外,还应考虑承试单位试验台架的接口,以保证试验加载及支持过渡区域的强度或刚度,有利于试验顺利实施,提高试验效率。

抗鸟撞试验件安装要尽可能地模拟真实飞机的结构支持刚度以及连接情况。风挡可安装在真实的或模拟的机身段上,也可安装在试验台架上。飞机结构抗鸟撞试验件数量为 3~5,试验夹具设计应便于试验件的安装、调整,不影响测速系统和高速摄像系统的正常工作;安装所用紧固件应尽可能地与真实结构相同。

鸟弹实际撞击点需在目标撞击点半径 30 mm 的圆柱内(垂直于鸟弹飞行方向),对翼面前缘,其偏差按试验任务书规定。鸟弹撞击点一般由激光瞄准器确定,由于鸟弹飞行过程中的重力影响,需要对试验瞄准点进行修正,以保证撞击点的准确性,修正公式如下:

$$h = \frac{1}{2}gt^2 = \frac{1}{2}g\left(\frac{L}{v}\right)^2 \qquad (11-4)$$

式中:h 为瞄准器激光点上偏目标点距离;g 为重力加速度;t 为鸟弹从炮口到目标点的飞行时间;L 为炮口与目标点的间距;v 为鸟弹飞行速度。

撞击点位置和数量由试验任务书规定。通常情况下,风挡上的撞击点要考虑到风挡、支撑骨架及连接情况,一般从下列几点中选择:

(1)结构刚度的最大点;

(2)结构刚度的最小点;

(3)有代表性的边缘点;

(4)风挡支持件的中心。

机翼、尾翼前缘撞击点位置在翼型的前缘线上,展向位置从下列各点中选择:

(1)相邻两翼肋的中点;

(2)前缘对缝处;

(3)前缘蒙皮与骨架连接处;

(4)前缘上刚度最小点。

11.4.2　鸟撞试验测试要求

鸟撞试验目的主要是对飞机易受鸟撞部位进行抗冲击试验,考核飞机结构抗鸟撞能力,指导或验证飞机的抗鸟撞设计,使飞机结构符合相关的标准或适航要求。试验测试的具体要求如下:

(1)鸟弹的目标速度与实际速度偏差应控制在±3％以内;

(2)温度测量系统精度为±3℃,鸟撞试验过程如需模拟特殊的温度和湿度环境,应使用环境控制设备对试验件及周围空间进行环境调节;

(3)位移测量,推荐使用非接触式方法测试结构动态位移,位移测量系统精度为±5％;

(4)撞击力、应力/应变测量系统精度为±10％;

(5)质量测量设备精度为±1g;

(6)鸟撞试验过程中,至少用两台高速摄像机,用于清晰地记录鸟撞的全过程,高速摄像机应置于有利于清晰拍摄的位置,高速摄像机的最低拍摄帧频一般要求不低于5 000 帧/s,试验场地有适合的光源布置。

11.4.3　鸟弹制作

鸟弹由鸟和包装物构成,在结构抗鸟撞研发试验中可使用仿真鸟弹,仿真鸟弹主要成分为明胶与水的混合物,形状为两端半球体中间圆柱体,长、宽比为2：1,密度为950 kg/m³。当使用家禽(鸡、鸭、鹅等) 作为鸟弹时,应于使用前1 h击昏或闷死。包装物用于防止撞击前鸟变形或解体,应柔软、有韧性,便于包装,对撞击物影响小,尼龙、棉织物、聚乙烯均可做包装物。

鸟弹包装为长径比近似为2 的柱体,鸟撞试验前应测定鸟及包装物的质量,为了达到规定的鸟弹质量,允许切除或修剪鸟的翅膀和腿,允许注水或使用含水量98％的胶体物质。鸟弹包装物质量应不大于鸟弹质量的1％,对鸟增减质量也不应超过鸟弹质量的1％。鸟弹装在弹托(一般由轻质木材、聚乙烯泡沫或铝制外壳加泡沫制成)内,在炮管出口处通过脱壳机构将弹托和鸟弹完全分离,仅将鸟弹发射出去,按预定的速度和方向撞击试验件的特定部位。

11.4.4　试验流程

飞机结构抗鸟撞试验一般分为试验安装、调试、预试、正式试验4 个阶段。

1. 试验件安装

试验安装过程如下:

(1)按照试验大纲中的要求安装夹具及试验件。

（2）测量系统安装、调试。

（3）安装防护装置，对安装好的试验件拍照。

（4）安装高速摄像机，补光光源，设置相机参数。

2. 调试

采用规定的鸟弹，撞击鸟弹收集器（即模拟靶）进行系统调试，以得到规定速度所需的发射设定压力，同时调试激光测速系统、应变测量系统、位移测量系统、高速摄像系统，保证触发和工作可靠。调试步骤如下：

（1）指挥员、气炮操作员、安全员、应变和位移测量设备操作员及高速摄像人员就位。

（2）气炮操作员打开控制台各部分电源，启动控制计算机，打开阀门控制柜电源。

（3）安全员检查测速设备、应变测量设备是否就绪、高速摄像是否就绪、现场人员是否撤离，各部分就绪后，安全员关好升降门、气炮操作员打开警报器。

（4）气炮操作员输入主气罐设定压力 80 kPa。

（5）气炮操作员将控制柜上转换开关旋到"开启"。

（6）气炮操作员按下发射室进气按钮进行充气。

（7）当发射室压力达到后，发射室进气按钮开始闪烁时，气炮操作员按下气罐进气按钮进行充气，当气罐压力达到后，开始稳定气罐压力，指挥员检查各个部分是否就绪，就绪后，指挥员下达发射指令。

（8）气炮操作员按下"发射"按钮，打空炮一次，清理炮管。

（9）气炮操作员恢复各个开关至原始位置，再打空炮一次，清理炮管。

（10）按照"鸟弹制作作业指导书"制作鸟弹并检验，装填鸟弹。

（11）气炮操作员设置主气罐设定压力。

（12）重复步骤（5）～（7）。

（13）指挥员下达发射指令，气炮操作员按下"发射"按钮，发射鸟弹，测试鸟弹速度。

（14）气炮操作员恢复各开关至原始位置。

（15）检查鸟弹速度是否满足要求。

（16）如果鸟弹速度不满足要求，则对主气罐设定压力进行调整，并重复步骤（10）～（15），直至鸟弹速度满足要求。

3. 预试

完成调试后，按照调试得到的主气罐设定压力进行一次预试（仍采用鸟弹收集器或模拟靶），保证鸟撞击速度的准确性，同时保证测量系统、高速摄像系统工作正常。然后，撤离鸟弹收集器或模拟靶，现场人员清理现场，准备正式试验。

4. 正式试验

正式试验阶段，对鸟撞前后的试验件结构变形、破损情况进行仔细的目视检查、测量、照相并填写检查记录、试验状态记录等。试验步骤如下：

（1）严格按"鸟弹制作作业指导书"进行鸟弹制作、检验并装填。

（2）对试验件撞击前状态进行拍照。

（3）气炮操作员根据预试时的设定压力值输入主气罐设定压力，按下发射室、气罐进气按钮充气。

（4）发射室压力达到后,发射室进气按钮开始闪烁时,气炮操作员按下气罐进气按钮进行充气。气罐压力达到后,开始稳定气罐压力,指挥员检查各个部分是否就绪。就绪后,指挥员下达发射指令,气炮操作员按下"发射"按钮,发射鸟弹。

（5）气炮操作员恢复各开关至原始位置。

（6）各测量设备操作员及高速摄像人员保存数据,现场人员清理现场。

（7）气炮操作员依次关闭阀门控制柜电源、控制计算机。

（8）填写试验现场记录表和试验现场记录。

（9）检查机头结构的变形、破损情况,照相。对考核部位进行详细目视检查,测量并记录,填写试验后检查记录表。

11.4.5　试验结果评估

鸟撞试验后,需检查鸟撞速度及鸟撞击点位置是否满足试验大纲要求,检查考核部位结构有无永久变形或破坏,并结合测试结果对飞机结构能否满足结构抗鸟撞设计给出评定,评定依据包括:

（1）试验件目视检查报告;

（2）试验件无损检查报告;

（3）速度测量报告;

（4）撞击力、应力/应变测量报告;

（5）撞击位移测量报告;

（6）高速摄像记录;

（7）试验照片。

图 11-7～图 11-9 为飞机结构抗鸟撞试验图片。

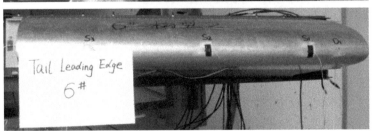

图 11-7　某飞机尾翼前缘结构鸟撞选型试验图片

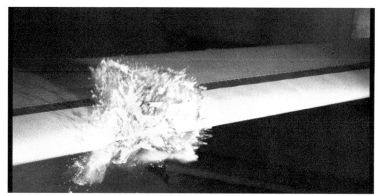

图 11-8　某飞机水平尾翼前缘抗鸟撞适航取证试验图片

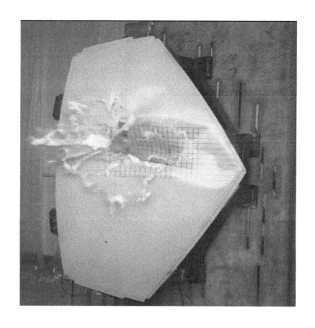

图 11-9　某飞机机头上壁板抗鸟撞试验图片

11.5　飞机发动机抗鸟撞试验

一般来说，在发动机的设计中，必须考虑由叶片材料损失所造成的非平衡力的作用，同时还要考虑叶片的易损性。叶片的易损性主要包括外来物的冲击损伤，诸如鸟、冰雹、跑道上的小石子等在发动机运行过程中与发动机叶片的相互作用而产生的损伤。一方面，涡喷或涡扇发动机驱动的飞机以较高的速度飞行；另一方面，发动机在运行过程中叶片以很高的速度转动。所以，外来物与叶片的撞击速度应该是飞机的飞行速度与发动机叶片转动速度的合成。由于外来物的动能与速度的二次方成正比，所以在很多时候外来物与发动机叶片撞击会导致叶片的塑性变形，甚至断裂。发动机叶片的变形会造成发动机推力的下降，叶片的断裂可能会引发其他叶片的断裂。一旦发生断裂的叶片飞出并穿透机匣，很可能会造成控制系统的损坏，甚至直接伤及乘员。此外，叶片的断裂还可能造成发动机叶轮盘受到很大的非平衡力作用，使叶盘或轴断裂，这些严重的后果将直接影响到飞行安全，也带来了惊人的经济损失，甚至威胁到乘员生命的安全。因此，飞机发动机抗鸟撞设计、分析与验证，是保证飞机安全性、避免鸟撞灾难性事故发生的根本保证，而飞机发动机抗鸟撞试验是飞机发动机抗鸟撞设计、分析与验证中重要的一环。

撞入发动机的鸟类范围很广，按质量一般分为大鸟（2 kg以上）、中鸟（1 kg）、小鸟（50～100 g）三类。为避免鸟撞发动机造成影响飞机飞行安全的事件，航空发动机在设计中采用了一系列抗鸟撞措施。为验证所采取的措施是否可行，在发动机研制中，一定要进行鸟撞试验。试验中，中、小鸟群撞入不应破坏发动机的结构完整性，也不应停车，但会引起短暂的（1～2 s）推力下降或压气机不稳定，大鸟撞入发动机应能安全停车且不发生危及飞机安全的发动机故障。

发动机抗鸟撞试验按试验件类型可分为部件试验和整机试验。发动机整机鸟撞试验一般在发动机露天试验台上进行，试验为发动机开车状态下，由空气炮将单只鸟体或多只鸟体（群鸟）发射至发动机进气口，进行鸟撞试验，以验证发动机相关性能。鸟撞试验时发动机一般应处于最大推力状态，以模拟起飞的情况。试验时，除用高速摄影机记录下撞击过程外，还需记录整个试验过程中的发动机参数变化情况，并在试验后分解发动机，分析鸟撞的后果和各部件（尤其是风扇叶片）的结构变形情况，为评估发动机的结构完整性和改进设计提供依据。图11-10为某发动机整机进行的抗鸟撞（吞鸟）试验。

图 11-10　某发动机鸟撞（吞鸟）试验

发动机部件级鸟撞试验主要有发动机进气道唇口鸟撞试验、发动机风扇叶片鸟撞试验等。发动机进气道唇口鸟撞试验和发动机风扇叶片静止状态鸟撞试验和前面章节介绍的试验方法完全相同,这里不再赘述。图 11 - 11 为某发动机风扇叶片进行静止状态鸟撞试验前、后的照片。

(a)　　　　　　　　　　　　　　　　　(b)

图 11 - 11　某发动机复材风扇叶片抗鸟撞试验照片

(a) 试验前；　(b) 试验后

发动机整机鸟撞试验成本高昂,试验周期长,而发动机风扇叶片静止状态下鸟撞试验又不能完全模拟发动机叶片鸟撞时真实情况。因此,发动机风扇叶片旋转状态下鸟撞试验技术就显得尤为重要。但是发动机风扇叶片旋转试验由于电机功率及安全限制,一般在真空仓进行,而空气炮驱动鸟体加速需要高压气体,怎么样能够将鸟体打入真空仓而避免高压气体进入真空箱是一个难题。

图 11 - 12 为西北工业大学设计的发动机风扇叶片旋转状态下鸟撞试验装置简图。系统主要由发动机卧转试验台、真空仓、空气炮、脱壳密封机构等组成。该系统的关键部分为脱壳密封机构,在真空仓壁外延一段一定长度的炮管,炮管上套有可滑动的脱壳器。试验时,调节脱弹器向右运动伸进炮口并与炮口密封,真空仓抽真空时连同炮管一起抽真空。当鸟体和塑性较好的铝制弹壳从炮管到达脱弹器时,弹壳发生塑性变形并封住脱弹器,推动脱弹器向左运动,炮管内高压气体从炮口排除,从而避免炮管内高压气体进入真空箱。该试验技术完美地解决了将鸟体打入真空仓而避免高压气体进入真空箱这一难题,并在沈阳发动机研究所实现了国内首次发动机风扇叶片旋转状态鸟撞试验。

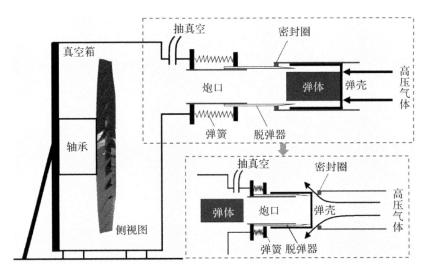

图 11-12　发动机风扇叶片旋转状态下鸟撞试验系统原理简图

11.6　飞机结构抗鸟撞试验与鸟体本构反演

鸟撞试验是飞机结构抗鸟撞设计研究中最终和最有效的检验方法,但仅采用试验方法进行飞机结构抗鸟撞设计,盲目性大,不能预先指导飞行器的设计,只能对设计好的航空结构件进行考核,当航空结构件不能通过鸟撞试验的考核时,必须重新设计和试验,这样既浪费了大量的费用,又延误了飞机研制周期。约在 20 世纪 70 年代以后,随着计算机技术和数值计算技术的发展,逐渐形成了以鸟撞动响应分析和鸟撞试验相结合的方法,进行航空结构件抗鸟撞设计的。该方法在航空结构件设计阶段,就可以根据鸟撞指标要求对航空结构件抗鸟撞能力进行动响应分析,以保证其顺利通过鸟撞试验。

鸟撞航空结构动响应分析方法可以分为解耦解法和耦合解法。解耦解法是将鸟撞载荷作为已知条件加到航空结构件上,单独求解航空结构件的动响应,解的精确程度主要取决于鸟撞载荷的精度,为此,许多学者对鸟撞击载荷开展了大量的研究。利用有限元分析鸟撞问题的理想解法是耦合解法,该方法是将鸟体模型与被撞结构件模型联合进行求解,两种模型通过接触部位的协调条件连接起来,通过求解满足协调条件的联立方程分别得出鸟体和被撞结构件的响应和鸟体与被撞结构件之间的作用力等。这一解法的代表性软件有欧洲的PAM - CRASH 和美国的 LS - DYNA,DYTRAN 等。这一解法可以获得更理想、更真实的鸟撞过程,能够对鸟撞的全过程进行数值模拟。然而,真实的鸟体有骨有血有肉,其本构方程难以描述,加之在撞击风挡过程中呈现大变形,致使在鸟撞分析过程中难以对鸟体建立准确的数值模型。

鸟体本构模型与参数作为鸟撞数值仿真计算的基本性能数据是开展抗鸟撞结构设计分析的基础,解决好鸟体本构模型并获得可应用于工程数值分析的模型与数据,不仅需要深入、细致的理论研究工作,还需要进行大量试验研究与数据测试工作,在此基础上,通过优化理论与算法来获得其模型参数,同时开展三维数值算法及其数值稳定性研究工作,通过大量的数值计算验证与分析方能应用于工程实践。在实际模拟计算时往往采用一些简化的本构模型模拟鸟体,这些简化的鸟体本构模型及其参数仅适用于特定的撞击速度和撞击目标,当撞击速度和撞击目标改变时,本构模型参数也将发生变化,所以对不同撞击速度和撞击目标情况下鸟体本构模型及其参数进行系统研究是一个亟待解决的问题。

11.6.1　鸟体本构模型

按照有关要求将鸟体建为长径比为 2∶1 的圆柱体。不同尺寸鸟体的密度平均值约为 95% 水的密度,即 950 kg/m³。鸟体质量 3.6 kg,这样,可确定鸟体圆柱直径为 134.12 mm。平板材料为 2A12 - CZ 铝,尺寸为 500 mm×500 mm×15 mm。

1. 模型一

鸟体和平板均采用 8 节点 Solid164 单元模拟,网格划分采用 Lagrange 算法。平板沿板厚度方向划分 4 个网格,长度和宽度方向均划分 50 个网格,共 10 000 个体单元;鸟体共 6 000 个体单元,采用单点积分与沙漏控制(见图 11 - 13)。

鸟体和结构的材料模型均采用带失效模式的塑性动力学(Plastic Kinematic)材料模型来模拟,该模型的动态屈服应力函数为

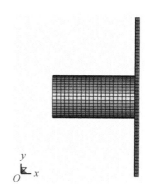

图 11 - 13　有限元模型一

$$\sigma_y = \left[1 + \left(\frac{\dot{\varepsilon}}{C} \right)^{\frac{1}{P}} \right] (\sigma_0 + \beta E_P \varepsilon_P^{\mathrm{eff}}) \qquad (11 - 5)$$

式中:σ_0,$\varepsilon_P^{\mathrm{eff}}$,$E_P$,$\dot{\varepsilon}$ 分别为初始屈服应力、等效塑性应变、塑性硬化模量和等效应变率;C,P 为 Cowper - Symonds 应变率参数;β 为硬化参数。硬化参数 β 的取值在 0(随动硬化)~1(各向同性硬化)之间。

材料是否破坏的判据是其应变值是否达到失效应变,其破坏表达式如下:

$$\varepsilon \geqslant \varepsilon_f \qquad (11 - 6)$$

铝板的相关参数由表 11 - 1 给出。由于铝合金对应变率不敏感,在材料参数设置时对参数 C,P 不予赋值,有限元分析程序自动认为不考虑应变率的影响。

表 11 - 1　铝板材料参数

材料参数	密度/(kg·m⁻³)	弹性模量/Pa	泊松比	屈服应力/Pa	切线模量/Pa
数值	2 780	7.2E10	0.3	3.45E8	6.9E8

2. 模型二

将鸟体划分成欧拉有限元网格,鸟体周围区域亦划分欧拉网格以使鸟体材料可以在网格中流动。有限元模型网格划分如图 11 - 14 所示。鸟体材料模型采用黏性流体动力学本构关系,表达式如下:

$$\sigma = 2\nu_d D - pI \qquad (11 - 7)$$

式中:σ 为黏性应力张量;ν_d 为动态黏性系数;D 为偏变形率张量;I 为单位张量;p 为压力。

状态方程由 LS - DYNA 的 *EOS_LINEAR_POLYNOMIAL 定义,这里压力 p 表示为

$$p = C_0 + C_1\mu + C_2\mu^2 + C_3\mu^3 + (C_4 + C_5\mu + C_6\mu^2)U \tag{11-8}$$

式中:U 是单位体积的内能;对受压材料有参数$\mu = \rho/\rho_0 - 1$,ρ 和 ρ_0 分别为现时密度和初始密度;$C_0 \sim C_6$ 为多项式方程系数。

3. 模型三

采用 SPH 光滑粒子来模拟鸟体(见图 11-15),鸟体材料的动态力学行为用 Murnaghan 状态方程来描述:

$$p = p_0 + B\left[\left(\frac{\rho}{\rho_0}\right)^\gamma - 1\right] \tag{11-9}$$

式中:p 和 p_0 为现时压力和初始压力;ρ 和 ρ_0 为现时密度和初始密度;B 和 γ 为材料常数,B 与材料的初压声速有关。

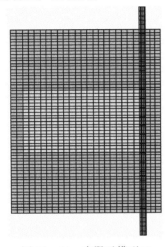 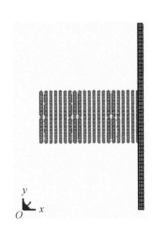

图 11-14　有限元模型二　　　　　图 11-15　有限元模型三

11.6.2　鸟体本构模型参数优化反演方法

鸟体本构模型参数优化反演的基本思想是:①进行鸟撞平板试验研究,测量平板结构的位移、应变和撞击支反力等物理量;②建立鸟撞平板试验耦合算法的数值计算模型,将待优化反演的鸟体本构模型参数定义为优化参数;③利用位移和应变等物理量的试验值与计算值定义优化目标,使计算模型能够准确反映试验对象的特征,即通过优化鸟体本构模型参数使数值模拟计算结果与试验结果的差异最小;④计算模型整合到优化控制程序中,优化控制器按照优化算法将优化参数初始值传递给计算模型,让其根据这些初始值进行运算得到计算结果,再将计算结果与试验结果进行比较。若两者的误差比较大,那么这组参数值是不合理的,优化控制器会自动产生一组新的参数值,再进行新一轮的计算。如此反复迭代,若误差满足要求,那么参数值就是合理的,此时得到最终要求的优化参数值。鸟体本构模型参数优化反演过程如图 11-16 所示。

鸟撞试验测量结果一般包括结构的位移和应变响应及鸟体与结构之间的撞击力响应等,本书优化反演的目标函数定义为计算结果与试验结果之间相对误差的二次方和:

$$F = \sum_{i=1}^n \left\{\frac{E_T(i) - E_C(i)}{\max\{|E_T(i)|, |E_C(i)|\}}\right\}^2 \tag{11-10}$$

式中：$E_T(i)$ 为试验结果；$E_c(i)$ 为相应的计算结果；并且 $\max\{|E_T(i)|,|E_c(i)|\}\neq 0$，$E_T(i)$ 和 $E_c(i)$ 理论上可以包括各类测量数据，然而实际应用时还需要考虑优化参数对 $E_T(i)$ 和 $E_c(i)$ 的敏感性，尽量选用敏感性大的试验结果和计算结果。当 F 最小时，计算结果和试验结果的误差将最小。目标函数中试验结果个数选取的原则是必须大于待优化反演参数的个数，当然试验结果数量越多，优化精度越高。

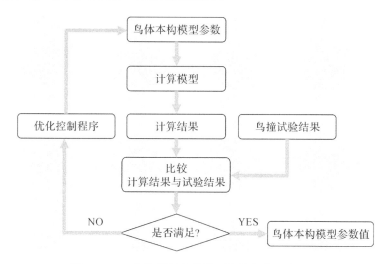

图 11-16　鸟体材料本构模型参数优化反演过程

　　鸟体本构模型参数优化反演的实现通过 iSIGHT 集成显式碰撞分析有限元 PAM-CRASH 程序自动完成，具体过程为：

　　在 Visual-Enviroment 中应用 Visual-mesh 建立鸟撞平板有限元网格模型，创建 Part，将网格模型导入 Visual-HVI，定义材料属性及鸟体与平板之间的点面接触方式，施加边界条件，设定鸟体速度及设置求解过程中的控制参数，选择结果输出时间间隔，最终生成 input.pc 计算输入文件，新建并生成与计算输入文件一样的模板文件 temp-input.pc，优化变量的定义一般在模板文件中进行，通过 iSIGHT 中的解析模块，对 input.pc 文件进行解析，将优化变量的值传递给 input.pc 文件中的相应变量，调用 PAM-CRASH 的批处理求解程序 PAM-CRASH.bat 读取 input.pc 文件进行计算，生成计算结果 answer.THP，此计算结果不是文本文件，无法直接打开并查看计算结果，所以还需要调用 Visual-viewer 批处理程序对 answer.THP 进行后处理得到某一物理量响应时程值 answer.XY 文本文件，结合此响应的试验结果，利用 Calculation 模块计算相对误差的二次方和得到目标函数值，iSIGHT 集成的过程就是按照其定义的优化算法寻求优化参数的值使目标函数值最小。上述鸟体本构模型参数优化反演集成流程图如图 11-17 所示。

11.6.3　鸟体本构模型的择优准则和方法

　　制约耦合解法精确度的因素主要有两个，即合适的材料参数及本构模型。从理论上讲，本构模型识别比力学参数辨识更重要，如果本构模型不能反映实际情况，无论参数如何精确地确定都不能反映实际的力学响应。

由于鸟体本身是一个不确定及不确知的系统，实际操作中人们提出了多种力学本构模型。它们的集合可用 M 表示，即

$$M = \{M_1, M_2, \cdots, M_i, \cdots, M_s\} \qquad (11-11)$$

式中：$M_i(i=1,2,\cdots,s)$ 表示可供选择的鸟体材料模型。

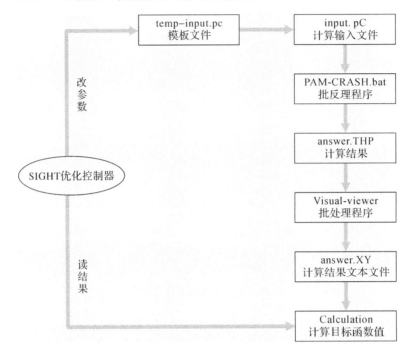

图 11-17　鸟体本构模型参数优化反演流程图

1. 模型的择优准则

对实际工程问题而言，鸟体模型越复杂，考虑的因素越多，相应的模型参数就越多，结果往往使得模型的实用性越差。因此，被选择的模型除了应有较高的拟合精度外，还应在满足工程需要和描述力学现象参数完备的前提下，尽量减少模型中独立参数的个数。

2. 模型识别方法

对待选的鸟体本构模型，由鸟撞平板试验测量数据分别反演出对应模型的最优参数向量 X。再利用有限元计算程序进行正分析（鸟撞平板数值分析），得到正分析计算结果。根据动力学系统辨识理论及统计推断理论，结合上述模型择优准则，选择模型的算法为

$$J_i = \ln\left(\sum_{i=1}^{m} e_k^2/m\right) + n \qquad (11-12)$$

式中：m 为鸟撞平板试验测得的数据个数；n 为模型中待识别的独立参数个数；e_k 为试验测量值与数值计算值之差。

式(11-12)中第一项衡量模型的拟合程度；第二项是对增加参数个数的一种惩罚，当第一项差别不大时，第二项起作用，是模型复杂程度的度量，从而保证了在模型具有较高的拟合精度的前提下，模型中独立参数的个数最少。显然，在集合 M 中，对应 J_s 值最小的模型为最佳模型。

　　利用上述模型择优准则和参数反演程序,就可以实现鸟体本构模型及其参数的同时反演,具体过程如图 11-18 所示。其中,i 为鸟体本构模型的编号,程序根据编号给出相应模型的参数初始值。鸟体本构模型参数反演程序可以选择前面给出的两种方法的任一种,通过图 11-18 的流程,最终可反演得到合理的鸟体本构模型及其相应的参数值。

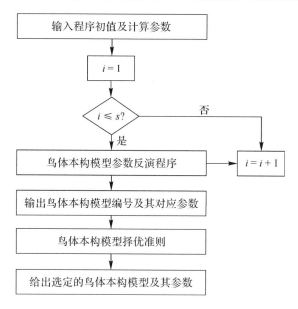

图 11-18　鸟体本构模型及其参数的反演平台

习　　题

1. 飞机结构抗鸟撞试验的目的及意义有哪些?
2. 空气炮发射鸟弹的速度与哪些因素有关?该怎么估算?
3. 飞机结构抗鸟撞试验需要用到哪些试验仪器、设备?
4. 请简述飞机结构抗鸟撞试验的流程。

第 12 章　分离式 Hopkinson 杆原理的典型应用

12.1　分离式 Hopkinson 压杆技术

与低应变率(或准静态)下的材料性能试验相比,仅仅在 19 世纪初期,高应变率试验才逐渐开始,直到第二次世界大战期间高应变率下材料性能的研究才进入发展期。到 20 世纪 50 年代初期,才掀起了开展高应变率对材料性能的研究。可是,高应变率对材料性能的影响研究并不广泛。在接下来的许多年里,由于车辆对碰撞设计的优化要求,需要理解材料和结构的动态响应和破坏模式,特别在现代工业、高速加工成型、爆炸与防护以及与国防相关的各个领域,对材料动态响应、动态破坏模式、失效破坏机理和本构关系描述等方面的知识需求越来越强烈。通常材料动态性能研究可从 3 个方面着手,即理论分析、数值分析和试验研究。对材料学者和力学学者来说试验研究非常重要,因为通过试验才能观测到现象,所以这样的需求同样促进了材料动态试验技术的发展。

常规的机械和液压试验机可以实现 10 s^{-1} 以下应变率的材料试验,在 $10^2 \sim 10^4 \text{ s}^{-1}$ 应变率范围,分离式 Hopkinson 杆装置是研究金属和非金属复合材料塑性流动行为最广泛的手段。这个技术起源于 1872 年的 John Hopkinson 思想,后来他的儿子 Bertram Hopkinson 改善了应变测试技术且用它来研究金属线的动态强度,随后由于可分辨时间历程的试验测试技术的发展,可以记录应力压力脉冲波形曲线。自 1914 年 Hopkinson 用细长弹性杆研究子弹撞击或炸药爆炸产生的压力以来,特别是借助 Davies 的早期研究工作,1949 年 Kolsky 将试样夹在两个压杆中间测试材料的应力与应变,即建立了分离式 Hopkinson 杆技术以来,Hopkinson 杆技术的试验方法和理论研究都得到了较系统的发展,所以分离式 Hopkinson杆也有研究者称为 Kolsky 杆。多年来,此压杆技术在全球范围内越来越多地被用来研究材料在高变形速率下的力学性能。对此技术进行不断的改善和发展,Harding 等人于 1960 年将原来用于单轴压缩试验的 Hopkinson 压杆推广到了单轴拉伸试验,在此基础之上,于 1983 年又提出了至今被广泛使用的 Hopkinson 拉杆试验方法。Backer 等人和 Duffy 等人又提出了 Hopkinson 扭杆技术,可对试样施加高应变速率的纯扭转载荷。本章试图从 Hopkinson 杆压杆技术原理和应用出发,结合笔者多年的研究结果,论述其技术发展和所能解决的关键技术问题。

Hopkinson 压杆装置的典型原理如图 12-1 所示。此装置由 3 根性能完全相同的弹性杆组成,它们分别是撞击杆、入射杆和透射杆。通过采用在杆上贴应变片的方法,经过对应变片信号的放大和高速数据采集和存储,经过后处理可以得到所需的应力-应变曲线。当撞

击杆以速度 V_0 平行撞击入射杆时，在入射杆产生一近似的压缩方波应变信号，方波应变信号的宽度为

$$\Delta T = \frac{2\mathscr{L}_B}{C_0} \tag{12-1}$$

式中：$\mathscr{L}_B$ 是撞击杆的长度；C_0 是弹性杆的一维弹性波速，$C_0 = \sqrt{\dfrac{E}{\rho_0}}$；$\rho_0$ 为弹性杆质量密度；E 是杆的弹性模量。方波信号的应力幅值为

$$\sigma = -\frac{1}{2}\rho_0 C_0 V_0 \tag{12-2}$$

这个弹性压缩波（入射应变脉冲为 ε_i）传到入射杆和试样界面，一部分波传到试样，一部分以拉伸波的形式反射回入射杆即反射应变波 ε_r，压缩波从试样也传到透射杆即得到透射应变波 ε_t。实际试验时，贴在入射杆和透射杆中部的应变片感应到的是与时间有关的应变信号。下面讨论如何由入射杆和透射杆上的应变信号获得试样的应力-应变曲线。

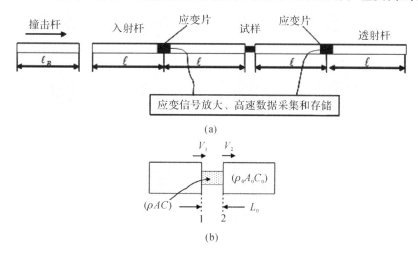

图 12-1　Hopkinson 压杆装置测试原理图(a)和试样位置(b)

通常，金属试样的广义波阻抗（ρAC）比杆的波阻抗（$\rho_0 A_0 C_0$）要低（其中 A 和 A_0 分别是试样和杆的横截面积）。这样 V_1 和 V_2 分别表示在界面 1 和 2 处的速度［具体界面见图 12-1(b)］，由于 $V_1(t) > V_2(t)$，在加载过程中试样长度 L_0 会随时间变短，试样的材料同时经历塑性变形。试样的变形率即应变率为

$$\dot{\varepsilon} = \frac{d\varepsilon}{dt} = \frac{V_1(t) - V_2(t)}{L_0} \tag{12-3}$$

而在杆上其质点速度和对应的应变（ε'）关系为 $V = C_0\varepsilon'$，所以，$V_1(t) = C_0(\varepsilon_i - \varepsilon_r)$，$V_2(t) = C_0\varepsilon_t$，这样式(12-3)成为

$$\dot{\varepsilon} = \frac{d\varepsilon}{dt} = \frac{V_1(t) - V_2(t)}{L_0} = \frac{C_0(\varepsilon_i - \varepsilon_r - \varepsilon_t)}{L_0} \tag{12-4}$$

从 0 时刻到 t，试样的应变为

$$\varepsilon = \frac{C_0}{L_0}\int_0^t [\varepsilon_i(t) - \varepsilon_r(t) - \varepsilon_t(t)]dt \tag{12-5}$$

在界面 1 作用的力为 $p_1(t) = A_0 E(\varepsilon_i + \varepsilon_r)$；在界面 2 作用的力为 $p_2(t) = A_0 E \varepsilon_t$。这样根据平衡原理，试样的应力为

$$\sigma = \frac{p_1(t) + p_2(t)}{2A} = \frac{EA_0}{2A}[\varepsilon_i(t) + \varepsilon_r(t) + \varepsilon_t(t)] \tag{12-6}$$

如果试样经受均匀的变形，那么在入射杆/试样界面 1 的应力等于试样/透射杆界面 2 的应力[见图 12-1(b)]，这就隐含着通过试样的力是平衡的，即 $p_1(t) = p_2(t)$。这样，就有

$$\varepsilon_i(t) + \varepsilon_r(t) = \varepsilon_t(t) \tag{12-7}$$

通常，波在试样中来回反射几次（3 次以上），通过试样的力就可达到平衡。由于试样中波的传递时间相对加载波脉宽很小，故试样的变形可认为是均匀的。利用式(12-7)，式(12-4)~式(12-6)就变为

$$\dot{\varepsilon} = \frac{\mathrm{d}\varepsilon}{\mathrm{d}t} = -\frac{2C_0 \varepsilon_r}{L_0} \tag{12-8}$$

$$\varepsilon = -\frac{2C_0}{L_0} \int_0^t \varepsilon_r(t) \mathrm{d}t \tag{12-9}$$

$$\sigma = \frac{EA_0}{A} \varepsilon_t(t) \tag{12-10}$$

从上述方程可以看出，试样的动态应力-应变曲线（σ-ε 曲线）完全可以通过弹性 Hopkinson 杆上的应变脉冲 $\varepsilon_r(t)$ 和 $\varepsilon_t(t)$ 确定。

(1)一波法：上述分析方法也被称为一波或单波分析法，因为它只使用反射波来计算试样中的应变，只使用透射波来计算试样中的应力。

(2)二波法：在入射杆-试样界面处的试样应力可以用入射波和反射波脉冲的动量平衡来计算，因为它是该界面处两波的总和，所以称为二波应力分析。然而，众所周知，这种情况在任何试验的早期阶段都是不正确的，因为当加载开始于入射杆-试样界面，而另一个试样界面保持静止时，会发生瞬态效应。由于应力波在试样中的传播速度是有限的，因此需要时间来达到应力平衡状态。试样中降低的声速和高径向惯性会加重这个问题。

采用二波应力分析法时，试样应力的计算采用下式：

$$\sigma = \frac{EA_0}{A}[\varepsilon_i(t) + \varepsilon_r(t)] \tag{12-11}$$

(3)三波法：三波法即在进行试样应力计算时，对试样两端的力进行平均，从而跟踪试样的受力状态，使其达到稳定的应力状态。三波法使用所有 3 个波计算平均压力，透射波计算试样-透射杆界面处的应力，入射波和反射波组合计算入射杆-试样界面处的应力（前应力）。在三波法情况下，试样应力简单地为两种力除以接触面面积的平均值，如下式：

$$\sigma = \frac{p_1(t) + p_2(t)}{2A} = \frac{EA_0}{2A}[\varepsilon_i(t) + \varepsilon_r(t) + \varepsilon_t(t)] \tag{12-12}$$

在利用 Hopkinson 杆推导应力-应变关系时，以下的几点假设必须得到满足才能保障测试的精确性。

入射杆、透射杆和撞击杆在试验加载过程中要始终处于弹性阶段，这点通过选用有高屈服应力的合金钢就可满足，例如采用屈服限在 1.8 GPa 以上的马氏体时效钢[Maraging steels 18Ni(250)]。

在压杆中波的传播是一维的,精确的一维解预示必须是一个无限的长杆才能满足条件。这个同时也与加载脉冲的波长有关,要保障 $\lambda \gg R$(λ 是波长,R 是杆的半径),试验中还要保障测量点的位移(应变)几乎要等于杆的轴向位移。通过大量研究,实际上只要保证 $\mathscr{L}/D > 10$ 即可,$\mathscr{L}$ 是弹性杆的长度,D 是杆的直径,实际应用中 $\mathscr{L}/D > 50$。

在加载过程中,试样要经历的是一个均匀的变形过程。在试验中,应力波进入试样后,圆柱形试样材料的质点沿轴向和径向变形。计算表明,波在试样中来回反射 3 次,试样中应力就可平衡,对于塑性变形的试样,达到这个平衡时间可通过下式计算:

$$\Delta = \left(\frac{\pi^2 \rho L_0}{\mathrm{d}\tau/\mathrm{d}\gamma} \right)^{1/2} \tag{12-13}$$

式中:ρ,L_0 分别是试样的密度和长度;$\mathrm{d}\tau/\mathrm{d}\gamma$ 是试样材料的真实应力-应变曲线的斜率。当小于平衡时间时,数据不准确,这就是为什么通常用普通的 Hopkinson 杆不能准确地确定金属的弹性限和比例极限。为了降低由于试样径向惯性带来的影响,常取 $L_0/d = 0.5$,d 是试样的直径。

根据动量守恒原理,为了获得所需要的应变率,可以通过调整撞击杆的速度 V_0 和试样长度 L_0,并按下式计算:

$$\dot{\varepsilon} \leqslant \frac{V_0}{L_0} \tag{12-14}$$

为了获得所需的应变,通过调整加载脉冲的脉宽(脉冲的持续时间),并按下式计算:

$$\varepsilon = 2\dot{\varepsilon} \frac{L_B}{C_0} \tag{12-15}$$

在以上的推导中,应力、应变和应变率均是工程应力、应变和应变率,在实际工程中,金属材料的拉伸,在屈服后塑性变形会局部化(称为颈缩)。试样横截面局部减小,工程应力下降,可是由于横截面缩小和颈缩区材料的加工硬化,因此真实应力会增加。为了能准确描述材料性能,如颈缩区材料的真实性能,通常采用真实应力-应变关系。在变形过程中材料体积不变的前提下,工程应力和工程应变可以转换成真实应力和真实应变。例如对拉伸试验,先决条件是在塑性变形中体积不变,即 $V = A_i L_i = AL$,由此式得 $A = A_i L_i / L$,其中 A_i,L_i 分别是初始时刻试样的横截面积和长度,A 和 L 是在 t 时刻的横截面积和长度,τ 为真实应力,γ 为真实应变。已知:

$$\varepsilon = \frac{L - L_i}{L_i} = \frac{A_i}{A} - 1 \tag{12-16}$$

$$\frac{\tau}{\sigma} = \frac{p}{A} \times \frac{A_i}{P} = 1 + \varepsilon \tag{12-17}$$

$$\tau = (1 + \varepsilon) \cdot \sigma \tag{12-18}$$

再者,增量的纵向真实应变可以定义为

$$\mathrm{d}\gamma = \frac{\mathrm{d}L}{L} \tag{12-19}$$

$$\gamma = \int_{L_i}^{L} \frac{\mathrm{d}L}{L} = \ln \frac{L}{L_i} \tag{12-20}$$

$$\exp(\gamma) = \frac{L}{L_i} \qquad (12-21)$$

由以上这些公式,可以得到在拉伸时工程应力和工程应变转换成真实应力和真实应变的公式为

$$\left.\begin{array}{l} \tau = (1+\varepsilon) \cdot \sigma \\ \gamma = \ln(1+\varepsilon) \end{array}\right\} \qquad (12-22)$$

同理,对压缩情况有

$$\left.\begin{array}{l} \tau = (1-\varepsilon) \cdot \sigma \\ \gamma = \ln(1-\varepsilon) \end{array}\right\} \qquad (12-23)$$

12.2 层裂试验技术

通常,当压力脉冲强度(幅值)足够大时,压力脉冲会在自由面反射而造成的动态断裂,通常称为层裂。如果出现了层裂就意味着形成了新的自由面,继续入射的压力脉冲又会在新的自由面发生反射,从而可能造成第二层,甚至多层层裂。

对于一维直杆即 Hopkinson 杆来说,理论上分析层裂的产生一般基于两个基本假设:其一是 Hopkinson 压杆装置产生的入射加载波符合一维应力波假设,并且应力波在自由面附近是稳定传播的;其二是最大拉应力瞬间断裂准则,即当拉应力峰值达到试件的抗拉强度时即瞬间断裂。

设由 Hopkinson 杆冲击入射杆的半正弦脉冲的周期为 T,脉冲长为 λ,脉冲的传播速度为 C',加载应力峰值为 σ_m,当脉冲为时间的函数半正弦波的时程曲线函数 $\sigma(T)$ 可以表示为

$$\sigma(t) = \sigma_m \sin\left(\frac{\pi}{T}t\right), \ 0 \leqslant t \leqslant T \qquad (12-24)$$

根据应力波的基本原理可知,入射加载波到自由面后会变成反射卸载波,随着时间的推移,净拉应力区出现。设岩石的动态抗拉强度 $\sigma(t)$,根据最大拉应力瞬时断裂准则,入射加载波自由面反射后,一旦产生的净拉应力 σ 达到或超过材料的动态抗拉强度 σ_t,则会层裂。设半正弦脉冲刚到达自由面的时间为 0 时刻,那么半正弦应力波在自由面反射的几个典型时刻的波形如图 12-2 所示,图 12-2 中点 A 表示入射波的尾端,点 B 表示净拉应力较大的点。

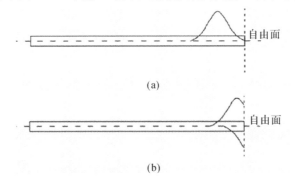

图 12-2 半正弦应力波在自由面反射的几个典型时刻的示意图

(a) 0 时刻;(b) $T/4$ 时刻

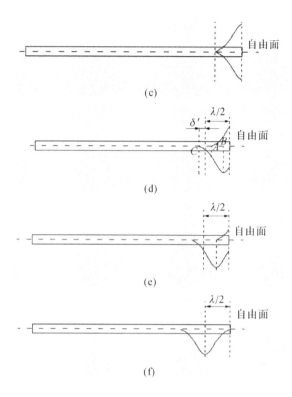

续图 12－2　半正弦应力波在自由面反射的几个典型时刻的示意图

(c)$T/2$ 时刻；(d)$T/2\sim3T/4$ 间的某时刻；(e)$3T/4$ 时刻；(f)T 时刻

根据波在自由面的反射过程可知,开始的 $T/2$ 或者说 $\lambda/2$ 的脉冲时间范围内小于反射卸载波峰值,是不可能有净拉也即不可能有层裂产生。但是经过 $T/2$ 时间后,反射卸载波逐渐大于入射加载波,直到如图 12－2(d)所示情况,点 A 和 B 入射加载波和反射卸载波叠值比较大,根据最大拉应力瞬间断裂准则如果叠加后的净拉应力超过了岩石强度则会出现层裂。以 $T/2$ 时刻为起过 Δt 时间后,A,B 两点应力叠加后的应力表示如下：

$$\sigma_A = \sigma_{\mathrm{m}}\sin\left(\frac{\pi}{T}2\Delta t\right) = \sigma_{\mathrm{m}}\sin\frac{2\pi\Delta t}{T} \tag{12-25}$$

$$\sigma_B = \sigma_{\mathrm{m}}\sin\left(\frac{\pi}{T}\frac{T}{2}\right) - \sigma_{\mathrm{m}}\sin\left[\frac{\pi}{T}\left(\frac{T}{2}+2\Delta t\right)\right] = \sigma_{\mathrm{m}} - \sigma_{\mathrm{m}}\cos\frac{2\pi\Delta t}{T} \tag{12-26}$$

采用比商法比较 A,B 两点的应力大小,则有

$$\frac{\sigma_A}{\sigma_B} = \frac{\sigma_{\mathrm{m}}\sin\dfrac{2\pi\Delta t}{T}}{\sigma_{\mathrm{m}} - \sigma_{\mathrm{m}}\cos\dfrac{2\pi\Delta t}{T}} = \frac{\sin\dfrac{2\pi\Delta t}{T}}{1 - \cos\dfrac{2\pi\Delta t}{T}} = \cot\frac{\pi\Delta t}{T} \tag{12-27}$$

设 Δt 时间内入射加载波向自由端前进了 δ' 长度的距离,则有

$$\Delta t = \frac{\delta'}{c'} \tag{12-28}$$

联立式(12－27)和式(12－28)可得

$$\frac{\sigma_A}{\sigma_B} = \cot \frac{\pi \Delta t}{T} = \cot \frac{\pi \delta'}{\lambda} \qquad (12-29)$$

由于 $0 < \delta' \leqslant \lambda/4$，所以有

$$\cot \frac{\pi \delta'}{\lambda} \geqslant \cot \frac{\pi}{4} = 1 \qquad (12-30)$$

因此，如果图 12-2(d) 所示情况发生层裂的话，那点 A 的净拉应力相对于点 B 先达到岩石试件的动态抗拉强度，即点 A 为净拉应力最大点，试件会在点 A 发生层裂而不会在点 B。又因为点 A 为入射加载波的尾端，如果试件在点 A 发生层裂而脱落则剩余试件中不可能再出现净拉应力比点 A 大的点，所以在 Hopkinson 压杆装置产生的半正弦波脉冲作用下，由入射加载波和反射卸载波的相互作用产生的净拉应力区只会产生一层层裂。那么，当点 A 应力达到岩石试件的动态抗拉强度时，则有

$$\sigma_A = \sigma_{\mathrm{m}} \sin\left(\frac{\pi}{T} 2\Delta t\right) = \sigma_{\mathrm{m}} \sin \frac{2\pi \Delta t}{T} = \sigma_{\mathrm{t}} \qquad (12-31)$$

则有

$$\delta' = \Delta t c' = \Delta t \frac{\lambda}{T} = \frac{\lambda}{T} \frac{T}{2\pi} \arcsin \frac{\sigma_{\mathrm{t}}}{\sigma_{\mathrm{m}}} = \frac{\lambda}{2\pi} \arcsin \frac{\sigma_{\mathrm{t}}}{\sigma_{\mathrm{m}}} \qquad (12-32)$$

所以半正弦波脉冲加载的层裂厚度 δ 为

$$\delta = \frac{\lambda}{2} - \delta' = \frac{\lambda}{2} - \frac{\lambda}{2\pi} \arcsin \frac{\sigma_{\mathrm{t}}}{\sigma_{\mathrm{m}}} \qquad (12-33)$$

加载应力波峰值越大，产生的层裂厚度越大，当 $\sigma_n/a \to 0$ 时，$\delta \to \lambda/2$，当 $n=a$ 时，$\delta = \lambda/4$，对应图 12-2 (e) 所示的 $3T/4$ 时刻，此时 A, B 两点重合。从而可知，半正弦波加载时产生层裂厚度的范围为

$$\frac{\lambda}{4} \leqslant \delta < \frac{\lambda}{2} \qquad (12-34)$$

据上面的推导可知，在半正弦波入射发生层裂后入射加载波的剩余部分全部随层裂段脱落，剩余试件形成的新自由面上不再有入射加载波，但会有段反射卸载波入射进入剩余试件，并继续传播。

12.3 拉/压一体式 Hopkinson 杆技术

在对各种材料测试其高应变率力学性能时，常常是基于分离式 Hopkinson 杆原理，要测试材料动态压缩性能时，采用分离式 Hopkinson 压缩杆装置；而测试材料拉伸性能时，采用分离式 Hopkinson 拉伸杆装置。这两种拉/压装置各自有独立的支架平台、撞击杆发射装置、加载杆系统、数据采集系统。到目前为止，不论国际、国内出现多少种变化结构形式，但进行拉伸和压缩的分离式 Hopkinson 杆基本形式基本没变，这就导致：一方面对试验操作耗时麻烦、设备建设成本高，采集处理系统复杂化；另一方面采购两套独立设备重复购置（重复购置或建设包括平台装置、气动控制、储气室、炮管、撞击杆发射机构、动态采集与数据处理系统等），且试验场地占用大。这就非常有必要发展一种拉/压一体式分离式 Hopkinson 杆装置。

拉/压一体式分离式 Hopkinson 杆的核心涉及采用撞击杆直接撞击作用到人字形应力

波转接过渡杆件,然后加载压缩应力通过双侧压杆传递到拉伸入射杆端的低弯矩应力转接头,这样对拉伸入射杆加一可控的拉伸应力波脉冲,进而对处在入射杆和透射杆之间连接的试样施加动态拉伸加载,完成对试样的动态拉伸性能测试。如果撞击杆直接撞击作用到透射杆(拉伸时为入射杆),对处于两杆之间的压缩试样加载,就可以实现动态材料压缩性能测试,节省了庞大的占用面积同时,其结构简单方便可靠。

如图 12-3(a)所示,在对材料进行动态压缩测试时,与普通的 SHPB 设备并无区别。但是,当进行拉伸试验时,如图 12-3(b)所示,需要在入射杆和透射杆两侧各放置一根侧压杆,在入射杆的右端加装一低弯矩应力传递的转接件,通过此转接件将分布于入射杆和透射杆两侧的侧压杆同入射杆固定连接起来。在两根侧压杆的左侧加装一人字形转接件,此人字形转接件右端面分别和两根侧压杆的左端面广义波阻抗匹配,并连接在一起,由一滑动约束件约束,其左端面和撞击杆同轴且广义波阻抗和撞击杆匹配,或撞击杆广义波阻抗低于人字形转接件。辅助件安装完毕后,控制气压推动撞击杆撞击人字形转接件的左端进行冲击加载,压缩应力脉冲沿两根侧压杆向右传播并通过低弯矩转接件对入射杆产生拉伸加载。此装置无需对 Hopkinson 杆做大的改动,只需重新加工侧压杆、人字形转接件、低弯矩应力转接件即可实现拉/压共用同一个支架平台、同一个撞击杆发射装置、同一个数据采集系统同气室等,拉/压切换方便,降低了成本和减少了占地面积,操作简单、可靠。

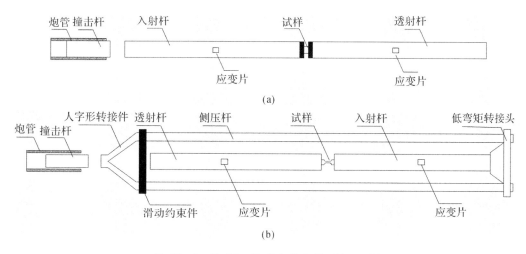

图 12-3　拉/压一体式分离式 Hopkinson 杆

(a) 压杆形态；(b) 拉杆形态

12.4　双轴 Hopkinson 杆高应变率拉伸技术

可采用 4 根弯曲杆或管、4 根拉伸加载用杆或管、与 4 根弯曲杆等广义波阻抗或低于广义波阻抗的撞击杆或管,对单轴拉伸试样或十字形双轴拉伸试样,同步进行单轴动态高应变率拉伸加载,或对十字形试样进行双轴四方向的动态拉伸加载。

如图 12-4 所示,在对材料进行双轴动态拉伸时,加载杆高速撞击 4 根弯曲杆,产生压缩应力脉冲。为了实现弯曲杆波形的控制,加载杆与四根弯曲杆组合的中心同轴,弯曲杆曲率设计保障压缩梯形应力波构型在传递时失真度小,且4根弯曲杆的广义波阻抗总和匹配或高于撞击杆的广义波阻抗,以避免弯曲杆中的波形出现失真拖尾等现象。如图12-4所示,在弯曲杆进入水平段时,其变为套管状,直接套在拉伸入射杆上,拉伸入射杆与转接头使用螺栓连接。当压缩波脉冲到达时,套管撞击转接头,使得拉伸入射杆上产生拉伸波应力脉冲。4根杆上的拉伸脉冲同时到达中心试样处,以实现对试样的双轴同步加载。拉伸杆上的应变片采集到入射波信号和加载过后的透射波和反射波信号,以实现对材料双轴动态拉伸性能的测试。

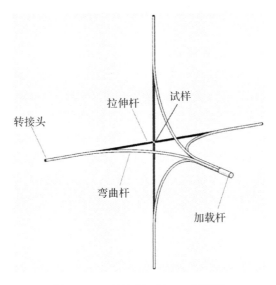

图 12-4 双轴 Hopkinson 杆装置

12.5 高温应变计动态灵敏度的校准技术

民用与工业中的燃气轮机以及发动机的轮盘和叶片、核电和火电发电热交换部件、高超声速飞行器等在设计、研发和使用中常常需要测量高温、高速以及高应变率下的变形与破坏,因此开发和研制了有效、方便且测量精度较高的高温电阻应变计。在高温应变计的研发和使用中,精确和有效的应变计校准方法是最为关键的环节。目前,国内外普遍采用应变梁等标定装置对高温应变计的参数在低应变率下进行标定。然而,在实际使用中,基底、黏结、敏感栅的制成材料的应变率和温度敏感性,会影响高温应变计对结构变形的感应,进而影响测量的准确性。因此高温应变计的动态校准是十分必要的。

在常见的动态加载装置中,分离式 Hopkinson 压杆(SHPB)系统利用粘贴在入射杆和透射杆(计量杆)上的高精度应变计输出信号来计算高应变率下试样的应力-应变曲线。通过在线加热粘贴高温应变计的试样,对比分析计量杆和试样上输出的应变信号,可以获得高温应变计的动态特性。然而,在线加热试样会导致 SHPB 加载计量杆端的温度升高,严重影响标准杆特性进而影响对试样的应变测量与计算结果。为了减小动态加载过程中杆端和试样温度的变化,本节拟采用高温同步的 SHPB 技术,通过同步组装系统对试样在线加热后进行冲击加载方法,实现对高温应变计的灵敏度系数等特性的动态校准。郭伟国、X. M. Tan、李鹏辉等人将同步组装装置应用于分离式 Hopkinson 拉杆,借助 3 路气动驱动,当试样加热完毕后,在极短的时间内依次实现对试样到位装配、试样-杆预紧和动态加载,实现了对试样的高温动态拉伸试验。高温应变计特性的动态校准一直具有挑战性,本节试图采用具有高温同步的 Hopkinson 杆方法对高温应变片在高温、高应变率下的灵敏度系数进行动态校准,以探讨这种方法的可行性。

以具有高温同步装置的 Hopkinson 的压杆为例,说明借助高温同步进行高温应变片的动态校准的实现方法,其装置布局如图 12-5 所示。在入射杆和透射杆上分别粘贴标准应变计 A 和应变计 B。试样通过热电耦丝固定在套管上,其中套管内径与透射杆的直径相同且可以在透射杆上自由滑动。热电偶丝连接到温控仪上,测量试样表面的温度。测量温度到达目标温度并保温一段时间后,断开调压器电源,并打开双通道发射阀门。其中副气缸的压缩空气推动同步装置中的推杆,进而推动透射杆向前运动,在很短时间内将试样顶在入射杆端。在此过程中,主气缸压缩空气推动撞击杆在炮管内加速,撞击入射杆,产生压缩波,对试样进行加载。

在加载波到来前,试样已经与入射杆和透射杆接触,此接触时间被称为冷接触时间(CCT)。通过调整副气缸的气压的方式控制推杆运动速度,进而控制冷接触时间,避免试样温度降低过大;同时该冷接触时间也不能太小,保证在加载波到达杆端时,试样已经与入射杆端接触良好。根据应变计 A,B 可以计算出试样的应变-时间曲线,此为计算结果;将待校准的高温应变计粘贴在试样上,同步输出试样的应变-时间曲线,称之为输出结果。将计算结果和输出结果进行对照,即可得到高温应变片的输出应变和试样实际应变之间的关系,从而进一步获得高温应变片的灵敏度系数。

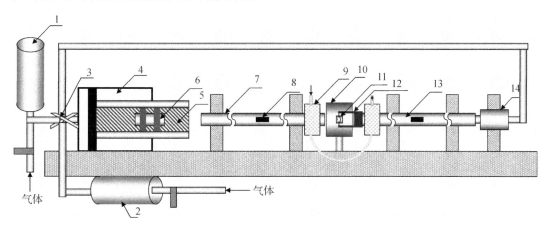

1—主气缸;2—副气缸;3—同步发射阀;4—发射器;5—炮管;6—撞击杆;7—入射杆;8—应变计;

9—循环水;10—加热炉;11—试样;12—套环;13—透射杆;14—同步发射装置

图 12-5　具有高温同步装置的 Hopkinson 压杆装置示意图

待校准高温应变片灵敏度系数计算方法如下:如图 12-6 所示,将待校准的高温应变片粘贴在试样中部 a 点。根据一维应力波在 Hopkinson 杆中的传播理论,在不考虑应力波在

试样中的传播时间的条件下，试样左端面的位移 u_1 和右端面的位移 u_2 分别为

$$u_1 = C\int_0^t (\varepsilon_i - \varepsilon_r)\mathrm{d}\tau \left.\begin{array}{c} \\ \\ \end{array}\right\}$$
$$u_2 = C\int_0^t \varepsilon_t\mathrm{d}\tau$$
(12-35)

式中：C 为计量杆中的一维弹性应力波波速；ε_i 和 ε_r 分别为入射杆上的入射应变信号和反射应变信号；ε_t 为透射杆上的透射应变信号。那么，试样的应变 ε 由式(12-35)可得

$$\varepsilon = (u_1 - u_2)/l_0 = C\int_0^t [\varepsilon_i - \varepsilon_r - \varepsilon_t]\mathrm{d}\tau/l_0$$
(12-36)

式中：l_0 为试样的初始长度。

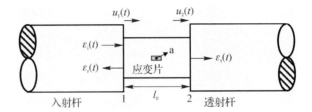

图 12-6 计量杆端面和试样的应变示意图

对高温应变计进行动态校准时，高温应变计可能具有很长的标距，需要更长的试样用于粘贴高温应变计，导致应力波在试样中的传播时间较长。考虑应力波在试样中的传播时间可以提高校准结果的准确性。

在入射杆的右端面上，入射波和反射波同时产生，而在透射杆的左端面上，由于应力波在试样中传播，透射波会滞后时间 $\Delta\tau$。考虑试样长度的影响后，试样应变为

$$\varepsilon_1 = C\int_0^t [\varepsilon_i(\tau) - \varepsilon_r(\tau) - \varepsilon_t(\tau - \Delta\tau)]\mathrm{d}\tau/l_0$$
(12-37)

式中：$\Delta\tau$ 为应力波在试样中传播时间。

$$\Delta\tau = l_0/C_0 = l_0\sqrt{\rho_0/E_0}$$
(12-38)

式中：C_0 为试样中一维弹性应力波波速；ρ_0 为试样的密度；E_0 为试样的弹性模量。

通过式(12-37)计算出来的应变为试样的平均应变 ε_1，高温应变计输出的便是试样上敏感栅部位的平均应变 ε_2。当试样变形不均匀时，试样的局部应变和整体平均应变可能存在误差，只有应变计敏感栅的长度与试样长度接近时，高温应变计输出 ε_2 与试样的平均应变 ε_1 才相等，进而避免了试样变形不均匀导致校准误差。通过对照，可确定此时高温应变计在一定温度和一定应变率下的灵敏度系数 $K(T)$ 满足

$$K(T) = \varepsilon_2/\varepsilon_1$$
(12-39)

12.6 结构冲击试验（Taylor 冲击试验）

图 12-7 所示为长度 L 的一平头圆柱弹性体垂直撞击刚性平靶过程，在图 12-7(a)，即 $t=0$ 时刻中，弹体整体（质点集聚体）速度为 v_0，且弹体各质点速度为 0，当弹体接触到刚性靶时，接触应力首先超过弹体弹性极限。

如图 12 - 7(b)所示，撞击后，$t \leqslant L/C_0$，这时撞击接触面处所产生的弹性压缩波以波速 $C_0 = \sqrt{\dfrac{E}{\rho}}$ 向左方弹体尾部传播，此弹性压缩波极限强度为杆弹性极限强度 σ_{yc}，即图中的 σ_e。这个弹性波离开撞击接触面后，撞击面上的应力继续增加进入塑性范围，弹性压缩波到达 $B_1 B_1$ 截面处。若设弹体材料为理想塑性，则塑性区应力也为 σ_{yc}，继续压缩导致塑性区也向左方延伸，其延伸速度为弹塑性区交界面 PP 的速度 u。$B_1 P$ 区弹性压缩应力区，其质点速度为：$v_1 = v_0 - \dfrac{\sigma_{yc}}{\rho C}$，PC 区为塑性区，$AB_1$ 区仍为无应力区，此区域材料仍以 v_0 向靶方向运动。

如图 12 - 7(c)所示，在时间为 $L/C_0 < t < \dfrac{(2L - h_1)}{C_0}$，在向弹体左传播的弹性压缩波界面 $B_1 B_1$ 传播到弹体尾部 AA 自由端面后，反射形成向右传播的拉应力波界面 $B_2 B_2$，向右传播的拉应力与向左传播的压应力抵消，AB_2 区应力为零，质点速度减小为 $v_2 = v_0 - \dfrac{2\sigma_{yc}}{\rho C}$，并向靶方向运动，而 $B_2 P$ 仍为弹性压应力区，其区内质点速度为 $v_1 = v_0 - \dfrac{\sigma_{yc}}{\rho C}$，PC 为不再运动的塑性区。

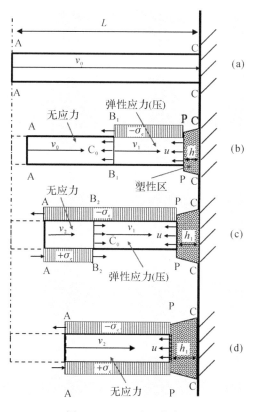

图 12 - 7　Taylor 试验

在图 12 - 7(d)中,当 B_2B_2 反射弹性拉应力界面运动到 PP 界面,时间 $t = \dfrac{(2L - h_1)}{C_0}$,第二次撞击便开始了,AP 为无应力区,运动速度 $v_2 = v_0 - \dfrac{2\sigma_{yc}}{\rho C}$,类似图 12 - 7(b)情况,弹体整体质点以速度 v_2 向靶方向开始新撞击。新撞击速度 v_2 要比第一次速度 v_0 小。后续这种一次次撞击,撞击速度会逐渐降低,即 $v_0, v_2, v_4, \cdots, v_n$,其中:

$$v_{2n} = v_0 - \frac{2n\sigma_{yc}}{\rho C}, \quad n = 0, 1, 2, \cdots \tag{12 - 40}$$

基于体积不变可压缩以及动量冲量守恒方程,泰勒(Taylor)的解析有

$$u = v_0 - \frac{1}{\sqrt{2\lambda}} - \sqrt{\frac{A_0}{A}} \tag{12 - 41}$$

$$v = v_0 - \frac{1}{\sqrt{\lambda}} \sqrt{\frac{A_0}{A}} \left(\frac{A}{A_0} - 1 \right) \tag{12 - 42}$$

式中:$\lambda = \rho v_0^2 / \sigma_{yc}$;$A_0, A$ 分别为弹体初始截面积和撞击变形后塑性区截面积;$u = \mathrm{d}h / \mathrm{d}t = C_p = \sqrt{\dfrac{1}{\rho} \left(\dfrac{\mathrm{d}\sigma}{\mathrm{d}\varepsilon} \right)}$ 为塑性扩张速度,即弹体的塑性波速。另外,

$$C_p = \frac{h_2 v_0}{2(L - L_2 - h_1)} \tag{12 - 43}$$

式中:L_2, h_2 为撞击终止弹体尺寸。

习　　题

1. 在分离式 Hopkinson 压杆中,设杆的弹性模量为 E,杆截面积为 A,杆波速为 C,试样长度和截面积分别为 L_s 和 A_s,试样加载过程中入射杆中激励的入射波和反射波分别为 $\varepsilon_i, \varepsilon_r$,透射杆中激励的透射波为 ε_t。试分别采用一波法、二波法和三波法推导加载过程中试样的应变历史、应变率历史及应力历史。

2. 随着技术的发展,Hopkinson 杆试验技术由最初的材料动态力学性能测试装置不断得到功能上的扩展。试列举几种 Hopkinson 杆试验技术的典型扩展应用,并简述其原理。

课程试验安排

试验一　动态数据采集系统

内容 1:针对 $10~\mu s$,$200~\mu s$ 和 1 ms 幅值 0.1 V 方波信号,采用傅里叶和小波变换,给出各自频域的幅-频信号。

内容 2:利用示波器标准方波输出,改变动态应变仪的滤波,分析滤波对信号的影响。

要求:掌握冲击信号的傅里叶与小波变换;熟悉提高冲击信号信噪比的测量方法;熟悉滤波设置的基本原理。

试验二　一维波传播特性

内容 1:一维压缩应力波的传播。

内容 2:一维拉伸应力波的传播。

要求:掌握和熟悉分离式 Hopkinson 压杆中波的传播特性;能进行波形分析与时空域描述;掌握动态应变仪及其高速数据采集系统应用。

试验三　材料动态性能测试

内容 1:在 SHPB 上进行材料的动态压缩应力-应变曲线测试。

内容 2:在 SHTB 上进行材料的动态压缩应力-应变曲线测试。

要求:能利用 SHB 技术能准确测试材料的压缩动态特性、识别各种动态应变信号、判断测试的准确性及其误差分析;能利用计算机编程进行应力-应变数据处理。

试验四　动态断裂韧性测试

内容 1:Ⅰ型裂纹的动态断裂韧性测试(三点弯曲试验)。

内容 2:复合型裂纹的动态断裂韧性测试。

要求:掌握动态断裂韧性的定义及其测试方法;能进行试验-数值方法的动态断裂韧性计算;等等。

试验五　DIC 应变场测量试验

内容:在动态加载过程中,进行板状试样动态应变场测试。

要求:掌握动态变形及其动态响应的基本测试方法;要求了解现代 DIC 测试和高速摄影技术的发展,并熟悉其工作原理与应用。

试验六　结构冲击试验

利用高速气炮发射弹体,撞击金属或复合材料靶板,并测试其动态响应,识别变形与破坏特性和过程,了解 DIC 和高速摄影结构变形与破坏的测试。

参 考 文 献

[1] 黄克智. 张量分析[M]. 北京:清华大学出版社,2003.

[2] LI X,SONG B,WANG Y,et al. Calibration and alignment of tri-axial magnetometers for attitude determination[J]. IEEE Sensors Journal,2018,18 (18):7399 -7406.

[3] SCHOPP P,GRAF H,BURGARD W,et al. Self-calibration of accelerometer arrays[J]. IEEE Transactions on Instrumentation and Measurement,2016,65(8): 1913 - 1925.

[4] YE L,GUO Y,SU S W. An efficient autocalibration method for triaxial accelerometer[J]. IEEE Transactions on Instrumentation and Measurement,2017, 66(9):2380 - 2390.

[5] UMEDA A,ONOE M,SAKATA K,et al. Calibration of three-axis accelerometers using a three-dimensional vibration generator and three laser interferometers[J]. Sensors and Actuators A:Physical,2004,114(1):93 - 101.

[6] LIU Z,CAI C,YANG M,et al. Development of a tri-axial primary vibration calibration system[J]. ACTA IMEKO,2019,8(1):33 - 39.

[7] 吴倩,郭伟国. 基于矢量分解的三轴高 g 值加速度计灵敏度系数校准方法[J]. 兵工学报,2021,42(7):1535 - 1543.

[8] WANG Q,XU F,GUO W,et al. New technique for impact calibration of wide-range triaxial force transducer using hopkinson bar[J]. Sensors,2022,22(13):4885.

[9] 高猛,徐宇珩,巨荣博,等. 冲击力传感器灵敏度系数的三轴同步校准方法研究 [J]. 仪器仪表学报,2023(8):34 - 43.

[10] 王清华,郭伟国,徐丰,等. 基于 Hopkinson 杆和人工神经网络的三轴冲击力传感器同步解耦标定方法[J]. 爆炸与冲击,2022,42(10):1 - 12.

[11] 刘希灵,李夕兵,洪亮,等. 基于离散小波变换的岩石 SHPB 测试信号去噪[J]. 爆炸与冲击,2009,29(1):67 - 72.

[12] 周子龙,李夕兵,龙八军. 岩石 SHPB 试验信号的小波包去噪[J]. 岩石力学与工程学报,2005,24:4779 - 4783.

[13] ZHAO H,GARY G. A new method for the separation of waves:Application to the SHPB technique for an unlimited duration of measurement[J]. Journal of the Mechanics and Physics of Solids,1997,45(7):1185 - 1202.

[14] MANGANIELLO L,VEGA C,RIOS A,et al. Use of wavelet transform to enhance piezoelectric signals for analytical purposes[J]. Analytica Chimica Acta, 2002,456(1):93 - 103.

[15] HUANG H,WU Z S. Static and dynamic measurement of low-level strains with

carbon fibers[J]. Sensors and Actuators A：Physical，2012，183：140 - 147.

[16]　HOLMES G，SARTOR P，REED S，et al. Prediction of landing gear loads using machine learning techniques[J]. Structural Health Monitoring，2016，15(5)：568 - 582.

[17]　冉刚，张建国，王泓，等. 拉伸超载对超高强度钢 A-100 冲击疲劳性能的影响[J]. 热加工工艺，2012，41(14)：94 - 96.

[18]　熊文强，张闰，张晓晴，等. 舰载无人机拦阻着舰中机身冲击响应分析[J]. 航空学报，2019，40(12)：92 - 103.

[19]　王学颜，广惠. 结构疲劳强度设计与失效分析[M]. 北京:兵器工业出版社，1992.

[20]　陈庆生. 冲击振动理论与应用[M]. 北京:国防工业出版社，1989.

[21]　何玲，徐诚. 枪械自动机冲击疲劳试验机加载机构设计优化及性能分析[J]. 兵工学报，2011，32(7)：805 - 811.

[22]　陈德华，何福善，张茂勋. 冲击疲劳试验在高铬铸铁研究中的应用[J]. 机械工程材料，2003，27(4)：44 - 47.

[23]　刘国庆，邹衍，管小荣，等. 新型卧式冲击疲劳试验机性能研究[J]. 南京理工大学学报(自然科学版)，2014 (3)：361 - 365.

[24]　杨平生，张奇凤. 冲击拉压疲劳试验机及试验方法[J]. 南昌大学学报（理科版），1994，18(1)：8.

[25]　李会会，易丹青，高跃红，等. WC - Co 硬质合金冲击疲劳行为的研究[J]. 硬质合金，2015，1：9 - 18.

[26]　PAN Y，WU C，CHENG X，et al. Impact fatigue behaviour of GFRP mesh reinforced engineered cementitious composites for runway pavement ［J］. Construction and Building Materials，2020，230：116898.

[27]　KIILAKOSKI J，LANGLADE C，KOIVULUOTO H，et al. Characterizing the micro-impact fatigue behavior of APS and HVOF-sprayed ceramic coatings［J］. Surface and Coatings Technology，2019，371：245 - 254.

[28]　ZHAO Z P，XU P F，CHENG H X，et al. Impact fatigue behaviors of Ti6Al4V alloy under compressive and tensile stresses[J]. Wear，2019，428：217 - 222.

[29]　MEYERS M A，CHAWLA K K. Mechanical behavior of materials［M］. Cambridge：Cambridge University Press，2008.

[30]　经福谦. 超高速碰撞现象[J]. 爆炸与冲击，1990，10(3)：279 - 288.

[31]　经福谦. 动态高压技术[J]. 物理，1994，16(8)：471 - 499.

[32]　江厚福，张若棋. 确定 JWL 物态方程参数的非线性优化方法[J]. 弹道通报，1998，10(2):25 - 28.

[33]　刘全，王瑞利，林忠，等. 爆轰计算 JWL 状态方程参数的不确定度[J]. 爆炸与冲击，2013 (6)：647 - 654.

[34]　经福谦. 动态超高压技术:二[J]. 爆炸与冲击，1984，4(4):24 - 29.

[35]　经福谦. 动态超高压技术:一[J]. 爆炸与冲击，1984，4(3):1 - 8.

[36] REISMAN D B, TOOR A, CAUBLE R C, et al. Magnetically driven isentropic compression experiments on the Z accelerator[J]. Journal of Applied Physics, 2001, 89(3): 1625 – 1633.

[37] YOUNGER S, LINDEMUTH I, REINOVSKY R, et al. Scientific collaborations between Los Alamos and Arzamas-16 using explosive-driven flux compression generators[J]. Los Alamos Science, 1996 (24): 48 – 67.

[38] WANG G, LUO B, ZHANG X, et al. A 4 MA, 500 ns pulsed power generator CQ – 4 for characterization of material behaviors under ramp wave loading[J]. Review of Scientific Instruments, 2013, 84(1): 015117.

[39] 经福谦, 陈俊祥. 动高压原理与技术[J]. 北京:国防工业出版社, 2006.

[40] BARKER L M, HOLLENBACH R E. Shock-wave studies of PMMA, fused silica, and sapphire[J]. Journal of Applied Physics, 1970, 41(10): 4208 – 4226.

[41] DING J L, ASAY J R. Material characterization with ramp wave experiments[J]. Journal of Applied Physics, 2007, 101(7): 073517.

[42] 王桂吉. 磁驱动等熵压缩和飞片加载技术和试验研究[D]. 北京:中国工程物理研究院, 2007.

[43] 王刚华. 磁驱动等熵压缩和高速飞片试验、计算和反积分数据处理技术[D]. 北京:中国工程物理研究院, 2008.

[44] DESILVA A W, KATSOUROS J D. Electrical conductivity of dense copper and aluminum plasmas[J]. Physical Review E, 1998, 57(5): 5945.

[45] LEMKE R W, KNUDSON M D, ROBINSON A C, et al. Self-consistent, two-dimensional, magnetohydrodynamic simulations of magnetically driven flyer plates[J]. Physics of Plasmas, 2003, 10(5): 1867 – 1874.

[46] 张旭平. 高压高应变率下聚苯乙烯的动态行为研究[D]. 北京:中国工程物理研究院, 2019.

[47] 蔡进涛. 固体炸药的磁驱动准等熵加载试验技术及动力学行为研究[D]. 北京:中国工程物理研究院, 2018.

[48] 种涛. 斜波加载下铋、锡等典型金属材料的相变动力学研究[D]. 合肥:中国科学技术大学, 2018.

[49] 罗斌强, 张红平, 赵剑衡, 等. 斜波压缩试验数据的正向 Lagrange 处理方法研究[J]. 爆炸与冲击, 2017, 37(2): 243 – 248.

[50] DAVIS J P, KNUDSON M D, SHULENBURGER L, et al. Mechanical and optical response of [1 0 0] lithium fluoride to multi-megabar dynamic pressures[J]. Journal of Applied Physics, 2016, 120(16): 165901.

[51] RIGG P A, KNUDSON M D, SCHARFF R J, et al. Determining the refractive index of shocked [1 0 0] lithium fluoride to the limit of transmissibility[J]. Journal of Applied Physics, 2014, 116(3): 033515.

[52] LALONE B M, FAT YANOV O V, ASAY J R, et al. Velocity correction and

refractive index changes for [1 0 0] lithium fluoride optical windows under shock compression, recompression, and unloading[J]. Journal of Applied Physics, 2008, 103(9): 093505.

[53] 胡绍楼. 激光干涉测速技术[M]. 北京: 国防工业出版社, 2000.

[54] CHARRETT T O H, FORD H D, NOBES D S, et al. Two-frequency planar Doppler velocimetry (2ν-PDV)[J]. Review of Scientific Instruments, 2004, 75 (11): 4487 − 4496.

[55] VOGLER T J, AO T, ASAY J R. High-pressure strength of aluminum under quasi-isentropic loading[J]. International Journal of Plasticity, 2009, 25(4): 671 − 694.

[56] COWPERTHWAITE M, WILLIAMS R F. Determination of constitutive relationships with multiple gauges in nondivergent waves[J]. Journal of Applied Physics, 1971, 42 (1): 456 − 462.

[57] AIDUN J B, GUPTA Y M. Analysis of Lagrangian gauge measurements of simple and nonsimple plane waves[J]. Journal of Applied Physics, 1991, 69(10): 6998 − 7014.

[58] 孙承纬, 赵剑衡, 王桂吉, 等. 磁驱动准等熵平面压缩和超高速飞片发射试验技术原理, 装置及应用[J]. 力学进展, 2012, 42(2): 206 − 219.

[59] 王刚华, 柏劲松, 孙承纬, 等. 准等熵压缩流场反演技术研究[J]. 高压物理学报, 2008, 22(2): 149 − 152.

[60] 张红平, 罗斌强, 王桂吉, 等. 基于特征线反演的斜波加载试验数据处理与分析 [J]. 高压物理学报, 2016, 30(2): 123 − 129.

[61] BINQIANG L, GUIJI W, JIANJUN M, et al. Verification of conventional equations of state for tantalum under quasi-isentropic compression[J]. Journal of Applied Physics, 2014, 116(19): 193506.

[62] ASAY J R, LIPKIN J. A self-consistent technique for estimating the dynamic yield strength of a shock-loaded material[J]. Journal of Applied Physics, 1978, 49(7): 4242 − 4247.

[63] BARNES J F, BLEWETT P J, MCQUEEN R G, et al. Taylor instability in solids [J]. Journal of Applied Physics, 1974, 45(2): 727 − 732.

[64] VOGLER T J, CHHABILDAS L C. Strength behavior of materials at high pressures[J]. International Journal of Impact Engineering, 2006, 33(1/2/3/4/5/6/7/8/9/10/11/12): 812 − 825.

[65] ASAY J R, AO T, DAVIS J P, et al. Effect of initial properties on the flow strength of aluminum during quasi-isentropic compression[J]. Journal of Applied Physics, 2008, 103(8): 083514.

[66] 罗斌强, 王桂吉, 谭福利, 等. 磁驱动准等熵压缩下 LY12 铝的强度测量[J]. 力学学报, 2014, 46(2): 241 − 247.

[67] LUO B, JIN Y, LI M, et al. Direct calculation of sound speed of materials under ramp wave compression[J]. AIP Advances, 2018, 8(11): 115204.

[68] 谭华. 试验冲击波物理导引[J]. 北京:国防工业出版社,2007.

[69] AO T,KNUDSON M D,ASAY J R,et al. Strength of lithium fluoride under shockless compression to 114 GPa[J]. Journal of Applied Physics,2009,106(10): 103507.

[70] VOGLER T J,AO T,ASAY J R. High-pressure strength of aluminum under quasi-isentropic loading[J]. International Journal of Plasticity,2009,25(4): 671 -694.

[71] JOHNSON J N,HAYES D B,ASAY J R. Equations of state and shock-induced transformations in solid Ⅰ-Solid Ⅱ-Liquid bismuth[J]. Journal of Physics and Chemistry of Solids,1974,35(4):501 - 515.

[72] HAYES D B. Wave propagation in a condensed medium with N transforming phases: Application to solid-Ⅰ-solid-Ⅱ-liquid bismuth[J]. Journal of Applied Physics,1975,46 (8):3438 - 3443.

[73] KATZKE H,TOLEDANO P. Displacive mechanisms and order-parameter symmetries for the A7-incommensurate-bcc sequences of high - pressure reconstructive phase transitions in Group Va elements[J]. Physical Review B,2008,77(2):024109.

[74] HU J,ICHIYANAGI K,DOKI T,et al. Complex structural dynamics of bismuth under laser-driven compression [J]. Applied Physics Letters,2013,103 (16):161904.

[75] 党爱国,郭彦朋,王坤. 国外高超声速武器发展综述[J]. 飞航导弹,2013(2): 12 -19.

[76] 张力文,宋文萍,韩忠华,等.声爆产生、传播和抑制机理研究进展[J]. 航空学报, 2022,43(12):25649.

[77] 邵文逸. 超声速客机声爆现象的原理、危害与应对[J].科学家,2017,5(17):50 - 51.

[78] 张华."声爆云"现象与"声爆"有关系吗?[J]. 力学与实践,2019,41(2):239 - 243.

[79] 吴大方,王岳武,商兰,等.1 200℃高温环境下板结构热模态试验研究与数值模拟 [J]. 航空学报,2016,37(6):1861 - 1875.

[80] 邹学锋,郭定文,潘凯,等. 综合载荷环境下高超声速飞行器结构多场联合强度试 验技术[J]. 航空学报,2018,39(12):240 - 250.

[81] 黄志澄. 高超声速气动试验的新进展[J]. 气动试验与测量控制,1993,7(1): 1 - 13.

[82] 田建明,景建斌,韩广岐.高超声速飞行器地面试验方法综述[J].探测与控制学报, 2013,35(5):57 - 60.

[83] 王建军,王智勇,栾叶君,等. 高超声速飞行器热结构力热氧试验技术概述[J]. 强 度与环境,2018,45(2):59 - 64.

[84] 张伟,张正平,李海波,等.高超声速飞行器结构热试验技术进展[J].强度与环境, 2011,38(1):1 - 8.

[85] 任青梅. 热/结构试验技术研究进展[J]. 飞航导弹,2012(2):91 - 96.

[86] 马炳和，王毅，姜澄宇，等. 柔性热膜剪应力传感器水下测量温度修正[J]. 试验流体力学，2014，28(2)：39－44.

[87] 阙瑞义. 微型流场传感器系统及应用研究[D]. 北京：清华大学，2014.

[88] 汪伟，谭显祥，肖正飞，等. 转镜式高速相机的计量技术[J]. 计量技术，2006(7)：41－44.

[89] 谭显祥，韩立石. 高速摄影技术[M]. 北京：原子能出版社，1990.

[90] 王庆有. CCD应用技术[M]. 天津：天津大学出版社，2000.

[91] 王开福，高明慧. 散斑计量[M]. 北京：北京理工大学出版社，2010.

[92] YAMAGUCHJC I. Speckle displacement and decorrelation in the diffraction and image fields for small object deformation[J]. International Journal of Optics，1981，28(10)：1359－1376.

[93] PETERS W H，RANSON W F. Digital imaging techniques in experimental stress analysis[J]. Optical Engineering，1982，21(3)：427－431.

[94] 潘兵，俞立平，吴大方. 使用双远心镜头的高精度二维数字图像相关测量系统[J]. 光学学报，2013，33(4)：0412004.

[95] 潘兵，谢惠民. 数字图像相关中基于位移场局部最小二乘拟合的全场应变测量[J]. 光学学报，2007(27)：1980－1986.

[96] 潘兵，吴大方，高镇同. 基于数字图像相关方法的非接触高温热变形测量系统[J]. 航空学报，2010(10)：1960－1967.

[97] 吴大方，潘兵，高镇同，等. 超高温、大热流、非线性气动热环境试验模拟及测试技术研究[J]. 试验力学，2012，27(3)：255－271.

[98] 潘兵，吴大方，高镇同，等. 1 200℃高温热环境下全场变形的非接触光学测量方法研究[J]. 强度与环境，2011，38(1)：52－59.

[99] HUANG J，GUO Y，QIN D，et al. Influence of stress triaxiality on the failure behavior of Ti-6Al-4V alloy under a broad range of strain rates[J]. Theoretical and Applied Fracture Mechanics，2018，97：48－61.

[100] KANG J，OSOSKOV Y，EMBURY J D，et al. Digital image correlation studies for microscopic strain distribution and damage in dual phase steels[J]. Scripta Materialia，2007，56(11)：999－1002.

[101] VASCO-OLMO J M，JAMES M N，CHRISTOPHER C J，et al. Assessment of crack tip plastic zone size and shape and its influence on crack tip shielding[J]. Fatigue and Fracture of Engineering Materials and Structures，2016，39(8)：969－981.

[102] NOWELL D，DE MATOS P F P. Application of digital image correlation to the investigation of crack closure following overloads[J]. Procedia Engineering，2010，2(1)：1035－1043.

[103] FREUND L B. Dynamic fracture mechanics[M]. Cambridge：Cambridge University Press，1998.

[104] SIH G C，KOBAYASHI A S. Elastodynamic Crack Problems[J]. Journal of

Applied Mechanics，1978(45)：230-231.

[105] HOPKINSON J. On the rupture of iron wire by a blow[J]. Proc Literary and Philosophical Society of Manchester，1872，1：40-45.

[106] HOPKINSON B. The effects of momentary stresses in metals[J]. Proceedings of the Royal Society of London，1905，74(497)：498-506.

[107] GRIFFITH A A. The phenomena of rupture and flow in solids[J]. Philosophical transactions of the royal society of london：Series A，1921，221(582/583/584/585/586/587/588/589/590/591/592/593)：163-198.

[108] 张金鑫. 钢纤维增强水泥基复合材料动态断裂性能研究[D]. 天津：河北工业大学，2020.

[109] 许泽建. 金属材料冲击载荷下Ⅰ、Ⅱ型及Ⅰ/Ⅱ复合型动态断裂特性研究[D]. 西安：西北工业大学，2008.

[110] 田刚. 动态光弹性条纹的数字图像处理研究[D]. 昆明：昆明理工大学，2007.

[111] 王佳斌，高应变率下金属材料动态断裂韧性的数值模拟分析及其试验研究[D]. 重庆：重庆理工大学，2019.

[112] LOEBER J F，SIH G C. Diffraction of antiplane shear waves by a finite crack[J]. The Journal of the Acoustical Society of America，1968，44(1)：90-98.

[113] SIH G C，LOEBER J F. Wave propagation in an elastic solid with a line of discontinuity or finite crack[J]. Quarterly of Applied Mathematics，1969，27(2)：193-213.

[114] YOKOYAMA T，KISHIDA K. A novel impact three-point bend test method for determining dynamic fracture-initiation toughness[J]. Experimental Mechanics，1989(29)：188-194.

[115] YOKOYAMA T. Determination of dynamic fracture-initiation toughness using a novel impact bend test procedure[J]. Journal of Pressure Vessel Technology，1993(115)：389-397.

[116] 李玉龙，刘元镛.动态起裂韧性及动态裂纹扩展的理论与试验研究[M]. 西安：西北工业大学出版社，1995.

[117] 张忠平，孙中禹，孙强. 确定应力强度因子的光弹性法与焦散线法[J]. 应用力学学报，2001，18(3)：100-104.

[118] 苏先基，励争，固体力学动态测试技术[M]. 北京：高等教育出版社，1997.

[119] DALLY J W，BARKER D B. Dynamic measurements of initiation toughness at high loading rates[J]. Experimental Mechanics，1988，28：298-303.

[120] ANDERSON D D，ROSAKIS A J. Comparison of three real time techniques for the measurement of dynamic fracture initiation toughness in metals[J]. Engineering Fracture Mechanics，2005，72(4)：535-555.

[121] 李玉龙，郭伟国，贾德新，等. 40Cr 材料动态起裂韧性 $K_{ID}(\sigma)$ 的试验测试[J]. 爆炸与冲击，1996，16(1)：21-30.

[122] FENGCHUN J, RUITANG L, XIAOXIN Z, et al. Evaluation of dynamic fracture toughness K_{Id} by Hopkinson pressure bar loaded instrumented Charpy impact test [J]. Engineering Fracture Mechanics, 2004, 71(3): 279 - 287.

[123] KOBAYASHI T. Analysis of impact properties of A533 steel for nuclear reactor pressure vessel by instrumented Charpy test[J]. Engineering Fracture Mechanics, 1984, 19(1): 49 - 65.

[124] LANDREIN P, LORRIOT T, GUILLAUMAT L. Influence of some test parameters on specimen loading determination methods in instrumented Charpy impact tests[J]. Engineering Fracture Mechanics, 2001, 68(15): 1631 - 1645.

[125] RADON J, TURNER C. Fracture toughness measurements by instrumented impact test[J]. Engineering Fracture Mechanics, 1969, 1(3): 411 - 428.

[126] TOSHIRO K, ISAMU Y, MITSUO N. Evaluation of dynamic fracture toughness parameters by instrumented Charpy impact test [J]. Engineering Fracture Mechanics, 1986, 24 (5): 773 - 782.

[127] SHOCKEY D A, KALTHOFF J F, ERLICH D C. Evaluation of dynamic crack instability criteria[J]. International Journal of Fracture, 1983, 22: 217 - 229.

[128] KLEPACZKO J R. Loading rate spectra for fracture initiation in metals[J]. Theoretical and Applied Fracture Mechanics, 1984, 1(2): 181 - 191.

[129] RAVI C K, KNAUSS W G. An experimental investigation into dynamic fracture, I: Crack initiation and arrest[J]. International Journal of Fracture, 1984, 25: 247 - 262.

[130] KALTHOFF J F. Fracture behavior under high rates of loading[J]. Engineering Fracture Mechanics, 1986, 23(1): 289 - 298.

[131] KALTHOFF J F, WINKLER S, BEINERT J. Dynamic stress intensity factors for arresting cracks in DCB specimens[J]. International Journal of Fracture, 1976, 12: 317 - 319.

[132] KALTHOFF J F, WINKLER S, BEINERT J. The influence of dynamic effects in impact testing[J]. International Journal of Fracture, 1977, 13: 528 - 531.

[133] GALVEZ F, CENDON D, GARCIA N, et al. Dynamic fracture toughness of a high strength armor steel[J]. Engineering Failure Analysis, 2009, 16(8): 2567 - 2575.

[134] SINGH R P, PARAMESWARAN V. An experimental investigation of dynamic crack propagation in a brittle material reinforced with a ductile layer[J]. Optics and Lasers in Engineering, 2003, 40(4): 289 - 306.

[135] RUIZ C, MINES R A W. The Hopkinson pressure bar: An alternative to the instrumented pendulum for Charpy tests[J]. International Journal of Fracture, 1985, 29: 101 - 109.

[136] ORYNYAK I V, KRASOWSKY A J. The modelling of elastic response of a three-point bend specimen under impact loading[J]. Engineering Fracture Mechanics, 1998, 60(5/6): 563 - 575.

[137] MOTOHIRO N，KEIZO K. Numerical computation of dynamic stress intensity factor for impact fracture toughness test[J]. Engineering Fracture Mechanics，1990，36(3)：515 - 522.

[138] DUTTON A G，MINES R A W. Analysis of the Hopkinson pressure bar loaded instrumented Charpy test using an inertial modelling technique[J]. International Journal of Fracture，1991，51：187 - 206.

[139] PREMACK T，DOUGLAS A S. An analysis of the crack tip fields in a ductile three-point bend specimen subjected to impact loading[J]. Engineering Fracture Mechanics，1993，45(6)：717 - 728.

[140] NAKAMURA T，SHIH C F，FREUND L B. Elastic-plastic analysis of a dynamically loaded circumferentially notched round bar[J]. Engineering Fracture Mechanics，1985，22(3)：437 - 452.

[141] NAKAMURA T，SHIH C F，FREUND L B. Analysis of a dynamically loaded three-point-bend ductile fracture specimen[J]. Engineering Fracture Mechanics，1986，25(3)：323 - 339.

[142] LI D M，BAKKER A. Fracture toughness evaluation using circumferentially-cracked cylindrical bar specimens[J]. Engineering Fracture Mechanics，1997，57(1)：1 - 11.

[143] KANNINEN M F，ODONOGHUE P E. Research challenges arising from current and potential applications of dynamic fracture mechanics to the integrity of engineering structures[J]. International journal of solids and structures，1995，32(17/18)：2423 - 2445.

[144] BUI H D，MAIGRE H，RITTEL D. A new approach to the experimental determination of the dynamic stress intensity factor[J]. International Journal of Solids and Structures，1992，29(23)：2881 - 2895.

[145] PANDOLFI A，GUDURU P R，ORTIZ M，et al. Three dimensional cohesive-element analysis and experiments of dynamic fracture in C300 steel [J]. International Journal of Solids and Structures，2000，37(27)：3733 - 3760.

[146] BARTON D C. Determination of the high strain rate fracture properties of ductile materials using a combined experimental/numerical approach[J]. International Journal of Impact Engineering，2004，30(8/9)：1147 - 1159.

[147] SURESH S，NAKAMURA T，YESHURUN Y，et al. Tensile fracture toughness of ceramic materials：effects of dynamic loading and elevated temperatures[J]. Journal of the American Ceramic Society，1990，73(8)：2457 - 2466.

[148] WILSON M L，HAWLEY R H，DUFFY J. The effect of loading rate and temperature on fracture initiation in 1020 hot-rolled steel[J]. Engineering Fracture Mechanics，1980，13(2)：371 - 385.

[149] XIA Y，RAO S，YANG B. A novel method for measuring plane stress dynamic

fracture toughness[J]. Engineering fracture mechanics, 1994, 48(1): 17 – 24.

[150] BACON C. Numerical prediction of the propagation of elastic waves in longitudinally impacted rods: applications to Hopkinson testing[J]. International Journal of Impact Engineering, 1993, 13(4): 527 – 539.

[151] HANNA S K K, SHUKLA A. Development of stress field equations and determination of stress intensity factor during dynamic fracture of orthotropic composite materials[J]. Engineering Fracture Mechanics, 1994, 47(3): 345 – 359.

[152] GUO W G, LI Y L, LIU Y Y. Analytical and experimental determination of dynamic impact stress intensity factor for 40 Cr steel[J]. Theoretical and Applied Fracture Mechanics, 1997, 26(1): 29 – 34.

[153] LIU R, ZHANG X, JIANG F. Study of the method for measuring dynamic fracture toughness by Hopkinson pressure bar technique[J]. Journal of Harbin Engineering University, 2000, 21(6): 18 – 20.

[154] IRFAN M A, PRAKASH V. Dynamic deformation and fracture behavior of novel damage tolerant discontinuously reinforced aluminum composites[J]. International Journal of Solids and Structures, 2000, 37(33): 4477 – 4507.

[155] MARUR P R. Dynamic analysis of one-point bend impact test[J]. Engineering Fracture Mechanics, 2000, 67(1): 41 – 53.

[156] RIZAL S, HOMMA H. Dimple fracture under short pulse loading [J]. International Journal of Impact Engineering, 2000, 24(1): 69 – 83.

[157] RUBIO L, FERNáNDEZ-SáEZ J, NAVARRO C. Determination of dynamic fracture-initiation toughness using three-point bending tests in a modified Hopkinson pressure bar[J]. Experimental Mechanics, 2003, 43: 379 – 386.

[158] ZHOU F, MOLINARI J F, LI Y. Three-dimensional numerical simulations of dynamic fracture in silicon carbide reinforced aluminum[J]. Engineering Fracture Mechanics, 2004, 71(9/10): 1357 – 1378.

[159] RITTEL D, FRAGE N, DARIEL M P. Dynamic mechanical and fracture properties of an infiltrated TiC-1080 steel cermet[J]. International Journal of Solids and Structures, 2005, 42(2): 697 – 715.

[160] LOYA J A, FERNANDEZ S J. Three-dimensional effects on the dynamic fracture determination of Al 7075 – T651 using TPB specimens[J]. International Journal of Solids and Structures, 2008, 45(7/8): 2203 – 2219.

[161] HOMMA H, KANTO Y, TANAKA K. Cleavage fracture under short pulse loading[J]. Le Journal de Physique Ⅳ, 1991, 1(C3): 589 – 596.

[162] 许泽建, 40Cr 和 30CrMnSiNi2A 材料高应变率动态起裂特性的研究[D]. 西安:西北工业大学, 2005.

[163] XU Z J, LI Y L. Dynamic fracture toughness of high strength metals under impact loading: increase or decrease[J]. Acta Mechanica Sinica, 2011, 27(4): 559 – 566.

[164] TANAKA K，KAGATSUME T. Impact bending test on steel at low temperatures using a split Hopkinson bar[J]. Bulletin of JSME，1980，23(185)：1736-1744.

[165] JIANG F，VECCHIO K S. Experimental investigation of dynamic effects in a two-bar/three-point bend fracture test[J]. Review of scientific instruments，2007，78(6)：063903.

[166] KUSAKA T. Experimental characterization of interlaminar fracture behavior in polymer matrix composites under low-velocity impact loading [J]. JSME International Journal Series A：Solid Mechanics and Material Engineering，2003，46(3)：328-334.

[167] AYAGARA A R，LANGLET A，HAMBLI R. On dynamic behavior of bone：experimental and numerical study of porcine ribs subjected to impact loads in dynamic three-point bending tests[J]. Journal of the Mechanical Behavior of Biomedical Merials，2019，98：336-347.

[168] 曹茂盛，张铁夫，刘瑞堂，等. 层板复合材料动态断裂韧性测试 SHPB 技术研究[J]. 材料科学与工艺，2002，10(4)：427-430.

[169] ZHEN W，ZHENBIAO H，TAO S，et al. A comparative study on the effect of loading speed and surface scratches on the flexural strength of aluminosilicate glass：annealed vs. chemically strengthened[J]. Ceramics International，2018，44(10)：11239-11256.

[170] CHEN R，XIA K，DAI F，et al. Determination of dynamic fracture parameters using a semi-circular bend technique in split Hopkinson pressure bar testing[J]. Engineering Fracture Mechanics，2009，76(9)：1268-1276.

[171] WANG M，WANG F，ZHU Z，et al. Modelling of crack propagation in rocks under SHPB impacts using a damage method [J]. Fatigue and Fracture of Engineering Materials and Structures，2019，42(8)：1699-1710.

[172] JOHNSTONE C，RUIZ C. Dynamic testing of ceramics under tensile stress[J]. International Journal of Solids and Structures，1995，32(17/18)：2647-2656.

[173] LAMBERT D E，ROSS C A. Strain rate effects on dynamic fracture and strength [J]. International Journal of Impact Engineering，2000，24(10)：985-998.

[174] RENA C Y，RUIZ G，PANDOLFI A. Numerical investigation on the dynamic behavior of advanced ceramics[J]. Engineering Fracture Mechanics，2004，71(4/5/6)：897-911.

[175] ZHOU J，WANG Y，XIA Y. Mode-I fracture toughness of PMMA at high loading rates[J]. Journal of materials science，2006，41：8363-8366.

[176] RITTEL D，MAIGRE H，BUI H D. A new method for dynamic fracture toughness testing[J]. Scripta Metallurgica，1992，26(10)：1593-1598.

[177] HE R，GAO Y，CHENG L，et al. Fracture toughness for longitudinal compression failure of laminated composites at high loading rate [J]. Composites Part A：

Applied Science and Manufacturing，2022，156：106834.

[178] WILSON M L，HAWLEY R H，DUFFY J. The effect of loading rate and temperature on fracture initiation in 1020 hot-rolled steel[J]. Engineering Fracture Mechanics，1980，13(2)：371 – 385.

[179] 许泽建，李玉龙. Ⅰ，Ⅱ型及复合型裂纹动态应力强度因子的有限元分析[J]. 机械科学与技术，2006，25(1)：123 – 126.

[180] 许泽建，李玉龙，李娜，等. 加载速率对高强钢 40Cr 和 30CrMnSiNi2A Ⅰ型动态断裂韧性的影响[J]. 金属学报，2006，42(9)：965 – 970.

[181] GUO W G，LI Y L，LIU Y Y. Analytical and experimental determination of dynamic impact stress intensity factor for 40 Cr steel[J]. Theoretical and Applied Fracture Mechanics，1997，26(1)：29 – 34.

[182] 孙洪涛，刘元镛. 用 Hopkinson 压杆技术研究试样几何对动态起裂韧性的影响[J]. 试验力学，1996，11(2)：141 – 146.

[183] 崔约贤，王长利. 金属断口分析[M]. 哈尔滨：哈尔滨工业大学出版社，1998.

[184] 廖景娱. 金属构件失效分析[M]. 北京：化学工业出版社，2011.

[185] 伍义生，陈一坚. 曾春华，微观断裂力学[M]. 西安：航空工业部第六零三研究所，1987.

[186] 范昌增. 两种高强钢的Ⅰ、Ⅱ型动态断裂特性及失效机理研究[D]. 北京：北京理工大学，2021.

[187] KALTHOFF J F. Shadow optical analysis of dynamic shear fracture[J]. Optical Engineering，1988，27(10)：835 – 840.

[188] KALTHOFF J F. Transition in the failure behavior of dynamically shear loaded cracks[J]. Applied Mechanics Reviews，1990，43：247 – 250.

[189] MASON J J，ROSAKIS A J，RAVICHANDRAN G. On the strain and strain rate dependence of the fraction of plastic work converted to heat：An experimental study using high speed infrared detectors and the Kolsky bar[J]. Mechanics of Materials，1994，17(2/3)：135 – 145.

[190] ZHOU M，ROSAKIS A J，RAVICHANDRAN G. On the growth of shear bands and failure-mode transition in prenotched plates：A comparison of singly and doubly notched specimens[J]. International Journal of Plasticity，1998，14(4/5)：435 – 451.

[191] ZHOU M，ROSAKIS A J，RAVICHANDRAN G. Dynamically propagating shear bands in impact-loaded prenotched plates，Ⅰ：Experimental investigations of temperature signatures and propagation speed[J]. Journal of the Mechanics and Physics of Solids，1996，44(6)：981 – 1006.

[192] ZHOU M，RAVICHANDRAN G，ROSAKIS A J. Dynamically propagating shear bands in impact-loaded prenotched plates，Ⅱ：Numerical simulations[J]. Journal of the Mechanics and Physics of Solids，1996，44(6)：1007 – 1032.

[193] RAVI C K, LU J, YANG B, et al. Failure mode transitions in polymers under high strain rate loading[J]. International Journal of Fracture, 2000, 101: 33 - 72.

[194] RAVI C K. On the failure mode transitions in polycarbonate under dynamic mixed-mode loading[J]. International Journal of Solids and Structures, 1995, 32(6/7): 925 - 938.

[195] RITTEL D, LEVIN R. Mode-mixity and dynamic failure mode transitions in polycarbonate[J]. Mechanics of materials, 1998, 30(3): 197 - 216.

[196] RITTEL D, LEVIN R, MAIGRE H. On dynamic crack initiation in polycarbonate under mixed-mode loading[J]. Mechanics Research Communications, 1997, 24(1): 57 - 64.

[197] 许泽建, 李玉龙, 刘元镛, 等. 两种高强钢在高加载速率下的 Ⅱ 型动态断裂韧性[J]. 金属学报, 2006, 42(6): 635 - 640.

[198] NEEDLEMAN A, TVERGAARD V. Numerical modeling of the ductile-brittle transition[J]. International Journal of Fracture, 2000, 101: 73 - 97.

[199] KALTHOFF J F. Modes of dynamic shear failure in solids[J]. International Journal of Fracture, 2000, 101(1/2): 1 - 31.

[200] KALTHOFF J F, BURGEL A. Influence of loading rate on shear fracture toughness for failure mode transition[J]. International Journal of Impact Engineering, 2004, 30(8/9): 957 - 971.

[201] GUDURU P R, ROSAKIS A J, RAVICHANDRAN G. Dynamic shear bands: an investigation using high speed optical and infrared diagnostics[J]. Mechanics Materials, 2001, 33(7): 371 - 402.

[202] CHEN L, BATRA R C. Material instability criterion near a notch-tip under locally adiabatic deformations of thermoviscoplastic materials[J]. Theoretical and Applied Fracture Mechanics, 1998, 30(2): 153 - 158.

[203] ROESSIG K M, MASON J J. Adiabatic shear localization in the impact of edge-notched specimens[J]. Experimental Mechanics, 1998, 38: 196 - 203.

[204] XU Z, HE X, HAN Y, et al. A different viewpoint on mechanism of fracture to shear-banding failure mode transition[J]. Journal of the Mechanics and Physics of Solids, 2020, 145: 104165.

[205] BACKERS T, DRESEN G, RYBACKI E, et al. New data on Mode Ⅱ fracture toughness of rock from the punch through shear test[J]. International Journal of Rock Mechanics and Mining Sciences, 2004, 41(1): 2 - 7.

[206] YAO W, XU Y, XIA K, et al. Dynamic mode Ⅱ fracture toughness of rocks subjected to confining pressure[J]. Rock Mechanics and Rock Engineering, 2020, 53: 569 - 586.

[207] 楼一珊, 陈勉, 史明义, 等. 岩石 Ⅰ, Ⅱ 型断裂韧性的测试及其影响因素分析[J]. 中国石油大学学报(自然科学版), 2007, 31(4): 85 - 89.

[208] 周君，汪洋，夏源明. 有机玻璃纯Ⅰ型和纯Ⅱ型动态断裂行为的试验研究[J]. 高分子材料科学与工程，2008，24(2)：10-13.

[209] 邹广平，谌赫，唱忠良. 一种基于SHTB的Ⅱ型动态断裂试验技术[J]. 力学学报，2017，49(1)：117-125.

[210] ZEJIAN X U, YULONG L I, JINGRUN L I U Y L U O, et al. Mode Ⅱ dynamic fracture toughness of two high strength steels under high loading rate[J]. Acta Metall Sin, 2006, 42(6)：635-640.

[211] DONG X, WANG L, YU J. An investigation on shear fracture under impact loading[J]. J Ningbo University (NSEE), 2003, 16：429-433.

[212] XU Z, HAN Y, FAN C, et al. Dynamic shear fracture toughness and failure characteristics of Ti-6Al-4V alloy under high loading rates[J]. Mechanics of Materials, 2021, 154：103718.

[213] HAN Y, XU Z, DOU W, et al. Pure mode II dynamic fracture characteristics and failure mechanism of Zr41.2Ti13.8Cu12.5Ni10Be22.5 bulk metallic glass[J]. Materials Science and Engineering：A, 2022, 833：142573.

[214] XU Z, LI Y. A novel method in determination of dynamic fracture toughness under mixed mode Ⅰ/Ⅱ impact loading[J]. International Journal of Solids and Structures, 2012, 49(2)：366-376.

[215] ACHENBACH J D. Brittle and ductile extension of a finite crack by a horizontally polarized shear wave[J]. International Journal of Engineering Science, 1970, 8(12)：947-966.

[216] MINES R A W. Characterization and measurement of the mode 1 dynamic initiation of cracks in metals at intermediate strain rates：A review[J]. International Journal of Impact Engineering, 1990, 9(4)：441-454.

[217] CROSSLAND B. Mechanical properties at high rates of strain[J]. Physics Bulletin, 1976, 27：30.

[218] KALTHOFF J F, SHOCKEY D A. Instability of cracks under impulse loads[J]. Journal of Applied Physics, 1977, 48(3)：986-993.

[219] STEVERDING B, LEHNIGK S H. The propagation law of cleavage fracture[J]. International Journal of Fracture Mechanics, 1970, 6：223-232.

[220] 强宝平. 飞机结构强度地面试验[M]. 北京：航空工业出版社，2014.

[221] 郭伟国. 气浮活塞式发射装置：201110109777.8[P]. 2011-11-23.

[222] 李玉龙，郭伟国，索涛，等. 一种进气管快速开启机构：200810074900.5[P]. 2012-6-27.

[223] 张永康. 鸟体力学模型及典型飞机结构抗鸟撞研究[D]. 西安：西北工业大学，2008.

[224] HOPKINSON B X. A method of measuring the pressure produced in the detonation of high, explosives or by the impact of bullets[J]. Mathematical or Physical

Character，1914，213 （497/498/499/500/501/502/503/504/505/506/507/508）：437－456.

[225] DAVIES R M. A critical study of the Hopkinson pressure bar[J]. Mathematical and Physical Sciences，1948，240(821)：375－457.

[226] KOLSKY H. An investigation of the mechanical properties of materials at very high rates of loading[J]. Mathematical and Physical Sciences，1949，62(11)：676.

[227] HARDING M M，RUIZ C. The mechanical behaviour of composite materials under impact loading[J]. Key Engineering Materials，1998，141：403－426.

[228] LEWIS J L，CAMPBELL J D. The development and use of a torsional Hopkinson-bar apparatus[J]. Experimental Mechanics，1972，12(11)：520－524.

[229] 朱泽，郭伟国，郭今，等. 高温高应变率下材料拉伸性能测试的一种新方法[J]. 试验力学，2013，28(3)：299－306.

[230] 李鹏辉，郭伟国，刘开业，等. 材料超高温动态拉伸 SHTB 试验方法的有效性分析[J]. 爆炸与冲击，2018，38(2)：426－436.

[231] 王礼立. 应力波基础[M]. 北京：国防工业出版社，1985.

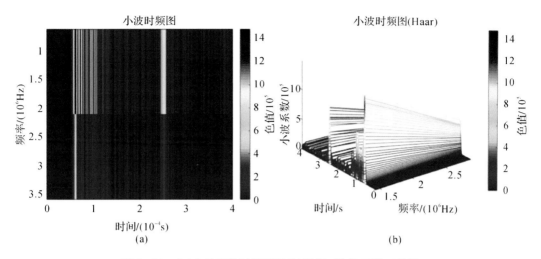

(a)   (b)

图 3-10　(a)小波变换时频图和(b)时间-频率-系数三维图

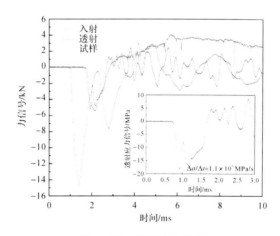

图 4-28　单次冲击信号

注:气压为 0.25 MPa,通过透射杆中应力信号计算加载率为 $\Delta\sigma/\Delta t = 1.1 \times 10^5$ MPa/s,试样仅只受到一次加载。

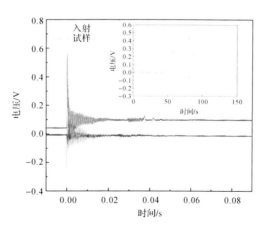

图 4-29　第二种加载方式采集信号

注:数字采集器采集,试样受到了多次加载。

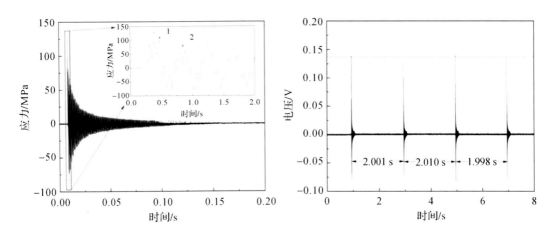

图 4-30 连续冲击信号

注:数字采集器采集,冲击周期为 2 s,频率为 0.5 Hz。

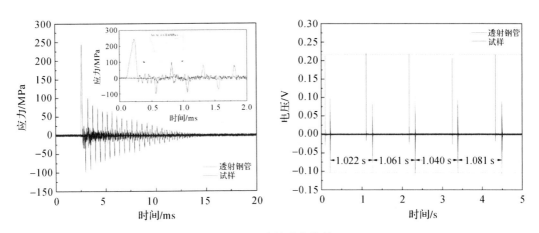

图 4-31 连续冲击信号

注:数字采集器采集,冲击周期为 1 s,频率为 1 Hz。

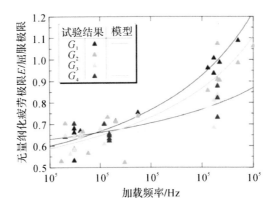

图 4-33 低碳钢疲劳极限试验结果与模型预测结果比较